国家林业和草原局普通高等教育"十三五"规划教材

高等院校林产化工专业系列教材

# 天然高分子材料与改性

段久芳　主　编

蒋建新　唐睿琳　副主编

中国林业出版社

**图书在版编目(CIP)数据**

天然高分子材料与改性 / 段久芳 主编. —北京：中国林业出版社，2020.11
国家林业和草原局普通高等教育"十三五"规划教材　高等院校林产化工专业系列教材
ISBN 978-7-5219-0923-4

Ⅰ.①天…　Ⅱ.①段…　Ⅲ.①高分子材料–改性–高等学校–教材
Ⅳ.①TB324

中国版本图书馆 CIP 数据核字(2020)第 239616 号

**中国林业出版社教育分社**

**策划、责任编辑：**肖基浒
**电　话：**(010)83143555　　　　　**传　真：**(010)83143516

出版发行　中国林业出版社(100009　北京市西城区刘海胡同 7 号)
　　　　　E-mail:jiaocaipublic@163.com　电话：(010)83143520
　　　　　http://www.forestry.gov.cn/lycb.html
印　　刷　三河市祥达印刷包装有限公司
版　　次　2020 年 11 月第 1 版
印　　次　2020 年 11 月第 1 次印刷
开　　本　850mm×1168mm　1/16
印　　张　18.75
字　　数　450 千字
定　　价　60.00 元

# 《天然高分子材料与改性》编写人员

主　　编：段久芳

副 主 编：蒋建新　唐睿琳

编写人员：(按姓氏笔画排序)

吕　慧　李　彤　宗士玉

段久芳　闻汉康　高玉雪

唐睿琳　黄艺荣　蒋建新

# 前　言

利用可再生资源合成环境友好化学品以替代传统的基于石化资源的合成高分子产品已成为国际科技研究的前沿领域之一。高分子分为天然高分子和人工合成高分子。天然高分子是指自然界中动物、植物以及微生物资源中的大分子。纤维素、天然橡胶等都属于天然高分子。人工合成高分子主要包括化学纤维、合成橡胶和合成树脂（塑料），也称为三大合成材料。合成高分子材料很难生物降解，容易造成环境污染问题。比如，塑料被列为20世纪最伟大的发明之一，塑料的普及被誉为"白色革命"。由于传统合成塑料难以降解，它们造成的环境污染被称为"白色污染"。天然高分子来自自然界中动物、植物以及微生物资源，它们是取之不尽、用之不竭的可再生资源。这些材料废弃后容易被自然界微生物分解成水、二氧化碳和无机小分子，属于环境友好材料。开发和推广天然高分子作为降解塑料已成为当前重要的发展方向之一，降解塑料的出现被认为给解决"白色污染"问题带来了曙光。同时，天然高分子具有多种功能基团，可以通过化学、物理方法改性成为新材料，也可以通过新兴的纳米技术制备出各种功能材料，很可能在不久的将来替代合成塑料成为主要化工产品。由此，世界各国都在逐渐增加投入，加强对天然高分子材料的研究与开发。近年来，有关天然高分子材料的优秀研究成果不断涌现，在包括纤维素、木质素、淀粉、甲壳素、壳聚糖、其他多糖、蛋白质以及天然橡胶等主要天然高分子材料的研究方面都取得一系列进步。

为高效地开发和利用天然高分子材料，必须了解和认识天然高分子材料的来源、提取方法、结构、性能和改性方法。为此，本教材在深入探讨天然高分子材料结构性能深入认识的基础上，从化学物理改性方法着手，将高性能材料、功能材料与智能材料内容进行有机融合。与此同时，本教材增加了大量数字资源，实现了多媒体资源和传统纸质教材的融合。

《天然高分子材料与改性》是面向林产化学加工工程等专业本科生的一门专业选修课程。教材主要内容包括绪论、天然高分子链结构与聚集态结构以及纤维素、半纤维素、甲壳素与壳聚糖、木质素、蛋白质、天然橡胶、生漆、植物多酚、淀粉等天然高分子材料的提取方法、结构、物理/化学改性方法与应用等主要内容，基于"以现代技术加工林业资源，以林产化工服务幸福中国"理念，以培养熟悉林产化工行业背景、具备国际视野的高素质复合应用型创新人才为目标，突出系统性、实践性及创新性等教学特色；可作为林产化工专业本科生、研究生的教材，也可用作林产化工、高分子材料等相关行业从业者的行业参考资料。

限于编者知识和能力水平，书中难免存在不足和疏漏之处，恳请广大读者批评指正。

编　者

2020 年 5 月

# 目　录

# 第1章 绪 论

## 1.1 认识天然高分子

高分子材料(macromolecular material)是以高分子化合物为基础的一大类材料的总称，是由相对分子质量较高的化合物构成的材料。高分子化合物(macromolecular compound)常简称高分子或大分子(macromolecule)、聚合物(polymer)、高聚物(high polymer)。通常情况下，人们并不严格区分这些概念的微细差别，而认为是同一类材料的不同称谓。高分子材料按原料来源又可以分为天然高分子与合成高分子。

天然高分子是指没有经过人工合成，天然存在于动物、植物和微生物体内的大分子有机化合物。天然高分子都是处在一个完整而严谨的超分子体系内，一般是多种天然高分子以高度有序的结构排列起来。天然高分子作为可再生、可持续发展的资源，与人的社会生产和生活密不可分，在能源问题日益紧迫的今天，开发利用天然高分子材料具有越来越重要的经济和战略意义。利用生物质代替石油和煤，并且所产生的产品废弃后可完全生物降解，从而进入自然界循环，是绿色化学原则之一。

人类在远古时期，就已经开始利用天然高分子为生活资料和生产工具。早在 7000 多年前，我国已使用天然油漆(中国漆、大漆)涂饰船只。木材、棉、麻、丝、毛、漆、橡胶、皮革和各种树脂等天然高分子材料都已经在人们的生活和生产中得到了广泛的应用。有些加工方法改变了天然高分子的化学组成，如橡胶的硫化、皮革的鞣制、棉麻的丝光处理，以及把天然纤维制成人造丝、赛璐珞等。尽管这些技术取得了重要的成果和丰富的经验，然而，人们并不知道它们的化学组成和结构。直到 1812 年，化学家在用酸水解木屑、树皮、淀粉等植物的实验中得到了葡萄糖，才知道淀粉、纤维素都由葡萄糖组成。1826 年，法拉第通过元素分析发现橡胶的单体分子是 $C_5H_8$，后来人们测出 $C_5H_8$ 的结构是异戊二烯。就这样，人们逐步了解了构成某些天然高分子化合物的单体。从 19 世纪起，经过化学反应，人们开始把天然高分子制成最早的塑料和化学纤维。1838 年，法国科学家佩因(Payen)从木材提取某种化合物的过程中分离出的一种物质，由于这种物质是在破坏细胞组织后得到的，因而将它称为 cell (细胞)和 lose (破坏)组成的一个新名词"cellulose"，即纤维素。

1839 年，有个名叫古德伊尔(Charlers Goodyear)的美国人，偶然发现天然橡胶与硫黄共热后明显地改变了性能，使它从硬度较低、遇热发黏软化、遇冷发脆断裂的不实用的性质，变为富有弹性、可塑性的材料。这一发现的推广应用促进了天然橡胶工业的建立。天然橡胶这一处理方法，在化学上叫作高分子的化学改性，在工业上叫作天然橡胶的硫化处理。1845 年，舍恩拜因发现纤维素可以硝化，成为硝酸纤维素。1851 年，F. S. 阿切尔用它来作照相胶片，这是第一种塑料。1869 年，美国印刷工人用樟脑与硝酸纤维素混合制成赛璐珞，发现添加樟脑的酒精溶液可使硝酸纤维素容易加工，会提高韧性，并具有加热软化，冷却变硬的可塑性，很易加工，这就是历史上第一种塑料，称为赛璐珞，用于制作乒乓球、照相胶卷、梳子、眼镜架、衬衣衣领、指甲油等。1884 年，夏尔多内用硝化纤维素溶液纺丝，制造了第一种具有光泽的人造丝，1889 年在巴黎展示时引起轰动，有丝的光泽和手感，也能洗涤，可惜极易火燃。后来被防火的品种醋酸纤维素和再生纤维素替代。醋酸人造丝于 1921 年问世。至于铜铵纤维和黏胶纤维，则是先使纤维素经过化学反应，变成能溶解的形式，再经过另一化学反应，使纤维素再生而制成的，称为再生纤维素。1889 年，法国建成了最早的人造丝工厂；1900 年，英国建成了以木浆为原料的黏胶纤维工厂。天然高分子的化学改性，大大开阔了人们的视野，在社会生产中开始逐渐崭露头角。

## 1.2  认识人造高分子

### 1.2.1  人造高分子起源

早在 1872 年，德国化学家拜耳(A. Bayer)首先发现苯酚与甲醛在酸性条件下加热能迅速结成红褐色硬块或黏稠物，但因它们无法用经典方法纯化而停止实验。1904 年，贝克兰和他的助手重新开展这项研究，最初目的只是希望能制成代替天然树脂的绝缘漆，经过 3 年的艰苦努力，终于在 1907 年的夏天，不仅制出了绝缘漆，而且还制出了真正的合成可塑性材料——Bakelite，它就是人们熟知的酚醛树脂。很快厂商发现，酚醛树脂不但可以制造多种电绝缘品，而且还能制日用品，如爱迪生(T. Edison)用其制造唱片。贝克兰的发明被誉为 20 世纪的"炼金术"。高分子酚醛树脂的成功合成，真正标志着人类应用合成方法有目的地合成高分子材料的开始。1909 年，德国化学家以热引发聚合异戊二烯获得成功。在这一实验启发下，拜耳公司的化学家霍夫曼采用与异戊二烯结构相近的二甲基丁二烯为原料，在金属钠的催化下，合成了甲基橡胶。然而，生产这种物质代价高昂。另外，人们很快便发现，甲基橡胶暴露在空气中时也会快速分解。在 1913 年，人们终止了甲基橡胶的生产。甲基橡胶的发现标志着我们今天所熟知的合成橡胶的诞生。

在 1835 年，法国化学家勒尼奥就已发现，在日光照射下，氯乙烯聚合变成一种白色固体。1914 年，德国和美国化学家发现，有机过氧化物可加速氯乙烯的聚合反应。1930 年，德国人用金属钠作为催化剂，用丁二烯合成出丁钠橡胶和丁苯橡胶。1931 年，德国法本公司实现了聚氯乙烯生产工业化。聚氯乙烯在应用上有真正突破是在 1933 年，美国化学家西蒙在当时用途不广的聚氯乙烯粉料中加进高沸点的溶剂和磷酸三甲酚酯后加热，在冷却以后，意外地得到了性质柔软、易于加工并富有弹性的聚氯乙烯。从此，聚氯乙烯广泛应用的大门被打开了。1935 年，杜邦公司基础化学研究所有机化学部的 Wallace H. Carothers 合成出聚酰胺 66，即尼龙。尼龙在1938 年实现工业化生产。1940 年，英国人温费尔德(T. R. Whinfield, 1901—1966)合成出聚酯纤维。1953 年，德国科学家 Zieglar 和意大利科学家 Natta 发明了配位聚合催化剂，大幅度地扩大了合成高分子材料的原料来源，得到了一大批新的合成高分子材料，使聚乙烯和聚丙烯这类通用合成高分子材料走入了千家万户，使合成高分子材料成为当代人类社会文明发展阶段的标志性产物之一。1955 年，美国人利用齐格勒-纳塔催化剂聚合异戊二烯，首次用人工方法合成了结构与天然橡胶基本一样的合成天然橡胶。1971 年，S. L. Wolek 发明可耐 300 ℃高温的芳纶纤维(Kevlar)。此后，高分子合成新技术不断涌现，高分子新材料层出不穷。高分子材料以其结构决定其性能，对结构的控制和改性，可获得不同特性。高分子材料独特的结构和易改性、易加工特点，使其具有其他材料不可比拟、不可取代的优异性能，从而广泛用于科学技术、国防建设和国民经济各个领域，并已成为现代社会生活中衣食住行用各个方面不可缺少的材料。

## 1.2.2　高分子理论的发展

早在 1861 年，胶体化学的奠基人，英国化学家格雷阿姆曾将高分子与胶体进行比较，提出了高分子的胶体理论。该理论认为高分子是很多小分子通过一些类似于范德华力的"价键"结合在一起的。德国有机化学家施陶丁格不同意胶体论的观点。1922 年，施陶丁格从研究甲醛和丙二烯的聚合反应出发，认为高分子是分子靠正常的化学键结合起来，并提出了高分子是由长链大分子构成的观点，具有重复链节结构这一概念。当时大部分化学家都熟悉了简单的小分子，对于"大分子"这种概念感到陌生和恐惧。

胶体论认为，天然橡胶是通过部分价键缔合起来的，这种缔合归结于异戊二烯的不饱和状态。根据这个理论可以预言：橡胶加氢将会破坏这种缔合，得到的产物将是一种低沸点的低分子烷烃。按照聚合观点，天然橡胶应该具有线性直链的价键结构式，加氢并不会破坏天然橡胶的聚合。针对这一点，施陶丁格研究了天然橡胶的加氢过程，结果得到的是加氢橡胶而不是低分子烷烃，而且加氢橡胶在性质上与天然橡胶几乎没有什么区别。类似地，他也证明了多聚甲醛和聚苯乙烯也是大分子。

1926 年，瑞典化学家斯维德贝格等人设计出一种超速离心机，用它测量出蛋白质的相对分子质量：证明高分子的相对分子质量的确是从几万到几百万。这一事实成为大分子理论的直接证据。1932 年，H. Staudinger 总结了自己的大分子理论，出版了划时代的巨著《高分子有机化合物》，标志着高分子化学作为一门新兴学科的建立。19 世纪 40 年代，Peter Debye 发明了通过光散射测定高分子物质相对分子质量的方法。1948 年，PaulFlory 建立了高分子长链结构的数学理论。1956 年，Szwarc 提出活性聚合概念。高分子由此进入了分子设计时代。合成高分子的历史不过 80 年，高分子化学真正成为一门科学还不足 60 年，但它的发展非常迅速。目前高分子的内容已超出化学范围，从普通有机化学中独立出来研究，成为一门新学科——高分子科学。

## 1.2.3　第一种合成纤维——尼龙

1930 年，美国工业化学家华莱士·卡罗瑟斯（Carothers Wallace Hume，1896—1937）用乙二醇和癸二酸缩合制取聚酯，在从反应器中取出熔融的聚酯时发现了一种有趣的现象，这种熔融的聚合物能像棉花糖那样抽出丝来，而且这种纤维状的细丝即使冷却后还能继续拉伸。他们预感到这类材料可用来仿制纤维，随后他们又对一系列的聚酯化合物进行了深入的研究。由于当时所研究的聚酯都是脂肪酸和脂肪醇的聚合物，这些聚合物具有易水解、熔点低（小于 100 ℃）、易溶解在有机溶剂中等缺点，卡罗瑟斯认为聚酯不具备制取合成纤维，放弃了对聚酯的研究。但是在卡罗瑟斯放弃了这一研究以后，英国的温费尔德在这些研究成果的基础上，改用对苯二甲酸与二元醇进行缩聚反应，1940 年合成了聚酯纤维——涤纶。

1935 年初，卡罗瑟斯决定用戊二胺和癸二酸合成聚酰胺，实验结果表明，这种聚酰胺拉制的纤维其强度和弹性超过了蚕丝，而且不易吸水，不足之处是熔点较低，所用原料价格很高，还不适宜于商品生产。紧接着卡罗瑟斯又选择了己二胺和己二酸进行缩聚反应，终于在 1935 年 2 月 28 日合成出聚酰胺 66。这种聚合物不溶于普通溶剂，具有 263 ℃的高熔点，由于在结构和性质上更接近天然丝，其耐磨性和强度超过当时任何一种纤维，而且原料价格也比较便宜，杜邦公司决定对其进行商业生产开发。1938 年 7 月，杜邦公司完成了对聚酰胺纤维的中试，用聚酰胺 66 作牙刷毛的牙刷开始投放市场。1938 年 10 月 27 日，杜邦公司正式宣布世界上第一种合成纤维诞生，并将聚酰胺 66 这种合成纤维命名为尼龙（nylon），这个词后来在英语中变成了聚酰胺类合成纤维的通用商品名称。

尼龙的出现使纺织品的面貌焕然一新，用这种纤维织成的尼龙丝袜既透明又比丝袜耐穿。1939 年 10 月 24 日杜邦展示了用尼龙做的丝袜，很快就被视为珍奇之物被抢购一空。人们曾用"像蛛丝一样细，像钢丝一样强，像绢丝一样美"的词句来赞誉这种纤维。

尼龙的合成是高分子化学发展的一个重要里程碑。卡罗瑟斯在进行高分子缩聚反应时，对反应物的配比要求很严格，相差不超过 1%，因此缩聚反应的程度相当彻底，超过 99.5%，从而合成出相对分子质量高达两万左右的聚合物。卡罗瑟斯的研究表明，聚合物是一种真正的大分子，这些基团通过共价键互相连接，而不是靠一种不确定的力将小分子简单聚集到一起。尼龙的合成有力地证明了高分子的存在，使人们对施陶丁格的理论深信不移，从此高分子化学才真正建立起来。

## 1.3 天然高分子定义、分类、来源与分离

### 1.3.1 天然高分子定义

天然高分子(natural polymers)是指以由重复单元连接成的线性长链为基本结构的高相对分子质量化合物，是存在于动物、植物及生物体内的高分子物质。生物的物质基础是各种高分子化合物与一些小分子的组合，生命现象是它们相互间的物理、化学现象。人类认识和利用高分子材料是从天然高分子开始的。天然高分子是生命起源和进化的基础。人体自身除水占 60%外，其余 40%中基本上都是天然高分子。在很早以前，人类就已经利用天然高分子材料作为生活资料和生产原料，并掌握了其中的加工技术。例如，利用蚕丝、棉、毛织成织物，用竹、棉、麻造纸等，造纸术曾是我国古代四大发明之一。另外，利用桐油和大漆等天然高分子材料作为油漆、涂料制作漆制品，也是我国古代的传统技术。在自然界，通过有机体自然生长而形成的高分子物质称为天然高分子。有机体的生长是无限重复的，因此，天然高分子资源是取之不尽、用之不竭的可再生资源。其次，天然高分子大都具有生物可降解性，因此天然高分子材料属于绿色材料。

### 1.3.2 天然高分子分类

天然高分子的种类很多。按物质属性可分为有机天然高分子、无机天然高分子和金属天然高分子，但通常所说的天然高分子往往专指有机天然高分子；按生物质来源可分为植物天然高分子、动物天然高分子和微生物天然高分子；按自然环境来源可分为陆地天然高分子和海洋天然高分子等。按结构组成来源可以分为：①多聚肽类，如多肽、蛋白质、酶、激素、蚕丝等；②多糖，如淀粉、肝糖、菊粉、纤维素、木质素、甲壳素等；③橡胶类，如巴西橡胶、杜仲胶等；④树脂类，如阿拉伯树脂、琼脂、褐藻胶等；⑤动、植物分泌物类，如生漆、天然橡胶、虫胶等。工业应用领域的天然高分子主要为纤维素、半纤维素、木质素、天然橡胶、淀粉、蛋白质和甲壳素/壳聚糖等。

### 1.3.3 天然高分子来源

实际上，用作工业原料和材料的天然高分子主要来源于动物和植物。植物是纤维素最主要的来源，每年通过光合作用，能产生出 $1000×10^8$ t 纤维素，棉花是自然界中纤维素。含量最高的纤维，其纤维素含量达 90%~98%。而木材是纤维素化学工业的主要原料，木材的主要成分是纤维素、半纤维素和木质素(表 1-1)。

表 1-1　木材的主要组成比

| 树　种 | 纤维素/% | 半纤维素/% | 木质素/% |
|---|---|---|---|
| 针叶树材 | 50~55 | 15~20 | 25~30 |
| 阔叶树材 | 50~55 | 20~25 | 20~25 |

(1)纤维素

纤维素是由许多 D-葡萄糖基通过 $\beta$-1,4-糖苷键连接而成的线状高分子化合物。工业纤维素主要来源于植物纤维素。植物纤维素主要来源于木材，部分来源于非木材。木材依其性状分为针叶树材和阔叶树材。木材通过化学方法将其非纤维素成分去掉，即可获得纤维素，这些纤维素大都以纤维的形态存在。通常木材中的纤维素含量为50%左右。非木材包括草类(或称禾本科，如麦草、稻草、芦苇、竹子等)、韧皮类(麻类、桑皮、构皮、檀皮等)、种毛类(棉花)等。在非木材的种类中，棉花是纤维素含量最高的，高达95%以上，是自然界中纯度最高的纤维素纤维，且质地柔软、强度大，是重要的纺织原料。通常，将植物中由多种糖基、糖醛酸基所组成的带有支链的复合聚糖统称为半纤维素。植物组织中半纤维素的含量很高，仅次于纤维素。

(2)木素

木素是一种具有各向异性的三维空间结构的无定形芳香族天然高分子聚合物，其基本结构单元是苯基丙烷单元。木素广泛地存在于较高等的维管束植物(蕨类植物、裸子植物、被子植物)中。天然橡胶是一种以聚异戊二烯为主要成分的天然高分子化合物，分子式为$(C_5H_8)$，主要成分为橡胶烃(聚异戊二烯)，含量在90%以上，还含有少量的蛋白质、脂肪酸、糖分及灰分等。通常我们所说的天然橡胶，就是指从橡胶树上采集的天然胶乳，经过凝固、干燥等加工工序而制成的弹性固状物。

(3)淀粉

淀粉，仅次于纤维素，是世界上第二大碳水化合物来源。淀粉由 D-葡萄糖所组成，广泛分布于植物的种子、根、茎等部位。一般来说，大体上可分为谷物淀粉和薯类淀粉，代表性的有玉米淀粉、小麦淀粉、木薯淀粉和马铃薯淀粉等。天然蛋白质主要有胶原蛋白(动物皮等)和蛋白质纤维(羊毛、蚕丝等)。

(4)甲壳素

甲壳素因主要来源于节肢动物(如虾、蟹等)的甲壳而得名。甲壳素广泛存在于低等植物菌类、藻类的细胞，节肢动物虾、蟹、蝇蛆和昆虫的外壳，贝类、软体动物(如鱿鱼、乌贼)的外壳和软骨，高等植物的细胞壁等中。壳聚糖则是甲壳素脱乙酰化而得到的一种生物高分子。

## 1.3.4　天然高分子的应用缺陷

天然高分子由于来自可再生资源，而且废弃后又容易被自然界微生物分解成水、二氧化碳和无机小分子，因此属于环境友好型材料。今天，面对石油资源日益枯竭及其价格上涨，天然高分子材料的开发与利用面临新的发展机遇。

而且它们具有多种功能基，可通过化学修饰改性成为新材料，也可以分解成各种单体，作为化工原料及生物柴油等。所以，天然高分子材料的改性及其应用具有广阔的前景。但是，大多数天然高分子含有大量的羟基及其他极性基团，易形成分子内和分子间氢键，难溶、难熔，难以熔融加工，因而，它们不能像合成高分子那样通过吹塑、挤出或热压加工，同时也缺乏优良的耐水性和柔韧性，从而限制了天然高分子在工业生产及生活材料方面的应用。因此，解决天然高分子的溶解和熔融问题是天然高分子材料改性的关键，其主要方法是破坏天然高分子内及分子间氢键，使它们可以如合成高分子那样，大分子链可以产生更好的移动及易于蜷曲。

如果天然高分子的在改性时能结合其他材料的优点，如无机非金属材料的耐高温、耐腐蚀、耐磨性好、强度高、自洁功能、光导性好等，以及金属材料的耐久性、硬度等，那么天然高分子材料在工业生产及生活应用中将得到极大的拓展。

### 1.3.5 天然高分子提取与分离

大多数天然高分子产品中都有某些其他生物高分子混合。例如，细胞产物中常混有百种以上的蛋白质、核酸或酶类。又如，生漆液中既有主要的成膜材料——漆酚，又有能助漆酚催化的酶，还有其他成分如多糖、木质素等。无论是从分析或研究目的考虑，还是从实际生产角度出发，在研究一种天然高分子时，首要的任务是提纯，使它先与杂质分离。特别是将它们的主成分萃取分离出来并制成溶液，这样不但利于后续提纯，测试也较为容易。

天然高分子很少有一次性成功的通用的提纯方法，经常要使用多种技术，相互配合。本章仅扼要叙述提纯法，个别的天然高分子使用的特殊提纯和检测分析方法，将在有关章节分别叙述。

在提纯过程中，要不断检验提纯的目的是否达到，也需要利用各类分析鉴定方法。特别是许多天然高分子物为生物活性的，它们在整体中仍不断地进行反应，所以分析手段应尽量采用快速和自动化的方法。需要注意的是，测定天然高分子物质组成的准确与否，纯度是一个关键问题。

## 1.4 天然高分子材料发展利用现状

人类对于天然高分子资源利用由来已久，通过化学、物理方法改性赋予天然高分子材料新的功能是当前材料研究领域的热点。

### 1.4.1 纤维素

纤维素是地球上最古老和最丰富的可再生资源，主要来源于树木、棉花、麻、谷类植物和其他高等植物，也可通过细菌的酶解过程产生(细菌纤维素)。纤维素由葡萄糖组成，它含有大量羟基，易形成分子内和分子间氢键，使它难溶、难熔，从而不能熔融加工。纤维素除用作纸张外，还可用于生产丝、薄膜、无纺布、填料以及各种衍生物产品。长期以来，由于采用传统的黏胶法生产人造丝和玻璃纸，大量使用二硫化碳导致环境严重污染，寻找新溶剂体系是纤维素科学与纤维素材料发展的关键。最近开发的纤维素溶剂主要有 N-甲基吗啉-N-氧化物(NMMO)、氯化锂/二甲基乙酰胺(LiCl/DMAc)、1-丁基-3-甲基咪唑氯代([BMIM]Cl)和1-烯丙基3-甲基咪唑氯代([AMIM]Cl)离子液体等。纤维素在加热条件下溶于 NMMO，用它纺的丝称为 Lyocell (天丝)，其性能优良。

近30年，细菌纤维素已日益引人注目，因为它比由植物得到的纤维素具有更高的相对分子质量、结晶度、纤维簇和纤维素含量。细菌纤维素的独特纳米结构和性能使其在造纸、电子学、声学以及生物医学等多个领域具有广泛的应用潜力，尤其是作为组织工程材料用来护理创伤和替代病变器官。细菌纤维素薄膜已被用作皮肤伤口敷料以及微小血管替代物。

### 1.4.2 木质素

木质素是由4种醇单体(对香豆醇、松柏醇、5-羟基松柏醇、芥子醇)形成的一种复杂酚类聚合物，具有更为复杂结构的天然高分子。它含芳香基、酚羟基、醇羟基、羧基、甲氧基、羧基、共轭双键等活性基团，可以进行多种类型的化学反应。主要用于合成聚氨酯、聚酰亚胺、聚酯等高分子材料或者作为增强剂。接枝共聚是其化学改性的重要方法，它能够赋予木质素更高的性能和功能。木质素的接枝共聚通常采用化学反应、辐射引发和酶促反应 3 种方式，前两者可以应用于反应挤出工艺及原位反应增容。木质素还是一种优良的填充增强材料，它已替代炭黑作为补强剂填充改性橡胶。木质素的羟基和橡胶中共轭双键的 γ 电子云能形成氢键，并且可以与橡胶发生接枝、交联等反应，从而起到增强的作用。木质素填充橡胶，主要通过工艺改良和化学改性解决木质素在橡胶基质中的分散分布问题，同时利用木质素分子的反应活性构筑树脂-树脂、树脂-橡胶及橡胶交联的多重网络结构。据报道，相同类型的木质素在橡胶基质中分布的颗粒尺度越小，与橡胶的相容性越高，则化学作用越强，补强作用越明显。

### 1.4.3　淀粉

淀粉由 α-1,4-糖苷键链接的 D-葡萄糖组成，主要存在于植物根、茎、种子中。淀粉基生物可降解材料具有良好的生物降解性和可加工性，已成为材料领域的一个研究热点。全淀粉塑料是指加入极少量的增塑剂等助剂使淀粉分子无序化，形成具有热塑性的淀粉树脂，这种塑料由于能完全生物降解，因此具有广阔发展前景。日本住友商事公司、美国 Warner-lambert 公司以及意大利 Ferruzzi 公司等研制出淀粉质量分数为 90%～100% 的全淀粉塑料，产品能在一年内完全生物降解，可用于制造各种容器、薄膜和垃圾袋等。

淀粉材料的改性主要集中在接枝、与其他天然高分子或合成高分子共混，以及用无机或有机纳米粒子复合制备完全生物可降解材料、超吸水材料、血液相容性材料等。最新研究表明，将淀粉及其衍生物与聚乳酸(PLA)、聚羟基丁酸酯(PHB)等共混制备性能优良、可生物降解的复合材料。

### 1.4.4　甲壳素

甲壳素是重要的海洋生物资源，它由 β-1,4-糖苷键链接的 2-乙酰氨基-2-脱氧-D-吡喃葡聚糖组成，壳聚糖是它的脱乙酰化产物。甲壳素和壳聚糖具有生物相容性、抗菌性及多种生物活性、吸附功能和生物可降解性等特性，它们可用于制备食物包装材料、医用敷料、造纸添加剂、水处理离子交换树脂、药物缓释载体、抗菌纤维等。将胶原蛋白与甲壳素共混，在特制纺丝机上纺制出外科缝合线，其优点是手术后组织反应轻、无毒副作用、可完全吸收，伤口愈合后缝线针脚处无疤痕，打结强度尤其是湿打结强度超过"美国药典"所规定的指标。

壳聚糖功能材料包括以下 4 类：生物医用材料，如手术缝合线、人造皮肤、医用敷料、药物缓释材料等；环境友好材料，如保鲜膜、食品包装、绿色涂料等；分离膜，如壳聚糖离子交换膜、乙醇水体系的分离和浓缩膜；液晶材料，如酰化壳聚糖、苯甲酰化壳聚糖、氰乙基化壳聚糖和顺丁烯二酰化壳聚糖，它们均显示溶致液晶性质。

### 1.4.5　其他多糖材料

多糖是人类最基本的生命物质之一，除作为能量物质外，多糖的其他诸多生物学功能也不断被揭示和认识，各种多糖材料已在医药、生物材料、食品、日用品等领域有着广泛的应用。例如，海藻酸钠易溶于水，是理想的微胶囊材料，具有良好的生物相容性和免疫隔离作用，能有效延长细胞发挥功能的时间。又如，用多孔海绵结构的海藻酸钠水凝胶作为肝细胞组织工程的三维支架材料，它可增强肝细胞的聚集，从而有利于提高肝细胞活性以及合成蛋白质的能力。

魔芋是我国的特产资源，魔芋葡甘聚糖具有良好的亲水性、凝胶性、增稠性、黏结性、凝胶转变可逆性和成膜性。魔芋葡甘聚糖是迄今为止报道的食品工业领域具有最高特性黏度的多糖之一，其浓溶液为假塑性流体，当水溶液浓度高于 7% 时表现出液晶行为，并且还可形成凝胶。研究表明，通过共沉淀法制备的纳米羟基磷灰石/壳聚糖/魔芋葡甘聚糖复合材料，在模拟体液环境下极易降解，因此，该材料作为可植入药物的传输载体有着很好的应用前景。

黄原胶是一种微生物多糖，可用于食品、饮料行业作增稠剂、乳化剂和成型剂。用黄原胶和酶改性的瓜尔胶乳甘露聚糖可制得共混生物材料。黄原胶能有效控制基质中药物的释放，是一种优良的亲水性骨架材料。例如，黄原胶已成功用来制备口服缓释制剂，将黄原胶与壳聚糖共混可制备盐酸心得安缓释药片等。此外，由于黄原胶具有优异的流变性，它还广泛用于石油工业，对加快钻井速度、防止油井坍塌、保护油气田、防止井喷和大幅提高采油率等都有明显作用。

## 1.4.6 蛋白质

蛋白质存在于一切动植物细胞中，它是由多种 α-氨基酸组成的天然高分子化合物，相对分子质量一般可由几万到几百万，甚至可达上千万。正在研究与开发的蛋白质材料主要包括大豆分离蛋白、玉米醇溶蛋白、菜豆蛋白、面筋蛋白、鱼肌原纤维蛋白、角蛋白和丝蛋白等。近十年来蛋白质材料在黏结剂、生物可降解塑料、纺织纤维和各种包装材料等领域的研究与开发十分引人注目，是将来合成高分子塑料的替代物之一。

近年来，蚕丝和蜘蛛丝由于极高的力学强度而引起重视。它们的主要成分均是纯度很高的丝蛋白，在自然界用作结构性材料。蚕丝有很高的强度，这与其内在的紧密结构有关。蚕丝分为两层：外层以丝胶为皮，内部以丝蛋白为芯，而且中间的丝蛋白纤维结构紧密，使蚕丝具有优良的力学性能。蜘蛛丝对其扭转形状具有记忆效应，很难发生扭曲，能够在不需要任何外力作用的情况下保持最初的形状。

## 1.4.7 天然橡胶材料

天然橡胶的主要成分为聚异戊二烯，来源于橡胶树中的胶乳，是一种具有优越综合性能的可再生天然资源。为了拓宽天然橡胶材料的应用领域，对天然橡胶进行改性，一般包括环氧化改性、粉末改性、树脂纤维改性，氯化、氢化、环化和接枝改性以及与其他物质的共混改性。

环氧化天然橡胶（ENR）由于在主链上具有极性环氧基团，因此具有良好的耐油性、较低的透气性、较高的湿抓着力、滚动阻力和拉伸强度。以苯乙烯环氧化丁二烯-苯乙烯三嵌段共聚物为增容剂，对 ENR/丁苯橡胶（SBR）共混物硫化特性、机械性能和耐油性的研究发现，该增容剂可改善共混材料的加工性能、拉伸强度、撕裂强度和定伸应力，而且有利于延长共混材料的焦烧时间，缩短其硫化时间，提高耐油性。

杜仲胶也称为古塔波胶或巴拉塔胶，为反式聚异戊二烯，是普通天然橡胶的同分异构体。因其具有质硬、熔点低、易于加工、电绝缘性好等特点，长期以来用作塑料代用品。自我国"反式-聚异戊二烯硫化橡胶制法"出现后，杜仲橡胶改性的研究与利用也引起关注。杜仲胶是最常用的固体封闭材料，由于具有良好的生物相容性和低毒性，它还是最有效的封闭牙齿根管系统的材料。杜仲胶材料的老化速率受很多因素的影响，如口腔中细菌的数量和种类、材料可接触到的氧的量、材料与唾液的接触情况、唾液的成分等。

## 课后习题

1. 简述天然高分子在新材料开发中的作用及前景。
2. 天然高分子材料在能源领域有哪些应用？
3. 国内外天然高分子材料资源分析讨论。

# 参考文献

范治平，程萍，张德蒙，等，2020. 天然高分子基刺激响应性智能水凝胶研究进展[J]. 材料导报，34(21)：21012-21025.

王俊钦，冯松，柯妮，等，2020. 天然高分子材料在农药控释剂中的应用研究进展[J]. 农药学学报，22(4)：567-578.

王玉鑫，2018. 天然高分子材料在医药行业中的应用综述[J]. 当代化工研究(5)：42-43.

罗淳译，2018. 天然高分子材料在组织工程中的应用[J]. 广东化工，45(1)：139-140.

# 第2章 天然高分子链结构与聚集态结构

材料的物理性能是分子运动的反映，结构是了解分子运动的基础。研究高分子结构的意义在于了解分子间和分子内相互作用的本质：即通过对分子运动的理解，建立结构与性能之间的内在联系，掌握结构与性能的关系，就有可能合成出具有特定性能的高分子，或改善现有高分子的性能使其更满足实际需要，并为高分子的分子设计和材料设计奠定科学的基础。

高分子的结构是非常复杂的，整个高分子结构是由不同层次所组成的，天然高分子是由许多单个的高分子链聚集而成，其结构有两方面的含义：①单个高分子链的结构；②许多高分子链聚在一起表现出来的聚集态结构。天然高分子结构可分为链结构与聚集态结构，链结构又分为一级结构(近程结构)与二级结构(远程结构)，结构单元的化学组成、连接顺序、近程结构立体构型，以及支化、交联等属于一级结构研究范畴；高分子链的形态(构象)以及高分子的大小(相对分子质量)属于二级结构内容，晶态、非晶态、取向态、液晶态及织态等属于聚集态结构范畴。

天然高分子的分子链结构、分子之间相互作用、分子运动、分子的凝聚态结构，各层次结构对天然高分子材料宏观性能有显著的影响。研究天然高分子聚集态结构和表征方法可以改进和提高材料的光学和力学性能，为新材料的研究作贡献。

## 2.1 高分子结构的特点和内容

小分子的分子结构相同时，相对分子质量确定。高分子与低分子的区别在于前者相对分子质量很高，通常将相对分子质量高于 10 000 Da 的称为高分子，相对分子质量低于 1000 Da 的称为低分子，相对分子质量介于高分子和低分子之间的称为低聚物(又名齐聚物)。高分子比小分子物质的相对分子质量大得多，一般高分子的相对分子质量为 $10^4 \sim 10^6$ Da，相对分子质量大于这个范围的又称为超高相对分子质量高分子。聚合度 X(DP)可以用来表示高分子的大小。对于一根高分子链，其聚合度或相对分子质量是确定的，但对于全部高分子而言，其聚合度或相对分子质量是非均一的，具有某种分布的，即高分子的相对分子质量具有多分散性，每个高分子试样都有其相对分子质量分布，其相对分子质量只具有统计平均的意义。

相对分子质量达到一定值后(临界相对分子质量)高分子材料才具有机械强度，相对分子质量过高时，高分子强度达到极限，但熔体黏度过大，加工困难，如 HDPE 的相对分子质量增加，其黏度增大，难以进行注塑加工；而 PE 的分子间内聚作用较强，适合挤塑与吹塑。分子链长度增加及其相互缠绕降低了分子的运动性，使结晶更加困难，结晶度和密度降低，材料的弹性模量和耐磨性下降。在高分子破坏强度以下，链长度的增加使被拉伸的链能相互滑移较长距离，故断裂应变增大；随着相对分子质量的继续增大，能够滑移的短链减少，材料的断裂应变降低。如 PP 相对分子质量增加，MFR 降低(即黏度增大)，冲击强度增大，断裂应变增大。

与低分子相比，高分子化合物的主要结构特点：相对分子质量大，相对分子质量往往存在着分布；分子间相互作用力大；分子链有柔顺性；晶态有序性较差，但非晶态却具有一定的有序性。高分子的结构非常复杂，由不同层次组成，可分为以下 3 个主要结构层次：一级结构、二级结构、聚集态结构。

## 2.1.1　高分子链的近程结构

高分子链的近程结构包括结构单元的化学组成、键接结构、分子构造-支化或交联、共聚物的结构、高分子链的构型等内容。当单个高分子链的构型、分子链的组成、构造不同时，高分子材料的性能会有很大差别。

### 2.1.1.1　高分子链

高分子链是由单体通过聚合反应连接而成的链状分子。高分子链中重复的结构单元的数目称为聚合度($n$)。高分子的链结构是指一根(单个)高分子链的结构和形态，研究的是一根高分子链中原子或基团的几何排列。包括高分子链的近程结构和远程结构。

例如，氯乙烯和聚氯乙烯结构式如下：

$$
\begin{array}{cc}
\underset{\text{氯乙烯}}{\begin{matrix} H & Cl \\ | & | \\ C = C \\ | & | \\ H & H \end{matrix}}
&
\underset{\text{聚氯乙烯}}{\begin{matrix} H & Cl & H & Cl & H & Cl \\ | & | & | & | & | & | \\ H - C - C - C - C - C - C - H \\ | & | & | & | & | & | \\ H & H & H & H & H & H \end{matrix}}
\end{array}
$$

高分子链可以分为全同链与杂链，主链由同一种原子组成称为全同链，由不同原子组成的主链称为杂链。

全同链：～～～S—S—S—S～；　　　～～C—C—C—C～

杂链：～～Si—O—Si—O～～；　　～～C—O—C—O～

### 2.1.1.2　结构单元的化学组成

按化学组成不同高分子可分成下列几类：

(1)碳链高分子(C)

多由加聚反应制得，分子主链全部由碳原子以共价键相连接的碳链高分子。例如，聚苯乙烯(PS)、聚氯乙烯(PVC)、聚丙烯(PP)、聚丙烯腈(PAN)、聚甲基丙烯酸甲酯(PMMA)。这类高分子通常易成型加工，不溶于水，具有可塑性(可加工性)，但耐热性差。

聚丙烯(PP)：～～～$CH_2$—CH—$CH_2$—CH～～～
　　　　　　　　　　　　　|　　　　　|
　　　　　　　　　　　　 $CH_3$　　 $CH_3$

顺丁橡胶(BR)：～～～$CH_2$—CH＝CH—$CH_2$～～

(2)杂链高分子(C、O、N、S)

由缩聚反应和开环聚合反应制得，分子主链除含有碳外，还有氧、氮、硫等两种或两种以上的原子以共价键相连接，常用作工程塑料。如聚甲醛分子链的—OH 端基被酯化后可提高它的热稳定性。聚碳酸酯分子的羟端基和酰氯端基在高温下降解，加入单官能团的化合物如苯酚类封端。这类高分子通常具有极性，易水解、醇解，耐热性比较好，强度高，可作为工程塑料使用。

聚甲醛(POM)：～～～$CH_2$—O—$CH_2$—O—$CH_2$—O～～～

聚碳酸酯(PC)：
$$
\begin{matrix}
& CH_3 & & & & CH_3 & & \\
& | & & & & | & & \\
\sim\sim\!\!\!- C - & \bigcirc\!\!\!\!\bigcirc & - C - O - C - O - & \bigcirc\!\!\!\!\bigcirc & - C - & - C\sim\sim \\
& | & & \| & & | & & \| \\
& CH_3 & & O & & CH_3 & & O
\end{matrix}
$$

（3）元素高分子

元素高分子是主链上不含碳原子，分子主链中由硅、磷、锗、铝、钛、砷、锑等元素以共价键结合而成的高分子，侧链上含有有机基团的高分子材料。侧基含有机基团时称为有机元素高分子，如有机硅橡胶和有机钛高分子等。

侧基为有机基团的为元素有机高分子，强度不高，具有无机物的耐热性和有机物的弹塑性。主链上不含碳元素，也不含有机取代基，完全由其他元素组成，侧基不是有机基团的属于无机高分子，强度低，耐热性好，成链能力差。

聚二甲基硅氧烷（硅橡胶）：

元素有机高分子：

$$\cdots\cdots Si \underset{\underset{CH_3}{|}}{\overset{\overset{CH_3}{|}}{\,}} O - Si \underset{\underset{CH_3}{|}}{\overset{\overset{CH_3}{|}}{\,}} O \cdots\cdots$$

无机高分子：

二硫化硅　　　　　　　　氯化磷腈（阻燃材料）　　　　　聚硫

$$\begin{array}{c} S \quad\quad S\cdots\cdots \\ Si \quad\quad Si \\ S \quad\quad S\cdots\cdots \end{array} \qquad \cdots P \underset{\underset{Cl}{|}}{\overset{\overset{Cl}{|}}{\,}} = N - P \underset{\underset{Cl}{|}}{\overset{\overset{Cl}{|}}{\,}} = N \cdots \qquad \cdots S - S \cdots$$

（4）端基

在共聚物的制备中，需要高分子链带有某反应性的端基。高分子相对分子质量足够大时，端基对高分子力学性能的影响较小，但对热稳定性影响最大，要提高耐热性，一般要对高分子链进行封端。分子链端基主要影响高分子热稳定性，合物降解一般从端基开始。如甲醛（POM）端羟基受热后易分解，释放出甲醛，用乙酸酐进行酯化封端，消除 POM 端羟基，提高热稳定性；聚碳酸酯（PC）具有端羟基和端酰氯基，促使 PC 高温降解，用苯酚封端，可明显提高 PC 耐热性；尼龙生产中存在游离氨基会使制品颜色变棕色，影响制品外观，用酸封端，可改善尼龙制品的外观颜色。端基滴定法可以用于高分子的相对分子质量的测定，极性端基还可用于研究分子运动，端基具有较大活动性，且链末端附近总存在结构缺陷，因此可通过链末端的介电行为研究高分子的结构缺陷。

（5）结构单元的键接方式

结构单元在高分子链中的连接方式，对于缩聚物而言，根据缩聚反应的特点，其结构单元的键接方式一般都是明确的。

聚对苯二甲酸乙二酯

$$\left( \begin{array}{c} O \quad\quad\quad\quad\quad O \\ \| \quad\quad\quad\quad\quad \| \\ C \text{—}\bigcirc\text{—} C \quad\quad CH_2 \\ \| \quad\quad\quad\quad\quad | \\ O \quad\quad\quad\quad O\text{—}CH_2 \end{array} \right)$$

对于加聚物而言，情况较为复杂：结构单元完全对称的高分子，如聚乙烯，其键接方式只有一种。有不对称取代结构单元的高分子具有多重键接方式（头-头，尾-尾，头-尾），如聚氯乙烯。结构单元的键接方式影响高分子性能，主要是结晶性能和化学性能。烯类单体由于存在能量和位阻效应，聚合得到的高分子绝大多数为头-尾键接结构。一般来说，离子型聚合得到的高分子比自由基聚合得到的产物具有更为规整的头-尾键接结构。自由基引发聚合得到的聚偏氟乙烯含有多达 8%~12%的头-头键接，自由基聚合得到的聚氯丁二烯头-头键接含量可高达 30%。

### 2.1.1.3　构型

高分子链的近程结构是以一个或几个结构单元为研究对象，研究的是链的构造与构型；属于化学结构。高分子链的构造是指高分子链的组成，包括：结构单元的化学组成、结构单元的键接结构、链的几何形状。高分子链的构型是指高分子链中取代基的几何排列，描述的是分子中由化学键所固定的原子在空间的排列，这种排列是稳定的，要改变构型必须经过化学键的断裂和重组。异构体包括：几何异构(由双键或环状结构引起)、旋光异构(由手性中心引起)、键接异构体(结构单元在高分子链中的连接方式引起)。

（1）几何异构

几何异构(geometrical isomerism) 共轭二烯烃(conjugated diene)发生 1，4-加成聚合时，在高分子主链上含有 C=C 双键，由于双键不能自由旋转，使双键两侧的取代基可以有不同的排列方式，形成顺式构型(cis-)和反式构型(trans-)。两个相同基团在双键同一侧的称为顺式，在异侧的称为反式。这种由于分子中的原子或基团在空间的排布方式不同而产生的同分异构现象，称为顺反异构。几何(顺反)异构是由大分子链中双键两侧基团的排列方式不同所形成。顺式构型分子链与分子链之间的距离较大，重复周期长，分子不易结晶，在室温下是一种弹性很好的橡胶；反式构型分子链的结构比较规整，分子容易结晶，在室温下是弹性很差的塑料。

1，4 加聚的双烯类高分子中，由于主链双键的碳原子上的取代基不能绕双键旋转，当组成双键的两个碳原子同时被两个不同的原子或基团取代时，即可形成顺反两种构型，称作几何异构体。例如，丁二烯用钴、镍和钛催化系统可制得顺式构型含量大于 94%的聚丁二烯，称作顺丁橡胶，其顺式结构式如下：

$$CH=CH \quad CH_2 \quad CH_2$$
$$CH \quad CH_2 \quad CH=CH$$

用钒或醇烯催化剂所制得的聚丁二烯橡胶，主要为反式构型，其反式结构式如下：

$$CH \quad CH_2 \quad CH \quad CH_2$$
$$CH \quad CH \quad CH_2 \quad CH$$

虽然都是聚丁二烯，由于结构不同，其性能就不完全相同，1，2-加成的全同立构或间同立构的聚丁二烯，由于结构规整，容易结晶，弹性很差，只能作为塑料使用。顺式的 1，4-聚丁二烯，分子链与分子链之间的距离较大，在室温下是一种弹性很好的橡胶。反式 1，4-聚丁二烯分子链也比较规整，容易结晶，在室温下是很差的塑料。几何构型对 1，4-聚异戊二烯的影响也是大体如此。表 2-1 列出了不同几何构型对性能的影响。

**表 2-1　几何构型对熔点和玻璃化温度的影响**

| 聚合物 | 熔点 $T_m$/℃ | | 玻璃化温度 $T_g$/℃ | |
| --- | --- | --- | --- | --- |
| | 顺式 1，4 | 反式 1，4 | 顺式 1，4 | 反式 1，4 |
| 聚异戊二烯 | 30 | 70 | -70 | -60 |
| 聚丁二烯 | 2 | 148 | -108 | -80 |

天然橡胶含有 98%以上的 1，4-顺式异戊二烯及 2%左右的 3，4-聚异戊二烯，$T_m = 28$ ℃，$T_g = -73$ ℃，柔软而具有弹性。古塔波胶为反式聚异戊二烯，存在两种结晶状态，$T_m$ 分别为 65 ℃和 56 ℃，$T_g = -53$ ℃，在室温下为硬韧状物。

高分子构型的测定方法有 X 射线衍射法(可以测出晶区中原子间的距离，只适用于结晶得较好且有较高立体纯度的物质)、核磁共振谱(NMR)(可以测定相邻链节构型的异同，进而得出高分子中含有全同立构或间同立构的百分数)、红外光谱法(IR)(可以鉴别高分子的构型)。

(2)光学异构

旋光异构:分子链上不对称 C 原子所带基团的排列方式不同所形成。饱和碳氢化合物分子中的碳,以 4 个共价键与 4 个原子或基团相连,形成一个正四面体。正四面体的中心原子上 4 个取代基或原子如果是不对称的,则可能产生异构体,这样的中心原子称作不对称原子,以 $C^*$ 表示,这种有机物能构成互为镜像的两种异构体(d 型、l 型),表现出不同的旋光性,称为旋光异构体。高分子一般内消旋作用无旋光性。

旋光异构(optical isomerism)对结构中四个取代基或原子是不对称的高分子,可能产生两种旋光异构体(optical isomer),每一个结构单元中有一个不对称(asymmertric)的碳原子 $C^*$,它们在高分子有 3 种键接方式:全同立构、间同立构和无规立构(图 2-1)。

全同立构(isotactic chain structure)的取代基全部处在主链平面的一侧或高分子全部由一种旋光异构单元键接而成。间同立构(syndiotactic chain structure)的取代基相间分布在主链平面的两侧或说两种旋光异构单元交替键接。无规立构(atactic chain structure)的两种旋光异构单元完全无规键接。

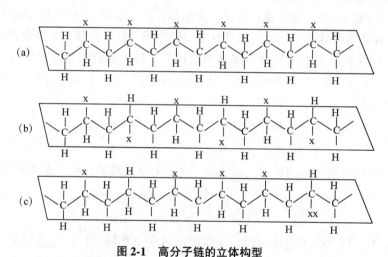

**图 2-1　高分子链的立体构型**
(a)全同立构　(b)间同立构　(c)无规立构

等规高分子的立构规整性好,可提高高分子的物理力学性能。分子链规整度越高,结晶性越好,$T_g$ 密度和硬度越高;无规高分子的规整性差,一般不结晶。高分子立体异构取决于聚合方法,更主要取决于催化体系。自由基聚合只能得到无规立构高分子。配位聚合催化剂、定向聚合可得到等规高分子。

分子的立体构型不同时,材料的性能也有不同,例如,全同立构的聚苯乙烯结构比较规整,能结晶,熔点为 240 ℃,而无规立构的聚苯乙烯结构不规整不能结晶,软化温度为 80 ℃,全同或间同的聚丙烯,结构比较规整,容易结晶,可以纺丝做成纤维。而无规聚丙烯则不能结晶,是一种橡胶状的弹性体。通常自由基聚合的高分子大都是无规的,只有用特殊的催化剂才能制得有规立构的高分子,这种聚合方法称为定向聚合。全同立构和间同立构的高分子有时统称为等规高分子。等规度是指高分子中含有全同立构和间同立构的总的百分数。通过找到合适的溶剂可把无规的和等规的高分子分离开来,测定等规度。

(3)键接异构

①单烯类单体形成高分子的键接方式　对于不对称的单烯类单体,例如 CH,=CHR,在聚

合时就有可能有以下几种键接方式：头-尾、头-头或尾-尾。

$$尾\quad 头$$

$$—CH_2—CH—CH_2—CH—CH_2—CH— \qquad 头-尾$$
$$\underset{R}{|}\qquad\underset{R}{|}\qquad\underset{R}{|}$$

$$头(尾)\ 头(尾)$$

$$—CH_2—CH—CH—CH_2—CH_2—CH— \qquad \begin{array}{l}头-尾\\或尾-尾\end{array}$$
$$\underset{R}{|}\ \underset{R}{|}\qquad\qquad\underset{R}{|}$$

　　分子链中结构单元的连接方式往往对高分子的性能有比较明显的影响，用来作为纤维的高分子，一般都要求分子链中单体单元的排列规整，使高分子结晶性能较好，强度高，便于抽丝和拉伸。例如，用聚乙烯醇做维尼纶，只有头-尾键接才能使其与甲醛缩合生成聚乙烯醇缩甲醛。如果是头-头键接的，羟基不易缩醛化，产物中仍保留一部分羟基，导致维尼纶纤维缩水性较大；且羟基的数量太多会使纤维的强度下降。为了控制高分子链的结构，往往需要改变聚合条件。一般来说，离子型聚合的比自由基聚合的产物，头-尾结构的含量要高一些。

　　②双烯类单体形成高分子的键接方式　双烯类高分子，不仅有不对称取代结构单元，而且有两个开启位置不同的双键。双烯类单体聚合时，情况较复杂。例如，丁二烯聚合过程中有 1,2-加成、3,4-加成和 1,4-加成之区别。

　　键合方式对高分子性能有很大的影响，例如，用作纤维的高分子，一般都要求分子链中单体单元排列规整，以提高高分子的结晶性能和强度。

### 2.1.1.4　构造

　　分子构造指高分子分子的各种形状，一般为线型，也有支化或交联结构。高分子的构造是在不考虑化学键内旋转的情况下高分子分子链呈现的各种形状。一般为线性高分子，如有多官能团存在就可以进行支化，形成支化大分子。由于分子间没有化学键的存在，高分子在受热后会从固体状态逐步转变为流动状态——热塑性高分子。用支化度可描述高分子的支化程度（图 2-2）。支化高分子可分为无规、星形、梳形支化。

　　（1）支化

　　一般高分子都是线形的，如果在缩聚过程中有官能度 $f \geq 3$ 的单体存在，或在加聚过程中，有自由基的链转移反应发生，或双烯类单体中第二双键的活化等，都能生成支化或交联的高分子。

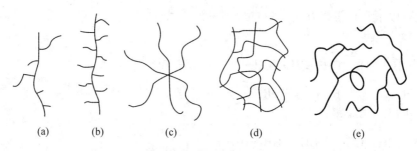

**图 2-2　典型的形适高分子**
(a)短链和长链支化高分子　(b)具有接枝齐聚物侧链的梳形高分子
(c)星形高分子　(d)交联网络　(e)无规支化

支化高分子的化学性质与线型高分子相似,但支化对物理性能的影响有时相当显著。例如,高压聚乙烯(低密度聚乙烯 LDPE),由于支化破坏了分子的规整性,使其结晶度大大降低。低压聚乙烯(高密度聚乙烯 HDPE)是线形分子,易于结晶,故在密度、熔点、结晶度和硬度等方面都高于前者,见表 2-2。

**表 2-2　高压聚乙烯与低压聚乙烯性能比较**

| 聚合物类型 | 密度/(g/cm³) | 熔点/℃ | 结晶度/% | 用途 |
|---|---|---|---|---|
| 高压聚乙烯 | 0.91~0.94 | 105 | 60~70 | 薄膜(软性) |
| 低压聚乙烯 | 0.95~0.97 | 135 | 95 | 瓶、管、棒等(硬性) |

根据支链的长度高分子支化类型可以分为短链支化、长链支化;根据支链的连接方式不同可以分为无规支化、梳形支化、星形支化。支化高分子对物理机械性会有影响,有时还相当显著:短支链影响高分子的结晶性能;长支链主要影响高分子的流动性能;支链使橡胶的硫化网状结构不完全,导致强度下降。例如,双烯烃的乳液聚合温度对其分子链的支化影响很大:聚合温度高,分子链的支化大,聚合时应采用低温聚合,尽量避免支链产生。

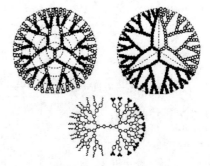

**图 2-3　树枝状高分子和超支化高分子**

树枝状高分子是具有高度支化结构的高分子,存在两种情况:一类是具有完美树枝形结构的大分子;一类是具有缺陷的树枝状生长。通常所说的树枝状高分子是具有完美树枝形结构的大分子,而具有缺陷的树枝状高分子则赋予其另外的名称——超支化高分子(图 2-3)。

(2)交联

交联是大分子链之间通过化学键或短支链相互连接,形成三维网状结构。原有大分子通过共价键连接为整体,不存在单个分子链。高分子不熔不溶,大多数为热固性高分子。只有当交联程度不高时,可发生溶胀。获得交联高分子的途径有以下几种方法:对线形高分子进行交联;橡胶硫化、不饱和聚酯固化;多官能团单体直接进行交联聚合;体型缩聚、含多个双键的(甲基)丙烯酸酯的自由基交联聚合;具有一定相对分子质量的齐聚物进行链端交联;制备均匀交联网络高分子。

高分子链之间通过支化联结成一个三维空间网形大分子时成为交联结构。交联与支化是有本质区别的,支化的高分子能够溶解,交联高分子是不熔不溶的,只有当交联度不太大时才能在溶剂中溶胀。例如,热固性塑料(酚醛、环氧、不饱和聚酯等)和硫化的橡胶都是交联高分子。

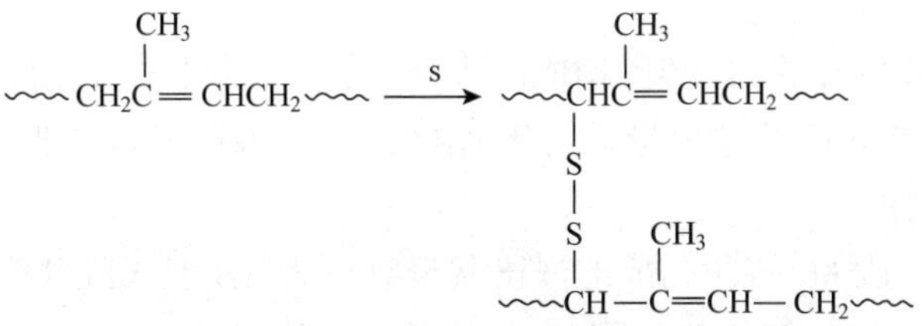

**图 2-4　聚 1, 4-异戊二烯橡胶硫化示意**

橡胶的硫化使聚异戊二烯的分子之间产生硫桥，如图 2-4 所示。

未经硫化的橡胶，分子之间容易滑动，受力后会产生永久变形，不能恢复原状，因此没有使用价值。经硫化的橡胶，分子之间不能滑移，才有大的可逆弹性变形，所以橡胶一定要经过硫化变成交联结构后才能使用。又如，聚乙烯，虽然熔点在 125 ℃以上，但在 100 ℃以上使用时会发软。经过辐射交联或化学交联后，可使其软化点及交联度大大提高，见表 2-3。交联聚乙烯大都用作电器接头、电缆和电线的绝缘套管。

**表 2-3　包装用辐射聚乙烯薄膜的性能**

| 聚合物类型 | 拉伸强度/MPa | 断裂伸长率/% | 热封温度范围/℃ |
|---|---|---|---|
| 交联聚乙烯 | 50~100 | 60~90 | 150~250 |
| 高压聚乙烯 | 10~20 | 50~600 | 125~175 |
| 低压聚乙烯 | 20~70 | 5~400 | 140~175 |

### 2.1.1.5　共聚物的序列结构

共聚物是由两种或两种以上单体聚合得到的高分子，其高分子链存在不同单体结构单元键接序列问题。主要类型有：无规共聚物、交替共聚物、嵌段共聚物和接枝共聚物(图 2-5)。

(1)无规共聚物

两种单体单元 $M_1$、$M_2$ 无规排列，且 $M_1$ 和 $M_2$ 的连续单元数较少，从 1 至几十不等。共聚物中两种单体单元的排列是无规则的。由自由基共聚得到的多为此类产物，如 P(Vc-VAc) 共聚物。

SMA 树脂系苯乙烯与马来酸酐的无规共聚物，在许多应用中，为提高 SMA 的某些性能，可制备 SMA 合金及玻璃纤维增强，合金具有较高的耐热性、良好的尺寸稳定性、优异的成型加工性、较好的耐化学药品性及适中的价格等特点，在建材、汽车内饰件、仪表板、机械罩壳、电子电器零件、包装材料等方面需求量日益扩大。

(2)交替共聚物

两种单体单元 $M_1$、$M_2$ 严格交替排列。实际上，这可看成无规共聚物的一种特例。例如，苯乙烯-马来酸酐共聚物是这类产物的代表，这种共聚物也可通过自由基共聚得到，例如，乙烯-三氟氯乙烯共聚物又称氟树脂30，是三氟氯乙烯和乙烯以 1∶1 或 1∶0.7(mol)的交替共聚物，具有优良的物理机械性能和抗蠕变性，耐油性、耐候性、耐切割性好，耐腐蚀性也优于聚偏氟乙烯(PVDF)，低温冲击强度高，可在-80~180 ℃下长期使用。经辐射交联后它还可于 180~200 ℃下使用，其优点是具有突出的耐辐照性，可在辐射场合使用。

乙烯-三氟氯乙烯共聚物的制备：可用乙烯、三氟氯乙烯用溶液法、辐射法聚合制得。乙烯-三氟氯乙烯共聚物可用于加工成电线绝缘层，电缆护套、核反应堆用电器、设备的零部件，化工用泵、阀的零部件，防腐衬里，以及各种板材、薄膜、棒材、管材、涂层等。

（3）嵌段共聚物

由较长的 $M_1$ 链段和较长的 $M_2$ 链段构成的大分子，每个链段的长度为几百个单体单元以上。嵌段共聚物中的各链段之间仅通过少量化学键连接，因此各链段基本保持原有的性能，类似于不同高分子之间的共混物。

由一段 $M_1$ 链段与一段 $M_2$ 链段构成的嵌段共聚物称为 AB 型嵌段共聚物，如苯乙烯-丁二烯（SB）嵌段共聚物。由两段 $M_1$ 链段与一段 $M_2$ 链段构成的嵌段共聚物称为 ABA 型嵌段共聚物，如苯乙烯-丁二烯-苯乙烯（SBS）嵌段共聚物。由 $n$ 段 $M_1$ 链段与 $n$ 段 $M_2$ 链段交替构成的嵌段共聚物，称为 $(AB)_n$ 型嵌段共聚物。

吉力士以陶氏化学公司（Dow Chemical Company）烯烃嵌段共聚物技术为基础，推出新一代热塑性弹性体。士力士基于陶氏化学公司的 INFUSETM 烯烃嵌段共聚物专利技术生产的 DYNALLOY-OBC 注塑和吹塑级热塑性弹性体具有超常的柔软性，触感似人体皮肤，并有极宽范围的流变特性。标准级和定制级的潜在应用包括消费品、办公用品、硬件、食品包装、医疗器械、书写工具手柄、美容器材、人体修补材料，以及需要二次成型的应用等。

（4）接枝共聚物

主链由 $M_1$ 单元构成，支链由 $M_2$ 单元构成。如 ABS 树脂，SB 为主链，A 为支链（亦可 AB 为主链，S 为支链）。

不同的共聚物结构，对材料性能的影响也各不相同。在无规共聚物的分子链中，两种单体无规则地排列，既改变了结构单元的相互作用，也改变了分子间的相互作用，因此，无论在溶液性质、结晶性质或力学性质方面，都与均聚物有很大的差异。例如，聚乙烯、聚丙烯均为塑料，而丙烯含量较高的乙烯-丙烯无规共聚的产物则为橡胶。Kel-F 橡胶是三氟氯乙烯和偏氟乙烯的共聚物，聚四氟乙烯是不能熔融加工的塑料，但四氟乙烯与六氟丙烯的共聚产物则为热塑性塑料。

(a) ——AABABBBAABBBABAABB ——

(b) ——ABABABABABABABABAB ——

(c) ——AAAAAAAAABBBBBBBBB ——

——AAAAAAAAAAAAAAAAA ——

(d) BBBBB　BBBBB　BBBBB　HIPS

**图 2-5　共聚物的序列结构**

(a) 无规共聚物　(b) 交替共聚物
(c) 嵌段共聚物　(d) 接枝共聚物

聚氨酯是由刚性段和柔性段组成的多嵌段共聚高分子，改变相对分子质量、刚性段和柔性段化学组成和比例，以及嵌段序列，可设计出一系列从涂料、胶黏剂、弹性体、发泡塑料到硬塑料等适用范围很广的高分子材料。

为改善高分子的某种使用性能，往往采用几种单体进行共聚的方法。例如，PMMA 与苯乙烯共聚改善流动性，可注射成型。不同类型的共聚物结构对材料性能的影响也各不相同，例如，聚乙烯、聚丙烯均为塑料，而丙烯含量较高的乙烯-丙烯无规共聚物的产物则为橡胶。丙烯腈、丁二烯、苯乙烯制备 ABS 树脂，ABS 树脂是丙烯腈（Acrylonitrile）、1,3-丁二烯（Butadiene）、苯乙烯（Styrene）三种单体的接枝共聚物。但实际上往往是含丁二烯的接枝共聚物与丙烯腈-苯乙烯共聚物的混合物，其中，丙烯腈占 15%~35%，丁二烯占 5%~30%，苯乙烯占 40%~60%，最常见的比例是 A∶B∶S＝20∶30∶50，此时 ABS 树脂熔点为 175 ℃。

随着三种成分比例的调整，树脂的物理性能会有一定的变化：1,3-丁二烯为 ABS 树脂提供低温延展性和抗冲击性，但过多的丁二烯会降低树脂的硬度、光泽及流动性；丙烯腈为 ABS 树脂提供硬度、耐热性、耐酸碱盐等化学腐蚀的性质；苯乙烯为 ABS 树脂提供硬度、加工的流动性及产品表面的光洁度。

## 2.1.2　高分子的远程结构

远程结构是指整个高分子链的结构，是高分子链结构的第二个层次。高分子链的远程结构以整根链为研究对象，研究的是链中链段的运动，涉及单根高分子链的构象，研究链的大小和形态。远程结构包括高分子链的大小(质量)和形态(构象)两个方面。高分子链的大小包含相对分子质量和相对分子质量分布两个内容。构象是由于高分子链上的化学键的不同取向引起的结构单元在空间的不同排布。构象的改变并不需要化学键的断裂，只要化学键的旋转就可实现。高分子链的大小取决于相对分子质量；高分子链的形态取决于链的构象。

　　高分子的主链虽然很长，但通常并不是伸直的，它可以蜷曲起来，使分子采取各种形态。从整个分子来说，它可以蜷曲成椭球状，也可以伸直成棒状。从分子链的局部来说，它可以呈锯齿形或螺旋形。这些形态可以随条件和环境的变化而变化。

### 2.1.2.1　高分子的构象

　　高分子的构象是由于单键的内旋转而产生的分子在空间的不同形态。它是不稳定的，分子热运动即能使其构象发生改变。构型是指分子中由化学键所固定的原子在空间的排列。它是稳定的，要改变构型必需经化学键的断裂、重组。总的来说，高分子链有五种构象，即无规线团(random coil)、伸直链(extended chain)、折叠链(folded chain)、锯齿链(zigzag chain)和螺旋链(helical chain)。构象是由分子内热运动引起的物理现象，是不断改变的，具有统计性质。因此，高分子链取某种构象指的是它取这种构象的几率最大，分子链呈伸直构象的几率是极小的，而呈蜷曲构象的几率较大(由熵增原理也可解释)。内旋转越自由，高分子链呈蜷曲的趋势就越大，这种不规则蜷曲的高分子链的构象称为无规线团，共单键是由 $\sigma$ 电子组成，电子云分布是轴对称的，因此高分子在运动时 C—C 单键可以绕轴旋转，称为内旋转。当碳链上不带有任何其他原子或基团时，C—C 键的内旋转应该是完全自由的，即在旋转过程中不存在位阻效应。当然，各个键之间的键角将保持不变。C—C 键的键角为 109°28′，如图 2-6 所示，如果将高分子链中第一个 C—C 键($\sigma_1$)固定在 $z$ 轴上，则第二个 C—C 键($\sigma_2$)只要保持键角不变，就有很多位置可供选择。即由于 $\sigma_1$ 的内旋转(自转)，带动 $\sigma_2$ 跟着旋转(公转)，$\sigma_2$ 的轨迹将形成一个圆锥面，以致 $C_3$ 可以出现在圆锥体底面圆周的任何位置上。

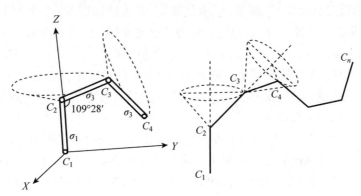

**图 2-6　高分子链的内旋转构象**

　　当 $\sigma_1$ 键和 $\sigma_2$ 键的位置固定以后，由于 $\sigma_2$ 的自转又会带动 $\sigma_3$ 绕 $\sigma_2$ 公转，形成另一个圆锥，使 $C_4$ 出现在另一个圆锥体底面圆周的任何一个位置上。当 $\sigma_2$ 键和 $\sigma_3$ 键同时内旋转时，$C_4$ 活动的余地更大了。一个高分子链中有许多单键，每个单键都能内旋转，因此很容易想象，高分子在空间的形态可以有无穷多个。由于单键内旋转而产生的分子在空间的不同形态称为构象(conformation)。由于热运动，分子的构象时刻改变着，因此高分子链的构象是统计性的。由统计结果可知，分子链呈伸直构象的几率是极小的，而呈蜷曲构象的几率较大。如此看来，单键的内旋转是导致高分子链呈蜷曲构象的原因，内旋转越自由，蜷曲的趋势越大。

### 2.1.2.2　柔性

高分子的主链虽然很长，但通常并不是伸直的，它会蜷曲起来，使分子呈现各种形态。从整个分子来说，它可以蜷曲呈椭球状，也可以伸直呈棒状。从分子链的局部来说，它可以呈锯齿形或螺旋形。这些形态随条件和环境的变化而变化。

为什么高分子链有蜷曲的倾向呢？这要从单链的内旋转谈起。在大多数的高分子主链中，都存在许多单键，例如，聚乙烯、聚丙烯、聚苯乙烯等，主链完全由 C—C 单键组成，在聚丁二烯和聚异戊二烯的主链中也有 3/4 是单键。

高分子链中的单键可内旋转，每个键的空间位置受其键角的限制，但离第一个键越远，其空间位置的任意性越大，两者空间位置的相互关系越小，可以想象从第 $i+1$ 个键起，其空间位置的取向与第一个键完全无关，因此高分子链可看作由多个包含 $i$ 个键的段落自由连接组成，这种段落称为链段。

实际上高分子主链中每个键不是自由结合的，都有键角的限制。内旋转也不是自由的，一个键转动时要带动附近一段链一起运动，即相继的键它们的取向是彼此相关的，我们只要把相关的那些键组成一个"链段"作为独立运动的单元。这样，高分子链相当于由许多自由结合的链段组成，这种链段称为 Kuhn 链段，只要链段的数目足够多，它还是柔性的，称它为等效自由结合链。当然，它没有自由结合链柔性大。

高分子链能够通过内旋转作用改变其构象的性能称为高分子链的柔顺性。高分子链能形成的构象数越多，柔顺性越大。①静态柔顺性：又称为平衡态或热力学柔性，是指高分子链处在较稳定状态时的卷曲程度。②动态柔顺性：指在外界条件的影响下，从一种构象向另一种构象转变的容易程度，这是一个速度过程，又称动力学柔性。高分子的柔性是静态柔性和动态柔性的综合效应。

由于分子内旋转是导致分子链柔顺性的根本原因，而高分子链的内旋转又主要受其分子结构的制约，因而分子链的柔顺性与其分子结构密切相关。分子结构对柔顺性的影响主要表现在主链结构、内在因素(结构因素)、侧基(或取代基)、其他结构因素(支化与交联、分子链长度、分子间作用力、聚集态结构等)，以及温度、外力及溶剂等外界因素几方面。

内在因素 (internal factors) 中的主链结构：当主链中含 C—O、C—N、Si—O 键时，柔顺性好。这是因为 O、N 原子周围的原子比 C 原子少，内旋转的位阻小；而 Si—O—Si 的键角也大于C—C—C 键，因而其内旋转位阻更小，即使在低温下也具有良好的柔顺性(单键主链高分子柔顺性好，但 Si—O>C—N>C—O>C—C)。

主链具有醚键"—O—"的结构通常柔顺性好，这是由于邻近的非键合原子或基团少空间阻碍小，内旋转位垒小。主链单键的键长键角大的高分子柔顺性好，这是由于空间位阻小，内旋转阻碍小。主链含有苯环(或其他环状结构)的高分子柔顺性差，主链含芳杂环(内旋转禁止)时呈刚性，这是由于大 π 平面结构不能内旋转，非大 π 平面结构的酯环结构中单键内旋转也极难。环状结构不能发生内旋转，机械强度、耐热性很好，如聚苯醚在主链上引进芳杂环结构可提高刚性、耐热性。事实上，芳香族、芳杂环族高分子是高强、高耐热工程塑料。主链含有孤立双键的高分子柔顺性好，这是由于邻近的非键合原子或基团少，空间位阻小，内旋转位垒小。孤立双键本身不能旋转，但是由于双键两端少了两个非键合 H 原子，使得双键两侧单键的内旋转更容易发生。当主链中含非共轭双键时，虽然双键本身不会内旋转，但却使相邻单键的非键合原子(带 * 原子)间距增大，使内旋转较容易，柔顺性好。当主链中由共轭双键组成时，由于共轭双键因 $\rho$ 电子云重叠不能内旋转，因而柔顺性差，是刚性链，如聚乙炔、聚苯。对于非极性取代基，取代基的体积越大，内旋转越困难，柔性越差。分子间作用力越大，高分子分子链所表现的柔性越小。单个分子链柔性相近时，非极性主链比极性主链柔顺，极性主链又比氢键柔顺。氢键增大分子链刚性，分子间作用力随主链或侧基极性增加而增大，但是，若分子内或分子间有氢键生成，则氢键的影响要超过任何极性基团，可大大增加分子刚性。例如，聚酰胺生成分子间氢键，排列规整可结晶，晶区分子无法改变构象。纤维素生成分子内氢键，链刚硬。蛋白质采取双螺旋构象，螺圈间以氢键相连，呈刚性。

## 2.2　聚集态结构

高分子聚集态结构是指高分子链之间的排列和堆砌结构，也称为超分子结构。高分子链结构是决定高分子基本性质的主要因素，而高分子聚集态结构是决定高分子本体性质的主要因素。对于实际应用中的高分子材料或制品，其使用性能直接取决于在加工成型过程中形成的聚集态结构。链结构仅仅会间接影响高分子材料的性能，而聚集态结构才是直接影响其性能的因素。实验证明：即使有同样链结构的同一种高分子，由于加工成型条件不同，制品性能也有很大差别。高分子除了没有气态外，几乎小分子所有的物态都存在，只不过要复杂得多。在很长一段时间内，人们最初并不清楚高分子的聚集态结构，长而柔的链分子如何形成规整的晶体结构，特别是这些分子纵向方向长度要比横向方向大许多倍，每个分子的长度都不一样，形状又变化多端，所以认为高分子是缠结的乱线团构成的系统，像毛线一样，无规整结构可言。

高分子聚集态结构主要研究分子链因单键内旋转和(或)环境条件(温度、受力情况)变化而引起分子链构象的变化和聚集状态的改变。不同条件下，分子链构象可能呈无规线团构象；也可能排列整齐，呈现伸展链、折叠链及螺旋链等构象。聚集状态包括非晶态(玻璃态、高弹态)、结晶态(不同晶型及液晶态)、黏流态等。

由于分子间存在着相互作用，才使相同的或不同的高分子聚集在一起成为有用的材料，因此，在讨论高分子的各种聚集态结构之前，必须先讨论高分子之间的相互作用力。晶态结构和非晶态结构模型，目前尚有争论，作为进一步学习高分子的晶态结构的感性认识基础，我们将先介绍有关高分子结晶的形态和结构的一些实验观测结果，以及几种主要模型，详细讨论结晶结构和取向态结构，以及它们与材料性能的关系。由于液晶纺丝技术的开发成功，液晶态高分子近年来引起人们的关注，我们将简略讨论其结构特征及其与性质的关系。

### 2.2.1　大分子间作用力

高分子间作用力非常大，因为分子间作用力与相对分子质量有关，而高分子的相对分子质量很大，其中的链单元数为 $10^3 \sim 10^5$，分子间的作用力与分子中所含的原子数。致使分子间能加和超过化学键的键能，因此高分子不存在气态。高分子不可能用蒸馏方法来纯化的；通过对稀溶液性质进行研究来获得，溶液中高分子链的构象、尺寸易受溶剂干扰。

分子间作用力是指主价键完全饱和的原子仍有吸引其他分子(次价键力)中饱和原子的能力。分子间相互作用主要包括以下几种：

小分子间的作用力包括共价键、范德华作用力(包括静电力、诱导力、色散力)、氢键等。

范德华力(van der Waals force)包括：静电力、诱导力、色散力。范德华力没有方向性和饱和性。分子间距离增加，范德华力下降，作用范围小于 1 nm，作用能比化学键小 1~2 个数量级。静电力是极性分子之间的引力。极性分子都具有永久偶极，永久偶极之间的静电相互作用的大小与分子偶极的大小和定向程度有关。定向程度高则静电力大，而热运动往往使偶极的定向程度降低，所以随着温度的升高，静电力将减小。静电力与分子间距离的六次方呈反比。静电力是由极性分子间永久偶极产生，静电力的作用能量一般在 13~21 kJ/mol。PVC、PMMA、聚乙烯醇等分子间作用力主要是静电力。

诱导力是极性分子的永久偶极与它在其他分子上引起的诱导偶极之间的相互作用力。在极性分子的周围存在分子电场，其他分子，不管是极性分子，还是非极性分子，与极性分子靠近时，都将受到其分子电场的作用而产生诱导偶极，诱导力不仅存在于极性分子与非极性分子之间，也存在于极性分子与极性分子之间。诱导力是极性分子的永久偶极与它在邻近分子上引起的诱导偶极之间的相互作用力，诱导力的作用能一般在 6~13 kJ/mol。

色散力是分子瞬时偶极之间的相互作用力。在一切分子中，电子在诸原子周围不停地旋转着，原子核也在不停地振动着，在某一瞬间，分子的正、负电荷中心不相重合，便产生瞬时偶极。因此色散力存在于一切极性和非极性分子中，是范德华力中最普遍的一种。色散力的作用能一般在 0.8~8 kJ/mol。在一般非极性高分子中，它甚至占分子间相互作用总能量的 80%~100%。聚乙烯、聚丙烯、聚苯乙烯等非极性高分子中的分子间作用力主要是色散力。

氢键是极性很强的 X—H 键上的氢原子，与另外一个键上电负性很大的原子 Y 上的孤对电子相互吸引而形成的一种键(X—H⋯Y)。由于 X—H 是极性共价键，H 原子的半径很小，约0.03 nm，又没有内层电子，可以允许带有多余负电荷的 Y 原子来充分接近它，但只能有一个，如果另有一个 Y 原子接近它们，则它受到 X 和 Y 的排斥力将超过受到 H 的吸引力，因而氢键有饱和性。为了使 Y 原子与 X—H 之间的相互作用最强烈，要求 Y 的孤对电子云的对称轴尽可能与 X—H 键的方向相一致，因而氢键又具有方向性。从这两点来看，氢键与化学键相似，但氢键的键能比化学键小得多，每摩尔不超过 40 kJ，与范德华力的数量级相同，所以通常说氢键是一种强力的有方向性的分子间力。氢键的强弱取决于 X、Y 电负性的大小和 Y 的半径，X、Y 的电负性越大(注意，X 的电负性在很大程度上与其相邻的原子有关)，Y 的半径越小，则氢键越强。氢键可以在分子间形成。例如，极性的液体水、醇、氢氟酸和有机酸等都有分子间的氢键，在极性的高分子如聚酰胺、纤维素、蛋白质中也都有分子间的氢键。氢键也可以在分子内形成。例如，邻羟基苯甲酸，邻硝基苯酚和纤维素等，都存在分子内氢键。高分子链中含有—OH、—COOH、—CONH—等均可形成氢键。总之，凡具有分子间氢键的高分子，一般都有较高的机械强度与耐热性。

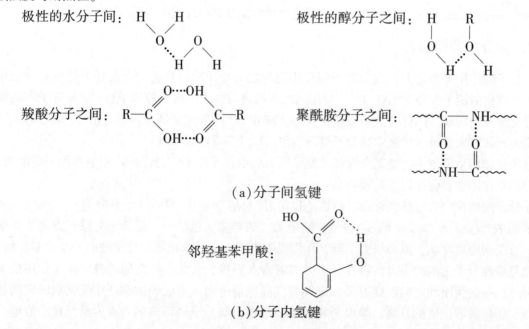

(a)分子间氢键

(b)分子内氢键

## 2.2.2　内聚能

分子间作用力对物质的许多性质有重要的影响。例如，沸点、熔点、气化热、熔融热、溶解度、黏度和强度等都直接与分子间作用力的大小有关。在高分子中，由于相对分子质量很大，分子链很长，分子间的作用力是很大的；高分子的聚集态只有固态(晶态和非晶态)和液态。因此，对于高分子来说，分子间作用力起着更加特殊的重要作用，可以说，离开了分子间的互相作用来解释高分子的聚集状态、堆砌方式以及各种物理性质是不可能的。

高分子分子间作用力的大小通常采用内聚能或内聚能密度来表示。内聚能定义为克服分子间的作用力，将 1 mol 液体或固体分子移到其分子间的引力范围之处所需要的能量。当我们将 1 mol 液体或固体(进行蒸发或升华)分子放到分子间引力范围之外时(彼此不再有相互作用的距离时)，这一过程所需要的总能量就是此液体或固体的内聚能。

$$\Delta E = \Delta H_v - RT \qquad (2\text{-}1)$$

式中　$\Delta H_v$——摩尔蒸发热；

　　　$RT$——转化为气体所做的膨胀功。

内聚能密度(cohesive energy density，CED)是单位体积的内聚能。内聚能密度是高分子分子间作用力的宏观表征。高分子分子间作用力的大小，是各种吸引力和排斥力所作贡献的综合反映，而高分子相对分子质量很大，且存在多分散性，因此，不能简单地用某一种作用力来表示，只能用宏观的量来表征高分子链间作用力的大小。内聚能密度就是单位体积的内聚能($J/cm^3$)，$V_m$ 为尔体积。

$$CED = \Delta E / V_m \qquad (2\text{-}2)$$

内聚能密度的大小与高分子的物理性质之间存在着明显的对应关系。CED 越大，分子间作用力越大。CED 越小，分子间作用力越小。高分子没有气态，不能直接测定内聚能或内聚能密度，可采用间接的方法测定，如最大溶胀比法、最大特性黏数法等。$CED < 300 \, J/m^3$ 的高分子，都是非极性高分子，由于它们的分子链上不含有极性基团，非极性高分子分子间主要是色散力，分子间相互作用较弱；再加上分子链的柔顺性好，使这些材料易于变形，具有弹性。$CED > 400 \, J/m^3$ 的高分子，分子链上含有强的极性基团或者分子链间会形成氢键，因此分子间作用力大，机械强度好，耐热性好，再加上分子链结构规整，易于结晶、取向。CED 在 $300 \sim 400 \, J/m^3$ 之间的高分子，分子间作用力适中，分子链刚性较大。由此可见，分子间作用力的大小，对于高分子的强度、耐热性和聚集态结构都有很大的影响，因而也决定着综合各种性质的使用性能。

## 2.2.3　高分子的结晶结构

高分子的凝聚态结构是指高分子链之间的排列和堆砌结构，包括非晶态结构、晶态结构、液晶态结构、取向态结构和共混高分子的织态结构等。高分子的链结构是决定高分子基本性质的内在因素，凝聚态结构随着形成条件的改变会有很大的变化，因此凝聚态结构是直接决定高分子本体性质的关键因素。高分子凝聚态结构的研究，具有重要的理论和实际意义。正确的凝聚态结构概念是建立高分子各种本体性质理论的基础，而且研究高分子凝聚态结构特征、形成条件及其与材料性能之间的关系，可以为通过控制加工成型条件获得具有预定凝聚态结构和性能的材料提供科学的依据。

### 2.2.3.1　晶体结构的基本概念

晶体是物质内部的质点(原子、分子、离子、重复单元)在三维空间呈现周期性重复排列。分子链按照一定规则排列成三维长程有序的点阵结构，形成晶胞，晶胞代表晶体结构的最小重复单位。晶面是将点阵从空间的不同角度划分成包含晶格点且相互平行、等间距的平面群，用晶面指数标记。晶态高分子是由晶粒组成，晶粒内部具有三维远程有序结构，但呈周期性排列的质点不是原子，也不是整个分子或离子，而是结构单元。分子链很长，一个晶胞无法容纳整条分子链，一条分子链可以穿过几个晶胞。一个晶胞中有可能容纳多根分子链的局部段落，共同形成有序的点阵结构。等同周期是分子链以相同的结构单元重复出现的周期值（即 $c$ 轴的长度）。不同的分子链结构有不同的等同周期，与分子链在晶格中所采取的构象有关。高分子晶体中等同周期（或称纤维周期）是指在 $c$ 轴方向化学结构和几何结构重复单元的距离。一般将分子链的方向定义为 $c$ 轴，又称为主轴。在晶态高分子中，分子链多采用分子内能量最低的构象，即孤立分子链在能量上最优选的构象。通常晶格中分子链所取的构象有平面锯齿结构、螺旋形结构两种。没有取代基（PE）或取代基较小的（polyester，polyamide，POM，PVA 等）的碳氢链中为了使分子链取位能最低的构象，并有利于在晶体中作紧密而规整的堆砌，所以分子取全反式构象，即取平面锯齿形构象。螺旋形结构描述的是具有较大的侧基的高分子，为了减小空间阻碍，降低位能，则必须采取反式-旁式相间构象。例如，全同 PP、聚邻甲基苯乙烯、聚甲基丙烯酸甲酯 PMMA、聚 4-甲基戊烯、聚间甲基苯乙烯等。聚丙烯（PP）的 C—C 主链并不居于同一平面内，而是在三维空间形成螺旋构象，即：它每三个链节构成一个基本螺圈，第四个链节又在空间重复，螺旋等同周期 $l = 0.65$ nm。相当于每圈含有三个链节（重复单元）的螺距。用符号 $H_{31}$ 表示，H：Helix（螺旋），3：3 个重复单元，1：1 圈。

注意：由于结晶条件的变化，引起分子链构象的变化或者链堆积方式的改变，则一种高分子可以形成几种不同的晶体。聚乙烯的稳定晶型是正交晶系，拉伸时则可形成三斜或单斜晶系。其他在结晶中分子链取平面锯齿形构象的高分子还有脂肪族聚酯、聚酰胺、聚乙烯醇等。实验证明，等规 PP 的分子链呈螺旋状结构。

### 2.2.3.2 高分子的结晶形态

结晶形态学研究的对象是单个晶粒的大小、形状以及它们的聚集方式。高分子结晶的形态学是一个发展较晚的研究领域。早期的高分子结晶结构研究工作的主要工具是 X 射线衍射仪，它研究的是更小的微区里高分子链的排列情况。形态学研究的基本工具则是光学显微镜和电子显微镜（简称电镜），特别是在应用电镜之后，可以直接观察到微小的晶粒及其聚集体，有力地推动了高分子结晶形态学的研究，发现了多种高分子的结晶形态，它们是在不同的结晶条件下形成的形态极为不同的宏观或亚微观的晶体，其中主要有单晶、球晶、树枝状晶、孪晶、伸直链片晶、纤维状晶和串晶等。

70 年前，高分子科学工作者已利用 X 射线衍射测得高分子晶胞尺寸在 1~2 nm，但当时因很多受"胶体缔合论"束缚的科学家认为所谓大分子尺寸不会大于 X 射线测定的晶胞尺寸，由 H. Staudinger 提出的链长可达几百纳米的大分子概念遭到了强烈反对，但 Staudinger 坚持真理，表现了高度勇气，开拓了一个崭新的研究领域。

结晶高分子材料在不同条件下生成的晶体具有不同的形态，最基本的形态有：①折叠链晶片。分子链沿晶片厚度折叠排列，其结晶主要在温度场，由热的作用引起，称热诱导结晶。该晶片组成的晶体形态包括单晶、球晶及其他形态的多晶聚集体。②伸直链晶片。由伸展分子链组成，结晶多在应力场中，应力起主导作用，称应力诱导结晶。此晶片组成的晶体形态有纤维状晶体和串晶等。通过 X 射线衍射的方法考察晶体微观结构，发现许多聚合物虽没有规则的宏观外形，但却包含有一定数量的、良好有序的微小晶粒，每一个晶粒内部结构像普通晶体一样，具有三维远程有序的点阵结构。此外，由于高分子具有非常突出的几何不对称性，取向就显得很重要。

(1) 单晶

关于高分子单晶的最早报道是 1953 年 W. Schlesinger 和 H. M. Leeper 提出的，他们将反式聚异戊二烯的约 0.01% 的苯溶液冷却，用偏光显微镜观察析出的结晶，认为可能是单晶。1955 年，R. Jaccodine 报道了用电镜观察到的聚乙烯从二甲苯溶液分离出来的单晶形态是螺旋形生长的片晶。较深入的研究则是 1957 年由 A. Keller, P. H. Till 和 E. W. Fisher 分别独立提出的，他们除了用电镜观察各自获得的聚乙烯菱形或截顶菱形的单晶形态外，还进行了电子衍射实验，得到了非常清晰的规则的电子衍射花样，证明在单晶内，分子链作高度规则的三维有序排列，分子链的取向与片状单晶的表面相垂直。

高分子的单晶通常只能在特殊的条件下得到，一般是在极稀的溶液中(浓度 0.01%~0.1%)缓慢结晶时生成的。如从极稀的高分子溶液<0.01%中缓慢结晶(常压)，可获得单晶体。单晶分子呈折叠链构象，分子链垂直于片晶表面。晶片厚度约为 10 nm，常压下晶片最厚不超过 50 nm，晶片厚度与相对分子质量无关；横向尺寸可达微米级。不同高分子的单晶外形不同，但晶片厚度几乎都在 10 nm 左右。高分子链在晶片中折叠排列，称为折叠链晶片。

生长条件的改变对单晶的形状和尺寸等都有很大的影响，下面对几个重要的影响因素的实验结果作简单介绍。

① 溶液的浓度　为了培养完善的单晶，溶液的浓度必须足够稀，使溶液中的高分子可以彼此分离，分散于溶剂中，从而避免因分子链相互缠结，增加结晶的复杂性。通常，浓度约 0.01% 时可得单层片晶，浓度约 0.1% 时即发展多层片晶，而浓度大于 1% 时则形成接近于本体结晶而得到的球晶。

② 结晶温度　结晶温度的高低直接影响结晶的速率，要得到完善的单晶，结晶的温度必须足够高，或者过冷程度(即结晶熔点与结晶温度之差)要小，使结晶速率足够慢，以保证分子链的规整排列和堆砌。一般过冷程度 20~30 K 时，可形成单层片晶。随着结晶温度的降低，或者过冷程度的增加，结晶速率加快，将形成多层片晶，甚至更复杂的结晶形式。此外，实验还观察到，结晶温度或过冷程度与晶片的厚度之间存在确定的关系，随着结晶温度的升高或过冷程度的减少，晶片的厚度增加。其他溶剂的性质对单晶的生长也有一定的影响。通常，采用热力学上的不良溶剂(指溶解能力较差的溶剂)有利于生长较大的更为完善的晶体。

③ 相对分子质量　实验还发现，高分子的相对分子质量对结晶的形式也有影响，而且在同一温度下，高分子倾向于按相对分子质量从大到小顺序先后结晶出来，晶核通常由样品中最长的分子组成，最短的分子最后结晶。在 85 ℃以上的二甲苯溶液中，最短的聚乙烯一般是不能结晶的，只有当进一步降低温度时才能结晶出来。

(2) 球晶

球晶是高分子结晶的一种最常见的特征形式。当结晶性的高分子从浓溶液中析出或从熔体冷却结晶时，在不存在应力或流动的情况下，都倾向于生成更为复杂的球形结晶，故名球晶，这是高分子结晶中最常见的形式。其直径通常在 0.5~100 μm 之间，大的甚至可达厘米数量级。较大的球晶(5 μm 以上)很容易在光学显微镜下观察到，在偏光显微镜两正交偏振器之间，球晶呈现特有的黑十字(即 maltese cross)消光图像。

黑十字消光图像是高分子球晶的双折射性质和对称性的反映。一束自然光通过起偏器后，变成平面偏振光，其振动(电矢量)方向都在单一方向上。一束偏振光通过高分子球晶时，发生双折射，分成两束电矢量相互垂直的偏振光，它们的电矢量分别平行和垂直于球晶的半径方向，由于这两个方向上折射率不同，这两束光通过样品的速度是不等的，必然要产生一定的相位差而发生干涉现象，结果使通过球晶的一部分区域的光可以通过与起偏器处在正交位置的检偏器，而另一部分区域不能，最后分别形成球晶照片上的亮暗区域。

球晶是有许多径向发射的长条扭曲晶片组成的多晶聚集体，呈圆球状，由微纤束组成，这些微纤束从中心晶核向四周辐射生长。球晶尺寸几微米至几毫米。电镜照片表明，这些晶片为薄片状，且呈扭转形状。球晶的径向微纤束具有单晶结构。球晶成核初始仅仅是一个多层片晶，逐渐向外张开生长，不断分叉生长，经捆束状形式，最后才形成填满空间的球状的外形。结晶高分子的分子链通常是垂直于球晶半径方向排列的，在晶片之间和晶片内部尚存在部分由连接链组成的非晶部分。球晶大小影响高分子的力学性能，影响透明性。球晶大则透明性差、力学性能差；反之，球晶小则透明性和力学性能好。将熔体急速冷却（在较低的温度范围），可生成较小的球晶；缓慢冷却，则生成较大的球晶。破坏链的均一性和规整性，生成较小球晶。外加成核剂，可获得小甚至微小的球晶。

通过偏光显微镜下对球晶的生长过程进行直接观察可发现，球晶由一个晶核开始，以相同的生长速率同时向空间各个方向放射生长而形成。在晶核较少，且球晶较小时，它呈球形；当晶核较多，并继续生长扩大后，它们之间会出现非球形的界面。不难想象，同时成核并以相同速度开始生长的两球晶之间的界面是一个平面，而且这个平面垂直平分两球晶核心的连线。而不同时间开始生长或生长速率不同的两球晶之间的界面是回转双曲面。因此，当生长一直进行到球晶充满整个空间时，球晶将失去其球状的外形，成为不规则的多面体。

（3）其他结晶形式

①树枝状晶　从溶液析出结晶时，当结晶温度较低，或溶液的浓度较大，或相对分子质量过大时，高分子不再形成单晶，结晶的过度生长将导致较复杂的结晶形式。在这种条件下，高分子的扩散成了结晶生长的控制因素，这时，凸出的棱角在几何学上将比生长面上邻近的其他点更为有利，能从更大的立体角接受结晶分子，因此棱角处倾向于在其余晶粒前头向前生长变细变尖，从而更增加树枝状生长的倾向，最后形成树枝状晶。如果用硝酸氧化法将树枝状晶内的非晶部分蚀刻掉，仍可以见到厚度规则的片晶结构。在树枝状晶的生长过程中，也重复发生分叉支化，这是在特定方向上择优生长的结果，但它与球晶生长不同，发生的是结晶学上的分支，因而形成规则的形状，同时也不像球晶那样在所有方向上均匀地生长。

②孪晶　习惯上指在孪生片晶的不同部分具有结晶学上的不同取向的晶胞的一类晶体。已被研究的孪晶大多从溶液中生长，在低相对分子质量的高分子结晶中特别常见，这可能是因为较有限数目的初始核获得更大的生长变异的缘故。

③伸直链片晶　一种由完全伸展的分子链平行规整排列而成的片状晶体，其晶片厚度比一般从溶液或熔体结晶得到的晶片要大得多，可以与分子链的伸展长度相当，甚至更大。这种伸直链片晶主要形成于极高压力下或对熔体结晶加压、加热处理情况下。

④纤维状晶和串晶　当存在流动场时，高分子链的构象发生畸变，成伸展的形式，并沿流动的方向平行排列，在适当的条件下，可发生成核结晶，形成纤维状晶。因此，纤维状晶由完全伸展的分子链组成，其长度可以不受分子链的平均长度的限制。电子衍射实验证实，分子链的取向是平行于纤维轴的。

## 2.2.4　高分子的聚集态结构模型

高分子结晶的研究经历了从溶液培养单晶、确定折叠链模型，到高压结晶获得伸直链聚乙烯晶体，再到成核与生长理论的提出与应用和 Regime Transition 的理论与实验论证等重要发展阶段，形成了以 Hoffman 和 Lauritzen 的成核与生长（nucleation and growth）为代表的结晶理论并被广泛接受和应用。近年来对高分子结晶的研究集中到了对高分子结晶早期过程（晶体形成之前的诱导期)和受限空间内高分子的结晶行为与形态的研究。对高分子结晶早期过程研究发现了一些新的实验现象：①在特定条件下，某些高分子结晶过程可能是一个结晶部分与无定形部分发生旋节线相分离的过程；②高分子在形成晶体之前，经历了预有序的阶段，即存在一个中间相；③在均匀的片晶形成之前，先形成小晶块。

　　高分子结晶过程是将缠结的大分子熔体转变成片晶的过程，与小分子结晶不同，高分子结晶不能得到 100% 的晶体，而只能得到具有亚稳定结构的折叠链片晶，片晶之间由无定形组成。结晶温度增高，晶片厚度增大，但相应的结晶生长速率减慢。关于高分子是怎样结晶的问题，长期以来一直是国内外科学家争论的焦点，相继有人提出了许多结晶生长模型，如表面成核模型、分子成核模型、连续生长模型、成核与连续生长模型，其中最受关注的是成核与生长模型。该模型能够很好地解释结晶时间随结晶温度变化的指数关系，认为结晶温度越高，需要克服的活化能的位垒越大，因而二次成核在决定生长速率时起关键作用，片晶的厚度也由核的横向增长而固定下来。图 2-7 为晶体从熔体中生长的示意。

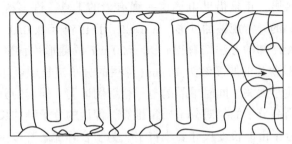

**图 2-7　高分子从熔体中结晶**(晶面生长沿箭头方向)

　　随着人们对高分子结晶的认识的逐渐深入，在已有实验事实的基础上，提出了各种各样的模型，企图解释观察到的各种实验现象，进而探讨结晶结构与高分子性能之间的关系。由于历史条件的限制，各种模型难免带有或多或少的片面性，不同观点之间的争论仍在进行着，尚无定论。下面将尽可能客观地介绍几种主要的模型。

### 2.2.4.1　缨状模型

　　缨状模型(两相结构模型)是在 20 世纪 40 年代提出的，描述的是单个大分子同时穿过一个或几个非晶区，晶区和非晶区是共存的，晶区是若干个高分子链段规整排列堆砌而成，非晶区中大分子链无规排列，互相缠绕在一起(故而存在结晶度)。当时，有人用 X 射线研究了许多结晶性高分子的结构，打破了以往关于高分子无规线团、杂乱无章的聚集态概念，证明了不完善的结晶结构的存在。

　　模型从结晶高分子 X 射线图上衍射花样和弥散环同时出现，以及测得晶区尺寸远小于分子链长度等主要实验事实出发，认为结晶高分子中，晶区与非晶区互相穿插，同时存在。在晶区中，分子链互相平行排列形成规整的结构，但晶区尺寸很小，一根分子链可以同时穿过几个晶区和非晶区，晶区在通常情况下是无规取向的；而在非晶区中，分子链的堆砌是完全无序的。这个模型有时也被称为两相模型(图 2-8)。这个模型解释了 X 射线衍射和许多其他实验观察的结果。例如，高分子的宏观密度比晶胞的密度小，是由于晶区与非晶区的共存；高分子拉伸后，X 射线衍射图上出现圆弧形，

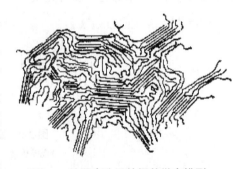

**图 2-8　结晶高分子的缨状微束模型**

是由于微晶的取向；结晶高分子熔融时有一定大小的熔限，是由于微晶的大小的不同；拉伸高分子的光学双折射现象，是因为非晶区中分子链取向的结果；对于化学反应和物理作用的不均匀性，是因为非晶区比晶区有比较大的可渗入性等。这一模型解释了高分子性能中的许多特点，如晶区部分具有较高的强度，而非晶部分降低了高分子的密度，提供了形变的自由度等。因此，在当时，缨状微束模型被广泛接受，并沿用了很长时间。这是一个两相结构模型，即具有规则堆砌的微晶(或胶束)分布在无序的非晶区基体内。但是这一模型不能解释：用苯蒸气腐蚀聚癸二酸乙二醇酯的球晶，观察到球晶中非晶部分会慢慢被蒸汽腐蚀，而余下部分呈发射形式。

### 2.2.4.2　折叠链模型

用 X 射线衍射法研究晶体结构只能观察到几纳米范围内分子有序排列的情况，即只能确定高分子链局部的相互排列情况，不能观察到整个晶体的结构，这使人们认识高分子的聚集态结构受到了外部的局限性。20 世纪 50 年代以后，随着科学技术的发展，电子显微镜广泛应用到高分子聚集态结构，可以直接观察到几十微米范围内的晶体结构，为进一步深入认识高分子的聚集态结构打开了广阔的视野。正是借助电镜这一强有力的工具，许多科学家第一次清晰地看到了精心培养的高分子单晶的异常规整的外形。A. Keller 于 1957 年从 0.05% ~ 0.06% 的 PE 的二甲苯的稀溶液中，用极缓慢冷却的方法培育得到大于 50 μm 的菱形片状聚乙烯单晶，并从电镜照片上的投影长度测得单晶薄片的厚度约为 10 nm(伸展的分子链长度可达 $10^2 ~ 10^3$ nm)，而且厚度与高分子的相对分子质量无关。同时单晶的电子衍射图证明，伸展的分子链($c$ 轴)是垂直于单晶薄片而取向的。然而由高分子的相对分子质量推算，伸展的分子链的长度在 $10^2 ~ 10^3$ nm 以上，即晶片厚度尺寸比整个分子链的长度尺寸要小得多。为了合理地解释以上实验事实，Keller 提出了折叠链结构模型。

折叠链结构模型认为，伸展的分子链倾向于相互聚集在一起形成链束，电镜下观察到这种链束比分子链长得多，说明它是由许多分子链组成的。分子链可以顺序排列，让末端处在不同的位置上，当分子链结构很规整而链束足够长时，链束的性质就和高分子的相对分子质量及多分散性无关。分子链规整排列的链束，构成高分子结晶的基本结构单元(自然链结构不规整的高分子链，不能形成规整排列的链束，因而也不能结晶)。这种规整的结晶链束细而长，表面能很大，不稳定，会自发地折叠成带状结构。虽然折叠部位的规整排列被破坏，但是"带"具有较小的表面，节省了表面能，在热力学上仍然是有利的。进一步减少表面能，结晶链束应在已形成的晶核表面上折叠生长，最终形成规则的单层片晶。这就是片晶生长的过程。片晶中的高分子链的方向总是垂直于晶片平面的。另一种说法认为，链折叠是直接由单根分子链(而不是链束)进行的。

Keller 提出晶区中分子链在片晶内呈规则近邻折叠，夹在片晶之间的不规则排列链段形成非晶区。Fischer 提出邻近松散折叠模型，存在规整折叠、无规折叠和松散环近邻折叠三种折叠方式(图 2-9)。

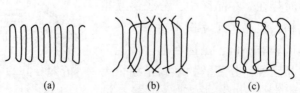

(a)　　　　　　　　(b)　　　　　　　　(c)

**图 2-9　高分子链三种可能的折叠情况**

(a)规整折叠　(b)无规折叠　(c)松散环近邻折叠

### 2.2.4.3　Flory 插线板模型

P. J. Flory 从他的高分子无规线团形态的概念出发，认为高分子结晶时，分子链作近邻规整折叠的可能性是很小的。他以聚乙烯的熔体结晶为例，进行半定量的推算，证明由于聚乙烯分子线团在熔体中的松弛时间太长，而实验观察到聚乙烯的结晶速率又很快，结晶时分子链根本来不及作规整的折叠，而只能对局部链段作必要的调整，以便排入晶格，即分子链是完全无规进入晶片的。因此，在晶片中，相邻排列的两段分子链并不像折叠链结构模型那样，是同一个分子的相连接的链段，而是非邻接的链段属于不同分子的链段。在形成多层片晶时，一根分子链可以从一个晶片，通过非晶区，进入到另一个晶片中去；如果它再回到前面的晶片中，也不是邻接的再进入。为此，仅就一层晶片而言，其中分子链的排列方式与老式电话交换台的插线板相似，晶片表面上的分子链就像插头电线那样，毫无规则，也不紧凑，构成非晶区。所以通常把 Flory 模型称为插线板模型（图 2-10）。

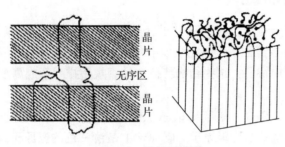

**图 2-10　插线板模型**

## 2.2.5　高分子的非晶态结构模型

非晶态结构问题与晶态结构问题是密切相关的，并且可以说前者是后者的基础，因为高分子结晶通常是从非晶态的熔体中形成的，因而非晶态结构的研究和晶态结构研究总是相互联系、互相推动的。而且，非晶态结构问题是一个更为普遍存在的问题，不仅有大量完全非晶的高分子，就是在结晶高分子中，实际上也都包含着非晶区，非晶高分子的本体性质直接取决于非晶态结构。即使是晶态高分子，其非晶区的结构也对其本体性质有着不可忽视的作用。

在高分子结构研究的初期，由于研究方法和手段有限，人们对非晶态结构的研究很少，只是把高分子的非晶态看作由高分子链完全无规缠结在一起的所谓"非晶态毛毡"。这种高分子非晶态结构模型与当时结晶高分子的缨状微束两相结构模型相适应。随着晶态结构研究的深入，特别是 1957 年 Keller 提出折叠链结构模型，迅速为许多人所接受。之后，人们便很自然地对"非晶态毛毡"模型产生了怀疑，因为它根本无法适应折叠链结构模型所设想的高分子的结晶过程。

同时，实验观察积累了若干不寻常的实验事实，显示出非晶态结构中可能存在某种局部有序的束状或球状结构。1958 年，有人报道了根据 X 射线衍射和电子衍射实验结果，高分子非晶态中存在微观有序性，提出了"链束模型"；R. Hosemann 于 1967 年用 X 射线小角散射研究了聚乙烯和聚氧化乙烯，对高分子的非晶部分提出"准晶模型"，特别是 20 世纪 60 年代，T. G. F. Schoon, G. S. Y. Yeh, P. H. Geil 和 W. Frank 等许多科学家用电镜对不同非晶态高分子进行了大量的观察，发现有几到几十纳米大小的球粒结构的存在，Yeh 于 1972 年提出了

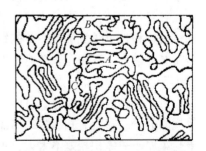

**图 2-11　折叠链缨状胶束粒子模型示意**

（A. 有序区，B. 粒界区，C. 粒间相）

"折叠链缨状胶束粒子模型"（图2-11），简称两相球粒模型。两相球粒模型认为，非晶态高分子存在着一定程度的局部有序。其中包含粒子相和粒间相两个部分，而粒子又可分为有序区和粒界区两个部分。在有序区中，分子链是互相平行排列的，其有序程度与链结构、分子间力和热历史等因素有关。它的尺寸2~4 nm。有序区周围有1~2 nm大小的粒界区，由折叠链的弯曲部分、链端、缠结点和连结链组成。粒间相则由无规线团、低分子物、分子链末端和连结链组成，尺寸1~5 nm。该模型认为一根分子链可以通过几个粒子和粒间相。

另一方面，P. J. Flory于1949年用统计热力学的观点推导出"无规线团模型"，从理论上赋予完全无序的非晶态结构观点新的生命。Flory认为，非晶态高分子的本体中，分子链的构象与在溶液中一样，呈无规线团状，线团分子之间是无规缠结的，因而非晶态高分子在聚集态结构上是均相的。

## 2.2.6　高分子材料的结晶过程

高分子的结晶能力有大有小，有些高分子容易结晶，或者结晶的倾向大；另一些高分子则不容易结晶或者结晶倾向小，还有一些完全没有结晶的能力。这种结晶能力差别的根本原因是不同高分子具有不同的结构特征，这些结构特征中能否规整排列形成高度有序的晶格是关键。

### 2.2.6.1　链的对称性

高分子链的结构对称性越高，越容易结晶。聚乙烯和聚四氟乙烯的分子，主链上全部是碳原子，没有杂原子，也没有不对称碳原子。碳原子上是清一色的氢原子或者氟原子，对称性好，最容易结晶。它们的结晶能力强使得我们没法得到完全非晶态的样品。它们所能达到的最高结晶度，也在其他高分子之上，如聚乙烯的最高结晶度可达95%，而一般高分子大多只有50%左右。但聚乙烯被氯化后，由于分子链对称性受到破坏，便失去了原有的结晶能力。

对称取代的烯类高分子，如聚偏二氯乙烯、聚异丁烯，主链上含有杂原子的高分子如聚甲醛、聚氯醚，以及许多缩聚高分子，包括各种脂肪或芳香聚酯、聚醚、尼龙、聚碳酸酯和聚砜等，这些高分子的分子链的对称性不同程度地有所降低，结晶能力也不如聚乙烯和聚四氟乙烯，但是仍属对称结构，都还能结晶。它们的结晶能力的大小，还取决于另外一些结构因素。

### 2.2.6.2　链的规整性

对于主链含有不对称中心的高分子，如果不对称中心的构型完全是无规的，使高分子链的对称性和规整性都被破坏，这样的高分子一般都失去了结晶能力。例如，自由基聚合得到的聚苯乙烯、聚甲基丙烯酸甲酯、聚醋酸乙烯酯等是完全不能结晶的非晶高分子。用定向聚合的方法，使主链上的不对称中心具有规则的构型，如全同立构或间同立构高分子，则这种分子链又获得必要的规整性，具有不同程度的结晶能力，其结晶能力的大小，与高分子的等规度有密切关系，等规度高则结晶能力就大。属于这一类的高分子有为数众多的等规聚α-烯烃。

在二烯类高分子中，由于存在顺反异构，如果主链的结构单元的几何构型是无规排列的，则链的规整性也受到破坏，不能结晶。如通过定向聚合得到全顺式或全反式结构的高分子，则获得结晶能力，其中尤以链对称性最好的反式聚丁二烯最容易结晶。顺式高分子的结晶能力一般小于反式高分子。

有几个例外值得注意。自由基聚合的聚三氟氯乙烯，虽然主链上有不对称碳原子，且不是等规高分子，却具有相当强的结晶能力，最高结晶度甚至可达90%。一般认为，这是由于氯原子与氟原子的体积相差不太大，不妨碍分子链作规整的堆积，因此仍能结晶。无规聚醋酸乙烯酯不能结晶，但由它水解得到的聚乙烯醇却能结晶，这可能是由于羟基的体积不太大，而又具有较强的极性的缘故。无规聚氯乙烯也有微弱的结晶能力，有人认为这是因为氯原子电负性较大，分子链上相邻的氯原子相互排斥彼此错开排列，形成近似于间同立构的结构，有利于结晶。

### 2.2.6.3　共聚物的结晶能力

无规共聚通常会破坏链的对称性和规整性，从而使结晶能力降低甚至完全丧失。但是如果两种共聚单元的均聚物有相同类型的结晶结构，那么共聚物也能结晶，而晶胞参数则要随共聚物的组成而发生变化。下面是一个特例：

$$—NH—(CH_2)_6—NH—CO—(CH_2)_2—C_6H_4—O—CH_2—CO—$$
$$—NH—(CH_2)_6—NH—CO—CH_2—C_6H_4—(CH_2)_3—CO—$$

这两种结构单元所组成的无规共聚物在整个配比范围内都能结晶，且晶胞参数不发生变化。如果两种共聚单元的均聚物有不同的结晶结构，那么在一种组分占优势时，共聚物是可以结晶的，含量少的共聚单元作为缺陷存在于另一种均聚物的结晶结构中。但是在某些中间组成时，结晶能力大大减弱，甚至不能结晶。乙丙共聚物就是这样。

嵌段共聚物的各嵌段基本上保持着相对独立性，能结晶的嵌段将形成自己的晶区。如聚酯-聚丁二烯-聚酯嵌段共聚物，聚酯段仍可较好地结晶，当它们含量较小时，将形成结晶的微区，分散于聚丁二烯的基体中，起物理交联点的作用，使共聚物成为良好的热望性弹性体。

### 2.2.6.4　其他结构因素

一定的链的柔顺性是结晶时链段向结晶表面扩散和排列所必需的，链的柔顺性不好，将在一定程度上降低高分子的结晶能力。例如，链柔顺性好的聚乙烯结晶能力极强，主链上含苯环使聚对苯二甲酸乙二酯链柔性下降，结晶能力减弱，其熔体冷却速率稍快，便来不及结晶；而主链上苯环密度更大的聚碳酸酯，链柔性更差，结晶能力很弱，在通常情况下，很不容易结晶。支化使链对称性和规整性受到破坏，使结晶能力降低，因此高压法得到的支化聚乙烯结晶能力小于低压法制得的线型聚乙烯。交联大大限制了链的活动性，轻度交联时，高分子的结晶能力下降，但还能结晶，如轻度交联的聚乙烯和天然橡胶。随着交联度增加，高分子便迅速失去结晶能力。分子间力也往往使链柔性降低，影响结晶能力。但是分子间能形成氢键时，则有利于结晶结构的稳定。

## 2.2.7　结晶对高分子性能的影响

同一种单体，用不同的聚合方法或不同的成型条件可以制得结晶的或不结晶的高分子材料。虽然结晶高分子与非晶态高分子在化学结构上没有什么差别，但是它们的物理机械性能却有相当大的不同。例如，聚丙烯由于聚合方法的不同，可以制得无规立构的聚丙烯和等规立构的聚丙烯。前者不能结晶，在通常温度下为一种黏稠的液体或橡胶状的弹性体，无法作塑料使用；而后者却有较高的结晶度，熔点为 176 ℃，具有一定的韧性和硬度，是很好的塑料，甚至可纺丝成纤。又如，聚乙烯醇含有大量的羟基，对水有很大的亲和力。普通的聚乙烯醇结晶度较低，在一块试样中只有 1/3 的部分能够结晶，由于它的结晶程度低，所以遇热水会溶解。如果将聚乙烯醇在 230 ℃热处理 85 min，其结晶度可提高到 65%左右，它的耐热性和耐溶剂侵蚀性都提高了，在 90 ℃的热水中溶解很少，但这种聚乙烯醇纤维还不能作为民用衣料，还必须采取缩醛化以减少羟基，使耐水温度提高到 115 ℃。如果用定向聚合的方法合成等规聚乙烯醇，这种聚乙烯醇的结晶度很高，不经过缩醛化也能制成性能相当好的耐热水的合成纤维。再如，聚乙烯是相对分子质量较大的直链烃，它不溶解在烃类中也是由于聚乙烯结晶的缘故，结晶可以提高它们的耐热性和耐溶剂侵蚀性。塑料和纤维，人们通常希望它们有合适的结晶度；但对于橡胶则不希望它有很好的结晶性，因为结晶后将使橡胶硬化而失去弹性。例如，在北方的冬天，汽车轮胎有时会因橡胶结晶而爆裂；在拉伸情况下的少量结晶，又可使其具有较高的机械强度；

如果完全不结晶则强度不好。下面将分几个方面对此进行讨论。

#### 2.2.7.1　力学性能

结晶度对高分子力学性能的影响，要视高分子的非晶区处于玻璃态还是橡胶态而定。因为就力学性能而言，这两种状态的差别是很大的。例如，对于弹性模量，晶态与非晶玻璃态的模量事实上是十分接近的，而橡胶态的模量却要小几个数量级。因而当非晶区处在橡胶态时，高分子的模量将随着结晶度的增加而升高。硬度也存在类似的情况。在玻璃化温度以下，结晶度对脆性的影响较大，当结晶度增加，分子链排列趋紧密，孔隙率下降，材料受到冲击后，分子链段没有活动的余地，冲击强度降低。在玻璃化温度以上，结晶度的增加使分子间的作用力增加，因而抗张强度提高，但断裂伸长减小在玻璃化温度以下，高分子随结晶度增加而变得很脆，抗张强度下降。另外，在玻璃化温度以上，微晶体可以起物理交联作用，使链的滑移减小，因而结晶度增加可以使蠕变和应力松弛降低。

必须注意的是，结晶对高分子力学性能的影响，还与球晶的大小有密切的关系。即使结晶度相同，球晶的大小和多少也会影响性能；且对不同高分子，影响的程度也可能不同，这使结晶度对高分子力学性质的影响变得更复杂。

#### 2.2.7.2　密度与光学性质

晶区中的分子链排列规整，其密度大于非晶区，因而随着结晶度的增加，高分子的密度增大。物质的折光率与密度有关，因此高分子中晶区与非晶区的折光率显然不同。光线通过结晶高分子时，在晶区界面上必然发生折射和反射，所以两相并存的结晶高分子通常呈乳白色，不透明，如聚乙烯、尼龙等。当结晶度减小时，透明度增加。那些完全非晶的高分子，通常是透明的，如有机玻璃、聚苯乙烯等。如果一种高分子，其晶相密度与非晶密度非常接近，光线在晶区界面上几乎不发生折射和反射。或者当晶区的尺寸小到比可见光的波长还小，此时光不发生折射和反射，所以，即使有结晶，也不一定会影响高分子的透明性。例如，聚4-甲基-1-戊烯，它的分子链上有较大的侧基，使它结晶时分子排列不太紧密，晶相密度与非晶密度很接近，是透明的结晶高分子。对于许多结晶高分子，为了提高其透明度，可以设法减小其晶区尺寸。例如，等规聚丙烯，在加工时用加入成核剂的办法，可得到含小球晶的制品，透明度和其他性能有明显改善。

#### 2.2.7.3　热性能

对作为塑料使用的高分子来说，在不结晶或结晶度低时，最高使用温度是玻璃化温度。当结晶度达到40%以上，晶区互相连接，形成贯穿整个材料的连续相，因此在 $T_g$ 以上，仍不至软化，其最高使用温度可提高到结晶熔点。

#### 2.2.7.4　其他性能

由于结晶中分子链作规整密堆积，与非晶区相比，它能更好地阻挡各种试剂的渗入。因此，高分子结晶度的高低，将影响一系列与此有关的性能，如耐溶剂性(溶解度)，对气体、蒸汽或液体的渗透性，化学反应活性等。

### 2.2.8　天然高分子聚集态表征方法

（1）X射线衍射分析法

X射线衍射法是研究晶体物质空间结构参数的强有力工具，然而由于液晶是过渡中间相态，它有大量的属于液体的无序特点，当改变相态时这些特点又会消失。而且高分子液晶中存在的大量的非刚性高分子链，这给X射线衍射的晶态分析带来很大困难。目前关于高分子液晶的大量的X射线衍射研究工作仍主要集中在仅仅评价和鉴定液晶的晶相类别和行为特征。

（2）核磁共振光谱法

核磁共振技术是通过测定分子中特定电子自旋磁矩受周围化学环境影响而发生的变化，从而测定其结构的分析技术。高分子液晶的研究和发展已经表明，对于热熔成型液晶，核磁共振技术（NMR）是非常有效的分析工具，但对溶液型液晶则应用较少。核磁共振光谱能够对分子的取向性排列、分子动力学和固态结构研究提供非常有用的信息。

（3）介电松弛谱法

高分子液晶是分子按照特定规律排列的聚集态，这种有序排列方式可以通过介电松弛谱的形状得到反应。介电松弛谱是：当一个体系置于外加静电场内时，所有带电微粒都会受到电场力的作用而拥有向某一电极方向移动的趋势，由于这些带电微粒或多或少具有一定移动性，导致测定材料的极化现象。

（4）其他表征方法

除了以上介绍的各种较重要的方法外，还有许多分析技术用于高分子液晶研究，例如，高分子的双折射测定、热分析法、电子显微镜和红外光谱。

## 2.3　高分子液晶

高分子液晶（polymer liquid crystal）态是在熔融态或溶液状态下所形成的有序流体的总称，这种状态是介于液态和结晶态的中间状态，其表观状态呈液体状，内部结构却具有与晶体相似的有序性。液晶同时具有流动性和光学各向异性。许多科学工作者都在该研究领域努力的探索，1888 年，奥地利植物学家 Reinitzer 发现胆甾醇苯甲酸酯在 145.5 ℃熔化时，形成了雾浊的液体，并出现蓝紫色的双折射现象，直至 178.5 ℃时才形成各向同性的液体。其后在 Reinitzer 和德国物理学家 Lehmann 的共同努力下，认为胆甾醇苯甲酸酯在固态和液态之间呈现出一种新的物质相态，将其命名为液晶，这标志着液晶科学的诞生。对液晶高分子的认识，首先归功于德国化学家 Vorlander，他提出能产生液晶化合物的分子尽量呈直线状，这成为设计和合成液晶高分子的依据。1956 年，首次合成的液晶高分子的报道是 Robinson 在聚-γ-苯基-L-谷氨酸酯（PBLG）的溶液体系中观察到了与小分子液晶类似的双折射现象，从而揭开了液晶高分子研究的序幕。1965 年，杜邦女科学家 Kwolek 发现了溶致液晶高分子聚对氨基苯甲酸（PBA），她的进一步研究导致了高强度、高模量、耐热性的聚对苯二甲酰对苯二胺 Kevlar 纤维的大规模商品化。为表彰她的贡献，美国化学会将 1997 年度的 Perking 奖授予这位杰出的科学家。

高分子要形成液晶，必须满足以下条件：①分子链具有刚性或一定刚性，并且分子的长度与宽度之比 $R \geq 1$，即分子为棒状或接近于棒状的构象；②分子链上含有苯环或氢键等结构；③若形成胆甾型液晶还必须含有不对称碳原子。

### 2.3.1　液晶态的结构

某些物质的结晶受热熔融或被溶剂溶解之后，虽然失去固态物质的刚性，而获得液态物质的流动性，却仍然部分地保存着晶态物质分子的有序排列，从而在物理性质上呈现各向异性，处在这种状态下的物质称为液晶。液晶是有序流动的液体。液晶是一个过渡态，它是一种排列相当有序的液态。是从各向异性的晶态过渡到各向同性的液体之间的过渡态，它一般由较长的刚性分子形成。研究表明，形成液晶的物质通常具有刚性的分子结构，分子的长度和宽度的比例即轴比 $R \geq 1$，呈棒状或近似棒状的构象，这样的结构部分称为液晶原或介原，是液晶各向异性所必需的结构因素。同时，还须具有在液态下维持分子的某种有序排列所必需的凝聚力，这样的结构特征常常与分子中含有对位苯撑、强极性基团和高度可极化基团或氢键相联系，因为苯环的 π 电子云的极化率很大，极化结果又总是相吸引的，导致苯环平面间的叠层效应，从而稳定介原间的有序排列。此外，液晶的流动性要求分子结构上必须含有一定的柔性部分，如烷烃链等。小分子液晶几乎无例外地含有这类结构的"尾巴"。

$$CH_2-O-\!\!\!\left\langle\!\!\!\bigcirc\!\!\!\right\rangle\!\!\!-N\!\!=\!\!\overset{\displaystyle N}{\underset{\displaystyle O}{|}}\!\!-\!\!\left\langle\!\!\!\bigcirc\!\!\!\right\rangle\!\!\!-O-CH_3$$

4,4′-二甲氧基氧化偶氮苯这个化合物的熔点为 116 ℃。加热熔融时，最初形成浑浊的液体，流动性与水相近，但又具有光学双折射。当温度继续升高到 134 ℃时，才突然变为各向同性的透明液体，后面这个过程也是热力学一级转变过程，相应的转变温度称为清晰点。从熔点到清晰点之间的温度范围内，物质为各向异性的熔体，形成液晶。显然，清晰点的高低和熔点到清晰点之间的温度范围的宽度因物质不同而不同。

按照液晶的形成条件不同分类，上述这类靠升高温度，在某一温度范围内形成液晶态的物质，称为热致型液晶，共聚酯、聚芳酯属于热致液晶。第二类称为溶致型液晶的是指靠溶剂溶解分散，在一定浓度范围成为液晶态的物质，如核酸、蛋白质、芳族聚酰胺、凯夫拉和聚芳杂环、聚对苯撑苯并二噁唑纤维属于溶致液晶。第三类是在外场（力、电、磁、光等）作用下进入液晶态的物质属于感应液晶，如聚乙烯。第四类通过施加流动场而形成液晶态的物质属于流致液晶，如聚对苯二甲酰对氨基苯甲酰肼。

根据分子排列的形式和有序性的不同，液晶有三种不同的结构类型——近晶型、向列型和胆甾型，它们存在一维至二维的有序结构（图 2-12）。

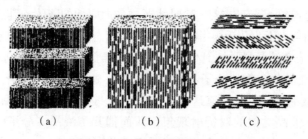

（a）　　　　　（b）　　　　　（c）

**图 2-12　三类液晶的结构示意**

（a）近晶型结构　（b）向列型结构　（c）胆甾型结构

①近晶型结构　近晶型液晶是所有液晶中具有最接近结晶结构的一类，并因此而得名。在这类液晶中，棒状分子依靠所含官能团提供的垂直于分子长轴方向的强有力的相互作用，互相平行排列成层状结构，分子的长轴垂直于层片平面。在层内，分子排列保持着大量二维固体有序性，但这些层片又不是严格刚性的，分子可以在本层内活动，但不能来往于各层之间，结果这些柔性的二维分子薄片之间可以互相滑动，而垂直于层片方向的流动则要困难得多。这种结构决定了其黏度呈现各向异性的可能性，只是在通常情况下，各部分的层片取向并不统一，因而近晶型液晶一般在各个方向上都是非常黏滞的。近晶相除了沿指向矢方向取向有序外，还沿某一方向的位置平移有序，形成层状结构，近晶相的有序性比向列相高。

②向列型结构　向列型液晶中，棒状分子之间只是互相平行排列，但它们的重心排列则是无序的，因而只保存着固体的一维有序性，并且这些分子的长轴方向到处都在发生着连续的变化。在外力作用下发生流动时，由于这些棒状分子容易沿流动方向取向，并可在流动取向相中互相穿越，因此，向列型液晶都有相当大的流动性。向列相分子长轴倾向于指向矢方向而从优平行

排列，具有很高的流动性，只具有分子取向有序性，是有序性最低的液晶相，是唯一没有平移有序的液晶，没有分层结构。

③胆甾型结构　由于属于这类液晶的物质中，许多是胆甾醇的衍生物，因此胆甾醇型液晶成了这类液晶的总称。其实，胆甾型液晶中，许多是与胆甾醇结构毫无关系的分子，确切的分类原则应该以它们的共同结构特征导致共同的光学及其他特性为依据。在这类液晶中，长形分子基本上是扁平的，依靠端基的相互作用，彼此平行排列成层状结构，但它们的长轴是在层片平面上的。层内分子排列与向列型相似，而相邻两层间，分子长轴的取向，由于伸出层片平面外的光学活性基团的作用，依次规则地扭转一定角度，层层累加而形成螺旋面结构。分子的长轴方向在旋转 360° 后复原，这两个取向相同的分子层之间的距离，称为胆甾型液晶的螺距。它是表征这类液晶的一个重要物理量。由于这些扭转的分子层的作用，反射的白光发生色散，透射光发生偏振旋转，使胆甾型液晶具有彩虹般的颜色和极高的旋光本领等独特的光学性质。胆甾相的一般含手性分子，手性的存在使邻近分子的排列发生扭曲，形成尺寸很大的螺旋结构。分子分层排布，指向矢连续的扭曲。

## 2.3.2　高分子液晶的结构和性质

高分子液晶态按其液晶原所处的位置不同，大致可分为两大类：一类是主链即由液晶原和柔性的链节相间组成，称为主链液晶；另一类分子主链是柔性的，刚性的液晶原连接在侧链上，称为侧链液晶。大部分高分子液晶的介原是筷型的，碟型高分子液晶的研究才刚刚开始，而碗型高分子液晶还没有合成出来。高分子的液晶态结构的发现和研究是从 20 世纪 50 年代开始的。起先研究的对象只限于多肽的溶液，例如，聚 L-谷氨酸 γ 苄酯在间甲酚的溶液中，它的分子成 α 螺旋构象，是刚性的棒状分子，当溶液浓度达到某一临界值时，便形成各向异性相。聚 L-谷氨酸 γ 苄酯液晶属胆甾型液晶。

## 2.3.3　高分子液晶的应用

液晶的一系列不寻常的性质已经得到了广泛的实际应用。高分子液晶特殊的物理性质，不仅在理论上有研究价值，而且也有重要的实用意义。

（1）液晶显示技术

向列型液晶材料

大家最为熟悉的要算液晶显示技术了。利用向列型液晶的灵敏的电的响应特性和光学特性。将把透明的向列型液晶薄膜夹在两块导电玻璃之间，在施加适当电压的点上，很快变成不透明的。当电压以某种图形加到液晶薄膜上，便产生图像。这一原理可以应用于数码显示、电光学快门，甚至可用于复杂图像的显示或做成电视屏幕、广告牌等。

液晶弹性体

（2）胆甾型液晶的颜色随温度而变化特性

利用此特征可用于温度的测量，小于 0.1 ℃ 的温度变化，可以借液晶的颜色变化辨别。另外，胆甾型液晶的螺距会因某些微量杂质的存在而受到强烈的影响，从而改变颜色。这一特性可用作某些化学药品的痕量蒸汽的指示剂。

（3）高分子液晶特别有意义的是它的独特的流动特性

将刚性高分子溶液的液晶体系所具有的流变学特性应用于纤维加工过程，已创造了一种新的纺丝技术——液晶纺丝。在不到 10 年的时间里，采用这种新技术，使纤维的力学性能提高了两倍以上，获得了高强度、高模量、综合性能好的纤维。刚性高分子溶液形成的液晶体系的流变学特性是高浓度、低黏度和低切变速率下的高取向度，因此采用液晶物料纺丝，顺利地解决了通常情况下难以解决的高浓度必然伴随着高黏度的问题。有特殊的黏度性质，在高浓度下仍有低黏度，利用这种性质进行"液晶纺丝"，不仅极大改善了纺丝工艺，而且其产品具有超高强度和超高模量，最著名的是称为凯夫拉（Kevlar）纤维的芳香尼龙。美国杜帮公司利用液晶纺丝制成的 Kevlar49 纤维，其抗强强度相当于钢丝的 6~7 倍，其制品已用作宇航结构材料。根据液晶态溶液的浓度—温度—黏度关系，当纺丝的温度为 90 ℃时，聚对苯二甲酰对苯二胺浓硫酸溶液的浓度可以提高到 20%左右。同时，由于液晶分子的取向特性，纺丝时可以在较低的牵伸条件下，获得较高的取向度，避免纤维在高倍拉伸时产生应力和受到损伤。

液晶弹性体

热致液晶

## 2.4 高分子的取向结构

### 2.4.1 高分子的取向现象

当线型高分子充分伸展的时候，其长度为其宽度的几百、几千甚至几万倍，这种结构上悬殊的不对称性，使它们在某些情况下很容易沿某特定方向作占优势的平行排列，这就是取向。取向是在某种外力作用下，分子链或者其他结构单元沿着外力作用方向择优排列的结构；高分子的取向现象包括分子链、链段的取向以及结晶高分子的晶片等沿特定方向的择优排列。

取向态与结晶态虽然都与高分子的有序性有关，但是它们的有序程度不同。取向态是一维或二维在一定程度上的有序，而结晶态则是三维有序的。对于未取向的高分子材料来说，其中链段是随机取向的，朝一个方向的链段与朝任何方向的同样多，因此未取向的高分子材料是各向同性的；而取向的高分子材料中，链段在某些方向上是择优取向的，因此材料呈现各向异性。取向的结果，高分子材料的力学性质、光学性质以及热性能等方面发生了显著的变化。力学性能中，抗张强度和挠曲疲劳强度在取向方向上显著增加，而与取向方向相垂直的方向上则降低，其他如冲击强度、断裂伸长率等也发生相应的变化。取向高分子材料上发生了光的双折射现象，即在平行于取向方向与垂直于取向方向上的折射率出现了差别，一般用这两个折射率的差值来表征材料的光学各向异性，称为双折射。取向通常还使材料的玻璃化温度升高，对结晶性高分子，则密度和结晶度也会升高，因而提高了高分子材料的使用温度。

无论结晶或非晶高分子，在外场作用下，特别是拉伸场作用下，均可发生取向（orientation）即分子链、链段或晶粒沿某个方向或两个方向择优排列，使材料性能发生各向异性的变化（图 2-13）。

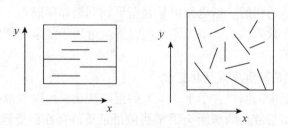

**图 2-13 高分子取向**

单轴取向是材料仅沿一个方向拉伸，长度增大，厚度和宽度减小，高分子链或链段倾向沿拉伸方向排列，在取向方向上，原子间以化学键相连。例如，合成纤维牵伸是最常见的例子。纺丝时，从喷嘴孔喷出的丝已有一定的取向（分子链取向），再牵伸若干倍，则分子链取向程度进一步提高。薄膜也可单轴取向，目前广泛使用的包扎绳用的全同 PP，是单轴拉伸薄膜，拉伸

方向十分结实(原子间化学键)，$y$ 方向上十分容易撕开(范氏力)。尼龙丝未取向的抗张 700~
800 kg/cm$^2$；尼龙双取向丝的抗拉 4700~5700 kg/cm$^2$。

　　双轴取向是材料沿两个相互垂直的方向($x$、$y$)拉伸，面积增大，厚度减小，高分子链或链
段倾向于与拉伸平面($x$、$y$ 平面)平行排列，在 $x$、$y$ 平面上分子排列无序，是各向同性的(即在
$x$、$y$ 平面上各个方向都有原子与原子间的化学键存在)。

　　如薄膜双轴拉伸，使分子链取平行薄膜平面的任意方向，但平面内分子的排列可能是无序
的。在薄膜平面的各方向的性能相近，但薄膜平面与平面之间易剥离。薄膜厂应用的双轴拉伸
工艺：将熔化挤出的片状在适当的温度下沿相互垂直的两个方向同时拉伸(如电影胶片的片基，
录音、录像的带基)。吹塑工艺：将熔化的物料挤出成管状，同时压缩空气由管芯吹入，同时在
纵向进行牵伸，使管状物料迅速胀大，厚度减小而成薄膜(PE、PVC 薄膜)。性能特点：双轴取
向后薄膜不存在薄弱方向，可全面提高强度和耐褶性，而且由于薄膜平面上不存在各向异性，
存放时不发生不均匀收缩，作为摄影胶片的薄膜材料这点很重要，否则会造成影像失真。外形
较简单的塑料制品，利用取向来提高强度：取向(定向)有机玻璃——可作战斗机的透明机舱罩。
未取向的有机玻璃是脆性的，经不起冲击，取向后，强度提高。加工时利用热空气将平板吹压
成穹顶的过程中，使材料发生双轴取向。ABS 生产安全帽，也采用真空成型(先挤出生成管材，
再将管材放到模具中吹塑成型)获得制品。各种中空塑料制品(瓶、箱、油桶等)采用吹塑工艺成
型，也包含通过取向提高制品强度的原理。PVC 热收缩包装膜(电池外包装用得最多)具有受热
而收缩的特点，强度高、透明性好、防水防潮、防污染、绝缘性好，用它作包装材料，不仅可
以简化包装工艺，缩小包装体积，而且由于收缩后的透明薄膜裹紧被包物品，能清楚地显示物
品色泽和造型，故广泛用作商品包装。

## 2.4.2　高分子的取向机理

　　高分子有大小两种运动单元：整链和链段，因此非晶态高分子可能有两类取向。链段取向
可以通过单键的内旋转造成的链段运动来完成，这种取向过程在高弹态下就可以进行。整个分
子的取向需要高分子各链段的协同运动才能实现，这就只有当高分子处于黏流态下才能进行。
这两种取向结果形成的高分子的聚集态结构显然是不同的。分别具有这两种结构的两种材料，
性能自然也不相同。例如，就力学性质和声波传播速度而言，整个分子取向的材料有明显的各
向异性，而链段取向的材料则不明显。

　　取向过程是链段运动的过程，必须克服高分子内部的黏滞阻力，因而完成取向过程需要一
定的时间。两种运动单元所受到的阻力大小不同，因而两类取向过程的速度有快慢之分。在外
力作用下，将首先发生链段的取向，然后才是整个分子的取向。在高弹态下整个分子的运动速
度极慢，所以一般不发生分子取向，只发生链段取向。取向过程是一种分子的有序化过程，而
热运动却使分子趋向紊乱无序，即所谓解取向过程。在热力学上，后一个过程是自发过程，而
取向过程必须依靠外力场的帮助才能实现。而且即使在这时，解取向过程也总是存在着的。因
此，取向状态在热力学上是一种非平衡态。在高弹态下，拉伸可以使链段取向，一旦外力除去，
链段便自发解取向而恢复原状；在黏流态下，外力使分子链取向，外力消失后，分子也会自发
解取向。为了维持取向状态，获得取向材料，必须在取向后使温度迅速降到玻璃化温度以下，
将分子和链段的运动"冻结"起来。这种"冻结"的热力学非平衡态，毕竟只有相对的稳定性，时
间长了，特别是温度升高或者高分子被溶剂溶胀时，仍然要发生自发的解取向。取向过程快的，
解取向速度也快，因此发生解取向时，链段解取向将比分子解取向先发生(图 2-14)。

结晶高分子的取向，除了其非晶区中可能发生链段取向与分子取向外，还可能发生晶粒的取向。在外力作用下，晶粒将沿外力方向作择优取向。关于结晶高分子取向过程的细节，由于结晶结构模型的争论尚无定论，存在着两种相反的看法，按照折叠链模型的观点，结晶高分子拉伸时，非晶区先被取向到一定程度后，才发生晶区的破坏和重新排列，形成新的取向晶粒；而 Flory 等人则认为，在非晶态时，每个高分子线团(柔性链，相对分子质量为 10 Da)周围约有 200 个近邻分子与之缠结，高分子结晶时，其缠结部分必然浓集在非晶区，即非晶区中分子链要比晶区中的分子链缠结得更多。因此，进行单轴拉伸时，首先发生晶区的破坏，而非晶区中的连结链因为缠结得很厉害，不可能一开始就产生较大的形变。结晶高分子的取向态比非晶高分子的取向态较为稳定，因为这种稳定性是靠取向的晶粒来维持的，在晶格破坏之前，解取向是无法发生的。

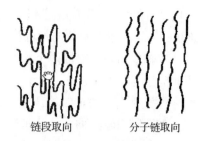

链段取向　　　分子链取向

图 2-14　高分子取向示意

### 2.4.3　取向的应用

以黏胶丝为例，加工成型时可以利用分子链取向和链段取向速度的不同，用慢的取向过程使整个高分子链得到良好的取向，以达到提高纤维的拉伸强度，而后再用快的过程使链段解取向，使其具有弹性。当黏胶丝自喷丝口喷入酸性介质时，黏胶丝开始凝固，于凝固未完全的溶胀态和较高温度下进行拉伸，此时高分子仍有显著的流动性，可以获得整链的取向，然后在很短的时间内用热空气和水蒸气很快地吹一下，使链段解取向，消除内部应力。要得到比较理想的黏胶纤维，注意热处理的温度和时间要恰当，以便使链段解取向而整链不解取向。如果热处理时间过长，整链也会解取向而使纤维丧失强度。热处理的另一个重要作用是减小纤维的沸水收缩率。如果纤维未经热处理，被拉直了的链段有强烈的蜷曲倾向，纤维在受热或使用过程中就会自动收缩，这样织物便会变形。经热处理过的纤维，其链段已发生蜷曲的，在使用过程中不会变形。

塑料，采用双轴拉伸或吹塑。双轴拉伸：将熔融挤出的片状高分子材料，在适当的温度条件下，沿互相垂直的两个方向拉伸，结果使制品的面积增大而厚度减小，最后成膜。取向的结果提高了膜的抗撕裂性。吹塑是将高分子挤出成管状，同时由管芯吹入压缩空气，同时在纵向进行牵伸，使管状物料迅速膨大，厚度减小而成膜。

合成纤维生产中，广泛采用牵伸工艺，来大幅度提高纤维的强度。如纺丝时拉伸使纤维取向度提高后，PET 的抗张强度可以提高 6 倍，同时，断裂伸长率下降了很多。由于取向过度，分子排列过于规整，分子间相互作用力太大，分子的弹性却太小了，纤维变得僵硬、脆。在实际应用中，一般要求纤维具有 10%～20% 的弹性伸长，即要求高强度和适当的弹性相结合。为了获得一定的强度和一定的弹性的纤维，可以在成型加工时利用分子链取向和链段取向速度的不同，用慢的取向过程使整个分子链获得良好的取向，以达到高强度，然后再用快的取向过程使链段解取向，使之具有弹性。纤维在较高温度下(黏流态)牵伸，因高分子具有强的流动性，可以获得整链取向，冷却成型后，在很短时间内用热空气和水蒸气很快吹一下，使链段解取向收缩(这一过程叫"热处理")以获取弹性。未经热处理的纤维在受热时就会变形(内衣、汗衫)。热处理的温度和时间很重要，使链段解取向而整链不解取向。

## 2.5　高分子的共混态结构

### 2.5.1　高分子混合物的概念

所谓共混高分子是通过简单的工艺过程把两种或两种以上的均聚物或共聚物或不同相对分子质量、不同相对分子质量分布的同种高分子混合而成的高分子材料。在冶金中，人们为了寻找新的金属材料，把各种不同的金属做成合金，结果获得了许多纯金属不及的、性能优良的特种材料。共混材料的物理混合物与冶金工业的合金很相似，所以又称高分子合金。对高分子合金的研究在 20 世纪 60 年代达到高潮，通过物理或化学的方式将已有的高分子材料进行剪裁加工，制成两种或多种高分子的复合体系，这是极为丰富多彩的领域。共混的目的是为了取长补短，改善性能，最典型的用橡胶共混改性塑料的例子是高抗冲聚苯乙烯和 ABS(有共混型或接枝型)。

根据混合组分的不同，高分子混合物可以分为 3 大类：高分子—增塑剂混合物、高分子填充剂混合物和高分子/高分子混合物。第一类就是增塑高分子，第二类主要是增强高分子，这两类高分子混合物早为人们所熟知，并在生产实际中广泛使用。第三类，通称为共混高分子(或称多组分高分子)。由于这类高分子混合物可以通过简易的方法得到，所得的材料却具有混合组分所没有的综合性能，并且随着混合组分的改变，可以得到千变万化的性能。因此，它是新材料开发的一个重要新领域，引起了人们很大的兴趣。

在高分子材料开发过程中，早期人们将很多精力放在新高分子品种的发明上，到目前为止，见诸报道的至少有几千种，虽然它们各有不同的特点，但是最多只有 1% 具有应用价值，真正大量生产的很少，目前主要有近 10 种高分子的产量，已占高分子材料总产量的 80% 以上。可以这样说，开发新高分子品种的工作收效不大，而近些年来发展起来的，利用现有的高分子品种，通过简单的工艺过程，制备高分子/高分子混合物，却显示出它特有的优越性，因而迅速在工业上得到广泛的应用。20 世纪 70 年代出现的许多合成材料的新品种，都是以共混高分子形式出现的。

共混高分子可以用两类方法来制备：一类称为物理共混，包括机械共混、溶液浇铸共混和乳液共混等；另一类称为化学共混，包括溶液接枝和溶胀聚合等，有时也把嵌段共聚包括在内。

从聚集态研究的角度出发，共混高分子中有两种类型：一类是两个组分能在分子水平上互相混合而形成均相体系；另一类则不能达到分子水平的混合，两个组分分别自成一相，结果共混物便成为非均相体系。特别是这后一类非均相共混高分子，它们具有与一般高聚物不同的聚集态结构特征，同时也带来了它们的一系列独特的性质，详细了解它们的结构及其与各种性能的关系正是高分子物理关心的问题。通过共混可以获得原单一组分没有的一些新的综合性能，并且可通过混合组分的调配(调节各组分的相对含量)来获得适应所需性能的材料。共混与共聚的作用类似，共混是通过物理的方法把不同性能的高分子混合在一起；而共聚则是通过化学的方法把不同性能的高分子链段连在一起。

### 2.5.2　共混高分子聚集态的主要特点

大多数共混高分子形成的非均相体系从热力学的观点上来看，并不是处于一种稳定状态的，但又不像一般低分子不稳定体系那样容易发生进一步的相分离。由于动力学上的原因，高分子/高分子混合物处于一种准稳定态。具体来说，由于高分子/高分子混合物的黏度很大，分子或链段的运动实际上处于一种冻结的状态，或者说运动的速度是极慢的，才使这种热力学上不稳定的状态得以维持，相对地稳定下来。嵌段共聚物形成的非均相体系，则可以是热力学上的稳定体系。

高分子/高分子混合物的分散程度取决于组分间的相容性。相容性太差时，两种高分子混合程度很差，或者根本混不起来，即使混起来，材料通常呈现宏观的相分离，出现分层现象，因而很少有实用价值。两种高分子的相容性越好，则混合得越好，得到的材料两相分散得越小，越均匀。正是这类相容性适中的共混高分子，具有较大的实用价值，它们在某些性能上呈现突出的(甚至超过两种组分)优异性能。这类共混高分子所呈现的相分离是微观的或亚微观的相分离，在外观上是均匀的，而不再有肉眼看得见的分层现象。当分散程度较高时，甚至于连光学显微镜也观察不到两相的存在，但用电镜在高放大倍数时还是观察到两相结构的存在的。相容性好的极限是相容，相容的高分子混合时，可以达到分子水平的分散而最终形成热力学上稳定的均相体系。

完全相容的高分子共混体系的性质，除了少数情况由于一种协同作用，也会在某些性质上出现互相促进的有价值的作用外，通常与增塑体系相似，聚集态结构上也没有什么新的特点。由于形成均相体系，这样的材料只有一个玻璃化温度。而不完全相容的那些共混高分子，由于发生亚微观相分离，形成两相体系，两相分别具有相对的独立性，各有自己的玻璃化转变。这一种性质可被利用来检定各种共混高分子的相分离情况和了解组分的相容性。具体测量玻璃化温度的方法很多。由于各种测定玻璃化温度的方法灵敏度不同，结果有时不完全一致，常常还需配合使用其他方法，如相位差显微镜、电子显微镜、X射线衍射等。

### 2.5.3　非均相多组分高分子的织态结构

为了揭开多组分高分子结构与性能关系的奥秘，人们已经对其形态学进行了大量的研究，电子显微镜在这些研究中发挥了巨大的作用。一般含量少的组分形成分散相，而含量多的组分形成连续相，随着分散相含量的逐渐增加，分散相从球状分散变成棒状分散，到两个组分含量相近时，则形成层状结构，这时两个组分在材料中都呈连续相(图2-15)。

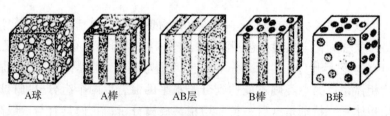

A球　　A棒　　AB层　　B棒　　B球

组分A增加，组分B减少

**图2-15　非均相多组分聚合物的织态结构模型**

(组分 A：白色，组分 B：黑色)

大多数实际的多组分高分子的织态结构要更复杂些，通常也没有这样规则，可能出现过渡形态，或者几种形态同时存在。例如，球和短棒或不规则的条、块等形状同时作为分散相存在于同一多组分高分子中。另外，当以溶胀的办法把一种组分的单体引入另一种组分的交联高分子中去，然后进行聚合时，这样得到的多组分高分子两组分均为连续相，是一种互相贯穿的网状结构。上述的模型用于描述嵌段共聚物特别合适，例如，在二嵌段共聚物中，改变两种嵌段的相对长度来调节组成比，便可依次得到上述五种形态。后来在三嵌段共聚物试样上也得到类似的结果。对于一个组分能结晶或者两个组分都能结晶的多组分高分子，则其聚集态结构中又增加了晶相和非晶相的织态结构因素，使其变得更为复杂。尽管如此，对这类共混物的聚集态结构也已开展研究并取得了某些结果。

## 2.5.4　共混高分子的聚集态结构对性能的影响

共混与共聚相比，工艺简单，但共混时存在相容性问题，若两种高分子共混时相容性差，混合程度（相互的分散程度）很差，易出现宏观的相分离，达不到共混的目的，无实用价值。通过共混可带来多方面的好处：①改善高分子材料的机械性能；②提高耐老化性能；③改善材料的加工性能；④有利于废弃高分子的再利用。

共混高分子的制备方法有物理共混（机械共混、溶液共混、乳液共混）、化学共混（溶液接枝共混、熔融接枝共混、嵌段共混）。在共混高分子中，最有实际意义的是由一个分散相和一个连续相组成的那些两相体系共混物。考虑这些共混高分子的结构与性能的关系时，为了研究方便，通常又可以根据两相的"软""硬"情况，将它们分为 4 类：①分散相软—连续相硬，如橡胶增韧塑料；②分散相硬—连续相软，如热塑性弹性体 SBS，PS 为分散相，PVC 增强丁氰胶，PVC 为分散相；③分散相和连续相均软，例如天然橡胶与合成橡胶的共混物，在天然橡胶中加入丁氰胶，能提高耐油性，在天然橡胶中加入丁苯胶，能提高耐磨性；④分散相和连续相均硬，如聚乙烯改性聚碳酸酯，在 PC 中加入 PS 改进加工性能，在 PE 中加入 PP 改进结晶能力等。根据高分子/高分子共混物体系的特点，通常将含量少的组分称为分散相，含量多的组分称为连续相，随着组分含量的改变，可以实现相的反转；等量共混时，黏度小的为连续相；黏度等同时，二组分均可成连续相。由于各类共混物又有各自的性能特点，情况比较复杂。

通过加入相容剂（增容剂）可以提高高分子共混的相容性。最早利用共混改性的是聚苯乙烯，将天然橡胶混入聚苯乙烯制成了改性聚苯乙烯，改变了聚苯乙烯的脆性，使它变得更为坚韧和耐冲击，这是因为当聚苯乙烯和天然橡胶的共混物受到外力冲击时，分散在聚苯乙烯中的天然橡胶颗粒能够吸收大量的冲击能量，使共混物耐冲击性和韧性有所提高。大量的聚氯乙烯中加入少量丁腈橡胶，即使不加增塑剂，也能得到像软聚氯乙烯一样的共混物，其中丁腈橡胶起了增塑剂的作用。丁腈橡胶在共混物中既不挥发，也不渗出，比通用的增塑剂要好。这种共混物具有耐油、耐磨、耐老化、低温下不发脆的优点。聚碳酸酯是一种性能优良的工程塑料，但它存在着内应力大、不耐有机溶剂、在水蒸气和热水中易水解等缺点。如聚碳酸酯和聚乙烯共混，制得的改性聚碳酸酯就变成耐沸水、耐应力开裂性，而且冲击韧性也有所改善的塑料。

### 2.5.4.1　光学性能

大多数非均相的共混高分子都不再具有其组分均聚物的光学透明性。例如，ABS 塑料（即丙烯腈-丁二烯-苯乙烯共聚物）中，连续相 AS 共聚物是一种透明的塑料，分散相丁苯胶也是透明的，但是 ABS 塑料是乳白色的，这是由于两相的密度和折射率不同，光线在两相界面处发生折射和反射的结果。又如，有机玻璃原是很好的透明材料，对于某些要求有较高抗冲性能的场合，有机玻璃显得韧性不足；为了改进抗冲性能，可以做成与 ABS 塑料相类似的 MBS 塑料，它也是一个两相体系材料，强度提高了很多，而透明性通常将丧失。但是如果严格调节两相中的共聚组成，使两相的折光率接近，可以避免两相界面上发生的光线散射，得到透明的高抗冲 MBS 塑料。另一个透明的非均相材料是热塑性弹性体 SBS 嵌段共聚物，其中聚苯乙烯段聚集而成微区，分散在由聚丁二烯段组成的连续相中，但是由于微区的尺寸十分小，只有 10 nm 左右，不会影响光线的通过，因而显得相当透明。

大多数非均相共混高分子是不透明的，这是因为二相的密度不同，折射率也不同，光线在两相界面上会发生折射和反射。

**【例1】**ABS 是由连续相 AS(丙烯腈-苯乙烯共聚)塑料(透明)和分散相 SBR(丁苯橡胶)(不透明)接枝共聚,ABS 是不透明的。

**【例2】**PMMA 韧性不足,将 MMA 和 BS 共混后获得 MBS 塑料,抗冲击强度提高很多但成为不透明的材料。如果严格调节二相各自的共聚组成,使两相的折射率接近,就可得到透明的 MBS 塑料。

**【例3】**SBS 塑性弹性体:分散相(硬)-PS 塑料连续相(软)-PB 橡胶。PS 作为分散相分散在 PB 橡胶连续相中,但由于分散相尺寸很小,不影响光线通过,因而是透明的。

#### 2.5.4.2　热性能

非晶态高分子作塑料使用时,其使用温度上限是 $T_g$。对于某些塑料,为了增加韧性,采取增塑的办法,如聚氯乙烯塑料。然而增塑却使 $T_g$ 下降,使塑料的使用温度上限降低;甚至当增塑剂稍多时,在室温已失去塑料的刚性,只能作为软塑料使用。而用橡胶增韧的塑料,如高抗冲聚苯乙烯,虽然引入了玻璃化温度很低的橡胶组分,但由于形成两相体系,分散的橡胶相的存在,对于聚苯乙烯连续相的 $T_g$ 并无多大影响,因而基本保持未增韧前塑料的使用温度上限。橡胶增韧塑料的这种大幅度提高而韧性又不降低使用温度的性质,正是它的若干突出的优点之一。

**【例1】**对于有些塑料,为了增加韧性,采用加增塑剂的办法。例如 PVC,由于它的加工温度接近分解温度,只好加增塑剂使它的 $T_f$ 下降。即用增韧的办法使韧性获得,但却降低了作为塑料的使用温度。

**【例2】**橡胶增强塑料 HIPS,由于在 PS 塑料中加入了橡胶组分,所以抗冲性大大提高(韧性大大提高),但却不降低使用温度,这是因为形成二相体系,分散相为橡胶,它的存在对于连续相 PS 的 $T_g$ 影响不大,这是共混高分子的突出优点之一。

#### 2.5.4.3　力学性能

橡胶增韧塑料的力学性能的最突出的特点是在大幅度提高材料的韧性同时,不至于过多地降低材料的模量和抗张强度,这是十分可靠的性能,因为它是本来以增塑或无规共聚的方法所无法达到的。这种特性为脆性高分子材料,特别是廉价易得的聚苯乙烯的广泛应用,开辟了广阔的途径。这种优异的特性,与其两相体系的结构密切相关,塑料作为连续相,起了保持增韧前材料的抗张强度和刚性的作用,而引进的分散橡胶相,帮助分散和吸收冲击能量。对于两相中各种结构细节对这些力学性质的影响,已有许多学者作了相当详细的研究,并对增韧的机理提出了各种假说和理论。

### 课后习题

1. 名词解释

全同立构　间同立构　构型　构造　共聚物的序列结构　接枝共聚物　嵌段共聚物　构象　链段　链柔性　凝聚态　内聚能　晶胞　单晶　球晶　结晶度　聚合物液晶　溶致液晶　热致液晶　取向

2. 写出聚氯丁二烯的各种可能构型,举例说明高分子的构造。

3. 构象与构型有何区别?聚丙烯分子链中碳—碳单键是可以旋转的,通过单键的内旋转是否可以使全同立构聚丙烯变为间同立构聚丙烯?为什么?

4. 聚乙烯分子链上没有侧基,内旋转位能不大,柔顺性好。该聚合物为何室温下为塑料而不是橡胶?

5. 从结构出发,简述下列各组聚合物的性能差异:

(1)聚丙烯腈与碳纤维;

(2)无规立构聚丙烯与等规立构聚丙烯；

(3)顺式聚 1,4-异戊二烯(天然橡胶)与反式聚 1,4-异戊二烯(杜仲橡胶)；

(4)高密度聚乙烯、低密度聚乙烯与交联聚乙烯。

6. 高分子液晶的分子结构有何特点？根据分子排列有序性的不同，液晶可分为哪几种晶型？如何表征？

7. 简述液晶高分子的研究现状，举例说明其应用价值。

8. 采用"共聚"和"共混"方法进行聚合物改性有何异同点？

9. 简述提高高分子合金相容性的手段。

10. 什么叫内聚能密度？它与分子间作用力的关系如何？如何测定聚合物的内聚能密度？

11. 聚合物在不同条件下结晶时，可能得到哪几种主要的结晶形态？各种结晶形态的特征是什么？

12. 测定聚合物结晶度的方法有哪几种？简述其基本原理。不同方法测得的结晶度是否相同？为什么？

## 参考文献

何曼君，2007. 高分子物理[M].2 版. 上海：复旦大学出版社.

Quiroga J A, Canga I, Alonso J, *et al.*, 2020. Reversible Photoalignment of Liquid Crystals: a Path toward the Creation of Rewritable Lenses[J]. Scientific Reports, 10(1): 43-46.

Ren L, Li B, He Y, *et al.*, 2020. Programming Shape-Morphing Behavior of Liquid Crystal Elastomers via Parameter-Encoded 4D Printing[J]. ACS Applied Materials & Interfaces, 12(13): 15562-15572.

Tsuei M, Shivrayan M, Kim Y-K, *et al.*, 2020. Optical "Blinking" Triggered by Collisions of Single Supramolecular Assemblies of Amphiphilic Molecules with Interfaces of Liquid Crystals[J]. Journal of the American Chemical Society, 142(13): 6139-6148.

# 第3章 纤维素

## 3.1 概述

天然高分子是生命起源和进化的基础。在自然界，通过有机体自然生长而形成的高分子物质统称为天然高分子。天然高分子都具有生物可降解性，因此天然高分子材料属于绿色材料。纤维素是地球上最古老、最丰富的天然高分子，是取之不尽用之不竭的人类最宝贵的天然可再生资源。全世界每年用于纺织造纸的纤维素达 $800 \times 10^4$ t，植物纤维素每年产量远远超过已知的石油储量，开发地球上的可再生资源可望解决不可再资源短缺这一问题。对生物资源的研究和开发利用，在相当大的程度上可说是对生物高分子物质的研究和开发利用。

纤维素

### 3.1.1 纤维素的来源

纤维素是由许多 D-葡萄糖基通过 $\beta$-1,4-糖苷键连接而成的线性高分子化合物。

木材是自然界中纤维素最主要的来源，木质纤维素除含有纤维素外，还有木质素和其他多糖（半纤维素），木材是由木质素作基质，纤维素作增强剂组成的三维体型结构的复合体系（表 3-1）。木材通过化学方法将其非纤维素成分去掉，即可获得纤维素，这些纤维素大都以纤维的形态存在。

表 3-1 木材的主要组成比

| 树 种 | 纤维素/% | 半纤维素/% | 木质素/% |
| --- | --- | --- | --- |
| 针叶木 | 50~55 | 15~20 | 25~30 |
| 阔叶木 | 50~55 | 20~25 | 20~25 |

草类植物种类多，数量庞大，一般该类植物纤维素含量在 50% 左右。韧皮类主要是利用植物的皮作为纤维素材料，纤维素含量为 40%~80%。棉花属于重要的植物纤维素资源，棉花的纤维素含量高于 95% 以上，是自然界中纯度最高的纤维素纤维。

某些特定的细菌、藻类或真菌也能合成纤维素，选择合适的基板、养殖条件、添加剂及菌株，可控制合成纤维素的相对分子质量、相对分子质量分布及超分子结构。体外合成纤维素是近几年纤维素研究领域的热点。最早的生物合成纤维素是利用纤维素酶催化反应，由纤维素二糖生成纤维素；而最早的化学合成纤维素，则是通过开环聚合特戊酸取代的 D-葡萄糖后脱保护得到的。

### 3.1.2 纤维素的化学结构式

1838 年，法国科学家佩因（Payen）从木材提取某种化合物的过程中分离出一种物质，由于这种物质是在破坏细胞组织后得到的，因而佩因将它称为 cell（细胞）和 lose（破坏）组成的一个新名词"cellulose"，经过测定其组成，元素分析证明这种纤维状固体的分子式为 $C_6H_{10}O_5$，次年法国科学院在报道中将这种纤维状固体称为"纤维素"，此后这一名称沿用至今。1920 年，Staudinger 发现纤维素不是 D-葡萄糖单元的简单聚集而是由 D-葡萄糖重复单元通过 1,4-糖苷键组成的大分子多糖(图 3-1)。

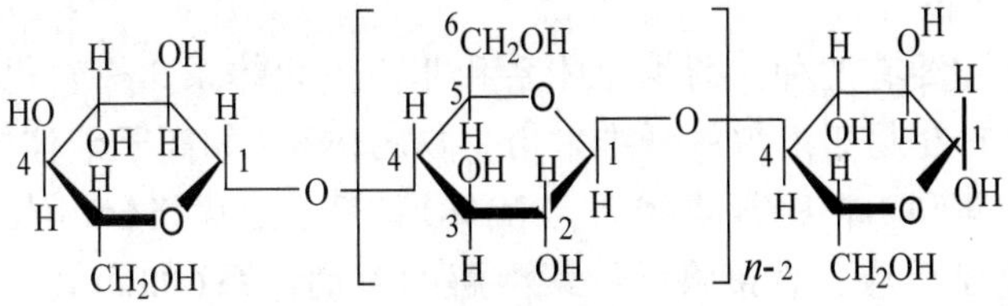

图 3-1　纤维素的结构式

纤维素完全水解时得到 99% 的葡萄糖，其化学式是 $C_6H_{10}O_5$。纤维素可看成由 $n$ 个聚合的 D-葡萄糖酐(即失水葡萄糖)，写成通式为 $(C_6H_{10}O_5)_n$。实验证明葡萄糖有一个醛基，这个醛基位于葡萄糖分子的顶部，且是半缩醛的形式。葡萄糖半缩醛结构的立体环为(1-5)连接，由同一葡萄糖分子中的两种基团—OH、—CHO 形成。位于 C5 上的羟基优先与醛基反应，形成 1,5-糖苷键连接的六环(吡喃式)结构。葡萄糖单元的三个游离羟基位于 2,3,6 三个碳原子上。位于 C2 和 C3 位上的为仲羟基，位于 C6 位上的为伯羟基，三个羟基的酸性大小为 C2>C3>C6。

纤维素是由通过 $\beta$-1,4-糖苷键连接脱水-D-葡萄糖单元(AGU)构成的天然高分子，两个相邻的单元互成 180° 交错。重复单元被称为纤维素二糖(cellobiose)。纤维素大分子的两个末端基性质不同，在一端的葡萄糖基第一个碳原子上存在一个苷羟基，具有潜在的还原性，又有隐形醛基之称。纤维素另一末端在第四个碳原子上存在仲醇羟基，它不具有还原性。所以对于整个纤维素大分子来说，一端存在还原性的隐形醛基，另一端没有，整个大分子具有极性并呈现出方向性。

纤维素是部分结晶高分子，具有多种结晶结构、多层次结构及特有形貌。纤维素的多层次结构主要由纤维素分子链堆积成的初级纤维(直径 1.5~3.5 nm)、初级纤维捆绑成纤丝和由纤丝构成多层次网络的微纤组成(图 3-2)。这使得天然的木材、滤纸、细菌纤维素膜等具有模板作用，可用于制备不同形貌的无机材料。同时，微纤之间形成的孔状结构为化学反应及酶催化降解提供有利条件。通过改变微纤之间孔的尺寸，能够制备某些专用薄膜或包装材料，使纤维素产品满足更广泛的应用需求。

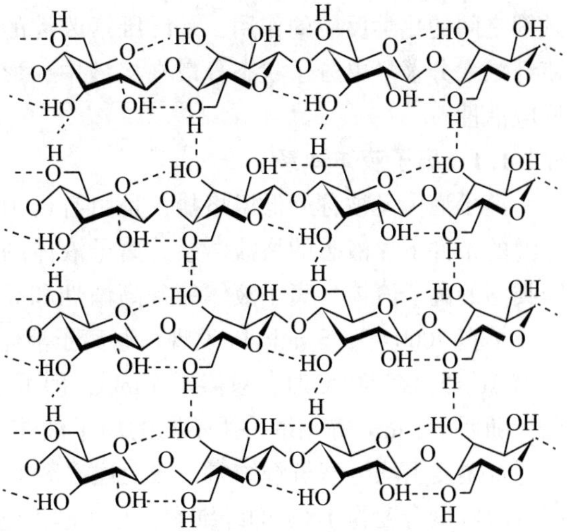

图 3-2　纤维素的分子间氢键示意

## 3.2　纤维素的溶解

纤维素大分子的纤维二糖单元环上具有活泼的游离羟基，这为分子内及分子间氢键网络的形成创造了有利条件。这些致密的氢键网络使带状的纤维素链聚集在一起，形成致密有序的结晶结构，大大限制了纤维素的溶解，使其既不溶于水和一般溶剂，也无法进行熔融，加工性差，极大地限制了纤维素材料的推广应用。长期以来，采用传统的黏胶法生产人造丝和玻璃纸，由于大量使用二硫化碳而导致环境严重污染。纤维素的溶解是指溶剂分子无限进入纤维素的结晶区内部，借助溶剂分子与纤维素之间的物理相互作用或化学共价结合作用(反应性剂)，消除纤维素分子链之间的氢键作用，破坏纤维素的结晶构造，使纤维素以单分子链的形式分散在溶剂中形成均相溶液。

纤维素的溶剂体系主要有两种：衍生化体系和非衍生化体系。衍生化体系是指纤维素与反应试剂发生化学反应，产生易于溶解的纤维素衍生物的体系(如离子液体体系、氯化锂/二甲基甲酰胺体系、NaOH/硫脲和 NaOH/尿素体系、NMMO 体系、金属络合物体系等)。非衍生化体系是指与纤维素不发生化学反应，直接将纤维素溶解的溶剂体系(如四氧化二氮/二甲基甲酰胺、磷酸/多聚磷酸复合溶剂体系、聚甲醛/二甲基亚砜等)。

纤维素在非反应性溶剂和反应性溶剂中溶解成均相体系有利于反应试剂与活性位充分接触。纤维素在溶剂中的浓度一般在 2%~3%，当浓度高至 10%~15% 时，表观均一溶液内有不稳定的内消旋相形成，这种团聚作用导致纤维素反应活性降低。纤维素的溶解过程中溶剂分子首先进入纤维素结晶区的内部，溶剂分子与纤维素之间产生物理相互作用或化学共价结合作用，纤维素分子链之间的氢键作用减弱，纤维素的结晶结构被破坏，纤维素以单分子链的形式分散在溶剂中形成高分子均相溶液。

## 3.2.1 非衍生化溶剂体系

不参与纤维素的化学反应的溶剂称为非衍生化溶剂，这类溶剂不参与纤维素的衍生化反应，使溶剂与纤维素发生相互作用，溶剂与纤维素相互作用生成新氢键并取代纤维素分子内和分子间氢键的物理过程，破坏纤维素分子间氢键将纤维素溶解成单分子，进而活化纤维素分子与改性试剂之间的化学反应的作用，是纤维素改性的优选溶剂，这种溶剂通过破坏纤维素分子间氢键使纤维素分子呈单分子状态分散在溶液中，形成均相溶液体系，提高了纤维素分子羟基的化学反应活性。

### 3.2.1.1 离子液体体系

离子液体又被称为低温熔盐，是由有机阳离子和无机或有机阴离子组成的、在室温或接近室温的条件下显液态的熔盐体系。离子液体的种类繁多，通过改变阴阳离子的种类便可得到不同类型的离子液体。离子液体具备高惰性和高极性，符合绿色化学的理论要求等优点，应用广泛，早在 2000 年，Swatloski 发现一些离子液体具有溶解纤维素的能力。2003 年，任强等合成了[AMIM]Cl，在 80 ℃时，只需要 5 min，即可以得到 5%的纤维素溶液，而且纤维素的降解程度低。随后 Heeinze 等相继采用不同的离子液体如[BMIB]Cl、[AMIM]Cl、[HEMIM]Cl 等在不同时间及温度下均可溶解纤维素，在上述溶剂中，[BMIB]Cl 显示出很好的溶解能力，在 100 ℃时即可溶解聚合度为 1000 的纤维素，且溶解度达 10%。

离子液体是纤维素的直接溶剂，纤维素在溶解过程中没有发生纤维素的衍生化反应。纤维素分子链上游离—OH 中的 O 作为电子给予体，而 H 便成为电子接受体，相应的，离子液体结构中阴离子作为电子给予体，阳离子为电子接受体，当一方的电子给予体中心和另一方的电子接受体在足够近时便会产生复合物，此时纤维素中的活泼羟基与离子液体的阴阳离子相互作用，打开纤维素分子间及分子内氢键，游离羟基的电荷发生分离，导致纤维素分子链分开，实现了纤维素溶解。

纤维素在离子液体中的溶解度受溶解温度、离子液体种类、纤维素原料等因素的影响。①在溶解过程当中纤维素会产生不同程度的降解，温度越高，纤维素的降解程度越明显。研究发现当溶解温度升至 120 ℃时，纤维素的聚合度由 1900 降至 1427；同时，延长溶解时间也会造成纤维素降解程度的增大，但温度的影响更显著。②烷基咪唑类、烷基吡啶类结构和氯离子、醋酸离子、烷基磷酸酯等离子是常见的对纤维素有较强的溶解能力的阳离子、阴离子离子液体基团。③纤维素的溶解力受阴离子的氢键接受能力差异、离子液体的阳离子侧链结构的影响。功能化离子液体由咪唑阳离子和氯阴离子组成，除 Cl⁻ 和阳离子与纤维素作用外，阳离子侧链上存在羟基，该羟基也可与纤维素分子上的羟基形成氢键，进一步降低了纤维素分子内或分子间氢键，在阳离子、Cl⁻ 和侧链上羟基的共同作用下，促使纤维素在离子液体中溶解。离子液体中的杂质含量、水含量都会直接影响到其对纤维素的溶解性能。

对于纤维素的离子液体溶液可以通过添加水、乙醇、丙酮等凝固剂实现纤维素的再生，通过低压蒸发去除挥发性溶剂后离子液体可循环使用。

### 3.2.1.2　氯化锂/二甲基乙酰胺

纤维素在溶于 LiCl/DMAc 体系之前需要进行活化预处理，这是因为由纤维素分子内和分子间氢键诱导形成的晶区阻碍了溶剂与纤维素分子的接触。经活化预处理后的纤维素，部分氢键发生断裂，分子链获得较松弛构型，紧密排列的晶区变得更容易与溶剂进行接触，从而使纤维素溶解更为迅速。经过二甲基乙酰胺活化处理的纤维素，在温和的温度条件下可以溶解在氯化锂/二甲基乙酰胺溶剂系中，得到较高浓度的透明溶液。纤维素原料先经晶内溶胀，再活化，可以大大提高溶解程度。溶剂体系中，氯化锂浓度大于一定值才能溶解纤维素，氯化锂浓度大，纤维素溶解度大。溶剂体系中含少量水，有利于纤维素的溶解，但含过量水的溶剂则失去溶解能力。适当升高溶解温度，可以加快纤维素溶解，但温度过高纤维素高度溶胀而不溶解。

LiCl/DMAc 体系中可配成纤维素浓度为 15%~17% 的纤维素溶液，其中 LiCl 含量最佳值在 5%~7%。LiCl/DMAc 体系要求纤维素在高温下(150 ℃)溶解，且纤维素需要进行活化预处理。LiCl/DMAc 体系的溶解性能、溶液稳定性好，且溶剂易回收、成膜速度快，可同时溶解纤维素和其他的高分子材料(如聚丙烯腈等)，是纤维素均相反应的良好媒介。

Li⁺ 与 DMAc 的羰基紧密结合，而自由的 Cl⁻ 则作为活泼的亲核离子在打开纤维素分子内和分子间氢键方面发挥重要作用。纤维素溶解的机理如图 3-3 所示，即 LiCl 溶解在 DMAc 中形成大阳离子[Li(DMAc)]⁺ 和游离的 Cl⁻，纤维素分子链上的羟基先与 Cl⁻ 形成氢键以打开原晶区的氢键网络，Cl⁻ 再与[Li(DMAc)]⁺ 成键，通过电荷—电荷排斥作用和大体积效应增强溶剂向纤维素晶区的渗透，进而溶解纤维素。溶剂中 LiCl 价格昂贵，回收困难，为了降低溶剂消耗量，也可以采用溶剂蒸汽热活化的方法，先在减压加热条件下将氯化锂固体与纤维素混合，再加入溶剂二甲基乙酰胺来溶解纤维素。

### 3.2.1.3　NaOH/硫脲和 NaOH/尿素体系

在 NaOH 溶液中添加尿素或硫脲可使纤维素在溶剂中的溶解度增加，NaOH/硫脲和 NaOH/

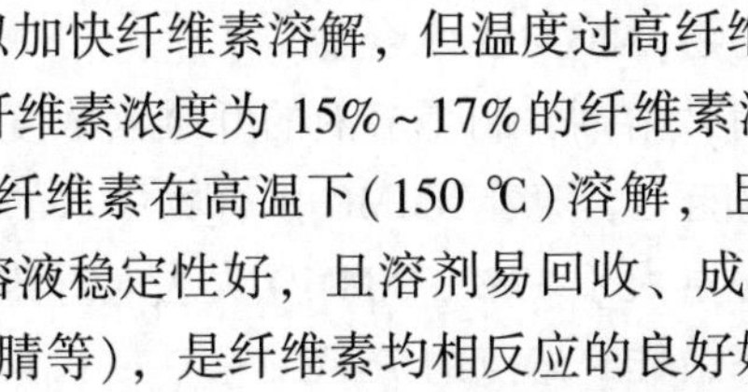

图 3-3　LiCl/DMAc 溶解纤维素机理

尿素水溶液体系都属于低温、高效溶解体系，对草浆、棉短绒、木浆、甘蔗渣浆等天然纤维素和黏胶丝、玻璃纸、纤维素无纺布等再生纤维素有较好的溶解性，可以直接溶解，也可以通过冷冻—解冻的方法来溶解，得到的纤维素浓溶液是透明的，且对纤维素的溶解度可达100%。

预冷至 -12 ℃ 的 7%NaOH/12% 尿素水溶液对聚合度小于 500 的纤维素能迅速溶解，只需 5 min 就能得到透明的溶液。该纤维素溶液能在 0~5 ℃ 范围内长时间保持稳定，是一种稳定的均相反应体系。这一溶剂体系可在凝固剂作用下纺出力学性能良好、染色性高的再生纤维素丝，可用于制备新型纤维素丝、膜(包含透明膜、发光膜等功能膜制品等)、水凝胶、气凝胶等多种纤维素及其复合材料。

在 NaOH/尿素水溶液体系体系中，NaOH 破坏纤维素的分子间氢键，尿素或硫脲破坏纤维素分子内氢键，二者的协同效应能有效地破坏纤维素的分子间氢键和分子内氢键而使其溶解，同时尿素、硫脲能阻止纤维素凝胶的产生。溶剂小分子和纤维素大分子间低温下形成新的氢键，自组装为包合物，从而把纤维素分子包裹进水溶液中，在低温下小分子很容易与纤维素相互作用并形成包合物破坏氢键，这种包合物在接近冰点的液态处于最稳定状态，该溶剂体系消耗酯化试剂，对化学反应有选择性。在低温下，LiOH、尿素和水分子间形成的氢键网络高度稳定，水合 LiOH 的半径比水合 NaOH 的半径要小，所以可以更轻易地渗入纤维素结晶片层中，促进纤维素的溶解。

以纤维素半刚性链为水凝胶骨架，结合含羧基的亲水性多糖为吸水剂制备超吸水水凝胶；海藻酸钠与纤维素以环氧氯丙烷作为交联剂，制备高压缩强度和溶胀比的大孔水凝胶等。

### 3.2.1.4　N-甲基吗啉-N-氧化物(NMMO 水合物)

NMMO 作为纤维素溶解的有效溶剂，制得溶液的纤维素浓度可高达 30%，对于高聚合的纤维素(DP32000)仍有很强的溶解能力。随着 NMMO 水合物中水的含量上升，纤维素在 NMMO 中的溶解能力会降低，如果水的含量大于 17%，NMMO 失去对纤维素的溶解能力，NMMO 中水含量为 13.3% 时，纤维素溶解状态最佳，熔点约 76 ℃。

1939 年，Graenacher 报道了叔胺氧化物可溶解 10% 的纤维素。NMMO 是一种脂肪族环状叔胺氧化物。在 NMMO/$H_2O$ 体系中，纤维素溶解度能达到 23%。纤维素在 NMMO 中的溶解机理属于直接溶解机理，是通过断裂纤维素分子间的氢键而进行的，没有纤维素衍生物生成。NMMO 分子中的强极性官能团 N→O 上氧原子的 2 对孤对电子可以和 2 个羟基基团的氢核形成到 1~2 个氢键(次价键)，同样也可以和纤维素大分子中的羟基形成强的氢键 Cell—OH···O←N，生成纤维素-NMMO 络合物，另外，在温度高于 85 ℃ 时，NMMO·$H_2O$ 也可破坏纤维素分子间的氢键，这两者的共同作用促进了纤维素的溶解。溶解机理如图 3-4 所示。

这种络合作用首先在纤维素的非结晶区内进行，破坏了纤维素大分子间原有的氢键。接下来，过量的 NMMO 溶剂促使络合作用逐渐深入到结晶区内，继而破坏纤维素的聚集态结构，最终使纤维素溶解。该体系所用溶剂 NMMO 的生化毒性是良性的，不会导致变异。因此，该工艺是一种"绿色生产工艺"。但 NMMO 极易氧化，有分解爆炸的危险，并且 NMMO 的合成条件比较苛刻，且造价高，回收率高于 99.5% 才有经济效益。

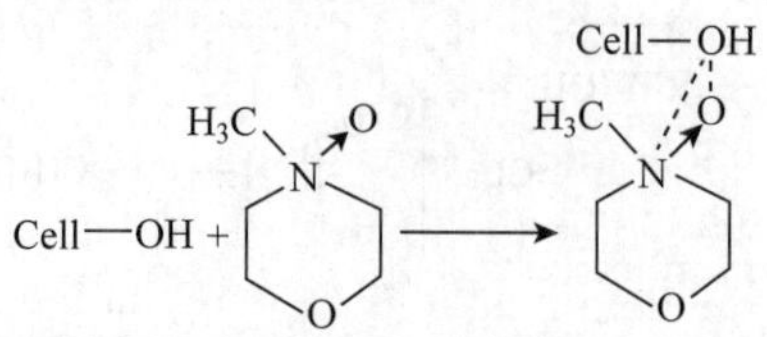

图 3-4　纤维素在 NMMO 中的溶解机理

#### 3.2.1.5　金属盐络合物

金属盐络合物是历史上最早用于溶解纤维素的溶液，如铜氨溶液（Cuoxam）、铜乙二胺溶液（Cuen）、镉乙二胺溶液（Cadoxen）、酒石酸铁钠溶液（FeTNa）等。纤维素可以溶解于金属盐络合物溶液中，以分子水平分散，铜氨法的溶解机理被认为是溶解过程中形成了纤维素醇化物或分子化合物，纤维素分子葡萄糖单元 2,3 位的羟基上的 O 原子能与铜四氨氢氧化物组成的铜络合盐溶液发生反应，形成络合物，破坏纤维素内部的氢键结构，从而达到溶解纤维素的目的（图 3-5）。

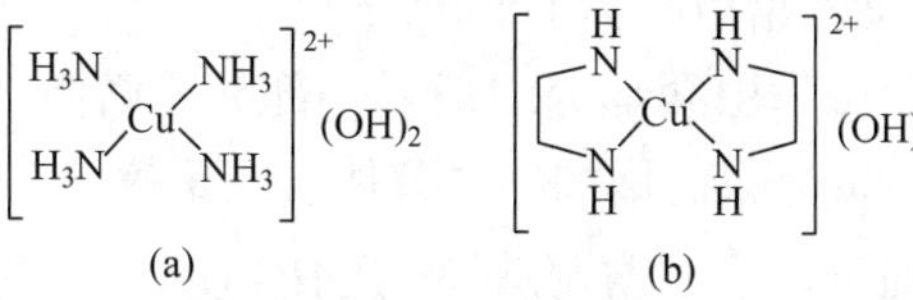

**图 3-5　纤维素溶解机理**
（a）铜氨络合物结构　（b）铜乙二胺络合物结构

铜氨溶液对纤维素的溶解能力很强，具有很高的溶解能力。溶解度主要取决于纤维素的聚合度、温度以及金属络合物的浓度。溶解纤维素后，经混合、过滤、脱泡、纺丝、酸浴、水洗、上油、干燥而成铜氨人造丝。铜氨丝纤维具有优异的染色、显色性、爽滑性和抗静电性，同时其卓越的吸放湿性可保持衣服内舒适的温度和湿度。但是，铜和氨的消耗量大，很难完全回收，污染严重，且铜氨溶液对氧和空气非常敏感，微量的氧就会使纤维素发生氧化降解。

铜氨纤维

### 3.2.2　衍生化体系

#### 3.2.2.1　多聚甲醛/二甲基亚砜（PF/DMSO）体系

反应性溶剂可以与纤维素反应，溶剂分子的空间位阻效应和化学反应性降低纤维素结晶区内可键合羟基数目，引起纤维素分子内部的氢键断裂，从而促进纤维素分子的溶解（图 3-6）。

PF/DMSO 体系是研究比较早的一种纤维素溶剂体系，在 20 世纪 60 年代就已被研究用于溶解纤维素。该体系溶解能力强，对聚合度近 8000 的纤维素仍具有溶解能力，是纤维素的一种优良溶剂体系。该体系溶解纤维素的机理为 PF 受热分解产生甲醛与纤维素分子上的羟基反应生成羟甲基纤维素，溶解在 DMSO 中。DMSO 的作用是促进纤维素溶胀使生成的羟甲基纤维素稳定地溶解，阻止羟甲基纤维素分子链聚集。该法的优点是原料易得、溶解迅速、无纤维素降解、溶液黏度稳定、过滤容易等，但同时该方法也存在溶剂回收困难、生成的纤维结构有缺陷、品质不均一等缺点。

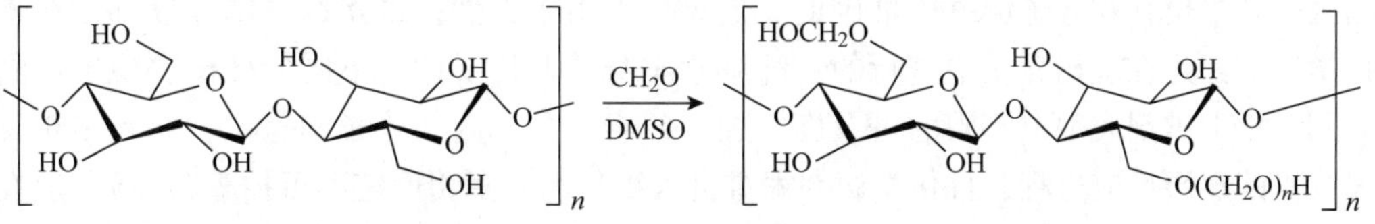

**图 3-6　纤维素在聚甲醛/二甲基亚砜体系中的溶解反应式**

#### 3.2.2.2　四氧化二氮/二甲基甲酰胺（N₂O₄/DMF）体系

四氧化二氮/二甲基甲酰胺（$N_2O_4$/DMF）溶剂体系主要用于合成纤维素无机酸酯，但溶剂毒性很大。一般认为四氧化二氮与纤维素反应生成亚硝酸酯中间衍生物，而溶于 DMF 中。该溶剂溶解纤维素，具有成本低、易控制纺丝条件等优点，四氧化二氮/二甲基甲酰胺主要用于制备无机纤维素酯，如磷酸酯、硫酸酯。也可在吡啶碱催化下，与含有酰基氯基团的聚合物或酸酐反应制备有机酸酯，但溶剂四氧化二氮是危险品，毒性大，纤维素溶解时，DMF 与四氧化二氮生成副产物，有分解爆炸的危险。

#### 3.2.2.3　磷酸/多聚磷酸复合溶剂体系

质子酸、路易斯酸能在适当的浓度下溶胀和溶解纤维素，使纤维素的羟基质子化，当质子酸的量足够多、浓度适当时，纤维素就会溶解。早在 1925 年，英国的公司就申请了纤维素在磷酸中可溶性方面的专利。李振国等研究了纤维素质量分数、温度、复合溶剂中 $P_2O_5$ 质量分数对纤维素-磷酸/多聚磷酸溶液性能及溶解行为的影响。

磷酸/多聚磷酸复合溶剂可认为由两部分组成：一部分是磷酸；另一部分是磷酸的二聚体、三聚体及多聚体。随着 $P_2O_5$ 质量分数的增加，二聚体、三聚体等多聚体在复合溶剂中的质量分数增加，而磷酸的质量分数则下降，这导致其离子 $H_4PO_4^+$ 质量分数下降，单体磷酸的离子 $H_4PO_4^+$ 的主要作用是渗入纤维素分子间，破坏其分子内及分子间氢键，使纤维素溶胀；二聚体及三聚体等多聚体的离子 $H_5P_2O_7^+$ 和 $H_6P_3O_{10}^+$ 的主要作用则是增加了复合溶剂的溶剂化能力，使纤维素的内聚力减弱，分子链更加舒展。溶解纤维素温度控制严格，超过 40 ℃时，纤维素不能完全溶解，随着 $P_2O_5$ 质量分数的增加，该复合溶剂体系的溶解性能增强，纤维素完全溶解所需的时间延长。

## 3.3　纤维素的化学性质

纤维素是 D-葡萄糖以 $\beta$-1,4-糖苷键组成的大分子多糖，在结晶区内相邻的葡萄糖环相互倒置，糖环中的氢原子和羟基分布在糖环平面的两侧。天然纤维素聚呈集态结构特点，分子间和分子内存在很多氢键，以及较高的结晶度。

纤维素的化学反应根据反应位置的不同，主要分为两类：纤维素分子链的降解反应和葡萄糖结构单元上羟基的反应。前者指纤维素的酸水解降解、氧化降解、酶水解降解等，后者是由于纤维素链中的葡萄糖基环上的三个活泼羟基，分别是一个伯醇羟基、两个仲醇羟基而发生的一系列化学反应，包括纤维素的酯化、醚化、氧化、接枝共聚、交联等。目前，纤维素衍生物材料广泛地应用于涂料、日用化工、膜科学、医药、生物、食品等领域。

纤维素葡萄糖中的基环既可以发生一系列与羟基有关的化学反应，又可以形成分子内和分子间氢键。它们对纤维素的形态和反应性起着重要的作用，C3 羟基与邻近分子环上形成的分子间氢键不仅增强了纤维素分子链的线性完整性和刚性，而且使其分子链排列紧密形成高度有序的结晶区。其中也存在分子链疏松堆砌的无定型区。由于天然纤维素的高结晶度和难溶性，其多种化学反应都是在多相介质中进行的，纤维素本身是非均质的，不同的部位表现出不同的形态，对同一化学试剂表现出不同的可及度，加上纤维素分子内和分子间氢键，导致多相反应经历由表及里的逐层反应过程，且化学试剂很难进入结晶区。多相反应不可控等（反应一般在无定形区和结晶区表面发生），且产率低、副产物量大，限制了纤维素衍生物的种类及应用。

在均相反应的条件下，纤维素整个分子均溶解于溶剂之中，分子间和分子内氢键断裂，纤维素分子上的伯羟基和仲羟基对于反应试剂都可及，提高了纤维素的反应性能，促进取代基的均匀分布，反应速率较高。例如，纤维素均相反应的醚化反应速率常数比多相醚化高一个数量级。均相反应中各羟基的反应性能顺序：C6 羟基>C2 羟基>C3 羟基。

纤维素改性方法主要分为物理改性、化学改性和生物改性。物理改性只是对纤维素初步改性，其改性效率低、热稳定性较低，不适合工业生产及应用；化学改性是常用的纤维性改性方法，其取代度高、反应快，适合工业生产；生物改性主要应用于造纸行业，应用范围较窄。纤维素衍生物种类繁多，下面介绍部分有代表性的纤维素化学改性反应。

### 3.3.1　纤维素化学改性的基本原理

纤维素分子中每个葡萄糖基环上均有 3 个羟基，分别位于第 2，3 和 6 位碳原子上，它们在多相化学反应中有着不同的特性，可以发生氧化、酯化、醚化、接枝共聚等反应，既可以全部参加反应，也可以个别参与反应。因此，可以将不同的化学官能基团引入到葡萄糖基环单元的不同位置上，并且控制其取代度及其分布，这是纤维素化学改性的基本原理。在纤维素溶液中，纤维素葡萄糖单元上 C6 上羟基与 C2、C3 相比，空间位阻最小，活性最好。纤维素在溶剂液体中的浓度不宜太高，一般 2%~3%，当浓度高至 10%~15% 时，纤维素会发生团聚，纤维素反应活性降低。

在纤维素化学改性之前，通常需要对纤维素进行预处理，增加纤维素的可及度(利用一些能进入纤维素的无定形区而不能进入结晶区的化学试剂，测定这些能起反应的试剂占总体的百分比)，提高纤维素在各种化学反应中的反应速率、反应程度和反应均一性。常用的纤维素预处理方法为：①物理方法，包括干法或湿法研磨、蒸汽爆炸、氨爆炸、溶剂交换或者浸润等；②化学方法，最常见的是碱法处理，碱处理后纤维素束可变小，纤维直径减小，长宽比增大，形成粗糙表面，从而提高纤维素表面黏结性能和力学性能。甲胺、乙胺等胺类试剂对棉纤维素有消晶作用，也可提高纤维素酯化反应的反应活性等。

纤维素在非均相试剂中，通常以悬浮状态非均相地分散于液态反应介质中，纤维素无定形区内的反应，也需要根据化学试剂的渗透情况由表及里的逐层进行。如选用适当的溶剂对纤维素进行润胀会有利于反应试剂到达无定形区和结晶区表面。碱性润胀是纤维素非均相反应中常见的活化预处理方法，目的是进一步提高纤维素的反应性能，提高纤维素羟基对反应试剂的可及性。纤维也可以采用有机胺作为碱活化试剂，配合 NaOH 溶液对纤维进行润胀。

### 3.3.2　纤维素羟基的氧化

纤维素葡萄糖基环的 C2、C3、C6 位上的游离羟基以及 C1 位上的还原性末端基容易被空气、氧化剂氧化，在分子链上引入醛基、酮基或羧基，使功能基改变，氧化剂与纤维素作用的产物称为氧化纤维素。氧化纤维素的结构与性质与原来不同，随使用的氧化剂的种类和条件而定。多数条件下，随着羟基被氧化，纤维素的聚合度下降。2,2,6,6-四甲基哌啶氧化物氧化体系($TEMPO/NaBr/NaClO_4$)和高碘酸盐因具有高效、经济、环保等优势，在氧化纤维素材料领域得到广泛研究。

$TEMPO/NaBr/NaClO_4$ 体系仅对纤维素伯羟基进行选择性氧化，而对仲羟基无作用。在 NaBr 和 NaClO 的作用下，通过激活 TEMPO 分子中硝酰基上的自由电子形成 TEMPO + 亚硝基形式，氧化反应即可发生。TEMPO 体系氧化可以增强纸张强度，改善烷基纤维素醚的水溶性，且由于羧基的存在，TEMPO 改性的纤维素对重金属离子有很强的吸附效果，同时该体系氧化的纤维素膜机械强度高、无毒，可作为止血材料加速血液凝固。TEMPO 改性的纤维素材料，可作为中间反应来实现纤维素的功能化，例如，分别将氨基改性以及环氧改性的 $SiO_2$ 纳米颗粒通过层层组装到 TEMPO 体系氧化的纤维素膜(TOC)表面，构筑的纤维素膜具有超疏水、超持久性，增强了其耐用性能；以 TEMPO 氧化的纳米微晶纤维素(CNCs)作为模板，通过硝酸银的氨水溶液原位沉积得到 CNCs 导电复合材料，电导率远高于其他导电材料(如纤维素与碳材料、金属氧化物的复合材料)。

高碘酸盐只对纤维素的两个仲羟基进行氧化，使 C2 与 C3 之间的化学键断裂，形成两个醛基。NaIO₄氧化的纤维素也可作为纸张的增强剂。选择性氧化的双醛纤维素（DAC）在医疗行业、纺织行业有广泛的应用，选用 NaIO₄氧化得到的 DAC 可以高效吸附尿素而生成尿素衍生物，该衍生物容易从人体消化道排出体外。

### 3.3.3 纤维素羟基的酯化

酯类纤维素是指在酸性介质中，纤维素分子链上的羟基与酸、酸酐、酰卤等发生酯化反应生成的物质，包括纤维素无机酸酯和有机酸酯两类。前者是羟基与硝酸、硫酸、二硫化碳、磷酸等反应生成的酯类物质，后者是指纤维素上的羟基与有机酸发生反应的生成物，主要有甲酸、乙酸、丙酸、丁酸，以及它们的混合酸、高级脂肪酸、芳香酸、二元酸等与羟基形成的酯类纤维素。商品化应用的纤维素酯类有纤维素硝酸酯、纤维素乙酸酯、纤维素乙酸丁酸酯和纤维素黄原酸酯等。

#### 3.3.3.1 纤维素无机酸酯

纤维素无机酸酯由纤维素分子链中的羟基与无机酸，如硝酸、硫酸等进行酯化反应的产物，它是由纤维素经不同配比的浓硝酸和硫酸的混合酸硝化制得。纤维素无机酸酯中，以纤维素硝酸酯、纤维素硫酸酯和纤维素黄原酸酯的应用较为广泛。1845 年 C. F. 舍恩拜因采用硫酸和硝酸的混合液使纤维素硝化（图 3-7），确立了工业生产的基础。目前，纤维素硝酸酯主要应用于制造涂料、油墨、赛璐珞。硝酸酯基团引入的多少决定了纤维素硝酸酯的性质和用途。根据纤维素的结构，每个环最多只能引入三个硝酸酯基团。含氮量高的纤维素硝酸酯俗称火棉，主要用以制造无烟火药；含氮量低的纤维素硝酸酯俗称胶棉，主要用以制造喷漆、人造革、胶片、塑料等。纤维素磷酸酯是将纤维素在吡啶存在下，用三氯氧化磷于 120 ℃处理制得。

硝化纤维素

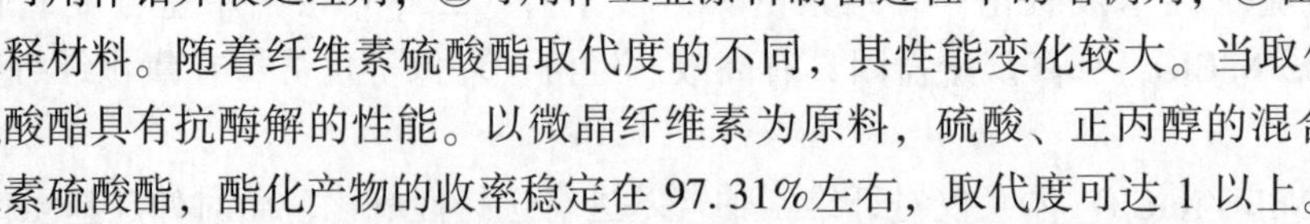

$$\left[(C_6H_7O_2)\!\!<\!\!\begin{array}{l}OH\\OH\\OH\end{array}\right]_n + 3n\, HO\!-\!NO_2 \xrightarrow{\text{浓硫酸}} \left[(C_6H_7O_2)\!\!<\!\!\begin{array}{l}OH-NO_2\\OH-NO_2\\OH-NO_2\end{array}\right]_n + 3n\, H_2O$$

**图 3-7 纤维素硝酸酯反应**

纤维素硫酸酯由于其价格便宜、可降解、黏度大，常应用于以下领域：①石油化工方面，纤维素硫酸酯可用作钻井液处理剂；②可用作工业涂料制备过程中的增稠剂；③在医药工业中，作为胶囊膜缓释材料。随着纤维素硫酸酯取代度的不同，其性能变化较大。当取代度大于 1.0 时，纤维素硫酸酯具有抗酶解的性能。以微晶纤维素为原料，硫酸、正丙醇的混合物作为酯化剂可合成纤维素硫酸酯，酯化产物的收率稳定在 97.31%左右，取代度可达 1 以上。

纤维素黄原酸酯是生产再生纤维素的一个重要中间体，黄原法仍是黏胶纤维生产的重要方法。纤维素黄原酸酯的主要原理是碱纤维素与二硫化碳的反应，如图 3-8 所示。由于存在着各种并列反应，黄原酸反应的机理较为复杂。

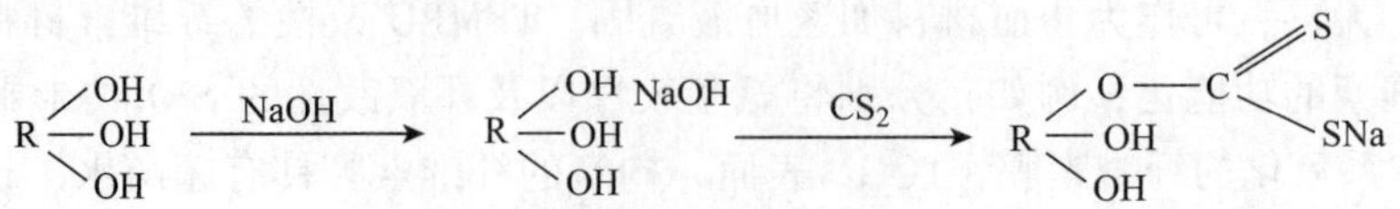

$$R\!\!<\!\!\begin{array}{l}OH\\OH\\OH\end{array} \xrightarrow{\text{NaOH}} R\!\!<\!\!\begin{array}{l}OH\\OH\\OH\end{array}\!NaOH \xrightarrow{\text{CS}_2} R\!\!<\!\!\begin{array}{l}O\!-\!C\!\!<\!\!\begin{array}{l}S\\SNa\end{array}\\OH\\OH\end{array}$$

**图 3-8 纤维素黄原酸酯化反应**

#### 3.3.3.2 纤维素有机酸酯

纤维素在酸催化下与酸、酸酐、酰卤等发生酯化反应可以生成纤维素有机酸酯，主要有甲酸酯、乙酸酯、丙酸酯、丁酸酯、乙酸乙丁酯、苯甲酸酯高级脂肪酸酯、芳香酯及二元酸酯等。纤维素通过酯化反应生成的酯类衍生物可作为化学纤维、薄膜、塑料、涂层浆料、聚合分散剂、食品添加剂及日用化工产品等使用。传统酯交换反应一般在非均相条件下反应，当使用无机碱催化剂时，通常需要在高温下长时间反应，而且反应不充分。纤维素的预处理有望解决这些问题。应用二氮杂二环(DBU)/DMSO/$CO_2$预处理纤维素，纤维素和乙烯基酯之间的酯交换反应将纤维素酯的取代度提升 0.58~3.0，且反应条件温和、充分，无需催化剂、步骤简易、清洁无污染。

纤维素有机酸酯取代度的变化对其物化特性存在显著影响。例如，其强度、熔点、密度以及吸湿性等随取代基相对分子质量的增加而降低。另外，有机酸基团对纤维素有机酸酯的性能特征也存在重要的影响。由于邻近取代基影响和空间阻碍的因素，纤维素葡萄糖基分子中，C2，C3，C6 三个羟基反应能力也不同。当与体积较大的化学试剂反应时，空间阻碍作用较小的C6位羟基比 C2，C3 位羟基更易反应。三个羟基在酸性介质中酯化时反应速率为 C2(OH)<C3(OH)<C6(OH)。

纤维素甲酸酯可以直接使用甲酸作为原料来制备，大多数纤维素酯采用乙酸酐、丙酸酐、丁酸酐等酸酐为反应试剂与纤维素反应制备。酸酐的加入量超过计量取代度的50%，除与醋酸酐反应制备醋酸纤维的取代度较高(DS 可为 2.0)外，一般而言酸酐酯化的取代度较低。纤维素酯化以后疏水性提高，可通过引入含氟基团(如 2,2-二氟乙氧基、2,2,2-三氟乙氧基等)、长链脂肪酸酯化试剂等，增加纤维的疏水性能。还可以借助酰氯对羟基氧的亲电取代来制备纤维素有机酸酯。一般采用三级碱(如吡啶、N,N-二甲基苯胺、三乙胺等)作为催化剂活化酰基，进攻纤维素自由羟基上负电性的氧原子形成酯键结合。例如，甲苯磺酰氯在吡啶或三乙胺的碱性催化下可与纤维素反应制备纤维素苯磺酸酯。

离子液体和 LiCl/DMAc 作为纤维素的优异溶剂，为纤维素酯的均相合成开辟了新途径，其反应无需催化、速度快、取代度可控。如在离子液体 1-烯丙基-3-甲基咪唑氯盐(AMIMCl)中，以木浆为原料，乙酸酐作酯化剂，合成的醋酸纤维素(CA)取代度为 0.5~2.9。在 LiCl/DMAc 体系中通过微波加热可快速合成 DS 为 0.7~2.6 的纤维素月桂酸酯。另外，以离子液体为介质可以快速、高效地实现纤维素的丙酰化和丁酰化。在 LiCl/DMAc 体系中通过微波引发不同链(C12~C18)的饱和或不饱和脂肪酰氯与纤维素的酰化反应合成纤维素脂肪酸酯(DS=1.7~3)，并通过溶液浇铸制备薄膜。

二甲基亚砜/三水合四丁基氟化铵(DMSO/TBAF·$3H_2O$)是一种新的纤维素非衍生化溶剂，DP 为 650 的纤维素不经任何预处理就可以在室温，15 min 内完全溶解于其中并得到清亮溶液。也是合适的纤维素均相酯化反应介质。在 DMSO/TBAF·$3H_2O$ 中以酰基-1H-苯并三唑为酯化剂与纤维素均相反应可合成 DS 为 1.07~1.89 的纤维素醋酸酯、丁酸酯、己酸酯、苯甲酸酯、肉豆蔻酸酯和硬脂酸酯等。在 DMSO/氟化铵盐中，以 N,N-羰基二咪唑引发呋喃-2-羧酸对纤维素的功能化改性可得到 DS 高达 2.4 的产物。

### 3.3.4 纤维素的醚化反应

纤维素的醚化反应是指纤维素的羟基与烷基化试剂在碱性条件下发生醚化反应，纤维素葡萄糖单元上伯羟基(C6 位)、仲羟基(C2、C3 位)的氢被取代，生成纤维素醚。三个羟基在碱性介质中醚化时反应能力大小的顺序是 C2(OH)>C3(OH)>C6(OH)。

纤维素醚衍生物根据取代基的不同，可以分为单一醚类和混合醚类。①单一醚类包括烷基醚（有氰乙基纤维素、乙基纤维素、甲基纤维素、苯基纤维素）、烷基醚类（有羟乙基纤维素、羟甲基纤维素）、羧烷基醚（羧甲基纤维素、羧乙基纤维素）；②混合醚类是指分子结构中含有 2 种基团以上的醚类物质，如羟丙基羟丁基纤维素、羟丙基甲基纤维素和羧甲基羟乙基纤维素等。根据离子性不同，醚类纤维素又可分为 4 类：①非离子纤维素醚，如纤维素烷基醚；②阴离子纤维素醚，如羧甲基纤维素钠、羧甲基羟乙基纤维素钠；③阳离子纤维素醚，如 3-氯-2-羟丙基三甲基氯化铵纤维素醚；④两性离子纤维素醚，分子链上既有阴离子基团又有阳离子基团，如两性纤维素醚（AHEC），分子链上不仅含有羧甲基阴离子基团，还含有季铵阳离子基团。纤维素醚种类繁多，性能优异，在食品、医药、石油、建筑、造纸、纺织等行业有较广泛的应用，其中乙基纤维素和甲基纤维素实用性较强、应用范围广。羧甲基纤维素（CMC）、羟丙基纤维素（HPC）、羟丙基甲基纤维素（HPMC）等已实现商品化。

甲基纤维素的生产是根据 Williamoson 醚化合成原理制备的。首先制备碱纤维素，然后与氯代甲烷反应而成，化学反应式如下：

$$Cell—OH + NaOH + CH_3Cl \longrightarrow Cell—OCH_3 + NaCl + H_2O$$

甲基纤维素具有优良的润湿性、分散性、黏结性、增稠性、乳化性、保水性和成膜性，以及对油脂的不透性。所成膜韧性、柔曲性和透明度均良好，主要用作温敏药物控释材料、食品包装膜、生物可降解膜等。

甲基纤维素

乙基纤维素的制备方法与甲基纤维素类似，即用碱纤维素与氯代乙烷反应，需要比甲基纤维素更高的温度、压力和较高的碱液浓度。乙基纤维素具有黏合、填充、成膜等作用，用于树脂合成塑料、涂料、橡胶代用品、油墨、绝缘材料，也用作胶黏剂，纺织品整理剂、可降解膜、液晶材料、缓控释制剂等。化学反应式如下：

$$Cell—OH \cdot NaOH + CH_3CH_2Cl \longrightarrow Cell—OCH_2CH_3 + NaCl + H_2O$$

氰乙基纤维素（CEC）是较早开发和研制的纤维素醚类。低取代氰乙基纤维素能阻止霉菌和细菌的进攻，已经应用于纺织品中；氰乙基纤维素抗热抗酸性很好，能避免降解，具有高的绝缘性可用于绝缘体中；具有良好介电性质，可用作场致发光器件中颜料组分，可以应用在乳化剂、非离子型表面活性剂机荧光灯的磷光体；具有高防水性、高绝缘性和自熄性，适用于大屏幕电视发射屏、新型雷达荧光屏、光学武器整机中小型激光电容器等，还可在侦察雷达中用作高介电塑料、套管。

羟乙基纤维素（HEC）是一种淡黄色的无味、无毒的纤维状或粉末状固体，是由碱性纤维素和环氧乙烷经醚化反应制备的，属于非离子型水可溶纤维素类。以精制棉为原料，87.7%的异丙醇-水为溶剂，采用 NaOH 碱化、分步滴加环氧乙烷可制备羟乙基纤维素。在应用方面，由于 HEC 具有良好的增稠、悬浮、分散、乳化、黏合、成膜、保护水分和提供保护胶体等特性，可以被广泛应用在石油开采工业、日化产品、涂料工业、建筑工业、医药食品工业、纺织工业、造纸工业、DNA 分离以及高分子聚合反应等领域。

纤维素经羧甲基化后得到羧甲基纤维素（CMC），CMC 是以精制棉为原料，在氢氧化钠和氯乙酸的作用下生产的一种纤维素醚。其水溶液具有增稠、成膜、黏结、水分保持、胶体保护、乳化及悬浮等作用，主要用作高吸水树脂，石油天然气工业，食品工业，建筑、涂料、陶瓷工业，医药工业等。制备 CMC 的原料多采用棉浆或漂白木浆，主要由两种方法：将棉浆浸渍于 NaOH 溶液中，经压榨简称碱纤维素，再与一氯乙酸进行醚化作用（加入部分乙醇），反应温度控制 35 ℃左右，时间 5 h。然后用稀盐酸与乙醇中和洗涤，干燥后得到 CMC。第二种方法，把纤维素原料撕成碎片，加入到 NaOH 与一氯乙酸的混合溶液中，搅拌约 3 h 后生成 CMC，又称一步法。把羧甲基纤维素钠（SCMC）加到纸浆中，有利于增强纸张的抗张强度和耐破度，由于其与纸张和填料具有相同的电荷，可增加纤维的均匀度，提高纤维间的键合作用。

羟丙基甲基纤维素醚（HPMC）对特细沙水泥砂浆性能的影响研究表明，HPMC 可显著提高砂浆保水性、黏聚性、抗流挂性，使砂浆抗拉强度、黏结强度明显提高。

羧甲基纤维素

常见的纤维素醚化试剂有脂肪族卤化物、芳香族卤化物、含长链烷基的环氧烷烃、硅烷、环氧乙烷等。

脂肪族卤化物、芳香族卤化物等烷基卤化物可以作为醚化剂，例如，含 3~24 个碳的氟化物与羟乙基纤维素进行醚化疏水改性，得到仍具水溶性的纤维素衍生物，可以用作涂料增稠剂。含阳离子取代基的烷基氯化物[如 3-氯代-2-羟丙基三甲基氯化铵（CHPTAC）]作为阳离子醚化试剂，可以制备阳离子化纤维素醚。苄基氯作为醚化剂，处理棉绒纤维素在二甲基亚砜/三水氟化正四丁基铵（DMSO/TBAF）溶剂中进行醚化反应，在 70 ℃下反应 4 h，可以合成苯基纤维素醚（光学塑料）。产物取代度可以通过调整溶剂组分和浓度来调整，获得具备特殊液晶性能的高取代度苯基纤维素。纤维素与含羟基结构的烷基卤化物聚合物，如 $R[(OCH_2—CH(CH_2Cl))m OCH_2CH(OH)CH_2Cl]_k$ 结构的聚合物（其中 R 为烷醇胺，芳香基团，聚氧化乙烯加成产物），进行醚化反应时，在碱催化下醚化试剂的氯末端基团与纤维素羟基醚化，可以得到对颜料亲和性良好的纤维素衍生物。

含长链烷基的环氧烷烃作为醚化剂与纤维素反应，可以赋予纤维素醚化衍生物疏水性，如使用含 10~24 个碳的环氧烷与羟乙基纤维素进行醚化反应，可以降低羟乙基纤维素的亲水性，羟乙基纤维素的水解速率降低，在增稠效果上，经改性后的低相对分子质量的羟乙基纤维素等效于高相对分子质量产品。环氧氯丙烷与碱化后的棉秆纤维反应制备具环氧活性基的棉秆纤维素醚，可以再进一步反应，如与 5,8-二氮杂十二烷反应，得到具备较强配位能力的含氮纤维素衍生物，可吸附 $Hg^{2+}$ 离子。

硅烷处理纤维素是一种显著降低纤维素表面羟基数量从而降低纤维素的亲水性、改善衍生物的水分散性、成膜性的有效方法，例如，作为增强剂的纳米纤维素（nanofibrillaed cellulose，NFC）与烷氧基硅烷反应，可以获得表面疏水改性的功能化纳米纤维素，疏水改性有利于改善纳米纤维素与聚合物分子之间的混溶性，改性效果优于传统的偶联剂改性和表面活性剂吸附改性。经乙基-三甲酰氧基硅烷改性后形成水不溶性硅烷化纤维素衍生物，可以在较宽 pH 值范围的水溶液中分散而不产生结块。（3-环氧丙基氧丙基）三甲氧基硅烷（GPTMS）醚化羟乙基纤维素衍生物带负电荷，其水溶液在干燥过程中分子可以自交联成膜，并且与羟乙基纤维素、羧甲基纤维素、聚乙烯醇等其他水溶性聚合物混合交联也有较好成膜性。硅烷醚化纤维素衍生物硅烷上的有机官能团还能通过接枝、加成、取代等化学反应进行进一步修饰。

通常采用碱化纤维素与环氧乙烷进行醚化反应来制备商品羟乙基纤维素，由于在非均相条件下反应，使得醚化的取代位置比较随机。选择性醚化常用的方法是对纤维素葡萄糖单元 C6 伯羟基选择保护，如首先采用叔丁基衍生化二甲基氯硅烷（TDMS-Cl）对伯羟基进行保护，然后选择性取代 C3 羟基[醚化试剂为 2-（2-溴甲氧基）四氢吡喃（TDMS-Cl）]，可以得到取代度均一、无侧链取代的选择醚化的羟乙基纤维素衍生物。

含季铵阳离子基团的纤维素醚因具备良好的絮凝和脱色效率，应用最为广泛，常应用于毛细管动态涂层材料，能有效抑制管壁对碱性蛋白的吸附，从而提高了碱性蛋白的分离效率。

### 3.3.5　纤维素羟基的接枝共聚

纤维素的接枝共聚是以分子链中的羟基为接点,将合成的聚合物连接到纤维素骨架上,赋予纤维素特定性能和功能的过程。根据聚合条件的不同,支链或接枝链的长度也随之变化。将丙烯酸和丙烯酰胺接枝到纳米纤维素晶须表面,制备出双重接枝共聚物,大幅提升了纤维素的吸附性能。

接枝后的纤维素本身固有的优点不会遭到破坏,大分子的引入可起到优化纤维素性能的作用,因而广泛用于生物降解塑料、离子交换树脂、吸水树脂、复合材料、絮凝剂以及螯合纤维等方面。以羟丙基甲壳素为原料,与聚乳酸发生接枝共聚反应,能为甲壳素链段运动提供良好的柔顺性,经改性过的甲壳素可应用于生物医用材料且对其性能的提高有着极大的促进作用。

纤维素的接枝共聚反应,需要使用引发剂(表 3-2):过硫酸盐引发体系、$KMnO_4/H_2SO_4$ 引发体系、$Fe^{2+}/H_2O_2$ 引发体系、$Ce^{4+}$ 引发体系(表 3-2)。$Ce^{4+}$ 离子引发体系具有分解活化能低、产生自由基诱导期短、可在短时间内获得高相对分子质量的支链等优点,是目前研究最多的引发剂。

**表 3-2　常见的引发体系**

| 引发体系 | 引发机理 |
| --- | --- |
| 过硫酸盐 | $S_2O_8^{2-} \rightleftharpoons 2SO_4^- \cdot$ <br> $SO_4^- + H_2O \longrightarrow H^+ + SO_4^{2-} + HO \cdot$ <br> $Rcell\!-\!OH + \cdot OH \longrightarrow Rcell\!-\!O \cdot + H_2O$ <br> $Rcell\!-\!O \cdot + M \longrightarrow Rcell\!-\!OM \cdot \xrightarrow{N}$ <br> $\cdots Rcell\!-\!O(M)n \cdot \longrightarrow$ 共聚物 |
| $KMnO_4/H_2SO_4$ | $MnO_4^- + H \cdot \longrightarrow Mn(\text{IV}) + H_2O$ <br> $Mn(\text{IV}) + Rcell\!-\!OH \longrightarrow [配合物] \rightarrow Mn(\text{III}) + Rcell\!-\!O \cdot$ <br> $Rcell\!-\!O \cdot + M \longrightarrow Rcell\!-\!OM \cdot \xrightarrow{M}$ <br> $\cdots Rcell\!-\!O(M)n \cdot \longrightarrow$ 共聚物 |
| $Fe^{2+}/H_2O_2$ | $Fe^{2+} + HO\!-\!OH \longrightarrow Fe^{3+} + \cdot OH + OH^-$ <br> $Rcell\!-\!OH + \cdot OH \longrightarrow Rcell\!-\!O \cdot + H_2O$ <br> $Rcell\!-\!O \cdot + M \longrightarrow Rcell\!-\!OM \cdot \xrightarrow{N}$ <br> $\cdots Rcell\!-\!O(M)n \cdot \longrightarrow$ 共聚物 |

接枝只在纤维素的非晶区和晶区表面进行,支链长度可远超过主链长度。可供接枝的单体种类繁多,其中以丙烯基和乙烯基单体应用最为广泛,传统的高分子单体的活性顺序为丙烯酸乙酯>甲基丙烯酸甲酯>丙烯腈>丙烯酰胺>苯乙烯。纤维素接枝共聚主要方法有自由基聚合、离子型共聚、开环聚合以及原子转移自由基聚合。

#### 3.3.5.1　自由基聚合

自由基聚合可赋予纤维素功能特性,如纤维素接枝丙烯腈共聚物具有较高的抗菌性,在纤维素大分子上形成的纤维素游离基能够使乙烯类单体和纤维素进行接枝聚合反应。以过硫酸铵引发合成的聚吡咯接枝纤维素共聚物表现出良好的导电性,可用于柔性电子、极性气体化学传感器等领域。

#### 3.3.5.2 离子聚合

离子接枝聚合分为阳离子聚合和阴离子聚合，阳离子引发接枝主要是利用 $BF_3$ 或 $TiCl_4$ 等金属卤化物和微量的催化剂（如痕量的水或盐酸）形成纤维素正碳离子而进行接枝聚合；阴离子聚合则是根据 Michael 加成反应原理，通过氨基钠、甲醇碱金属盐等与纤维素形成醇盐，再与乙烯基单体反应，所用单体包括丙烯腈、甲基丙烯酸甲酯、甲基丙烯腈等，离子聚合制备的纤维素接枝共聚物较少。

#### 3.3.5.3 开环聚合

ROP 聚合主要用于脂肪族聚酯单体的聚合，如丙交酯（L-LA）、己内酯（CL）、对二氧环己酮（DO）等，ROP 技术改性纤维素时直接以纤维素分子链上游离的—OH 作为引发体系，在合适的催化剂和溶剂体系下，进行开环反应。该方法优势在于无需引发剂，反应过程得到简化。以辛酸亚锡 $[Sn(Oct)_2]$ 为催化体系，在较为温和的条件下，通过丙交酯开环聚合合成了具有较宽取代度范围的全生物降解型纤维素接枝聚乳酸共聚物，所得 Cell-g-PLA 共聚物表现出优异的生物降解性和极好的生物相容性。

#### 3.3.5.4 原子转移自由基聚合（ATRP）

ATRP 聚合是活性/可控自由基聚合反应中应用最广泛的技术，采用 ATRP 技术改性纤维素时首先通过酯化反应，将引发剂基团引到纤维素分子链上，制备大分子引发剂，然后在合适的催化剂和溶剂体系下，引发乙烯基单体的聚合。该技术解决了自由基聚合不可控的难题，且反应条件温和、适用单体广、接枝效率高，接枝聚合物链的接枝密度、接枝链长度以及接枝聚合物种类均可精确调控。例如，温度响应性的纤维素接枝聚 N-异丙基丙烯酰胺（Cellulose-g-PNI-PAM）不仅使接枝率、聚合度、接枝位点及相对分子质量分布可控，还可以形成均一的水溶液，实现了大分子的胶束自组装行为，具备溶胶—凝胶相变特性，可用来控制药物释放。

常见的纤维素接枝衍生物有乙烯单体接枝纤维素、硅接枝纤维素、环状单体接枝纤维素等。乙烯单体接枝纤维素常采用铈离子、Fentons 试剂等自由基引发剂，使纤维素产生活性位，再与乙烯基单体（如丙烯腈、丙烯酸、丙烯酸酯、丙烯酰胺、甲基丙烯酸酯、甲基丙烯腈等）反应。硅接枝纤维素可以在过氧化苯甲酰（BPO）引发下，将纤维素与含有端不饱和双键的硅烷[如甲基丙烯酰氧基丙基三甲氧基硅烷 $(CH_2{=}C(CH_3)C{=}OO(CH_2)_3Si(OCH_3)_3)$、端氨基硅烷 $(NH_2C_3H_6Si(OC_2H_5)_3)$ 等]，在二甲苯溶剂中反应合成许多环状单体（如环氧化物、表硫醚、环亚胺或内酰胺、内酯等），可通过纤维素上的活泼羟基，或纤维素轻微氧化生成的羧基或羰基，引发开环反应而生成接枝共聚物。

### 3.3.6 纤维素交联共聚物

交联纤维素是指利用交联剂将纤维素、纤维素衍生物或其他高聚物通过交联点构筑成的三维网络结构产物。常用的化学交联剂有二乙烯砜（有毒）、碳二亚胺、环氧氯丙烷、琥珀酸酐、硫代琥珀酸等。常用来构建具有可生物相容、可生物降解的特点的纤维素水凝胶体，能够用于药物控释、荧光材料、膜科学等领域。

纤维素交联衍生物的应用广泛，如琥珀酸酐为交联剂可制备超吸水性水凝胶（吸水量达400%）。采用硫代琥珀酸作交联剂制备纤维素硫代琥珀酸酯膜，可用于燃料电池。以 CMC 为原料，环氧氯丙烷为交联剂开发适合番茄酱增稠的交联 CMC 增稠剂，其优点是不改变番茄酱原有感官特征，对番茄酱增稠效果良好。化学交联法构建的纤维素水凝胶具有高的溶胀度，在药物控释与荧光负载方面显示了较大的优越性。

化学交联法构建的纤维素水凝胶具有高的溶胀度，在药物控释与荧光负载方面显示了较大的优越性。在 NaOH/尿素水体系中,通过 ECH 交联制备的 $\beta$-环糊精($\beta$-CD)/纤维素水凝胶不仅可以高效负载药物 5-FU(一种抗癌药物)并能使之有效释放;由于 $\beta$-CD 与 AnB(一种荧光材料)之间形成了主—客体络合物,$\beta$-CD/纤维素水凝胶负载 AnB 表现出强的荧光性。通过 MBA 交联可以形成纤维素凝胶,水凝胶透明度高,相比纤维素溶液直接用水分散,切碎的纤维素水凝胶在水中分散性好,分散液透明,不发生絮凝。化学交联制备的纤维素膜材料具有强度高、透明性好的特点,如利用交联剂聚甲基氢硅氧烷对丙烯纤维素(AC)进行交联处理,在 AC 之间形成了稳定的 C—Si—C 键,交联 AC 膜显示了很高的力学性能、热稳定性及超疏水性,且防污性高,在涂料领域得到应用。

除使用化学法制备交联纤维素外,也可通过非共价键即分子间的相互作用构筑交联纤维素,典型的是 CMC 和纤维素硫酸盐与含有正电荷的聚合物,如壳聚糖,通过离子作用构筑纤维素凝胶体系,应用于药物的传输和微传感器领域。

### 3.3.7　纤维素功能化修饰

为获得纤维素功能材料,必须对纤维素的进行功能设计。所谓功能设计,就是赋予高分子材料以功能特性的科学方法。功能设计主要有化学方法、物理方法和表面界面化学修饰方法等。

#### 3.3.7.1　物理法

物理方法主要是指没有引进新的基团使纤维素或其衍生物的化学结构单元发生变化,而仅仅是物理形态发生了变化,如薄膜化、球状化、微粉化等,赋予纤维素新的性能,称为物理方法。例如,纤维素及其衍生物通过薄膜化,可制得各种分离膜,这些分离膜广泛应用于反渗透、超滤、气体分离等膜分离工艺中;纤维素粉体通过调整结晶度,可得到粉状或针状的微纤化(MFC)或微晶纤维素,具有巨大的比表面积和特殊的性能,广泛应用于医疗、食品、日用化学品、陶瓷、涂料、建筑等领域。

珠(球)(bead cellulose)状纤维素由于其具有良好的亲水性网络、大的比表面积和通透性以及很低的非特异性吸附,且来源广泛,价格低廉,被广泛用作吸附剂、离子交换剂、催化剂和氧化还原剂,亦用于处理含金属、有机物、色素废水,还可用于从海水中回收铀、金、铜等贵重金属。通过交联、接枝、制备复合材料等手段进一步改善珠(球)状纤维素的性能,可使其在生物大分子分离、纯化、药物释放等方面得到更广泛的应用。

#### 3.3.7.2　化学方法

通过分子设计包括结构设计和官能团设计是使高分子材料获得具有化学结构本征性功能团特征的主要方法,因而又称为化学方法。纤维素羟基可发生一系列的衍生化反应。在制备纤维素复合材料的过程中,对纤维素表面进行酯化、醚化、接枝共聚和交联等处理,可以显著改善纤维素与合成高分子之间的相容性,改善材料性能。

利用高分子化学反应,二醛纤维素分子中的醛基可以方便地转变为其他官能团,这样便可得到具有新功能和新用途的纤维素衍生物。例如,将二醛纤维素(DAC)、二醛羧甲基纤维素与胺类反应,可制备具有较强荧光发射的一系列纤维素 Schiff 碱,Schiff 碱在激光、荧光、太阳能储存及一些防伪技术领域都有广阔的应用前景。将先进的微波和超声波技术应用于纤维素的研究中,对提高纤维素化学反应活性、开通新的反应通道、合成新的纤维素功能材料,具有重要的意义。在纤维素酯、醚的应用研究中,纤维素酯的银盐可作抗菌(antimicrobial);纤维素酯与聚苯胺复合,可制备透明、高导电性材料;而低取代度 CMC 可作为纺织纤维,具高吸水性。通过接枝共聚改性可赋予纤维素功能性,例如,甲基丙烯酸甲酯、马来酸酐等单体与纤维素醋酸酯的共聚物,为优良的离子交换剂。将丙烯腈接枝于珠(球)状纤维素可制得吸附重金属离子如铀、金等的离子交换树脂。

通过引入大体积基团或者环化试剂、对(脱水葡萄糖)AGU 上羟基加以屏蔽或活化、超分子水平上可及度的控制以及选择性催化剂的使用等即可实现纤维素的选择性功能化。例如，控制适当的反应条件，将纤维素与三苯甲基氯化物（triphenym ethyl chloride）、甲氧基取代的三苯甲基氯化物（methoxysubstituted triphenylm ethyl chloride）进行均相三苯甲基化反应（tritylation）。由于立体位阻的影响，纤维素的三苯甲基化反应选择性地取代 C6、C7 位羟基，这样 C6 位羟基就被屏蔽保护起来，生成制备 2,3 位取代的功能化纤维素中间体，然后将三苯甲基纤维素经碱化、醚化，再在酸性条件下，将三苯甲保护基移去，就可得到 2,3 取代的羧甲基纤维素。

### 3.3.7.3　表面、界面化学修饰法

材料表、界面的性质对材料的性质影响很大，因此可以通过对材料进行各种表面处理以获得新功能。

处理的方法有各种化学或物理的表面改性方法，如表面涂饰、用火焰、电晕放电、辉光放电或酸蚀等方法进行的氧化处理，等离子体处理，利用表面活性剂、表面化学反应以及高能辐射、紫外(UV)等引发的接枝共聚合。纤维素材料的表面接上某些烯类单体的均聚物，可改善材料的吸水性、浸润性、染色性、黏结性、抗霉菌腐烂性和生物活性。纤维素膜、手抄纸经电晕放电处理后，可在膜和纸表面的主要分子链上引入羧基基团。

基于包合作用可进行纤维素表面修饰改性，例如，将环糊精修饰到纤维素表面来制备功能性纤维素，既保留了环糊精的独特性质，又兼具纤维素的良好性质如化学可调性、稳定性、环境友好性、可再生性，这给纤维素的应用提供了更广阔的空间。环糊精作为超分子主体化合物，二茂铁是常见的客体分子，二茂铁衍生物具备一般化学药品所不具备的低毒性、氧化还原的可逆性，这些性质可以用来制备功能响应性材料。

## 3.3.8　功能化纤维素材料

纤维素表面功能化材料种类多样。双疏型的纤维素材料可以通过三氟丙酸酰氯、三氯甲基硅烷处理纤维素制备。对纤维素材料表面进行等离子体处理、化学接枝含氟分子或硅酸酯、化学气相淀积(CVD)等处理可以制备超疏水表面的纤维素材料。双亲表面纤维素材料、抗菌性纤维素衍生物、光电响应性的材料、荧光纳米纤维等可在纤维素表面接枝功能性聚合物、基团，如季铵盐、液晶聚合物、荧光分子等来制备。下面介绍几种重要的功能化纤维素材料。

### 3.3.8.1　生物医用纤维素材料

纤维素有着优异的生物兼容性、生物可降解性以及良好的机械强度，基于此，人们开发了许多生物医用的纤维素功能材料和复合材料，在组织工程、抗菌杀毒、药物缓释等方面有着广泛的应用。例如，将造孔剂石蜡微球(粒径 300~500 μm)与木醋杆菌放置在一起发酵，于是木醋杆菌制造的细菌纤维素缠绕着石蜡微球，然后以水溶液除去细菌残留物，再以表面活性剂洗涤除去石蜡微球，得到大孔的细菌纤维素材料，其孔径在 100 μm 左右。相比之下不添加造孔剂石蜡微球，得到的细菌纤维素材料其孔径是纳米级的。大孔的细菌纤维素材料拥有良好的力学性能，其杨氏模量约为 1.6 MPa，因而可作为潜在的生物材料应用于骨组织工程。

采用离子液体为溶剂制备了多孔的肝素纤维素活性炭复合微球，肝素和纤维素修饰在多孔的活性炭球的表面，因而生物兼容性和血液相容性都很好，同时减小了孔径，降低了对蛋白的吸附，但保留了对小分子药物的吸附能力，可用于富集小分子药物。当服用药物过量或者误服药物导致药物中毒时，将该材料应用于血液灌注可清除血液中的有毒药物，达到解毒的目的。

常用的纤维素产品有很多，例如，微晶纤维素、羧甲基纤维素、醋酸纤维素、醋酸纤维素

酞酸酯、羟丙基纤维素、羟丙基甲基纤维素、甲基纤维素、乙基纤维素等。

### 3.3.8.2 用于比色传感的纤维素材料

纤维素物质具有层次的纤维状结构，纯白的背景色和大的表面积，可用于探计物质的负载，从而制备出基于纤维素的比色传感材料，用于各种分析物的可视化检测。将氧化铈纳米颗粒吸附于滤纸上，由于氧化铈纳米颗粒和纤维素纤维表面都有许多羟基，可通过溶胶凝胶法以 3-氨基丙基-三甲氧基硅烷为前体物将氧化铈纳米颗粒与纤维素纤维通过硅氧键桥连起来，起到稳定氧化铈纳米颗粒的作用。氧化铈纳米颗粒在 $H_2O_2$ 的作用下其表面 $Ce^{3+}$ 的被氧化成 $Ce^{4+}$ 并形成过氧化物复合物，使其颜色从黄白色变成深橙色，因此，该氧化铈纳米颗粒修饰的纸质材料可用于比色检测。在氧化铈纳米颗粒修饰的滤纸上沉积一层壳聚糖，再用戊二酸将其交联，之后再固定上葡萄糖氧化酶，得到具有酶生物活性的纤维素材料。将该材料置于葡萄糖水溶液中，由于葡萄糖氧化酶的作用，葡萄糖能被其催化水解，产生释放出来的又能将材料表面的氧化铈纳米颗粒氧化使其颜色由黄白色变成深橙色，因此该负载有氧化铈纳米颗粒和葡萄糖氧化酶的纤维素材料又可用于葡萄糖的比色检测。

### 3.3.8.3 抗菌纤维素材料

由天然纤维素纺织成的织物具有大的表面积并且易于受潮，因而容易滋生细菌，对织物进行适当的表面处理或修饰可以达到抗菌的目的。具有抗菌活性的磺酸基甜菜碱由于硅氧烷结构的存在，该化合物可以和棉纤维表面的羟基脱水缩合，共价连接至纤维表面，从而赋予棉织物以抗菌性能。相对于修饰前的棉织物，修饰后的抗菌织物其力学性能明显增强，亲水性显著增强。

还可以通过可逆加成断裂链转移（RAFT）的方法将二甲基氨基乙基取代的甲基丙烯酸酯聚合至滤纸的纤维素纤维表面，然后再与具有不同烷基链长度的溴代烷烃发生亲核取代反应，形成季铵盐型的抗菌活性物质。

用木醋杆菌制备了多孔的细菌纤维素膜，然后将其置于 $AgNO_3$ 溶液中浸泡，取出后用 $NaBH_4$ 溶液原位还原，洗涤后即得银纳米颗粒修饰的 5~14 nm 细菌纤维素膜。纯细菌纤维素膜并无抗菌性能，但是负载银纳米颗粒后的纤维素膜对模型细菌——大肠杆菌和金黄色葡萄球菌表面处较强的抗菌活性。

### 3.3.8.4 疏水、疏油的纤维素材料

纤维素物质表现出极强的亲水性，但由于其层次的纤维状结构，本身具有较大的表面粗糙度，因而通过适当化学手段在其表面修饰上低表面能的物质后可以达到疏水、疏油的目的，使表面改性后的纤维素材料表现出防水、防潮、防尘、防油的功能，起到自清洁和抗污的作用。以下是几种疏水材料的制备方法：

将纤维素材料滤纸或者棉花浸入聚甲基硅醇水溶液中，通过羟基间的氢键作用聚甲基硅醇可以组装于纤维素微米纤维的表面，然后脱水缩合后共价连接于其表面，得到超疏水的纤维素材料，该材料仍然保持原有的色泽和微观形貌，对水滴的接触角可高达 158 ℃，原理如图 3-9 所示；通过 ATRP 的方法将聚丙烯酸甘油酯共价连接至纤维素纤维的表面，然后通过酯化反应将含全氟烷基链的功能小分子接枝于聚丙烯酸甘油酯链的骨架上，从而使纤维素物质的表面能大幅下降，起到超疏水的作用。

将平均粒径为 25 nm 的 $SiO_2$ 纳米颗粒加入到十二烷基三氯硅烷的甲苯溶液中，加热回流后，十二烷基三氯硅烷分子便固定在纳米颗粒的表面，产生疏水效果。接下来，将该疏水的纳米颗粒加入到醇溶剂（乙醇、丙醇或丁醇）中分散，并通过玻璃蒸发器将该醇分散液喷洒至标准的打印纸表面，室温自然干燥后，即得疏水的纤维素纸。

采用普通的滤纸或脱脂棉为基底，通过表面溶胶—凝胶法在纤维素纤维表面沉积超薄的二

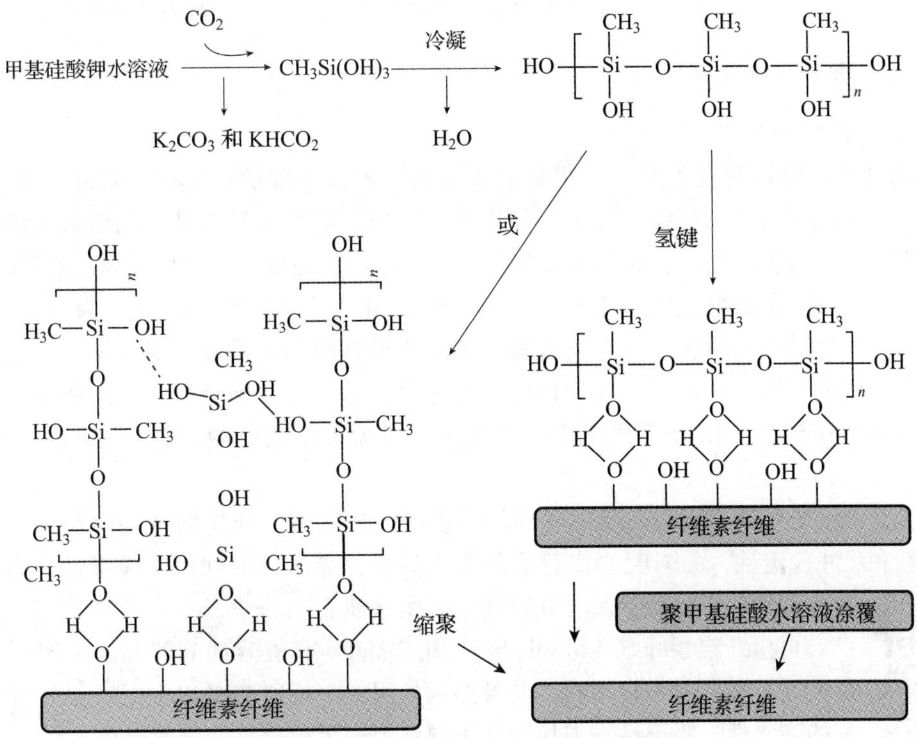

图 3-9　纤维素纤维表面超疏水化的原理图

氧化钛凝胶层，通过硅烷与二氧化钛的脱水缩合作用，将含长链烷基硅烷的单分子层组装于二氧化钛凝胶层覆盖的纤维素纳米纤维表面，从而得到超疏水的纤维素材料。

### 3.3.8.5　纤维素液晶

1976 年，加拿大的 Gray 等首先报道了羟丙基纤维素(HPC)的水溶液在足够大浓度下可观察到胆甾型液晶形成。纤维素液晶大体可分为溶致性液晶和热致性液晶。自羟丙基纤维素液晶发现以来，陆续发现羟甲基纤维素、羟乙基纤维素、乙基纤维素、氨基甲酰乙基纤维等大多数纤维素衍生物在一定条件下都能形成液晶。如纤维素在 N-甲基马啡啉(MMNO)/$H_2O$、三氟乙酸/氯代烷烃、氯化锂/二甲基乙酰胺等混合溶剂中都可形成胆甾型液晶。对纤维素及衍生物液晶的研究主要集中在其致晶性、液晶性能及影响因素方面。大量研究表明，纤维素及大多数纤维素脂肪酯由于热稳定性较差，所以只显示溶致性液晶而不显示热致性液晶。纤维素醚由于侧链易于旋转起增塑作用，使纤维素主链即使无溶剂时也能运动获得分子的有序排列，故既显示溶致性液晶，又显示热致性液晶。纤维素芳香酯由于引入芳香基团而提高耐热性，也可以在较高温度下呈现热致性液晶。

可用作光学材料、高模高强材料、制膜及液晶纺丝。由液晶态纺制的取向三醋酯纤维皂化，所得的水化纤维素纤维，具有高强度，可用于制防弹衣；用正己基纤维素液晶(THC)和乙基纤维素液晶(EC)制得了二元混合膜，这种二元混合膜具有较强的富氧特性。

## 3.4　纤维素物理改性

物理方法主要是指没有引进新的基团使纤维素或其衍生物的化学结构单元发生变化，而仅仅是物理形态发生了变化，如薄膜化、球状化、微粉化等，赋予纤维素新的性能，称为物理方法。开发清洁高效的纤维素物理改性方法对于促进纤维素材料发展的起着重要的作用。

## 3.4.1　纯纤维素功能材料

### 3.4.1.1　再生纤维素纤维

再生纤维素纤维资源种类繁多，主要有棉短绒、木材、竹子、麻秆、秸秆、棉杆、芦苇、稻草等。国内外利用可再生资源开发了多种纤维，其中目前技术最成熟、用量最大的是再生纤维素。主要包括普通黏胶纤维、高湿模量黏胶纤维、Lyocell 纤维、醋酸酯纤维、铜氨纤维等。

普通黏胶纤维一般以棉短绒、木材、芦苇、甘蔗渣、竹材等制成的浆粕为原料，经碱化、老化、黄化等工序制成可溶性纤维素黄酸酯，再溶于稀碱液制成黏胶，经湿法纺丝而制成。黏胶纤维的化学组成与棉纤维相同，具有良好的吸湿性、透气性和染色性，产品舒适性好，但是黏胶生产过程中存在 $H_2S$ 和 $CS_2$ 废气排放，废水中有锌盐等有害化学物质，污染问题一直困扰着其发展。

高湿模量纤维是用高黏度、高酯化度的低碱黏胶，在低酸、低盐纺丝浴中纺成。纤维有良好的耐碱性和尺寸稳定性，湿强度要比普通黏胶高许多，光泽、柔软性、吸湿性、染色性、染色牢度均优于纯棉产品，在市场上很受欢迎。

再生纤维素纤维

黏胶纤维

再生纤维素纤维 Lyocell，是采用 NMMO 有机溶剂溶解和经干湿法纺丝工艺制成的，其原料来自木材，纺丝溶剂的回收率达到 99% 以上。Lyocell 纤维具有良好的亲水性、吸湿性、温控性和干湿强力，手感柔软、悬垂性好；Lyocell 纤维在生产过程中不形成纤维素衍生物，溶剂可完全回收和循环利用，对环境无污染，故被称为绿色纤维。

将棉短绒等天然纤维素原料溶解在氢氧化铜或碱性铜盐的浓氨溶液内，配成纺丝液，在凝固浴中铜氨纤维素分子化学物分解再生出纤维素，生成的水合纤维素经后加工即得到铜氨纤维，由于纤维细软，光泽适宜，常用于高档丝织或针织物。吸湿性好，极具悬垂感，服用性能近似于丝绸，也较为环保。

### 3.4.1.2　纤维素膜材料

通过新型纤维素溶剂体系溶解再生得到的再生纤维素基复合膜在多孔性、热稳定性、强度等性能方面得到一定程度的改善，有望应用于包装、污水处理、传感器、生物医学等领域。如利用 NMMO、LiCl/DMAc、氢氧化锂/尿素、离子液体等纤维素非衍生化溶剂将纤维素溶解，然后用流延法在模具(玻璃或聚四氟乙烯)中铺膜，通过沉淀剂浸泡再生，得到纤维素膜。

离子液体可制备再生纤维素膜，秸秆在离子液体[AMIM]Cl 和[EMIM]Ac 中的溶解再生，得到了性能良好的再生秸秆纤维素膜，其拉伸强度可达到 120 MPa。木浆制得的再生纤维素膜的平均拉伸强度可达 170 MPa，断裂伸长率达 6.4%。利用不同的离子液体[AMIM]Cl、[BMIM]Cl、[EMIM]Cl 和[EMIM]Ac 分别溶解棉短绒(DP 为 920)均能得到表面光滑致密的再生纤维素膜，其中[EMIM]Ac 的溶解能力最强，经[EMIM]Cl 溶解再生后得到的纤维素膜力学性能最好。

DP 分别为 553、1068、1460 的棉浆、阔叶木浆和针叶木浆纤维素在 NMMO/水溶剂体系中溶解再生得到纤维素膜的力学性能差异，其中，以纤维素质量分数为 9% 时制得的再生纤维素膜力学性能棉浆最好，阔叶木浆次之，针叶木浆最低。

以碱/尿素—水为溶剂，通过控制再生纤维素膜干燥时的环境条件，得到的再生纤维膜力学性能、热稳定性和氧气阻隔性能优良。利用 LiOH/尿素/水为溶剂得到再生纤维素膜，再浸入阳离子烷基烯酮二聚体分散液中，成功制备出更高的阻隔水分和氧气的透明再生纤维素膜。

### 3.4.1.3　纤维素凝胶和气凝胶材料

水凝胶是以水位分散介质的凝胶。纤维素剂水凝胶是由具有网状交联结构的纤维素中的亲水残基—OH 与水分子结合，将水分子连接在网状内部，遇水膨胀的交联聚合物。用气体代替水凝胶中的液体就得到气凝胶。而本质上不改变凝胶本身的网络结构或体积。气凝胶是一种具有纳米结构的多孔材料，是目前所知密度最小的固体材料之一。

纤维素气凝胶密度可以达到 $0.001~g/cm^3$。它不同于孔洞结构在微米和毫米级的多孔材料，具有极大的比表面积。天然纤维素气凝胶一般是以天然纤维素纳米网络结构为基础的气凝胶，具有各向同性的三维随机结构。

通过简单气化的方式去移除凝胶中的液体，在凝胶内部孔隙中会形成气液凹弯月形界面，产生使孔壁向内收缩的毛细管力，这种毛细管力会使凝胶部分骨架结构遭到破坏，干燥后的凝胶产生严重的收缩，称为干凝胶。在液体的超临界条件下，可消除气液界面，防止干燥过程中毛细管力引起的收缩，将凝胶在液体的超临界条件下进行干燥，可保持凝胶骨架结构不被破坏，将凝胶干燥后可得到高孔隙率、高比表面积和低密度的气凝胶。另一种消除气液界面的方法是冷冻干燥法，先将凝胶中的溶剂液体在低温下凝固，然后在真空条件下使固体溶剂升华，也可在保持凝胶骨架结构的条件下使凝胶干燥而得到气凝胶。

非衍生化纤维素可以溶于一些特殊的溶剂形成溶液，经冷却形成物理交联的凝胶，可采用的溶剂有硫氰化钙水合物[$Ca(SCN)_2 \cdot 4H_2O$]、NMMO、加入尿素或硫脲的氢氧化钠水溶液、离子液体（1-烯丙基-3-甲基咪唑氯盐）、DMSO/四丁基氟化铵（TBAF）等。纤维素经溶解后，其中高强高模的纤维素 I 型晶体被破坏，分子链重排产生强度较低的纤维素 II 型晶体，导致得到的纤维素力学性能较差，采用从细菌纤维素或植物纤维素中分离出来的纤维素纳米纤维（CNF），由于保留了纤维素 I 型晶体结构，可以制备高性能纤维素气凝胶。

纤维素气凝胶是一类新型功能材料，既具有气凝胶的特性，又结合了纤维素的生物相容性、可降解性等优异性能，在日化、医药等领域前景广阔。

### 3.4.1.4　以纤维素作为模板制备金属材料和碳材料

利用纤维素众多活性基团、多级结构以及特有形貌，可作为模板来制备具有特定结构功能材料[如催化、光伏电池、组织工程、气体传感器的高比表面积、低密度的 $TiO_2$ 纳米纤维素网络、SiC 陶瓷材料、纳米管状的 $SnO_2$ 材料、管状铟锡金属氧化物（ITO）层等]。

通用的制备方式是采用溶胶—凝胶法或者金属氧化物前驱体水溶液浸泡天然的木材、木浆、滤纸、纤维素纳米晶或细菌纤维素膜等模板，制备纤维素/金属氧化物前驱体凝胶或复合膜，通过加热煅烧除掉纤维素模板，即可得到多孔的金属氧化物材料。例如，电化学活性的 $Fe_2O_3$ 大孔纳米材料可以通过以氢氧化钠/尿素水溶液为溶剂湿纺制备纤维素纤维模板，然后将其依次浸入 $FeCl_3$ 溶液、氢氧化钠溶液，原位合成得到 $Fe_2O_3$ 粒子，经过煅烧得到大孔的纤维状产品，其中再生纤维素纤维在湿态溶胀下互穿的多孔结构充当了无机纳米粒子的模板。具有高的催化活性介孔的 $TiO_2$ 膜可采用直接煅烧四丁酸钛/纤维素/AmimCl 离子液体溶液得到。具有光催化性能的 $TiO_2$ 纳米管/空心球杂化材料可以采用双模板的方法，以滤纸作为纳米管模板、以聚苯乙烯或硅基微球作为球模板制得。以天然纤维素纤维为模板通过银镜反应、加热煅烧除模板，制得与石墨复合用作燃料电池的电极材料——纳米结构银纤维。

金属纳米材料也可以利用纤维素衍生物作为模板来制备。如 Ag 纳米颗粒以氧化[采用 2,2,6,6-四甲基哌啶 N-氧化自由基（TEMPO）氧化]的细菌纤维素为模板，通过加热还原得到。多孔的 $TiO_2$ 膜、$TiO_2/ZrO_2$ 膜、$TiO_2/SiO_2$ 膜以纤维素醋酸酯、纤维素硝酸酯为模板制备。用作气体传感器的纳米和亚微米级 $SnO_2$ 纤维可以用纤维素硝酸酯膜为模板制备。CdS 纳米棒可以用羟乙基纤维素为模板通过溶热反应得到。纳米 Ag 和 BaCO₃ 可以用羟乙基纤维素为模板制备。

碳纤维、碳纳米管、活性炭、石墨、碳气凝胶等不同形式的碳材料可以利用纤维素材料在惰性气氛下热解得到。例如，将纤维素纤维(天然纤维、黏胶纤维、Lyocell 纤维等)在高温下热解可制备可用于水处理领域的活性炭纤维(比表面积高达 1500 $m^2/g$)。用于气体分离的碳膜可以对再生纤维素膜进行热解得到。负载 Pt 纳米颗粒的碳气凝胶可作为质子交换膜燃料电池的电极，可以通过热解纤维素醋酸酯气凝胶制备。

### 3.4.2 纤维素复合材料

具有力学材料、光学材料、电学材料、生物医用材料、分离纯化材料、传感材料等多种功能的纤维素复合材料，主要由纤维素与合成高分子、天然分子、导电聚合物、碳纳米管、金属杂化材料、硅杂化材料等复合制备。

#### 3.4.2.1 光、电活性纤维素复合材料

纤维素具有的生物相容性好、两亲性、相对热稳定性、较好的可塑性以及与其他材料良好的兼容性等特点。这些特性使得纤维素作为基材并与其他材料复合应用到光学、力学、磁学和生物医药等各个领域。

利用丙烯酸树脂和细菌纤维素制备柔性可折叠的透明纳米复合膜可应用于电子器件工业中；细菌纤维素作为模板，前驱体溶液为氯化铁/亚硫酸钠溶液，使用原位聚合的方法制备了磁性纤维素复合材料，磁性材料可以均匀地分散在细菌纤维素网状结构中；利用共混的方法制备纤维素/壳聚糖复合凝胶用于骨修复材料，并且复合凝胶在 X 射线下有较好的显影能力，能够利用其显影性观察骨治疗效果及植入物降解效果。

导电活性物质按照种类划分大约可以分为 3 大类：导电高分子(聚吡咯、聚噻吩和聚苯胺等)、金属及金属氧化物(银纳米线、二氧化钛和四氧化三铁等)和碳材料(碳纤维、碳纳米管和石墨烯等)，导电聚合物-纤维素复合材料是将导电高分子与纤维素通过物理或化学的方法复合成一种兼具两者特性的新材料。导电高分子-纤维素复合物的常见制备方法主要有以下几种：原位化学聚合法、喷墨打印法、层层自组装法、电化学聚合法。原位聚合法是将纤维素与导电聚合物单体置于同一反应容器中，之后单体会以纤维素为模板进行聚合进而形成导电高分子-纤维素复合材料；首先将苯胺单体加入 CNF 溶液中在纤维素纳米微纤上原位聚合形成 PANI-CNF 分散液，然后通过过滤的方式将 PANI-CNF 分散液抽滤成 PANI-CNF 复合膜，这种导电纳米纸在超级电容器电极材料、Li-S 隔膜材料、锂电材料和其他独立的柔性纸基装置上有潜在利用价值。

金属及金属氧化物作为导电活性物质与纤维素复合制备复合材料，金属及金属氧化物的独特的磁性、电学和光学等性质将被整合到纤维素基复合材料中，赋予其在太阳能电池、光电材料、传感器等领域良好的应用价值。与纤维素复合时，金属及金属氧化物通常以纳米粒子的形态存在，以此来增加在纤维素基体中的分散性，常见的有金银纳米粒子、二氧化钛、二氧化锰等。使用纤维素纸浸入银纳米线分散液中通过浸涂的方法制备 AgNW-纤维素纸，将复合纸用于电磁干扰屏蔽材料，发现其拥有优异的导电性和电磁屏蔽效能。

纤维素可用于制备能量储存器件，如超级电容器、柔性的锂电池等，例如，将纤维素溶解于离子液体(BmimCl)中，然后包埋规整排列的多壁碳纳米管(MWCNT)完成制备。纤维素纸电池具有轻便、快捷(完成充电只需数秒)的特点，具体制备步骤如下：首先，在海藻纤维素纤维上包附聚吡咯(PPy)，然后电解质采用浸过盐水的滤纸，两极选用海藻纤维素/聚吡咯即可完成纤维素纸电池制备。

#### 3.4.2.2　纤维素/碳纳米管(MWCNT)复合材料

碳纳米管是一种拥有封闭中空管状结构的纳米碳材料,其沿着管道方向拥有很高的模量,力学强度和优异的导电性,是优良的一维导电和力学增强材料,可广泛应用于锂电材料、超级电容器、催化剂载体和复合材料等领域。

碳纳米管表面能超高的比表面积和极大的长径比使得碳纳米管极易团聚缠绕而难以在溶液中分散。碳纳米管在复合材料中作为功能型填料主要是利用其导电和导热性。

碳纳米管-纤维素复合纤维的制备通常分为两种:一种是使用不同手段和工艺将碳纳米管分布于成型的纤维素纤维表面,通过湿法纺丝技术将纤维素溶液纺制成纤维素纤维,并进一步在碳纳米管分散液中使用浸涂法制备碳纳米管-纤维素复合纤维。基于纤维素基体对液体的吸湿溶胀特性,改变纤维表面碳纳米管网络结构,进而通过复合纤维电阻的变化体现出来。因此,可以通过监测电阻变化实现复合纤维准确、灵敏、稳定的液体感测能力。另一种是将碳纳米管和纤维素混合后再制备成复合纤维,即:经表面非共价改性和超声辅助分散制得的碳纳米管分散液和 NaOH/尿素溶液混合后在低温下溶解纤维素,所得混合溶液经凝固再生后制得碳纳米管-纤维素导电复合膜。研究结果表明,碳纳米管在复合膜干燥失水过程中受到纵向上的压力发生聚集,在纤维素基体内形成独特的碳纳米管导电分层网络。基于碳纳米管网络赋予复合膜的导电性和膜内的碳纳米管导电分层结构,使得复合膜兼具轻质、柔性和高导电率等特点的同时还拥有优异的电磁干扰屏蔽效率。

#### 3.4.2.3　纤维素复合材料膜

通常把由纤维素在纤维素溶剂体系中溶解再生,与填料复合得到的膜称为功能性再生纤维素复合膜。加入有机、无机填料,使纤维素网状结构变得密实,以提高纤维素的机械性能、热稳定性能。

与大豆蛋白、淀粉、木质素复合膜、类脂纳米颗粒、聚砜、聚吡咯、虫漆、PVA、聚甲基丙烯酸甲酯、高密度聚乙烯、聚乳酸、羊毛、木聚糖等制备复合膜,可用于药物的控制释放领域、阴离子渗透膜、食品包装材料。与磁性氧化铁、蒙脱石、二氧化钛、石墨烯等无机物制备复合模,具有导磁性、气液体阻隔性能、阻燃性、光催化活性、吸附性能等功能。制备纤维素复合膜材料的方法主要有通过熔融加工、溶液加工、共混、原位聚合等。

(1)几种主要的纤维素-无机材料膜材料制备方法

用 LiCl/DMAc 溶剂得到的再生纤维素膜浸渍到 $Fe_2O_3$ 纳米颗粒溶液中,成功制得性能优良的再生纤维素-纳米 $Fe_2O_3$ 复合膜。结果显示,$Fe_2O_3$ 通过氢键作用与再生纤维素结合,与再生纤维素膜相比,复合膜的拉伸强度与弹性模量均有提高;用 LiOH/尿素/水溶液溶解纤维素,成功制得透明且柔韧性良好的再生纤维素-蒙脱土复合膜。与再生纤维素膜相比,这种纳米复合膜具有高的韧性、低的热膨胀系数、良好的延展性和气体阻隔性能,而且通过蒙脱土的加入降低了纤维素亲水的特性;将纤维素和石墨烯溶于 LiCl/DMAc 溶液中,按照不同比例将两者混合后在玻璃板上流延成膜即获得再生纤维素-石墨烯复合膜。

(2)几种主要的纤维素-有机材料膜材料制备方法

将聚乙烯醇和纤维素[AMIM]Cl 中,得到两种相同浓度的溶液,将这两种溶液按照不同的比例混合后,在玻璃板上流延成膜,得到再生纤维素-PVA 复合膜。复合膜相容性较好,其结晶度、耐热性、机械强度均有明显提高,而孔径和生物降解性几乎保持不变;当 PVA 含量大于8%时产生相分离;利用 7%NaOH/12%尿素/水溶液作为溶剂低温溶解,成功制得再生纤维素-甲壳素复合膜。由于复合膜的多微孔结构、大比表面积以及对金属离子的亲和力,使其对重金属离子($Hg^{2+}$、$Cu^{2+}$、$Pb^{2+}$)有较高效的吸收能力;用 LiOH/尿素/水溶液溶解纤维素得到再生纤维素膜，然后用高碘酸钠将其部分氧化，得到 2,3-二醛纤维素（DARC）膜，再通过席夫碱反应将胶原蛋白固定到 DARC 膜上，即得到再生纤维素-胶原蛋白复合膜。该复合膜具有更加致密的网状结构，同时具有良好的透湿性、保水性、溶胀性和力学性能。

### 3.4.2.4　纤维素复合凝胶

纤维素复合材料凝胶具有多种功能，如核黄素/甲基纤维素水凝胶具有对 pH 值和温度同时敏感的特性，细菌纤维素（BC）与明胶、卡拉胶、结冷胶、聚丙烯酰胺（PAAm）等制备成的双网络复合水凝胶具有力学强度高的特点，如最大可达 40 MPa 的拉伸强度，这些纤维素复合材料凝胶应用在组织工程、生物分离、药物控释等多种领域。

通过溶解—凝胶、溶胶—凝胶等方法可制得纤维素复合凝胶。如将纤维素溶于 BmimCl 离子液体溶液，室温放置 7d，即可得到纤维素/BmimCl/$H_2O$ 复合凝胶，这种复合凝胶在 120 ℃时软化，150 ℃时可以流动，冷却到室温放置 2 d 会再次形成更加透明的凝胶。高强度的纤维素/PEG 复合凝胶（断裂伸长率可达 100%，透光率达 80%）可以通过将纤维素溶于 NaOH/硫脲溶剂制得纤维素凝胶，然后用小相对分子质量 PEG 溶胀的方法制备。将纤维素/氢氧化钠/硫脲溶液和甲壳素/氢氧化钠溶液混合，制得断裂伸长率可达 113%的纤维素/甲壳素复合水凝胶。

### 3.4.2.5　检测吸附材料

纤维素改性吸附材料的吸附机理有表面络合、离子交换、氧化还原和配合作用等，这些机理有时单独作用，有时几个共同作用。改性后的纤维素，在羟基位置引入一些表面活性基团，它在吸附过程中会有离子释放，发生离子交换；在羟基位置引入羧基、巯基、胺基、磷基等活性基团，这些基团中的 N、O、P、S 等均可提供孤对电子，与重金属离子在吸附剂表面形成络合物或螯合物，使溶液中的金属离子被吸附。

纤维素改性吸附材料可以对有机物中的染料、蛋白质等进行吸附，对金属离子 $Cr^{6+}$、$Cu^{2+}$、$Pb^{2+}$、$Cd^{2+}$ 等进行吸附。一般认为纤维素吸附材料的吸附机理有表面络合、离子交换、氧化还原和配合作用等，这些机理有时单独作用，有时几个共同作用。改性后的纤维素，在羟基位置引入一些表面活性基团，它在吸附过程中会有离子释放，发生离子交换；在羟基位置引入羧基、巯基、胺基、磷基等活性基团，这些基团中的 N、O、P、S 等均可提供孤对电子，与重金属离子在吸附剂表面形成络合物或螯合物，使溶液中的金属离子被吸附。

纤维素经负载氮类、二茂铁类或其他类型染料分子后可以作为传感器，检测溶液中金属离子（如 $Hg^{2+}$、$Zn^{2+}$、$Mn^{2+}$、$Ni^{2+}$ 等）的浓度。例如，1,4-二茂铁与纤维素制成复合材料，与离子浓度不同的 $Hg^{2+}$ 水溶液接触，复合膜发生颜色变化，只需观察颜色变化就可以确定溶液中离子的浓度。纤维素负载聚苯胺纳米球后复合材料在酸度传感器方面有应用潜力。纤维素与 PVA、甲壳素、褐藻酸、聚苯乙烯（PS）等制备成复合膜，还可以吸附除去水溶液中重金属离子（如 $Cu^{2+}$、$Fe^{3+}$、$Zn^{2+}$、$Pb^{2+}$、$Ni^{2+}$、$Cd^{2+}$ 等）。用纤维素三醋酸酯/海藻酸盐复合物固定细菌，得到的复合材料可降解丙腈。

### 3.4.2.6　生物医用材料

纤维素与无机材料［如 $Ca_5(PO_4)_3(OH)$、$CaCO_3$、$CaSiO_3$、$Ag/AgCl$ 等］复合制备生物医用复合材料受到广泛关注。

羟基磷灰石（HA）具有良好的生物活性、生物可降解性及骨传导性采用化学沉淀法制备氧化石墨烯/HA（GO—HA）复合材料，然后与细菌纤维素（BC）复合制备 GO—HA—BC 三相复合支架材料，所制备 GO—HA—BC 支架具有良好的骨诱导能力及生物相容性；采用静电纺丝法制备出具有核—鞘结构的三乙酸纳米纤维素（CTA，核）/HA（鞘）复合纤维，并将所制备 CTA—HA 复合纤维用于牛血红蛋白吸附。

以纤维素为基体相，$CaCO_3$为增强相制备的纤维素/$CaCO_3$复合材料也受到关注。将细菌纤维素(BC)膜浸泡在含有 $CaCl_2$、甘氨酸、$Na_2CO_3$ 和介孔角叉菜胶(Carr)的溶液中，利用胶体结晶过程制备出 BC/Carr-$CaCO_3$ 复合膜，并将所制备复合膜用于装载抗癌药物阿霉素。

金属银纳米颗粒(silver nanoparticles，AgNPs)具有较大的比表面积、优异的抗菌性能且对人体细胞无毒害作用，因而被认为最具前景的抗菌材料。例如，利用聚多巴胺对 $Ag^+$ 的还原作用原位合成磁性 BC/Ag 纳米复合材料。所制备复合材料对大肠杆菌和枯草芽孢杆菌具有较高的抗菌活性。

纤维素复合材料在医药领域中主要有以下几方面的应用，如在伤口修复、抗菌消毒、细胞培养(纤维素/玉米蛋白、纤维素/壳聚糖、纤维素/乳糖)、药物释放[纤维素/聚环氧乙烷(PEO)、纤维素/PEG 复合材料、纤维素/硅酸钠复合材料]、组织工程(纤维素/蒙脱土凝胶、纤维素/磷酸钙和纤维素/壳聚糖)、药物解毒(纤维素/肝磷脂/活性炭多孔微球)等诸多领域都有广泛的应用。

### 3.4.2.7　含纤维素纳米纤维的复合材料

天然纤维素经过物理机械、化学或生物等方法将纤维素内部超分子结构的无定形区破坏，获得尺寸在纳米数量级别范围内的直径在 20~50 nm，长度在 200~300 nm 范围内的纤维素，即为纳米结晶纤维素(nanocrystalline cellulose，NCC)。NCC 的结晶尺寸主要依赖于硫酸水解时间，水解时间越久则结晶尺寸越短。

纳米纤维素可主要分为 3 类，即针棒状的纳米微晶纤维素(NCC)、纤丝状的纤维素纳米纤维(CNF)和网络状的微纤化纤维素(MFC)。具有良好的生物相容性和特异的光学性能，纳米纤维素可用作高聚物增强组分、薄膜阻隔材料、造纸增强剂等，添加到生物质材料中还能够提高复合材料的耐磨性。

常用制备纳米纤维素的方法为化学酸水解法。纤维素超分子结构中的非结晶区可提高适宜浓度的酸性溶液除去，$H^+$ 催化切断纤维素分子链中的糖苷键，得尺寸小、结晶度高的纳米结晶纤维素。NCC 的表面官能团及表面性质取决于无机酸的种类，如硫酸水解可以使纤维素中十分之一的葡萄糖单元被磺酸基官能化，NCC 颗粒带有较强的负电性且在水中的分散性提高，胶体稳定性显著，而盐酸水解所得 NCC 颗粒仅带微弱的负电荷且分散性较差。

纳米纤维素是天然纤维素 I 晶所组成的纤维状聚集体，其独特的结构和优良的性能表现在高结晶度、高纯度、高杨氏模量、高强度、高亲水性、强吸附能力、超精细结构和高透明性等纳米颗粒的特性和纤维素的基本结构与性能，作为增强纤维与聚乳酸、PVA、PLA 聚丙烯(PP)、聚己内酯(PCL)、聚氨酯(PU)、聚乙烯(PE)、热塑性淀粉、壳聚糖、海藻酸盐、胶原蛋白、DNA 等高分子材料复合制备复合材料可以显著提高材料的力学性能。通过酯化对纤维素纳米纤丝(CNF)进行表面改性，再掺杂 CNF 到聚乳酸基质中制备纳米复合薄膜，弹性模量、拉伸强度均有显著增加。

纳米纤维素可以作为增强材料，制备高韧性纤维素复合水凝胶材料。可以采用纳米纤维自组装模板法，即通过溶胶-凝胶过程得到纤维素纳米纤维凝胶，然后浸入聚合物溶液、干燥，可得到分散性良好的聚合物/纳米纤维素复合材料。

与传统气凝胶相比，纳米纤维素基气凝胶可自然降解，生物相容性好。通过溶胶-凝胶法制备出了聚甲基硅倍半氧烷/纤维素纳米纤维(PMSQ/CNF)复合气凝胶，这种有机无机复合气凝胶具备低密度、低导热系数、可见光半透明、弯曲灵活性和超疏水性；研究发现 PMSQ/CNF 复合气凝胶显示出和纯二氧化硅气凝胶一样低的导热系数和高比表面积，而且能够在多灰尘、潮湿、雨、紫外线照射的户外环境下使用。PMSQ/CNF 复合气凝胶可用作高性能隔热材料，用于控温、隔热等温控包装领域。

纳米纤维素作为纸张增强剂，成纸抗张强度明显提高。在纸张表面涂布微纳米纤维素后，微纳米纤维素与原纸纤维通过氢键作用产生牢固黏附，使得涂布后的纸张表面更加平滑，力学性能也有所提高。纳米纤维素涂层还可以改善原纸的阻隔性，Lavoine 等用 CNF 悬浮液涂布纸张，结果显示，7 g/m² 的 CNF 涂层使纸张的空气透过率降低了 70%，拉伸性能也有所提高；利用无机盐溶液溶解和交联纤维素所得薄膜不但具有可降解性，而且具有高强度和高透明性，先用质量分数为 68% 的 $ZnCl_2$ 溶液溶解纤维素，$Zn^{2+}$ 能够削弱构成纤维素强度的氢键，纤维素内部和纤维素间氢键的断裂使纤维素溶解，并形成锌—纤维素单链；然后通过添加 $Ca^{2+}$ 促进锌—纤维素单链之间的结合，最后再经流延法制备出了纳米纤维素薄膜，所得薄膜不但具有可降解性，而且具有高强度和高透明性。

纳米纤维素在生物质发泡材料中的应用，可循环再生、可生物降解，与石油基合成泡沫材料相比，不仅具有环保优势，而且综合成本较低。在发泡缓冲材料中，纳米纤维素主要是通过其表面含有的大量羟基增强纤维间的胶黏作用，又由于纳米纤维素的小分子结构，其相容性较好，具有比阳离子淀粉更好的分散性和黏结效果，加入纳米纤维素的发泡缓冲材料具有很好的力学强度。

在吸附性材料也有应用。将纤维素纳米纤丝（CNF）和高含量的纳米多孔沸石吸附剂通过钙离子交联及真空过滤制成了能去除气味的复合薄膜。高硫醇清除能力和力学稳定性的沸石/纤维素纳米纤丝复合薄膜是一种潜在的活性包装材料，可应用于包装物会释放相当大气味的产品，可提高富含气味的水果和蔬菜的运输和储藏效果。

将纳米纤维素纤维或细菌纤维素与丙烯酸树脂、环氧树脂制备复合膜，材料具有较好的透光率（90%）及导热性[导热率大于 1 W/(m·K)，热膨胀系数为 $10^{-6}$ $K^{-1}$]，在光电器件方面有较大发展潜力。

纳米纤维素可以从各种可再生在资源（如木材、棉花、作物秸秆等）中得到。棉花中的纤维素有高级有序结构，其结晶度可达 70%。纤维素的结晶区有较好的耐酸能力，无定形区较容易被酸水解，所以通过酸水解可以得到结晶的纳米纤维素。

通过纳米纤维素、丙烯酰胺和长链丙烯酸酯（如甲基丙烯酸十八烷基酯、甲基丙烯酸十二烷基酯、甲基丙烯酸十三烷基酯等）在水溶液中通过共聚合制备纳米纤维素复合水凝胶（图 3-10）。在该凝胶体系纳米纤维素和丙烯酰胺作为亲水组分，甲基丙烯酸十二烷基酯，甲基丙烯酸十三烷基酯，和甲基丙烯酸十八烷基酯作为疏水组分（图 3-11），由共价键和胶束缠结点共同构成凝胶的三维网络。

纳米纤维素的浓度为 0.0014 g/mL 时，拉伸强度最大可达 455 kPa[图 3-11（a）]，压缩强度最大可达 2.8 MPa[图 3-11（b）]，凝胶在相同条件下无法压碎[图 3-11（c）]。继续增加纳米纤维素的浓度不能提高凝胶的强度，这可能是因为当纳米纤维素浓度过高，导致纳米纤维素容易聚集，影响纳米纤维素在凝胶中的均匀分散，从而导致增强效果受限，影响材料性能。

如图 3-12 所示，丙烯酰胺的浓度从 34.5% 增加到 54.4%，拉伸强度从 2.8 kPa 增加到 599.8 kPa，压缩强度从 21.1 kPa 增加到 117.5 kPa，这主要是由于丙烯酰胺含量的增加会提高三维凝胶网络的交联点，增加分子链缠结程度及促进分子间氢键的形成，相应地提高材料的强度。

如图 3-13 所示，甲基丙烯酸十八烷基酯的浓度在 3.50% 时，复合凝胶的拉伸强度可达 1.338 MPa，压缩强度为 2.835 MPa。

如图 3-14 所示，烷基侧链的长度对复合凝胶的性能影响显著，分别采用甲基丙烯酸十二烷基酯、甲基丙烯酸十三烷基酯甲基丙烯酸十八烷基酯为原料，当侧链长度增加时，复合凝胶的拉

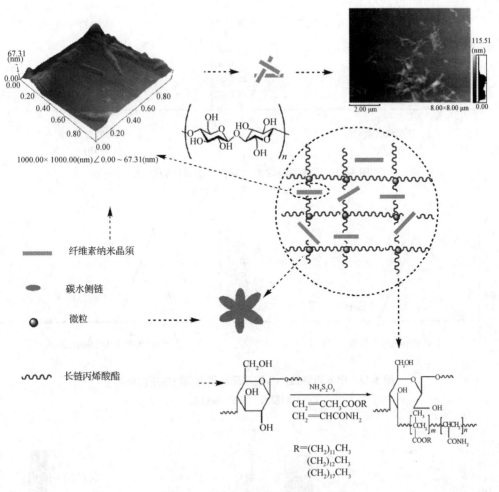

纤维素纳米晶须

碳水侧链

微粒

长链丙烯酸酯

图 3-10　纳米纤维素复合水凝胶示意

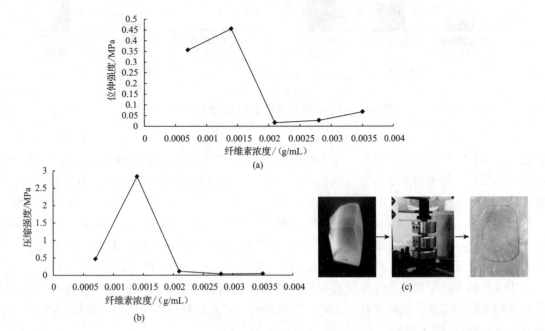

(a)

(b)

(c)

图 3-11　纳米纤维素浓度对复合凝胶力学性能的影响

（a）拉伸强度　（b）压缩强度　（c）纤维素浓度 0.0014 g/mL 时，压缩情况

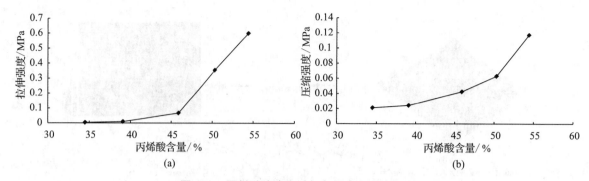

**图 3-12  丙烯酰胺浓度对复合凝胶强度的影响**

(a)拉伸强度  (b)压缩强度

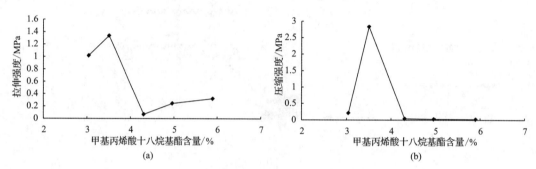

**图 3-13  甲基丙烯酸十八烷基酯对复合凝胶性能的影响**

(a)拉伸强度  (b)压缩强度

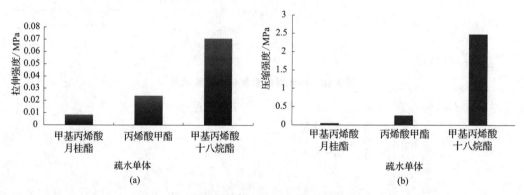

**图 3-14  疏水侧链长度对复合凝胶性能的影响**

(a)拉伸强度  (b)压缩强度

伸强度从 8.4 kPa 增加到 70.8 kPa，压缩强度从 0.0483 MPa 增加到 2.4800 MPa，其中压缩强度的改善尤其明显。这是由于较长的烷基侧链会增加分子链之间的疏水作用力，相应改善材料的力学性能。

如图 3-15 所示，纤维素的浓度分别为 0.0007 g/mL，0.0014 g/mL，0.0021 g/mL，0.0028 g/mL，0.0035 g/mL 时，复合凝胶的表面形貌。凝胶具有大孔形貌，纤维素浓度的增加会导致凝胶孔密度降低及孔径减小。纤维素浓度增加会导致复合凝胶的吸水能力降低(图 3-16)。

由于这种纳米纤维素水凝胶有独特的网络结构使它具有类似于橡胶的强度和性能，最突出的是这种纳米纤维素复合凝胶具有优秀的自修复性能，将复合凝胶切断以后，将断面放在一起，瞬间就能重新修复(图 3-17)。

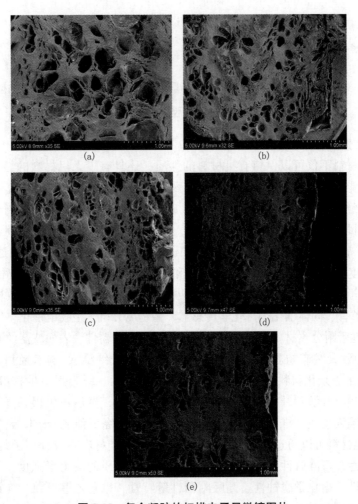

**图 3-15 复合凝胶的扫描电子显微镜图片**

纤维素浓度分别为(a)0.0007 g/mL (b)0.0014 g/mL (c)0.0021 g/mL (d)0.0028 g/mL (e)0.0035 g/mL

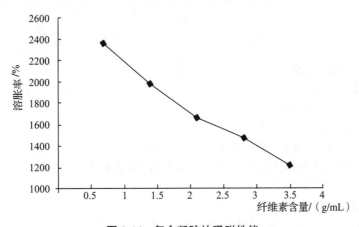

**图 3-16 复合凝胶的吸附性能**

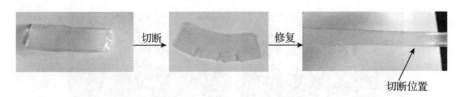

切断位置

**图 3-17　复合凝胶的自修复性能**

#### 3.4.2.8　基于纤维素的有机−无机杂化材料

有机无机杂化材料不仅可以保持有机材料的性质，还具有了无机材料的特性，如超强的光、电、磁、催化等性能，在光电、催化、生物、医药、传感等领域有着广泛的应用。

纤维素/CdS、纤维素/ZnS、纤维素/（CdSe）ZnS、树枝状分子功能化的纤维素/CdS 等纤维素/量子点杂化材料均保持了量子点的荧光特性，这类材料具有很好的抗菌性（如纤维素/Ag 纳米颗粒杂化材料）、铁磁性、智能性（如纤维素/Au 纳米颗粒杂化材料）、高的透光率、孔隙率和比表面积，机械强度（如纤维素/Ag、纤维素/Au 和纤维素/Pt 杂化气凝胶等）等性能。可以用于抗菌性创伤敷料、安全纸、信息存储材料、电磁屏蔽材料、药物的靶向传递和释放材料、组织工程支架、抗菌膜、电子器件、固体催化剂、化学传感器、生物电分析、生物电催化、生物传感、燃料电池、催化剂、选择性吸附分离材料、透明电极、传感器、光伏器件、表面波器件等领域。

常见的有纤维素/天然矿物质杂化材料，纤维素/云母、纤维素/纳米羟基磷灰石、纤维素/CaCO$_3$、纤维素/黏土等杂化材料。常规制备方法是在纤维素、纤维素衍生物溶液中原位合成纳米颗粒或者将纳米颗粒分散到纤维素或纤维素衍生物溶液中，然后再生得到纤维素/纳米颗粒复合材料；或者将纤维素膜或纤维直接浸入纳米颗粒悬浮液制备纤维素/纳米颗粒复合材料。纤维素/天然矿物质杂化材料可以通过物理共混等方法得到，这类材料不仅保留了纤维素的柔性、力学性能、生物相容性、可降解性等特性，还具备了天然矿物质的高力学强度、抗冲击、抗疲劳、抗老化、隔热阻气性、耐化学腐蚀性、高吸附活性等特性，以羟乙基纤维素（HEC）、正硅酸乙酯（TEOS）为原料，采用溶胶−凝胶技术合成的 HEC/SiO$_2$ 有机−无机杂化材料。制备的 HEC/SiO$_2$ 有机−无机杂化材料透明，无分相。

## 课后习题

1. 简述纤维素大分子化学结构特点。
2. 简述纤维素大分子构象。
3. 试比较纤维素与半纤维素的异同。
4. 介绍纤维素的多分散性和分级方法。
5. 比较植物纤维原料木材、麻类、竹、芦苇、棉花的纤维素含量。
6. 纤维素纤维的氢键形成条件是什么？氢键对纤维素性质有什么影响？
7. 如何制备硝酸乙醇纤维素？
8. 如何处理纤维素 I 可以获得纤维素 II？
9. 试述化学法（硫酸盐法、亚硫酸盐法制浆）制浆目的、得率。
10. 叙述黏胶纤维生产过程及主要化学反应。
11. 纤维素功能化的主要途径有哪些？
12. 纤维素功能化化学法主要包括哪些？其中氧化反应中使用的氧化剂有哪些？有什么特点？
13. 叙述纤维素酸水解机理及酸水解方法。
14. 纤维素两相结构理论有哪些要点？

# 参考文献

耿红娟，苑再武，秦梦华，等，2013. 纤维素的溶解及纤维素功能性材料的制备[J]. 华东纸业，44(5)：4-9.

刘治国，2011. 纤维素接枝共聚的机理和力学性能研究[D]. 太原：太原理工大学.

马明国，付连花，李亚瑜，等，2017. 纤维素基复合材料及其在医用方面的研究进展[J]. 林业工程学报，2(6)：1-9.

宋贤良，温其标，郭桦，2002. 以纤维素为基础的功能材料[J]. 高分子通报(4)：47-52.

孙倩云，侯晓坤，2011. 纤维素改性技术及其在环境保护中的应用[J]. 四川环境，30(5)：108-111.

唐爱民，梁文芷，2000. 纤维素的功能化[J]. 高分子通报(4)：1-9.

王晨，刘文波，2018. 纤维素溶剂及其溶解性能和特点[J]. 黑龙江造纸，46(3)：26-30.

王红乐，2013. 纤维素溶剂体系的研究进展[C]//华东七省市造纸学会第二十七届学术年会暨山东造纸学会2013年学术年会，中国山东泰安.

王晶晶，王钱钱，张超群，等，2016. 功能性再生纤维素复合膜的制备及性能研究进展[J]. 化工进展，35(2)：341-351.

位浩，刘飞，王锦文，等，2019. 纤维素纳米纸的疏水改性及应用研究[J]. 材料科学与工艺，27(4)：30-41.

肖巍，2013. 若干表面功能化修饰纤维素材料的制备及其应用[D]. 杭州：浙江大学.

姚一军，王鸿儒，2018. 纤维素化学改性的研究进展[J]. 材料导报，32(19)：3478-3488.

张丽华，徐俊鹏，王俊钦，等，2020. 溶解再生法制备纤维素凝胶及其功能性应用[J]. 武汉大学学报(理学版)，66(1)：11-22.

# 第4章 半纤维素

## 4.1 概述

半纤维素是指高等植物细胞壁中非纤维素也非果胶类物质的多糖。最早半纤维素这个名称由 Schulze 于 1891 年提出，用以表示植物中能够用碱液抽提出来的那些聚糖。这样命名是因为研究人员发现在细胞壁中这些聚糖总是与纤维素紧密结合在一起，而误认为这些聚糖是纤维素生物合成的中间产物。现已证明，半纤维素并不是纤维素合成的前驱物，半纤维素也与纤维素的合成无关。

随着新的实验方法和分离技术以及先进的检测技术的应用，人们对半纤维素的认识越来越清晰。G. C. Aspinall 于 1962 年这样表述半纤维素："来源于植物的聚糖，它们含有 D-木糖基、D-甘露糖基与 D-葡萄糖基或 D-半乳糖基的主链，其他糖基可以分成为支链而连接于主链上。"T. E. Timell 于 1964 年这样表述："低相对分子质量的聚碳水化合物（平均聚合度约为 200）和纤维素一起存在于植物组织中，它们可以从原本的或从脱除木素的原料中被水或碱液抽提而分离出来。"

与纤维素不同，半纤维素不是一种均一聚糖，而是一种复合聚糖的总称。原料不同，组成成分也不相同。一般由两种或两种以上糖基组成，是带有短支链的线性结构。组成半纤维素的糖基主要有 D-木糖基、D-葡萄糖基、D-甘露糖基、D-半乳糖基、L-阿拉伯糖基、4-O-甲基-D-葡萄糖醛酸基、D-葡萄糖醛酸基、D-半乳糖醛酸基等，还会有少量的 L-岩藻糖基、L-鼠李糖基等。

### 4.1.1 半纤维素的分布

不同植物原料中半纤维素的种类和含量是不同的，如针叶木、阔叶木和草类原料中半纤维素含量以及聚糖种类是不同的。

针叶木中半纤维素的含量在 25%~35%，聚糖种类主要是聚半乳糖葡萄糖甘露糖类和聚木糖类；阔叶木中半纤维素含量在 20%~38%，聚糖种类主要是聚木糖类和聚甘露糖类；非木材原料半纤维素的含量在 25%~35%，双子叶植物中大部分半纤维素是木糖葡萄糖聚糖。

植物细胞壁主要分成初生壁和次生壁，相邻细胞之间是胞间层。初生壁很薄，在植物细胞生长时首先形成，其主要成分是纤维素、半纤维素和蛋白质。次生壁是细胞停止生长时沉积在初生壁内侧的壁层，这一层厚度更大、刚性更强。半纤维素在细胞壁各微区中分布的研究是建立植物细胞壁结构模型的理论依据，有助于生物质三大组分的清洁高效分离，对促进生物质三大组分同时被转化利用极为重要。

研究半纤维素分布的方法基本有以下几种，即传统植物组织化学法、光谱显微镜法和免疫细胞化学法。传统植物组织化学法主要包括显微解剖化学分析法、化学剥皮法、氧化染色法和骨架法，传统方法不能有效地区分不同种类的半纤维素在细胞壁各微区的原位分布，而不能被广泛应用。光谱显微镜法主要包括共聚焦拉曼显微镜法和基质辅助激光解吸/电离质谱法，该法不仅可获得半纤维素在细胞壁中的原位成像和任意区域的平均光谱，而且对选定区域进行光谱分析可获得半纤维素分子结构的信息。免疫细胞化学法主要包括免疫标记法和糖组剖析法。目前免疫细胞化学法是研究不同种类半纤维素在植物细胞微区中分布的最有效的方法，它可以揭示不同种类半纤维素在植物细胞壁形成或降解过程中的局部化学特性。目的是提高人们对生物质转化过程中植物细胞壁半纤维素分布变化机理的认识，从而为优化生物质转化工艺技术奠定理论基础。

#### 4.1.1.1　显微解剖化学分析法

1959 年，瑞典学者 Meier 首次报道了半纤维素在北欧赤松管胞中的分布，并提出了以显微解剖化学分析法研究半纤维素在植物细胞壁中的分布。显微解剖化学分析法是指根据细胞壁各层微纤维排列/取向不同，借助偏光显微镜，从植物细胞壁的径切面或横切面研究半纤维素分布规律。首先，通过显微分离技术将不同成熟阶段的纤维分离，得到不同成熟阶段的纤维，这 4 种类型的纤维依次包括：胞间层（M）和初生壁（P）（M+P），胞间层、初生壁和次生壁外层（S1）（M+P+S1），胞间层、初生壁、次生壁外层和次生壁中层（S2）（M+P+S1+S2），以及胞间层、初生壁和次生壁（M+P+S1+S2+S3）。然后，依次通过纸色谱分析这些纤维，可得到不同成熟阶段纤维中含有的聚糖组分及其含量。假设细胞壁在形成的过程中细胞壁各层的沉积是依次连续的，且一旦形成后，其中的碳水化合物组分将保持不变，同时假设聚糖在细胞壁各微区中的分布密度是近似的。最后，借助电子显微镜获得细胞壁各层的体积分数（即可近似认为是质量分数），从而计算出不同种类半纤维素在细胞壁各层中的分布。

Meier 通过显微解剖化学分析法研究了桦木纤维、云杉和松树管胞细胞壁各形态区中不同种类半纤维素的分布规律。结果发现：聚阿拉伯糖在云杉和松树管胞中 M+P 的含量比其在桦木纤维中的含量多 1 倍；与之相反，聚木糖在桦木纤维中的含量是其在云杉管胞中的 2 倍、松树管胞中的 3 倍多。桦木纤维 S1 层和 S2 外侧中存在高含量的聚葡萄糖醛酸木糖。聚葡萄糖甘露糖含量从松树管胞的外层向内层逐渐稳定增加，在 S2 内侧和次生壁内层（S3）其含量达到最大。在松树管胞中，与 M+P 层、S1 层和 S2 外侧相比，S3 层存在高含量的聚葡萄糖醛酸-阿拉伯糖木糖。值得注意的是，聚阿拉伯糖仅在 3 种原料的 M + P 层含量较多，而在 3 种原料的 S1、S2 外侧和 S2 内侧 +S3 层中含量很少，甚至不存在。

显微解剖化学分析法的不足之处是取材周期长、取材位置应具有代表性且尺寸很小、化学成分含量低、在分离技术上存在较大困难。

#### 4.1.1.2　化学剥皮法

化学剥皮法是指沿单根纤维细胞壁的径向方向，依次地从纤维外表面向细胞腔方向逐层"剥皮"，测定各剥皮部分的成分，得出沿纤维细胞壁径向分布的半纤维素的含量及糖类组分分布情况。原理是：在不同润胀条件下，使纤维部分酯化，在纤维外表形成一层环形、圆柱形的酯类物质。用溶剂溶解生成酯的溶液，再用硫酸水解后分析酯的水解液。留下未酯化的纤维残余物，用同样方法酯化、"剥皮"、分析，可以知道沿着纤维细胞壁径向分布的半纤维素的含量和糖组分的情况。1964 年，Luce 采用该方法研究了亚硫酸盐纸浆纤维，结果表明木糖在细胞壁各方向的分布大致是均匀的。实际上，在纤维细胞壁外表面发生的剥皮反应是不均一的。此种方法的不足之处是：研究对象为单根纤维，尺寸很小，在技术上存在很多困难，检测结果误差较大。

#### 4.1.1.3　氧化染色法

氧化染色法的测定原理是利用半纤维素的还原性醛末端基（较纤维素多倍）易被氧化成羧基，某些金属离子能与羧基反应，置换出羧基上 20~40 倍的氢离子而把金属离子接到半纤维素上，由于重金属离子对电子的散射能力强，在电子显微镜图像上显出较深"颜色"而容易观察。

从"染色"深浅程度来观察半纤维素的分布情况，色深处表示含有半纤维素较多的区域。1976年，Hoffmann 和 Parameswaran 采用此方法研究了脱木质素的云杉管胞中半纤维素的分布情况，结果发现半纤维素含量从云杉管胞的外层向内层逐渐降低，在 S1 外侧其含量最高，S2 中层其含量最低。邝仕均(1980)报道了甘蔗渣半纤维素在细胞壁 S1 层的浓度最高。由于氧化染色法是根据重金属离子密度变化情况对半纤维素的分布进行相对地比较，因此该法不能有效地区分半纤维素的类。与此同时，纤维素的还原末端基醛基也可被氧化成羧基后连接上重金属离子，这使得观察的结果存在误差，因此氧化染色法需结合光谱等技术加以改进，才可获得更准确的有关半纤维素在细胞壁各微区中分布的信息。

#### 4.1.1.4 骨架法

骨架法是指将棕纤维素试样用稀酸水解或碱抽提，除掉半纤维素后而残留下"骨架"，将这一"骨架"和脱半纤维素之前的细胞壁进行对比，从而得到半纤维素分布的情况。潘颖等(2011)采用此方法并结合透射电镜和红外光谱分析技术，研究了莲叶中的半纤维素分布，结果表明半纤维素主要位于纤维的微纤丝间，分布在整个纤维截面内，其中以纤维外围部分最集中。该方法不足之处是在制备棕纤维素时部分半纤维素已脱除，且从棕纤维素中并不能完全地脱除半纤维素。因此，通过比较半纤维素组分去除前后的图像既不能准确地反映半纤维素在细胞壁中的分布情况，也不能区分不同种类的半纤维素在细胞壁各微区的原位分布。

#### 4.1.1.5 共聚焦拉曼显微镜法

该技术利用细胞壁不同组分的特征拉曼频率强度变化，可构建出该组分在植物细胞壁中的空间分布图，进而显示其在各形态区的分布及排列方向等信息。与纤维素及木质素相比，半纤维素在植物细胞壁中的拉曼特征峰较宽且信号较弱，其特征峰在一些波数区域与纤维素相近且不易区分，因此共聚焦拉曼显微镜法对半纤维素在植物细胞壁中分布的研究具有一定的局限性。不仅需要对半纤维素的拉曼特征峰进行归属，而且需要对与纤维素相近的谱图进行有效地区分。Gierlinger 等(2008)采用拉曼成像技术在研究木材的化学组分时指出 $874 \sim 934 \ cm^{-1}$ 区域的信号主要归属于半纤维素。Ma 等(2014)通过对 $874 \sim 934 \ cm^{-1}$ 区域的拉曼信号进行积分，研究了热水预处理过程中杨木细胞壁各微区中半纤维素的分布变化。结果表明：随热水预处理时间的延长，次生壁中层(S2)和复合胞间层(CML)层中的半纤维素均发生显著溶解。

#### 4.1.1.6 基质辅助激光解吸/电离质谱法

基质辅助激光解吸/电离质谱法(MALDI)是先将植物组织薄片固定在一块特制玻璃板上，通过原位酶水解作用将植物组织表面的水溶性聚糖降解成相应的低聚糖，再将 MALDI 基质喷洒在样品表面上，之后采用激光有序地扫描整个样品表面，从而获得一系列质谱(其中每一个质谱代表被激光照射的样品区域的荷质比属性)，再根据所选定的荷质比建立对应组分在植物组织中分布的图像。选择合适的内标物将质谱中特定荷质比的离子信号强度进行标准化，可实现相应组分的原位定量分析。Robinson 等(2004)研究了麦秸中水溶性碳水化合物的分布规律，结果表明：水溶性的低寡糖主要位于麦秆细胞壁的内层。MALDI 不仅能获得水溶性低聚糖在植物组织中的原位分布信息，而且能对其进行相对定量的分析，但这种方法的不足之处是图像的分辨率较低(100 μm)，不能获得半纤维素在亚细胞水平中的信息，且目前仅限于对水溶性聚糖的检测，该技术需要进行下一步的探索与开发。

#### 4.1.1.7 免疫标记法

免疫细胞化学技术是形态学研究领域最重要的方法之一，是利用免疫学最基本的抗原抗体反应即抗原与抗体的特异性结合、通过使标记抗体的标记物(荧光基团、金属离子、酶、放射性核素等)呈色来确定细胞壁内不同种类半纤维素，并对其进行定位、定性或半定量的研究方法。

Coons(1941)报道过以荧光染料作为标记物检测组织中的肺炎球菌。20 世纪 80 年代初期,免疫标记法才开始应用于植物细胞壁中聚糖分布的研究。Hayashi 和 Maclachlan(1984)采用岩藻糖结合植物血凝素,显示了聚木糖葡萄糖存在于豌豆细胞壁中的纤维素纤丝之间。与此同时,Ruel 和 Joseleau 采用甘露糖酶-金复合物研究了聚葡萄糖甘露糖在云杉管胞中的分布,结果表明,聚甘露糖分布于云杉管胞的整个细胞壁中,但主要位于次生壁中。20 世纪 90 年代后期,Paul 等制备了一系列聚糖抗体,使得这一技术持续地应用于聚糖在植物细胞壁中分布的研究。Daniel 等制备了聚木糖和聚甘露糖抗体,研究了聚木糖和聚甘露糖在日本山毛榉、扁柏细胞壁中的分布。目前该技术是研究半纤维素在细胞壁各微区中原位分布规律最有效的方法。

国内外学者们采用这一技术对半纤维素在细胞壁中分布进行了大量的研究。对聚木糖而言,学者们已研究了其在针叶木(包括云杉、雪松、日本柳杉的正常木、对应木和受压木、辐射松)、阔叶木(包括杨木的正常木和受拉木、山毛榉、桦木和松树)及禾本科(包括拟南芥、百日草、亚麻和烟草)中的分布特性。结果表明:聚木糖首先沉积在邻近 S1 层的角隅处,在日本柳杉正常木的成熟管胞中 S1/S2 交界处聚木糖沉积较少,S2 层聚木糖分布均一,而在受压木的成熟管胞中 S2 层聚木糖分布呈现不均一性;对杨木细胞而言,聚木糖在纤维和导管沉积的时间要早于其在射线细胞中的沉积,有趣的是,在杨木细胞分化过程中,纹孔膜(包含纤维、导管和射线—导管纹孔)上存在沉积的聚木糖,但当细胞壁形成后,纹孔膜上沉积的聚木糖消失了;对拟南芥来说,原生木质部导管、导管和纤维细胞壁中聚木糖的分布显示几乎一致的分布特性。这些均表明:聚木糖在植物细胞壁中的沉积随时间和细胞类型的变化而变化。Holopainen-Mantila 等采用免疫标记技术研究了热水预处理对聚木糖在麦秸细胞壁中分布的影响。结果表明:热水预处理后,聚木糖在麦秸细胞壁中进行了重新定位,并推测这是因为在热水预处理过程中,脱除了侧链(即阿拉伯糖单元)的聚木糖发生了扩散并通过氢键作用与残留在细胞壁中的其他组分进行了重新的结合。揭示了稀酸预处理对聚木糖在芒草细胞壁中分布的影响,研究指出稀酸预处理可选择性地从细胞壁各亚层中溶出聚木糖。

对聚甘露糖而言,学者们已研究了其在针叶木(包括扁柏、云杉、雪松、日本柳杉的正常木、对应木和受压木)杨木正常木和受拉木、拟南芥中的分布特性。结果表明:聚甘露糖首先沉积在 S1 层的角隅处。在日本柳杉的管胞中,S1 层聚甘露糖分布不均一,S1/S2 交界处沉积的聚甘露糖较多,且聚甘露糖的侧链取代基(即乙酰基)数量在管胞成熟过程中逐渐增多;在杨木纤维细胞中聚甘露糖的沉积数量比其在导管中沉积的数量要多,且主要分布在 S2 和 S3 层;在拟南芥后生木质部导管中聚甘露糖沉积时间比其在木质部纤维中要早,原生导管中沉积的聚甘露糖数量比其在导管中的要多,原生木质部导管、导管和纤维细胞壁中聚甘露糖的分布显示不一致的分布特性。这些均表明:聚甘露糖在植物细胞壁中的沉积随时间和细胞类型的不同而变化。

对聚半乳糖而言,学者们已研究了其在受压木(包括辐射松、云杉)、杨木受拉木中的分布特性。结果表明:聚半乳糖位于受压木的 S2 外层,受拉木的 S2 层和凝胶层之间的界面区域,并推测聚半乳糖在其出现的位置起连接作用。

#### 4.1.1.8　糖组剖析法

糖组剖析法是指对植物细胞壁进行一系列程度递增的化学连续抽提,以溶出不同化学组分的碳水化合物,再将得到的一系列抽提物用一整套全面的单克隆抗体工具包进行标记,通过酶联免疫吸附测定获得热图,最后分析这些热图以确定在每步抽提中溶出的聚糖组分(即聚糖种类)及其相对含量。De Martini 等(2011)对未处理及一系列热水预处理的杨木纤维进行糖组剖析,揭示了热水预处理过程中杨木纤维细胞壁内各个化学组分的溶出顺序,即热水预处理先破坏了木质素-聚糖之间的相互作用,并伴随着果胶和聚阿拉伯糖半乳糖的溶出,随后聚木糖和聚木糖葡萄糖显著地被溶出。

这种方法可有效区分半纤维素的种类，但不能反映出不同种类半纤维素在细胞壁各微区中的原位分布，但一整套全面的单克隆抗体工具包价格昂贵、不易获得。

### 4.1.2　半纤维素的命名

半纤维素的命名方法有两种：

第一种，是将半纤维素分子链中的主链与支链的糖基全部列出。首先将支链的糖基写出，再写主链糖基。当有多个支链时，顺序是数量较少的糖基首先写出，然后写数量多的糖基支链；写主链糖基时，若主链含有多于一种糖基时，同样将数量较少的主链糖基先写出，再写出数量较多的主链糖基。最后在词首加"聚"字。例如，某半纤维素具有如下结构片段：

```
                B
                |
—A—A—A—A—A—A—A—A—A—
          |   |
          C   C
```

A，B，C 均为糖基，A 糖基是构成半纤维素主链的糖基，支链 B 糖基多于 C 糖基，则此半纤维素可以称为 C 糖 B 糖 A 糖。本命名法可以全面地反映出半纤维素的结构，所以应用范围比较广。

第二种，命名时只写出主链上的糖基而不写支链上的糖基，在主链糖基前加上"聚"字。例如，某半纤维素具有如下结构片段：

```
—A—A—A—A—A—A—A—A—A—

          B
          |
—A—A—A—A—A—A—A—A—A—

          B
          |
—A—A—A—A—A—A—A—A—A—
          |
          C
```

上面三种片段均可称为聚 A 糖。因为此命名法不能表现出支链结构，同样命名的半纤维素结构可以差别很大。例如，针叶木中聚阿拉伯糖-4-O-甲基葡萄糖醛酸木糖和阔叶木中的聚 O-乙酰基-4-O-甲基葡萄糖醛酸木糖均称聚木糖，所以这种命名法具有一定的局限性。

## 4.2　半纤维素的化学性质

半纤维素天然状态为无定形物，聚合度低，可反应官能团多，化学活性强，所以化学反应比纤维素复杂，副反应也比纤维素多，反应速率快。半纤维素在酸性介质中被断裂而发生降解反应；在碱性介质中，可以发生剥皮反应和碱性降解。半纤维素的主链和侧链上含有大量羟基、羰基、羧基和乙酰基等，可以利用这些基团对其进行酯化、醚化、氧化及交联等改性，形成多种衍生物；也可以发生接枝共聚反应，制备各类复合高分子材料。

### 4.2.1　半纤维素的分离

半纤维素存在于植物原料中，为了研究半纤维素的结构，必须先将半纤维素从原料中分离出来。半纤维素是一种低相对分子质量、无定形，并且具有多官能团（包括乙酰基、甲基、葡萄糖醛酸、肉桂酸以及半乳糖醛酸)的杂多糖。半纤维素与木质素之间存在共价键(主要是 $\alpha$-苄基醚键),且半纤维素与纤维素以非共价键(氢键)结合,这都在一定程度上限制了半纤维素的分离。

在分离半纤维素之前,要对原料进行预处理,除去一些次要成分,一般的无机物不必分离。制取无抽提物试样的方法是先用水抽提,再用苯-乙醇混合液抽提,必要时再用草酸盐溶液抽提。冷水或 70%乙醇抽提可除去单糖、配糖化物、少量低聚糖、水溶性聚糖,苯醇或丙酮抽提可除去萜烯类化合物、脂肪、蜡、鞣质等。对阔叶木和禾本科原料可从无抽提物试样中分离半纤维素。

针叶木不能用直接抽提法分离半纤维素,这是因为针叶木次生壁高度木质化,溶剂难进入次生壁,须先将其制为综纤维素再进行半纤维素分离。一般是用各种溶剂抽提综纤维素,利用不同浓度的碱液与某些助剂的共同作用或某种有机溶剂的单独作用,将不同的聚糖抽提出来并加以分离。

半纤维素的分离提取方法主要有碱抽提法、碱性过氧化氢抽提法、有机溶剂分离提取法、超声波辅助分离法、微波辅助分离法、蒸汽爆破法和高温水处理法等(表 4-1)。

表 4-1　不同提取分离方法的比较

| 抽提方法 | 特　点 |
| --- | --- |
| 碱抽提法 | 成本低,产物较纯净 |
| 碱性过氧化氢抽提法 | 颜色较白,缔合木质素较少 |
| 有机溶剂分离提取法 | 直接提取半纤维素,更加接近生物体中原本结构的半纤维素 |
| 超声波辅助分离法 | 反应时间短,产物纯度高,热稳定好 |
| 微波辅助分离法 | 加热均匀,提取过程中乙酰基损失较少 |
| 蒸汽爆破法和高温水处理法 | 乙酰基脱落导致 pH 值下降,木聚糖易降解 |

### 4.2.1.1　碱抽提法

碱抽提法是分离提取植物中半纤维素的一种常用方法,主要有浓碱溶解硼酸络合分级抽提法、逐步增加碱液浓度分级抽提法、单纯碱抽提法、碱性过氧化物抽提法、二甲亚砜抽提法等。碱抽提后调节 pH 值可得到带有少量(1%~2%)木质素的浅棕色半纤维素。浓碱溶解硼酸络合分级抽提法分离原理是 NaOH、LiOH 对半纤维素的溶解性比 KOH 强,硼酸盐和聚葡萄糖甘露糖形成可被碱液抽提的络合物。主要用于从针叶木综纤维素中分离半纤维素,也可用于其他植物原料,方法是先用 24%KOH 抽提,然后用含硼酸盐的 NaOH(或 LiOH)再抽提;逐步增加碱液浓度分级抽提法主要用于针叶木中综纤维素的半纤维素分离,改进后的方法是氢氧化钡选择性分级抽提法,分离原理是半纤维素在不同浓度碱液中溶解性不同,Ba(OH)$_2$和聚半乳糖葡萄糖甘露糖形成不溶于碱液的络合物,从而与聚木糖分开;单纯碱抽提法主要用于 KOH 溶液抽提阔叶木与草类原料中的聚木糖,分离原理是 KOH 溶液对聚木糖溶解能力强,对聚甘露糖类溶解能力较小。

这种分离半纤维素的方法简单易得,常用于商业半纤维素的制备。常用的碱提取试剂有 KOH、NaOH、LiOH、Ca(OH)$_2$、Ba(OH)$_2$ 和液氨等。例如,使用 0.5 mol/L、1.0 mol/L、2.0 mol/L 的 KOH 溶液对柠条进行连续抽提,最终溶出 92.2%的半纤维素。用碘/碘化钾溶液处理后,线性半纤维素组分析出,支链半纤维素仍留在溶液中;Sun 等(2013)采用逐级升高碱浓度连续抽提甜高粱茎秆得到 76.3%的阿拉伯糖基-4-O-甲基葡萄糖醛酸木聚糖,研究证明,连续碱提取法是一种从甜高粱茎中分离半纤维素的有效方法,可以用来制备不同支链和分子质量的半纤维素聚合物。

### 4.2.1.2　碱性过氧化氢抽提法

碱性过氧化氢抽提法是分离植物半纤维素的一种常用方法,在碱性条件下过氧化氢不仅具有脱除木质素和漂白作用，还可以提高大分子尺寸半纤维素的溶解度，可作为半纤维素的温和增溶剂。研究人员对过氧化氢碱性溶液提取甘蔗渣半纤维素进行了深入研究后确定了最佳的反应条件为 $H_2O_2$ 质量分数 6%、反应时间 4 h、反应温度 20 ℃和硫酸镁加入量 0.5%，该条件下半纤维素达到 86%，且包含很少的缔合木质素（仅为 5.9%）。碱液分离的麦草半纤维素通常是褐色的，这阻碍了半纤维素在工业上的应用。用 $H_2O_2$ 催化脱木质素度和半纤维素溶解的程度取决于反应的 pH 值，当 pH 值高达 11.6 时，对解离作用有利。从下面的方程式：$H_2O_2 + HO^- \longrightarrow H_2O + HOO^-$，可以看出当溶液的总碱度达到足够高时，可确保活性漂白的 $HOO^-$ 浓度；碱度足够高时能使 $H_2O_2$ 分解，形成氢氧游离基（$HO \cdot$）和过氧化阴离子游离基（$O_2^-$），它们起木质素脱除作用和半纤维素增溶作用，$H_2O_2 + HOO^- \longrightarrow HO \cdot + O_2^-$。这些游离基会进一步反应，使最终产物氧和羟基离子增加，导致反应 pH 值升高，$HO \cdot + O_2^- \cdot \longrightarrow O_2 + HO^-$。研究数据表明，在 pH 值 12.0~12.5、温度 48 ℃的条件下用 2% $H_2O_2$ 处理麦草、稻草和黑麦草，其中 80%的半纤维素和木质素被溶解，比传统的碱抽提法获得的半纤维素颜色更白，且包含很少的缔合木质素（3%~5%）。碱性 $H_2O_2$ 分离半纤维素的流程如下：脱蜡的秸秆样品用 2.0% $H_2O_2$ 在 45 ℃、pH 值 11.6 处理 16 h（液固比 25∶1，mL∶g），得到的滤液用 6 mol/L HCl 中和至 pH 值为 5.5，然后用 3 倍体积的乙醇沉淀得到滤液及沉淀，其中滤液分离得到木质素，而沉淀用 70%乙醇洗涤并风干，得到半纤维素。

### 4.2.1.3　有机溶剂分离提取法

使用有机溶剂提取植物中半纤维素，可有效避免细胞壁中功能性基团——乙酰基的脱除，从而得到纯度高、活性好、更能接近生物质中原本结构的半纤维素。与使用高浓度碱液提取法相比，有机溶剂提取法可直接分离得到半纤维素、无需分离木质素，具有显著的优势。目前应用较多的有机溶剂为二甲基亚砜和二氧六环等。研究人员对比研究乙酸/水、甲酸/乙酸/水、甲醇/水、乙醇/水不同体系对半纤维素结构的影响后发现甲酸/乙酸/水（体积比 30∶60∶10）体系是提取小麦秸秆半纤维素的最佳溶剂体系，半纤维素的得率为 76.5%；研究人员使用质量分数为 90%的二氧六环、含有 0.05 mol/L 的 HCl 的质量分数为 80%的二氧六环、质量分数为 80%的二甲基亚砜和质量分数为 8%的 KOH 4 种不同溶剂体系连续分级抽提大麦和玉米秸秆中的半纤维素，发现含有 HCl 的二氧六环溶剂体系可使糖苷键断裂，半纤维素会发生明显的降解，具有较低的分子质量，热稳定性较低。质量分数为 90%的二氧六环溶剂体系分离出的半纤维素结构比较完整，该方法提取的半纤维素主要为含有少量葡萄糖残基的带有分支的阿拉伯木聚糖，具有较高的热稳定性。

### 4.2.1.4　超声波辅助分离法

利用超声波辅助分离半纤维素，在较低的温度和较短的抽提时间内使半纤维素的得率达到 78%~80%。超声波辅助抽提法获得的半纤维素具有分支度小、酸性基团少、缔结木质素含量低、相对分子质量高和热稳定性高等特点。Sun 等研究了超声波辅助提取小麦秸秆中半纤维素的方法，与传统的碱法提取相比，超声波辅助提取 20~35 min 后，半纤维素的得率提高了 0.8%~1.8%，所得到的半纤维素纯度更高、热稳定性更好。稀碱短超声波处理可有效促进荞麦壳超致密硬细胞壁结构的解体，可以促进木聚糖与淀粉、蛋白质的分离，有利于木聚糖的提取，并且在提高半纤维素得率的同时，还能保持半纤维素的结构和免疫活性。此外，超声波辅助法提取苹果渣中半纤维素的最佳条件为 NaOH 浓度 2 mol/L、超声波处理时间 90 min、反应温度 85 ℃、料液比 1∶15（g∶mL）。在该反应条件下，半纤维素提取率为 30.44%。

### 4.2.1.5　微波辅助分离法

微波法是半纤维素预处理技术中耗时最少的一种方法，并且具有加热均匀、热效率高、穿透能力强、反应条件温和的特点。采用微波辅助水提法和微波辅助醇提法从亚麻屑中提取半纤维素，微波辅助水提法得到的半纤维素得率仅为 18%，而微波辅助醇提法为 40%。采用微波辅助碱法提取稻壳中的半纤维素，通过正交试验得到较佳的工艺条件为碱用量比 1.2∶1、液固比 23∶1、反应时间 50 s、微波功率 83 W，此条件下半纤维素的提取率高达 81.59%。但随着微波辐射时间的延长，高分子木聚糖部分降解，导致半纤维素产量减少。微波辅助提取主要是通过电磁辐射加热原料，使得原料中的水分子在短时间内升温，从而对半纤维素进行萃取。微波辅助稀碱抽提半纤维素得率高于常规稀碱抽提得率；并且微波辐射可以促进热水或碱从木屑中提取聚木糖。

#### 4.2.1.6 蒸汽爆破法和高温水处理法

（1）蒸汽爆破法

蒸汽爆破法是指水蒸气在高温高压条件下渗透进入细胞壁内部时冷凝液化，然后释放压力造成细胞壁内的冷凝液体瞬间蒸发，形成巨大的压力破坏细胞壁结构，从而使半纤维素与木质素之间的化学键断裂，最终得到半纤维素。蒸汽爆破预处理是常用的一种物理预处理方法，具有反应时间短、能耗低、无污染、应用范围广泛等优点；缺点则是半纤维素极易发生降解，导致溶液酸度增大，最终引起半纤维素的进一步降解。考虑蒸汽爆破处理的提取效率与能量消耗，确定该工艺的最佳反应条件为蒸汽压力 2.0 MPa，水料比 30%，蒸汽爆破时间 60 s。

（2）热处理法

自水解，也称为"水热预处理"，以水作为反应试剂，是一种成本低、工艺简单、环境友好且抽提物易于分离和纯化的预处理方法。在自水解过程中，水合氢离子可与阔叶木中聚木糖侧链上的乙酰基反应得到乙酸，乙酸作为催化剂可促进更多乙酰基团的脱除，使得更多半纤维素聚糖溶出。

#### 4.2.1.7 新型溶剂体系

将绿色溶剂用于生物质的提取、分离和转化是开发基于生物质的新的可持续发展的重要挑战。目前主要有离子液体、γ-戊内酯（GVL）和低共熔溶剂。

（1）离子液体

其优异溶剂化特性可以减少纤维素的结晶度，除去木质素的位阻，增加原料的表面积，从而更有效地破坏纤维素-半纤维素-木质素的紧密连接结构。Mohtar 等利用离子液体（[Bmim]Cl）和碱处理油棕空果束原料，分离得到的半纤维素得率为 27.17%±1.6%。通过上述所提出的分离技术不能获得完全无定形的半纤维素部分。此外，离子液体可以重复使用，但其效率在随后的实验周期中会有所降低。利用[C4mim][OAc]和[C2mim][OAc]预处理秸秆，可以有效分离聚木糖。离子液体阴离子在半纤维素分离方面起关键作用，多糖的羟基与离子液体阴离子之间的氢键相互作用可以在一定程度上破坏纤维素和半纤维的分子内、分子间的氢键，从而完成聚木糖的分离。另有研究发现在聚木糖/离子液体溶液中，离子液体的阳离子与聚木糖的作用远大于其阴离子与聚木糖的作用，并且阳离子的咪唑环及侧链均与聚木糖相互作用。离子液体具有一定优势，但也存在许多弊端，如缺乏离子液体的毒性研究、样品回收困难、部分离子液体的可生物降解性较差、成本高及容易造成环境污染等。此外，生物质组分间的复杂聚合物网络结构的存在，使得离子液体分离的效率有限，分离的各组分仍有部分杂质。

（2）γ-戊内酯（GVL）

GVL 在水和空气中能够稳定存在，是一种无毒、可生物降解以及性能优异的绿色有机溶剂，并且是极性非质子型溶剂的理想代替品。Shuai 等（2016）利用 80%GVL 和 20%$H_2O$ 的溶剂体系在温度 120 ℃下以 75 mmol/L $H_2SO_4$ 的酸负载量预处理阔叶木（固液比 1∶5）。结果发现聚木糖成功从木材中分离，且预处理后可回收高达 96% 的原始聚木糖；与乙醇、四氢呋喃（THF）以及稀碱等溶剂相比，使用 GVL 作为溶剂可以更好地将聚木糖从阔叶木中分离。此外，这种分离方法也可以应用于针叶木、农业残留物以及能源作物等原料。还发现在含有 80% GVL 和 20% $H_2O$ 的体系下，半纤维素水解形成的低聚物转化成为单体(木糖)的情况更为显著。

（3）低共熔溶剂

尿素和氯化胆碱可以组成熔点低于室温的溶剂，并将其命名为低共熔溶剂(DES)，DES 至少由一个氢键受体(HBA)和氢键供体(HBD)组成，当它们混合时，可以形成强烈的氢键相互作用并且熔点较低。DES 与离子液体具有相似的物理化学性质(低挥发性、低熔点、低蒸汽压、不可燃性、热稳定性、高溶解度和可调节性等，DES 的性质及其简单的制备方法使其成为各种应用的理想介质，可以用来分离木质纤维生物质的主要组分(木质素和多糖)。氢键在 DES 的形成以及多糖的溶解性和加工性能中必不可少，因此 DES 能够有效地破坏多糖分子间氢键，促进它们的有效溶解或加工。纯的 DES 通常具有较高的黏度，阻碍了它的应用，但是 DES 水溶液可比纯 DES 更好地发挥作用。Morais 等(2018)研究了阔叶木中的半纤维素(即聚木糖)在 DES 水溶液中的溶解性，聚木糖溶解度的测试结果表明，用 50%氯化胆碱(ChCl)/尿素(U)(1:2)获得的最高聚木糖溶解度高于 83.3%乙酸胆碱水溶液中的聚木糖溶解度。尽管仍需要进一步的工艺优化和改进，但 DES 水溶液的温度和pH 值都比目前所使用的碱溶液要温和，有希望用于聚木糖提取工艺的可替代溶剂。

碱抽提法主要适用于阔叶木和草类原料中木聚糖的提取，该方法操作简单、成本低，适合于工业生产；有机溶剂抽提法所得的半纤维素结构较完整，更接近于生物体中原本结构的半纤维素，有效地弥补了碱抽提的缺陷；碱性过氧化氢为半纤维素的温和增溶剂，采用碱性过氧化氢抽提法获得的半纤维素相对分子质量较大；微波、超声波辅助分离法无污染、环境友好，可有效缩短抽提时间，被认为是一种很有潜力的半纤维素分离方法。

## 4.2.2　半纤维素的纯化

半纤维素结构多样，为了得到具有一定化学结构的半纤维素，需要对分离得到的半纤维素进一步纯化，半纤维素纯化的方法有很多，随着技术的进步，由最初的简单沉淀发展到分级沉淀、层析，近来又出现了以纳滤膜和超滤膜为代表的膜分离技术。

### 4.2.2.1　乙醇分级沉淀法

乙醇沉淀法是最简单、常用的半纤维素纯化方法。近年来，在传统乙醇简单沉淀的基础上发展了乙醇分级沉淀法，即将分离得到的半纤维素溶液在不同浓度的乙醇中沉淀，得到具有不同理化性能的半纤维素。Bian 等采用不同浓度乙醇沉淀经碱液提取后的半纤维素，发现乙醇浓度对半纤维素分子质量和分子结构影响很大。高浓度乙醇沉淀得到的半纤维素分枝多但分子质量小，低浓度乙醇沉淀得到的半纤维素分枝少但分子质量大。

### 4.2.2.2　超临界二氧化碳沉淀法

超临界二氧化碳既保持了气体的高渗透和低黏度特性，又拥有液体良好溶解能力，因而超临界二氧化碳已在物质合成和萃取领域得到深入的研究和应用。近年来，有学者利用超临界二氧化碳技术沉淀 DMSO 提取得到的半纤维素。超临界二氧化碳分子可以包裹住溶剂分子，从而降低半纤维素与溶质分子的结合程度，最终导致半纤维素析出。由于沉淀过程并不改变溶质分子的结构，因而可在不破坏半纤维素结构的前提下，将半纤维素从含有木素组分的溶液中分离出来。另外，经过超临界二氧化碳处理过的样品明显比处理前的样品颜色白，这归因于处理后的样品的木素含量减少，导致的颜色变浅。

### 4.2.2.3　柱层析法

利用 DEAE-纤维素-52 离子交换柱纯化蔗渣中的半纤维素成分时，去离子水、0.1 mol/L NaCl和 0.3 mol/L NaI 分别洗脱出 39.6%、15.9%和 9.4%的水溶性半纤维素及 47.5%、15.9%和3.2%的碱溶性半纤维素，共占蔗渣中半纤维素组分的 68.1%。Wang 等(2008)用 Q-阴离子凝胶色谱柱和凝胶 CL-6B 色谱柱处理米糠提取物，从多种多糖成分中纯化精制出一种与半纤维素结构类似的新型杂多糖 RBPS2a，经气相色谱证实这种杂多糖由阿拉伯糖、木糖、葡萄糖和半乳糖组成。

#### 4.2.2.4　膜纯化法

膜分离技术操作简便、分离效果显著，超滤膜和纳滤膜作为膜分离技术中重要的一部分已成功应用于污水处理、食品分离和制药工业。近年来，膜分离技术还被应用到半纤维素纯化过程中。Zeitoun 等（2010）证实相对分子质量截留量为 30 000 的超滤膜可代替乙醇沉淀进行半纤维素纯化，有效降低纯化成本；纳滤膜纯化技术主要用于分离低相对分子质量化合物和多价无机盐，将该技术应用于半纤维素纯化取得了理想效果。Vegas 等应用纳滤膜纯化技术得到了纯度高于 91% 的木聚糖类物质。Schlesinger 等则成功验证了两种耐碱性纳滤膜 NTR-7470 和 MPF-34 的相对分子质量截留量是膜技术研究中最低的，在 380~1090 之间，同时半纤维素的保留率在 90% 以上。

### 4.2.3　半纤维素的结构分析

研究半纤维素的化学结构，主要是研究半纤维素中聚糖的主链和支链的组成，主链糖基间以及主链糖基与支链糖基的连接位置及连接方式。一般采用对分离出来的半纤维素的各种聚糖试样进行结构分析的方法分析半纤维素的化学结构。确定聚糖结构的方法较多，化学方法有甲基化醇解法、部分水解法和高碘酸盐氧化法、Smith 降解法等。除了化学方法以外，还可应用色谱、质谱和核磁共振、原子力显微镜等测试技术的分析方法来分析半纤维素中聚糖的主链和支链的化学组成。

#### 4.2.3.1　半纤维素化学组成分析

半纤维素的单糖组成测定一般是酸水解后直接用液相色谱分析，或经过还原、衍生化成易挥发产物后用气相色谱分析。水解时要尽量用温和的条件，防止结构遭到破坏。近年来普遍采用三氟乙酸催化水解半纤维素，可更适用于各种原料，且水解后三氟乙酸易于除去，更利于分析；也可以采用酶法水解半纤维素，可以更专一地水解所需要的单糖，而不影响其他结构。Sun 等（2005）从麦草秸秆中提取的半纤维素经三氟乙酸水解后的中性糖衍生成糖醇衍生物后用气相色谱技术分析测得中性糖组成及含量。

高效阴离子交换色谱—脉冲安培检测技术（HPAEC-PAD）也可以测定半纤维素水解产物中糖组分的成分和含量。HPAEC-PAD 技术灵敏度高，分离效果更好，且这一方法不需要衍生就能分析几乎所有的单糖和大部分低聚糖。

利用高场 $^1$H-NMR 定量测定阔叶木水解液的各单糖及低聚糖含量，该法与其他方法相比有较好的重现性。

利用离子色谱法可测定蔗渣半纤维素中单糖和糖醛酸含量，蔗渣半纤维素经水解、稀释过滤后直接进样上机分析，并且采用梯度洗脱使各种单糖及糖醛酸得到了较好的分离，从而快速、准确地测定糖醛酸含量。半纤维素中的乙酰基测定首先可以用酸水解或用热碱溶液把乙酰基转变成乙酸后测定。其原理如图 4-1 所示。

$$CH_3COOR + 3NaOH \longrightarrow 3CH_3COONa$$
$$CH_3COONa + H^2 \longrightarrow CH_3COOH$$

$$R = 半纤维素$$

**图 4-1　半纤维素的皂化**

Teleman 等（2002）利用酶/光度法测定乙酸含量来测定桦树和山毛榉中 O-乙酰基-（4-O-甲基葡糖醛酸）木聚糖的乙酰基含量。Hara 等（1993）利用气相和 $^1$H-NMR 光谱测定了 $\alpha$-1,4-D-甘露聚糖中乙酰基的含量和取代位置，如果在 $^1$H-NMR 图谱中在 2.17 µg/L 和 2.18 µg/L 有两个强信号说明有乙酰基的存在。仪器分析法不仅可以测定乙酰基含量，还可以确定乙酰基的连接位置。半纤维素中连接的木素可以通过硝基苯氧化成芳香醛和酸类物质后通过高效液相色谱测定。

傅里叶红外光谱(FT-IR)技术可以确定半纤维素中官能团类型、糖苷键连接类型和支链分布情况。

核磁共振(NMR)技术是利用不同分子中原子核的化学环境不同产生不同共振谱,从而判断该原子在分子中所处的位置及数量。

原子力显微镜(AFM)是一种利用原子、分子间的相互作用力来观察物体表面微观形貌的新型实验技术。样品制备的好坏直接关系到样品的成像,随着非接触AFM技术和样品制备技术的发展,AFM已被广泛用于多糖的定性定量研究中。通过AFM可以观察到半纤维素的三维结构,从而更直观地观察半纤维素的分支情况,且利用AFM软件可以定量测定半纤维素中的不同基团。

#### 4.2.3.2　半纤维素化学键连接情况分析

甲基化醇解法是一种测定半纤维素中各单糖连接键类型及位置的重要方法,首先将半纤维素聚糖全部甲基化,然后进行甲醇解或酸水解,得到的中性糖和糖醛酸经还原、乙酰化后用气相色谱分析,若发现糖基哪个位置上没有甲基,则该位置上原来与其他糖基或糖醛酸基连接。

将白桦聚木糖完全甲基化(甲氧基达39.2%),然后在不使任何醛式糖醛酸裂开的情况下醇解,所得配糖化合物被定量分解成中性部分和酸性部分。

中性部分经水解得到还原糖的混合物,再用分级方法分离三种组分,第一种组分确定为2-O和3-O-甲基-D-木糖,以后者为主;第二种组分是2,3-二氧-甲基-D-木糖;第三种组分是2,3,4-三氧-甲基-D-木糖。分离得到的大量2,3-二氧-甲基-D-木糖和其高的负旋光度($[\alpha]_D^{20}$为-83°)的事实说明该半纤维素是由$\beta$-1,4-糖苷键连接的$\beta$-D-吡喃式木糖基构成的。2,3,4-三氧-甲基-D-木糖明显的来自聚糖主链上的非还原性末端基,它与主链木糖基之比为1:116。

酸性部分仅含有一种组分,将该组分还原与水解后,生成3-O-甲基-D-木糖和2,3,4-三氧甲基-D-木糖(来自2,3,4-三氧-甲基-D-葡萄糖醛酸),其反应式如下:

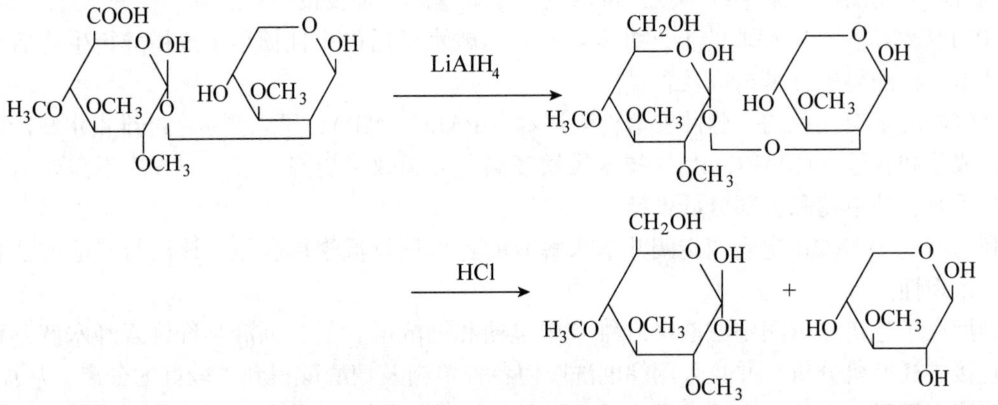

产物中葡萄糖基C1上无甲基,说明此位置原来与木糖基连接;木糖基的C1、C2和C4上无甲基,而且主链木糖基是$\beta$-1,4-糖苷键连接,所以葡萄糖醛酸上的C1与木糖基上的C2形成1,2-糖苷键连接。所以该酸性部分是甲基-2-O-3-O-甲基-D-吡喃式木糖的配糖化合物。

利用高碘酸盐的氧化作用,氧化聚糖生成相应的多糖醛、甲醛或甲酸,每断开1个C—C键消耗1分子高碘酸盐,因此,根据高碘酸的消耗量和甲酸的生产量就可以判断糖苷键的位置、聚合度、支链取代度等,从而确定半纤维素的一级结构。

高碘酸盐氧化的特性是可以断裂$\alpha$-$\beta$-乙二醇基,且对聚糖的氧化作用随糖基的不同而不同,如高碘酸盐氧化聚木糖:

(1)高点酸盐氧化聚木糖的反应

①高碘酸盐氧化聚木糖还原性末端基的反应　高碘酸盐氧化聚糖还原性末端基,1个木糖

基消耗 2 个分子的高碘酸盐，生成 2 个醛基和 2 分子甲酸。

②高碘酸盐氧化聚木糖非还原性末端基的反应　高碘酸盐氧化聚木糖非还原性末端基的反应，1 个木糖基消耗两个分子的高碘酸盐，生成 2 个醛基和 1 个甲酸。

③高碘酸盐氧化聚木糖主链中间部分　木糖基 1 个，木糖基消耗 2 个分子的高碘酸盐，生成生成 2 个醛基，不生成甲酸。

④高碘酸盐氧化聚木糖中连接有支链的木糖基的反应　木糖基的 C2 或 C3 上连接有支链时，高碘酸盐不与它发生反应，不能氧化生成醛基和甲酸。

(2)高碘酸盐氧化聚 4-O-甲基葡萄糖醛酸木糖的反应

高碘酸盐氧化聚 4-O-甲基葡萄糖醛酸木糖的反应，1 个聚 4-O-甲基葡萄糖醛酸木糖分子要消耗 $(2 \times 2 + m + n)$ 个高碘酸盐分子，产生 2 个 HCOOH 分子，从而证明半纤维素的主链木糖基是用 $\beta$-1,4-糖苷键连接起来的。

　　利用高碘酸氧化稻草和啤酒稗中提取的水溶性阿拉伯木聚糖时没有检测到甲酸，说明在糖基中没有三个相邻的羟基，这说明有较高含量的糖醛酸以 4-O-甲基的形式存在；在随后的 Smith 降解产物中存在少量 2,3,6-三甲基-半乳糖葡萄糖，说明有半乳糖和葡萄糖以短链的形式存在。

　　Smith 降解法原理是聚糖经过高碘酸盐氧化后用硼氢化钠还原，然后进行酸水解，最后用色谱法鉴定所得产物。聚糖的结构不同，水解产物也不同，测定水解产物的种类和数量就可以得到聚糖结构的信息。

　　①聚木糖主链的 Smith 降解反应　从以下反应过程可以看出，还原性末端木糖基反应后生成 2 分子甲酸和 1 分子甘油；非还原性末端木糖基反应后生成 1 分子甲酸、1 分子乙二醇和 1 分子羟基乙醛，在聚木糖主链中间部分，每个木糖基反应生成 1 分子甘油和 1 分子羟基乙醛，羟基乙醛最后应能还原为乙二醇。

$$1)\ IO_4^- \quad 2)\ NaBH_4$$

$$+\ 3HCOOH$$

　　②聚木糖中糖醛酸支链的 Smith 降解反应　各种糖醛酸支链经过氧化还原和水解，还原后得到 2-O-甲基-赤藓醇、甘油、赤藓醇和乙二醇。可以用气相色谱法测定这些水解产物的含量，从而了解聚木糖中糖醛酸支链的情况。

$$1)\ IO_4^- \quad 2)\ NaBH_4$$

$$1)\ H^+ \quad 2)\ NaBH_4$$

2-O-甲基-赤藓醇

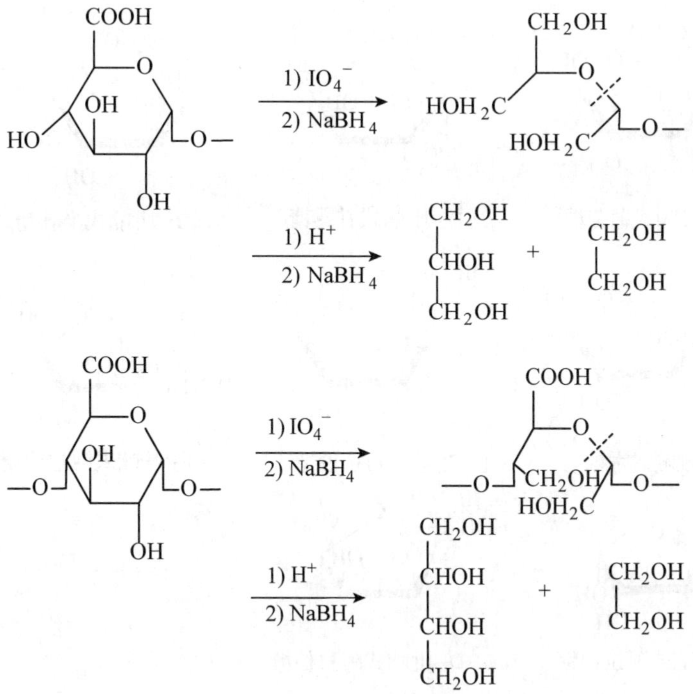

赤藓醇(丁四醇)

#### 4.2.3.3　元素分析

元素含量、种类和价态的分析对半纤维的结构确定起到一定的辅助作用。可以采用元素分析仪对半纤维中碳、氢、氧等元素含量和种类进行分析。元素价态分析主要采用的是 X 射线光电子能谱手段，可以分析出所分离得到的半纤维素中碳、氧等元素的分布情况、元素价态分布情况等，包括 C—O、C—O—C、O—H、C—C、C=O、C=C、C—H 等。

### 4.2.4　半纤维素的化学结构式

半纤维素是一种以多种糖类为单体的复杂的天然聚合物，由于其聚合单体是很多种聚糖，所以它的结构要比纤维素复杂得多。半纤维素聚糖的主要结构单元有己糖(如 D-葡萄糖、D-甘露糖和 D-半乳糖)、戊糖(如 D-木糖、L-阿拉伯糖和 D-阿拉伯糖)和脱氧己糖(如 L-鼠李糖、6-脱氧-L-甘露糖以及很稀少的 L-海藻糖和 6-脱氧-L-半乳糖)，同时还有少量的糖醛酸(如 4-O-甲基-D-葡萄糖醛酸、D-半乳糖醛酸和 D-葡萄糖醛酸)。这些聚糖基的结构如图 4-2 所示。

不同种类的半纤维素聚糖的类型也不相同，如针叶木中半纤维素聚糖主要是聚葡萄糖甘露糖和聚木糖。一般针叶木半纤维素聚糖比阔叶木半纤维素聚糖所含的甘露糖基和半乳糖基单元多，而所含木糖基少。下面分别介绍一下不同植物原料中半纤维素聚糖的类型与结构。

#### 4.2.4.1　针叶木半纤维素的主要类型及化学结构式

针叶木半纤维素聚糖主要是聚半乳糖葡萄糖甘露糖类、聚木糖类和聚阿拉伯糖半乳糖类。

(1)聚半乳糖葡萄糖甘露糖类

聚半乳糖葡萄糖甘露糖含量为 15%～20%。该聚糖主要以 $\beta$-1,4-糖苷键连接的 D-吡喃式葡萄糖基和 $\beta$-D-吡喃式甘露糖基为主链。乙酰基的含量为 6%，一般在甘露糖基及葡萄糖基的 C2 或 C3 位上形成乙酸酯。聚半乳糖葡萄糖甘露糖类是针叶木半纤维素中最多的聚糖，它包括两类结构不同的聚糖：一类含有少量(3%～5%)半乳糖基，半乳糖基：葡萄糖基：甘露糖基为(0.1～0.2)：

己糖：

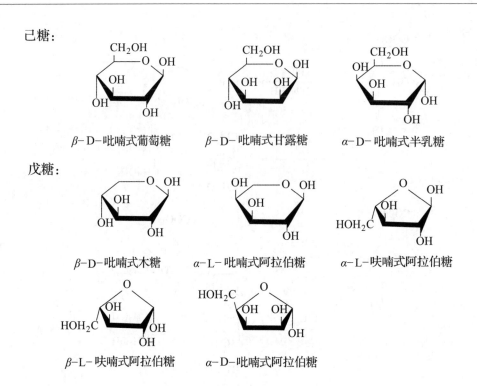

$\beta$-D-吡喃式葡萄糖    $\beta$-D-吡喃式甘露糖    $\alpha$-D-吡喃式半乳糖

戊糖：

$\beta$-D-吡喃式木糖    $\alpha$-L-吡喃式阿拉伯糖    $\alpha$-L-呋喃式阿拉伯糖

$\beta$-L-呋喃式阿拉伯糖    $\alpha$-D-吡喃式阿拉伯糖

糖醛酸：

$\beta$-D-吡喃式葡萄糖醛酸    $\beta$-D-吡喃式半乳糖糖醛酸    4-O-甲基-$\alpha$,$\beta$-D-吡喃式葡萄糖糖醛酸

脱氧己糖：

$\alpha$-L-吡喃式鼠李糖    $\alpha$-L-吡喃式海藻糖

**图 4-2 半纤维素聚糖主要糖基及其结构**

1：（3~4）；另一类含有的半乳糖基较多一些，半乳糖基：葡萄糖基：甘露糖基为1：1：3。前者又称为聚-O-乙酰基葡萄糖甘露糖，O-乙酰基含量也少，因此，通常称为聚葡萄糖甘露糖。

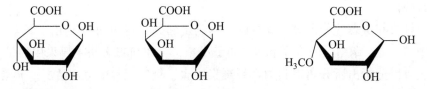

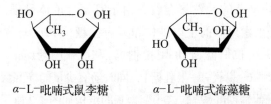

聚半乳糖葡萄糖甘露糖

（2）聚木糖类

针叶木中的聚木糖类主要是聚阿拉伯糖-4-O-甲基葡萄糖醛酸木糖，这种聚糖在针叶木中的含量一般为5%~10%。这一类聚木糖的主链为$\beta$-1,4-糖苷键连接的$\beta$-D-吡喃式木糖基。4-

O-甲基 α-D-葡萄糖醛酸基以支链的形式连接到主链木糖基的 C2 上，α-L-呋喃式阿拉伯糖基以支链形式连接到主链基的 C3 上。其结构示意如下：

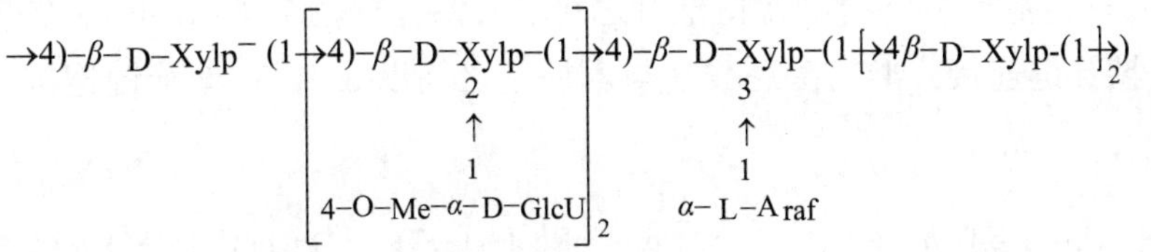
→4)-β-D-Xylp-(1→4)-β-D-Xylp-(1→4)-β-D-Xylp-(1→4β-D-Xylp-(1→)
2
↑
1
4-O-Me-α-D-GlcU
2
3
↑
1
α-L-Araf

聚阿拉伯糖葡萄糖醛酸木糖

典型的阿拉伯糖基：葡萄糖醛酸基：木糖基之比为 1：2：8。每个聚糖分子中有 2 个或 3 个支链。与阔叶木半纤维素聚木糖不同的是，针叶木中该聚木糖没有乙酰基出现。

(3) 聚阿拉伯糖半乳糖类

这种聚糖在针叶木中都存在，但一般含量较少。落叶松属中含量比较多，为 5%~30%。其结构式如下：

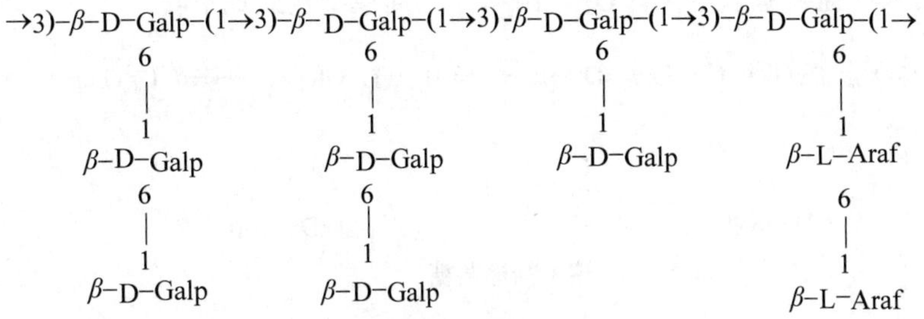
→3)-β-D-Galp-(1→3)-β-D-Galp-(1→3)-β-D-Galp-(1→3)-β-D-Galp-(1→
β-D-Galp
β-D-Galp
β-D-Galp
β-D-Galp
β-D-Galp
β-L-Araf
β-L-Araf

聚阿拉伯糖半乳糖

### 4.2.4.2　阔叶木半纤维素的主要类型及化学结构式

阔叶木半纤维素聚糖主要有聚木糖类、聚葡萄糖甘露糖类，还有聚鼠李糖半乳糖醛酸木糖类和聚木糖葡萄糖类等。

(1) 聚木糖类

阔叶木中的聚木糖类主要是聚 O-乙酰基 4-O-甲基葡萄糖醛酸木糖，一般占木材的 20%~30%。它的主链和针叶木中聚阿拉伯糖葡萄糖醛酸木糖一样，只是糖醛酸基较少，每一个聚糖分子中有 2~3 个，并且这些糖醛酸在主链上也不是均匀分布的。在 C2 和 C3 上有乙酰基存在，乙酰基含量占聚木糖的 8%~17%，即每 10 个聚木糖分子中平均含有 3.5~7.0 个乙酰基。除此之外，聚木糖中还含有少量的 L-鼠李糖基、α-L-吡喃式鼠李糖基和半乳糖醛酸基。

聚木糖的化学结构式如下：

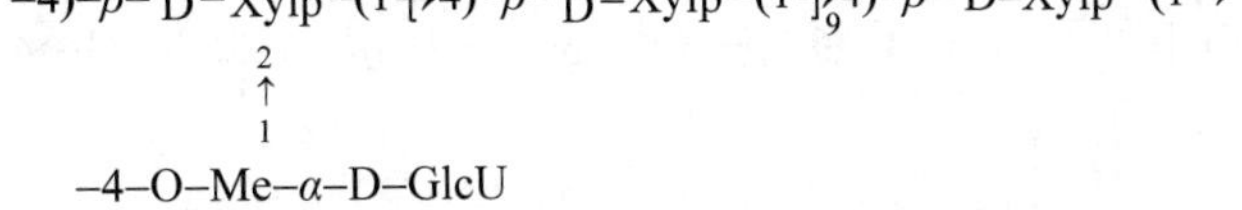
-4)-β-D-Xylp-(1→4)-β-D-Xylp-(1→4)-β-D-Xylp-(1→
9
2
↑
1
-4-O-Me-α-D-GlcU

聚葡萄糖醛酸木糖

(2) 聚葡萄糖甘露糖类

聚葡萄糖甘露糖在阔叶木中的含量一般小于 5%。其主链与针叶木中聚半乳糖葡萄糖甘露糖相似，不同的是它没有乙酰基。该聚糖中葡萄糖基：甘露糖基较高，为 1：(1~2)。

→4)-β-D-Glcp-(1→4)-β-D-Manp-(1→4)-β-D-Manp-(1→

聚葡萄糖甘露糖

（3）聚鼠李糖半乳糖醛酸木糖类

桦木半纤维素中含有聚鼠李糖半乳糖醛酸木糖，鼠李糖基连接在两个相邻木糖基与半乳糖醛酸基之间，$\alpha$-L-鼠李糖基与 $\alpha$-D-半乳糖醛酸基之间以 1,2-糖苷键连接，$\alpha$-L-鼠李糖基与 D-木糖基之间以 $\alpha$-1,3-糖苷键连接，半乳糖醛酸基与木糖基之间以 $\alpha$-1,3-糖苷键连接，其化学结构式如下：

$$\rightarrow 4)\text{-}\beta\text{-D-Xylp-}(1\rightarrow 4)\text{-}\beta\text{-D-Xylp-}(1\rightarrow 3)\text{-}\alpha\text{-L-Rhaf-}(1\rightarrow 2)\text{-}\alpha\text{-D-GalU-}(1\rightarrow 4)\text{-}\beta\text{-D-Xylp-}(1\rightarrow$$

聚鼠李糖半乳糖醛酸木糖

（4）聚木糖葡萄糖类

在阔叶木细胞初生壁中还含有较大量的聚木糖葡萄糖类半纤维素，其在初生壁中的含量可达 20%~25%。聚木糖葡萄糖中 $\beta$-D-葡萄糖基以 $\beta$-1,4-糖苷键连接成主链，主链糖基的 C6 位上连接有 $\alpha$-D-木糖基，有些木糖基上连接有 $\beta$-D-半乳糖基，而有些半乳糖基上又连接有岩藻糖基。另外，聚木糖葡萄糖中还含有 O-乙酰基。其简单结构式如下：

$$\rightarrow 4)\text{-}\beta\text{-D-Glcp-}(1\rightarrow 4)\text{-}\beta\text{-D-Glcp-}(1\rightarrow 4)\text{-}\beta\text{-D-Glcp-}(1\rightarrow 4)\text{-}\beta\text{-D-Glcp-}(1\rightarrow$$
$$\begin{array}{ccc} 6 & \quad & 6 \\ | & & | \\ 1 & & 1 \\ \alpha\text{-D-Xylp} & & \alpha\text{-D-Xylp} \end{array}$$

聚木糖葡萄糖

### 4.2.4.3　禾本科植物半纤维素的主要类型及化学结构式

禾本科植物的半纤维素主要是聚木糖类。在这类植物中，已发现了不同分子特性的聚木糖，如西班牙草中主要存在只由木糖基构成的线状均一的聚木糖，热带草中主要是高分支度的聚木糖，禾草类中主要是聚阿拉伯糖-4-O-甲基葡萄糖醛酸木糖。禾本科植物半纤维素的典型化学结构是 D-木糖基以 $\beta$-1,4-糖苷键连接成主链，在主链木糖基的 C2 和 C3 位上分别连接由 L-呋喃式阿拉伯糖基和 L-吡喃式葡萄糖醛酸基作为支链。几种主要禾本科植物的半纤维素结构简如下：

（1）麦草

麦草中的半纤维素主要是聚阿拉伯糖葡萄糖醛酸木糖，D-吡喃式木糖基以 $\beta$-1,4-糖苷键连接成主链，L-呋喃式阿拉伯糖基和 D-吡喃式葡萄糖醛酸基分别连接于主链木糖基的 C3 和 C2 位上形成支链，有时还存在木糖基支链及乙酰基支链，其化学结构式如下所示：

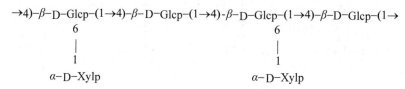

聚阿拉伯糖葡萄糖醛酸木糖

在此聚阿拉伯糖 4-O-甲基葡萄糖醛酸木糖中，每 26 个 D-木糖基含有 1 个 4-O-甲基葡萄糖醛酸基支链，含有 2 个 L-阿拉伯糖基支链。每 18 个 D-木糖基含有 1 个 D-木糖基支链。

（2）稻草

稻草中的半纤维素主要是聚阿拉伯糖葡萄糖醛酸木糖。其简化化学结构式如下所示：

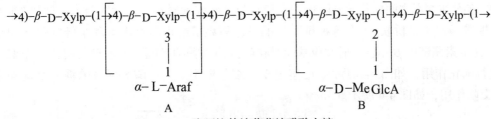

聚阿拉伯糖葡萄糖醛酸木糖

$\beta$-D-Xylp 为 $\beta$-D-吡喃式木糖基；$\alpha$-L-Araf 为 $\alpha$-L-呋喃式阿拉伯糖基；X-D-MeGlcA 为 4-O-甲基-$\alpha$-D-吡喃式葡萄糖醛酸基。

此阿拉伯糖葡萄糖醛酸木糖中 A：B：木糖基为 3：1：30。

（3）芦苇

芦苇中的半纤维素主要是聚阿拉伯糖 4-O-甲基-葡萄糖醛酸木糖，约 52 个 D-木糖基以 $\beta$-1,4-糖苷键连接成主链，其上连接有 3.2 个 L-呋喃式阿拉伯糖基和 1.7 个 4-O-甲基-$\alpha$-D-吡喃式葡萄糖醛酸基，它们分别连接于主链木糖基的 C3 和 C2 位上。结构式如下：

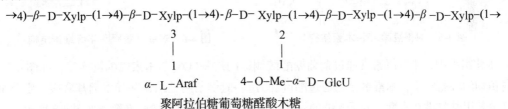

聚阿拉伯糖葡萄糖醛酸木糖

（4）竹竿

竹竿半纤维素也是木糖基以 $\beta$-1,4-糖苷键连接成主链，在主链木糖基的 C3 上连接有 L-呋喃式阿拉伯糖基，在 C2 上连接有 4-O-甲基-$\alpha$-D-葡萄糖醛酸基或葡萄糖醛酸基支链。桂竹的化学结构式如下所示：

→4)-$\beta$-D-Xylp-(1→4)-$\beta$-D-Xylp-(1→4)-$\beta$-D- Xylp-(1→4)-$\beta$-D-Xylp-(1→4)-$\beta$-D-Xylp-(1→

　　　　　3　　　　　　　　　　　2
　　　　　|　　　　　　　　　　　|
　　　　　1　　　　　　　　　　　1
　　$\alpha$-L-Araf　　　　　4-O-Me-$\alpha$-D-GlcU

聚阿拉伯糖葡萄糖醛酸木糖

## 4.2.5　半纤维素的化学连接

### 4.2.5.1　半纤维素与木素之间的化学连接

半纤维素存在于各种植物原料中，在与半纤维素有关的基础理论或应用机理研究中，需要把半纤维素从原料中分离出来，尽可能彻底分离，并且尽可能减少半纤维素结构的变化。近年来的研究表明，半纤维素与纤维素、木素和蛋白质之间有化学联接或者紧密结合。

前人研究指出木素并非简单地沉积在细胞壁（聚糖碳水化合物）之间，认为亲水性的多糖和疏水性的木素间肯定有某种作用。已有成果可以确定在天然植物原料及未漂纸浆中有相当一部分木素大分子通过牢固的共价键与半纤维素构成木素-碳水化合物复合体（lignin-carbohydrate complexes，LCC）。

虽然也可以用木素半纤维素复合体来更确切地表示，但是习惯上木素碳水化合物主要用来表示木素与半纤维素通过共价键形成的复合体。木素和几乎所有的半纤维素聚糖之间的连接键都有过报道。这种化学键的稳定性，尤其是在酸或碱作用下的稳定性，不仅仅在于化学键的连接形式，同时与木素结构单元和半纤维素聚糖的结构都有关系。

　　半纤维素和木素之间的化学键阿魏酸以酯键与半纤维素联接，以醚键与木素联接（半纤维素 -酯-阿魏酸-醚-木素桥联）。在这种桥联情况下，阿魏酸醚可能在木素和半纤维素之间形成交 联结构（在木素侧链的 $\beta$-位），通过羧基同时在阿拉伯糖葡萄糖醛酸基木糖的阿拉伯糖取代基的 C5 位进行酯化作用，如图 4-3 所示。已鉴定麦草细胞壁中二阿魏酸与阿拉伯糖木聚糖和木素之 间存在交联作用，如图 4-4 所示。

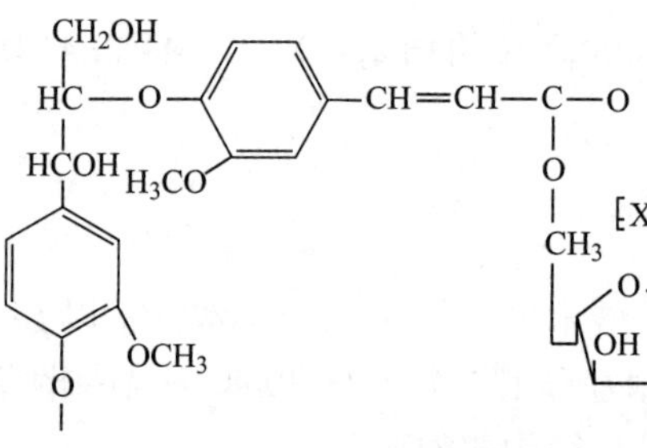

图 4-3　半纤维素-酯-阿魏酸-醚-木素桥联结构 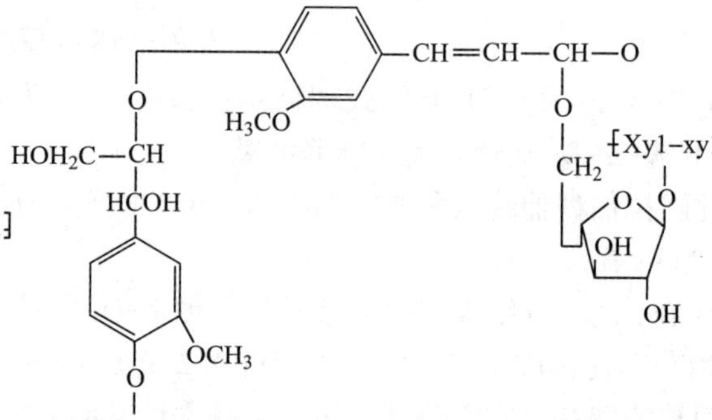　　　图 4-4　半纤维素-酯-二阿魏酸-醚-木素桥连结构

　　多数的对-香豆酸主要通过酯键与木素侧链的 $\gamma$-位连接，如图 4-5 所示。只有很少数与半纤 维素阿拉伯糖葡萄糖醛酸木糖的阿拉伯糖基以酯键连接，如图 4-6 所示。

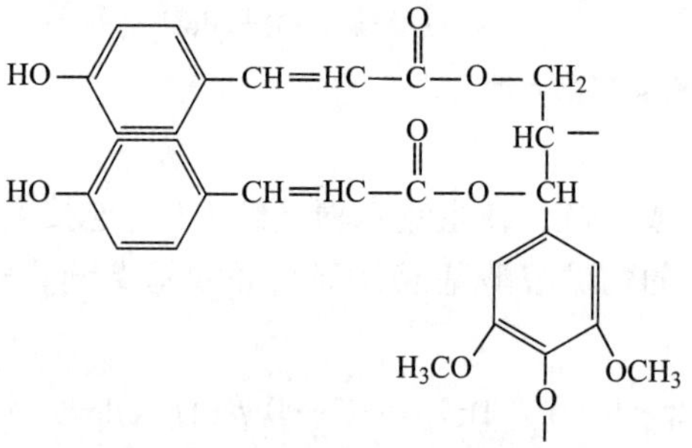

图 4-5　对香豆酸-酯-木素结构 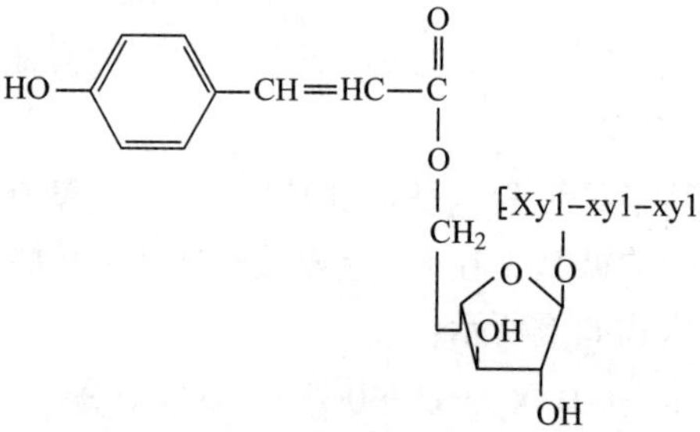　　　　　　图 4-6　对香豆酸-酯-半纤维素结构

　　在木化组织中，半纤维素常通过葡萄糖醛酸侧链的羧基（C6）与木素以酯键连接，如图 4-7 所示。 禾本科植物的细胞壁中，木素聚合物通过酯键和芳基-醚键与阿拉伯糖基和木糖基联接，麦草细胞壁 中大部分苯甲基醚键在木素大分子侧链的 $\alpha$-位醚化，在碱性条件下较难降解，如图 4-8 所示。

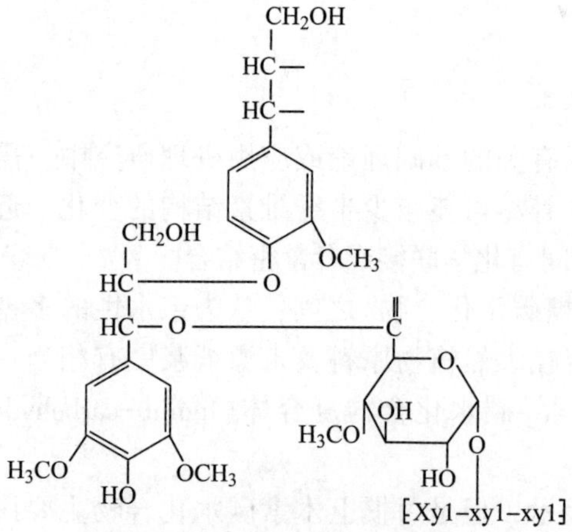

图 4-7　苯甲基酯键连接结构 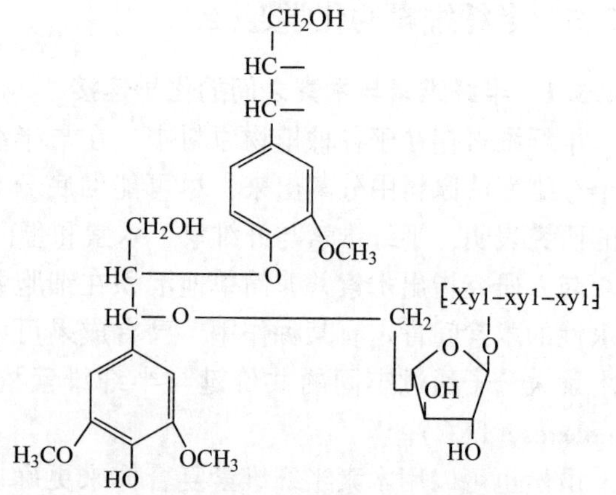　　　　　　图 4-8　苯甲基醚键连接结构

#### 4.2.5.2　半纤维素和纤维素之间的化学键

有学者认为大部分植物细胞壁模型中纤维素和半纤维素之间没有共价键作用。半纤维素(例如聚木糖)与纤维素细小纤维以范德华力和氢键连接。比如，双子叶植物细胞初生壁中的聚木糖葡萄糖，由于聚木糖葡萄糖的长度(50~500 mm)大于相邻两个微细纤维的间距(20~40 mm)，所以，聚木糖葡萄糖可以包覆在微细纤维表面并交叉连接很多个微细纤维，形成刚性的微细纤维素聚木糖葡萄糖网络结构。

除了聚木糖葡萄糖以外，其他类型的半纤维素如聚木糖、聚阿拉伯糖木糖、聚甘露糖也可以与纤维素形成氢键连接，具有与双子叶植物细胞初生壁中聚木糖葡萄糖相同的作用。

#### 4.2.5.3　半纤维素和蛋白质之间的化学键

蛋白质组成初生壁的2%~10%，半纤维素和蛋白质之间有化学键连接。

### 4.2.6　半纤维素的化学反应

半纤维素天然状态未为无定形物，聚合度低，可反应官能团多。化学活性强，所以化学反应比纤维素复杂，副反应也比纤维素多，反应速率快。其主要的化学反应为在酸性介质中糖苷键被断裂而发生的水解反应；在碱性介质中，可以发生剥皮反应和碱性降解。由于半纤维素的主链和侧链上含有大量羟基、羰基、羧基和乙酰基等，还可以利用这些基团对其进行酯化、醚化、氧化及交联等改性，形成多种衍生物，也可以发生接枝共聚反应，制备各类复合高分子材料。

#### 4.2.6.1　半纤维素的酸性水解反应

半纤维素稀酸水解机理及反应网络半纤维素稀酸水解机理与纤维素相似，首先酸在水中解离生成的氢离子与水结合生成水合氢离子($H_3O^+$)，它能使半纤维素大分子中糖苷键的氧原子迅速质子化，形成共轭酸，使糖苷键键能减弱而断裂，末端形成的正碳离子与水反应最终生成单糖，同时又释放出质子。后者又与水反应生成水合氢离子，继续参与新的水解反应。按照反应温度的高低，半纤维素稀酸水解可分为高温水解(>160 ℃)和低温水解。高温水解可以有效去除半纤维素并且得到溶解的糖，半纤维素稀酸水解实际上是在溶解状态下进行的，反应相当快。随着半纤维素的去除，剩余纤维素几乎100%转化成葡萄糖。在较低温度下半纤维素各部分水解难易程度不同，半纤维素糖苷键在酸性介质中会断裂而使半纤维素发生降解，先生成聚合度不同的低聚糖，低聚糖再进一步水解为单糖，整个水解过程是半纤维素的连续解聚过程，平均相对分子质量逐渐下降。在半纤维素水解过程中，酸催化长链低聚糖的降解反应要比短链慢，长链低聚糖在溶液中的溶解和扩散也比短链低聚糖慢，按照酸浓度的高低，又可分为稀酸水解、超低酸水解和无酸水解，还可分为无机酸和有机酸水解。无机酸包括硫酸、盐酸、磷酸和硝酸。水解产物差异较大，受到生物质种类、产地、粒径、酸种类和浓度、反应温度及时间等因素的影响。

半纤维素水解产生的糖在酸性溶液中会进一步降解，由于糖环上羟基质子化重排和不同反应条件下水分子结构的差异，使得糖的降解途径多、产物复杂多样，可能的机理是水分子与糖环上的羟基竞争质子，并形成氢键，从而弱化了C—C键和C—O键，反应路线可能随C—C键和C—O键的相对稳定而改变。通过羟基与糖相连的水分子还可以从反应中间释放1个质子使反应终止。通常水解产生的部分木糖在氢离子的作用下发生分子内脱水环化，同时，脱去3分子水生成糠醛。实际上，工业上糠醛的生产主要由半纤维素稀酸水解制得，主要的工艺有一步法和两步法水解。水解产生的木糖在酸催化作用下脱水时，氢离子先与木糖上羟基结合脱去 1 分子水同时形成碳氧双键，碳氧单键再断开生成带有羟基和醛基的环氧化合物，然后脱去 2 分子的水生成糠醛。

#### 4.2.6.2 半纤维素的碱性降解反应

半纤维素在碱性条件下的降解包括碱性水解和剥皮反应。在条件强烈时发生碱性水解，例如，在 170 ℃时，5%NaOH 溶液中的半纤维素苷键发生碱性水解而断裂。而在较为温和的条件下，半纤维素即可发生剥皮反应。此外，在碱性条件下，半纤维素聚糖分子中的乙酰基易于脱落。

（1）碱性水解

在较为强烈的碱性条件下，半纤维素发生碱性水解反应，苷键断裂，产生较多的还原性末端基，并使剥皮反应速率加快。以甲基吡喃式配糖化合物为模型，研究碱性水解速率得出：C1 位甲氧基与 C2 羟基成反位者碱性水解速率大于甲氧基与 C2 羟基成顺位者；呋喃式配糖化物中，若 C1 与 C2 位成反式构型，则水解速率大于成顺式构型的同分异构体。甲基 $\alpha$- 与 $\beta$- 吡喃式葡萄糖醛酸配糖化合物水解速率大于呋喃式配糖化物。

（2）剥皮反应

在较为温和的条件下，半纤维素发生剥皮反应。与纤维素一样，半纤维素的剥皮反应也是从聚糖的还原性末端基开始，逐个、逐个糖基地进行。聚木糖、聚葡萄糖甘露糖和聚半乳糖葡萄糖甘露糖与纤维素的剥皮反应是相似的。$\beta$-1,4-糖苷键连接聚木糖，温和碱性条件下的剥皮反应主要发生以下反应：①酮式变烯醇式结构；②烯醇式变酮式，形成 $\beta$ 烷氧基结构；③诱导效应，双键转移；④$\beta$ 烷氧基消除反应；⑤烯醇式变酮式；⑥羰基加成变醇式；⑦分子重排，得 C5 异变糖酸。

其反应式如下：

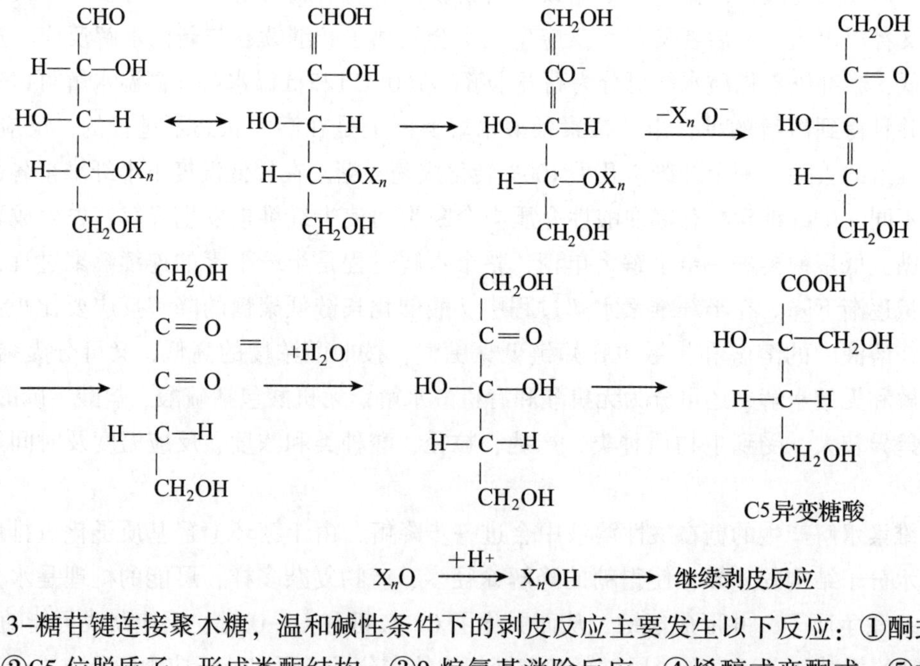

$\alpha$-1,3-糖苷键连接聚木糖，温和碱性条件下的剥皮反应主要发生以下反应：①酮式变烯醇式结构；②C5 位脱质子，形成类酮结构；③9 烷氧基消除反应；④烯醇式变酮式；⑤加成，形成 C5 间变糖酸。

其反应式如下：

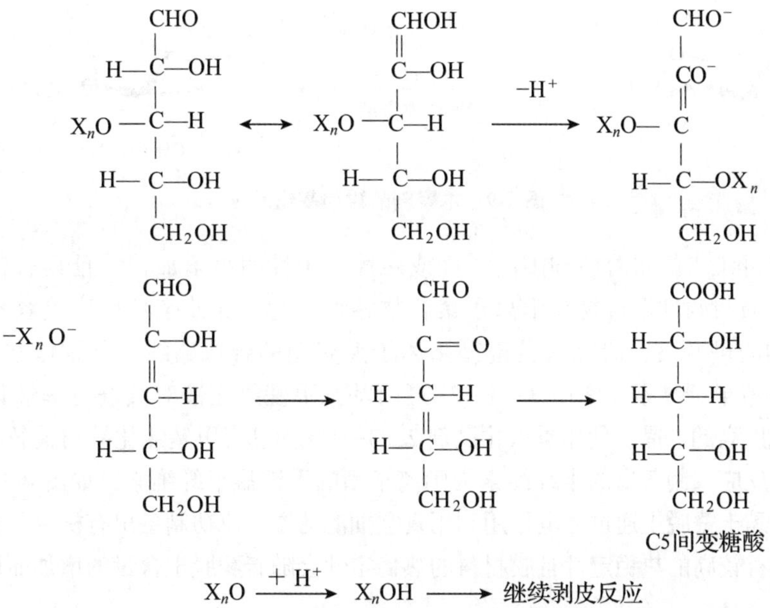

CHO      CHOH      CHO⁻

（以下为化学结构式图解）

$$X_nO \xrightarrow{+H^+} X_nOH \longrightarrow 继续剥皮反应$$

C5间变糖酸

其他半纤维素聚糖的剥皮反应，产物有所不同。如聚葡萄糖甘露糖，在剥皮反应中产生 D-吡喃式葡萄糖还原性末端基和 D-吡喃式甘露糖还原性末端基。聚半乳糖葡萄糖甘露糖在剥皮反应中产生 D-吡喃式葡萄糖还原性末端基、D-吡喃式甘露糖还原性末端基和 D-吡喃式半乳糖还原性末端基。

与纤维素一样，半纤维素的碱性剥皮反应发生到一定程度也会终止，其终止反应同纤维素。即还原性末端基转化成偏变糖酸基，由于末端基上不存在醛基，不能再发生剥皮反应，因而终止。

### 4.2.6.3 半纤维素的酶降解

半纤维素除了能发生酸性水解和碱性降解外，在酶作用下也可以发生降解。半纤维素的复杂结构决定了其酶降解需要多种酶的协同作用。例如，聚木糖的酶降解分为两种形式，即：在内切酶作用下随机断裂聚糖分子的糖苷键，使木聚糖主链降解成短链的低聚木糖，聚合度降低；外切酶作用于短链的低聚木糖，使非还原性末端基的苷键断裂，游离出单糖或寡糖。支链糖基的存在会抑制聚木糖酶的水解作用，需要不同的糖苷酶水解木糖基与支链糖基之间的糖苷键。

### 4.2.6.4 半纤维素的化学改性

半纤维素改性方法，包括羧甲基化、季铵化、苄基化和甲氧基化等醚化反应以及羧酸酯化、硫酸酯化等酯化反应。

（1）醚化反应

半纤维素羧甲基化后可以得到羧甲基半纤维素，羧甲基半纤维素是一种阴离子型半纤维素，可以显著提高机体的免疫力，可广泛用于医药行业，其合成方法一直是人们研究的重点，羧甲基变性半纤维素（CMMH）的制备方法类似于羧甲基淀粉（CMS）：把半纤维素悬浮在碱性乙醇溶液中，再加入醚化剂一氯醋酸，反应完毕后过滤出产物，用乙醇洗至无氯离子，反应过程如图4-9所示。研究人员以桦木木聚糖为原料比较研究了不同溶剂体系（乙醇/甲苯、乙醇、异丙醇）中采用不同方法合成羧甲基木聚糖。研究表明在羧甲基化过程中先将木聚糖溶解于碱性溶液（NaOH 溶液）中，再加入异丙醇溶剂，得到的羧甲基木聚糖取代度最高，为 1.22。

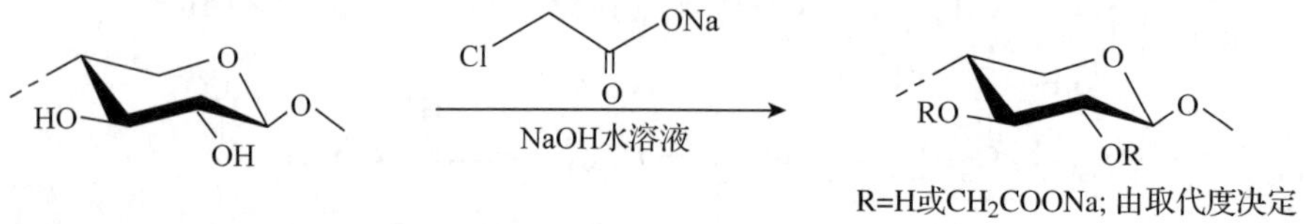

**图 4-9　木聚糖的羧甲基化反应**

　　季铵化后半纤维素的水溶性和阳离子性或两性离子性明显增加，并且具有较高的得率和取代度，其化学性质与两性聚合物和阳离子聚合物相似。为了促使亲核反应更容易进行，同时增加聚糖超微结构的可及度，研究人员遵循阳离子型聚糖的合成路线，分别以水和乙醇为溶剂，用碱来活化甘蔗渣半纤维素，使用 3-氯-2-羟丙基三甲基氯化铵对其进行季铵化改性，最终得到了均一、取代度高的产品；使用季铵化试剂 2，3-环氧丙基三甲基氯化铵与楠竹半纤维素在碱性条件下发生醚化反应，制备出的半纤维素为阳离子型的季铵盐半纤维素，如图 4-10 所示。季铵盐半纤维素与无机黏土蒙脱土通过静电作用利用真空抽滤的方式成功制备出有机—无机复合膜。研究表明：膜材料具有较高的热稳定性且膜材料的热稳定性会随着蒙脱土含量的增加而增加。

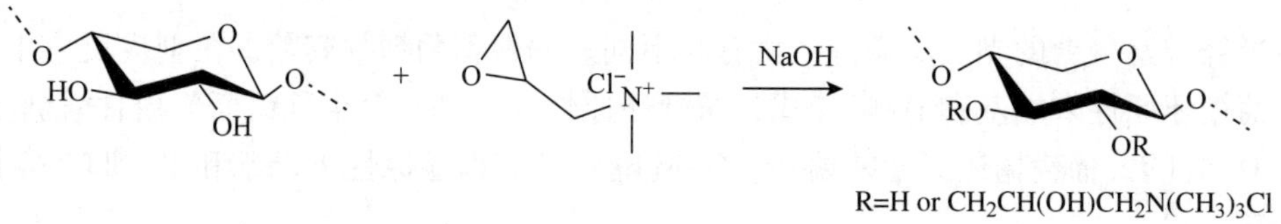

**图 4-10　半纤维素的季铵化反应**

　　苄基化反应可以使半纤维素的物理性能（如热性能等）得到很大改善，从而作为热塑性原料广泛用于工业生产。氯化苄是最常见的苄基化试剂。半纤维素在碱性条件下与氯化苄反应生成苯甲基醚以达到苄基化改性的目的。苯甲基醚是一种有效的多羟基化合物的取代基团，具有在酸性碱性条件下性质稳定和表面活性适中等特征。王海涛以三倍体毛杨木半纤维素为原料，与氯化苄在二甲基亚砜中使用氢氧化钠作为催化剂合成了苄基化半纤维素，如图 4-11 所示。通过控制氯化苄和半纤维素羟基单元物质的量之比（0.5∶1~3∶1）、反应温度（40~80 ℃）和反应时间（4~24 h），在 DMSO 溶剂中成功地合成取代度在 0.08~0.36 之间的苄基化半纤维素。采用傅里叶红外光谱（FT-IR）和核磁共振碳谱（$^{13}$C NMR）表征其化学结构，结果显示苄基化半纤维素的重均相对分子质量（$Mw$）和数均相对分子质量（$Mn$）低于半纤维素。热重分析发现高取代度半纤维素的热稳定性高于半纤维，低取代度半纤维素的热稳定性反而低于半纤维素。电子扫描显微镜证实苄基化反应赋予半纤维素表面无定形多孔结构。这表明含有斥水性官能团的苄基化半纤维素在塑料生产中具有较大的发展潜力。

　　甲氧基化反应是对半纤维素进行醚化改性的另外一个重要方法，是实现半纤维素高值化利用的重要途径，反应原理如图 4-12 所示。甲氧基化反应能够显著提高半纤维素的水溶性。

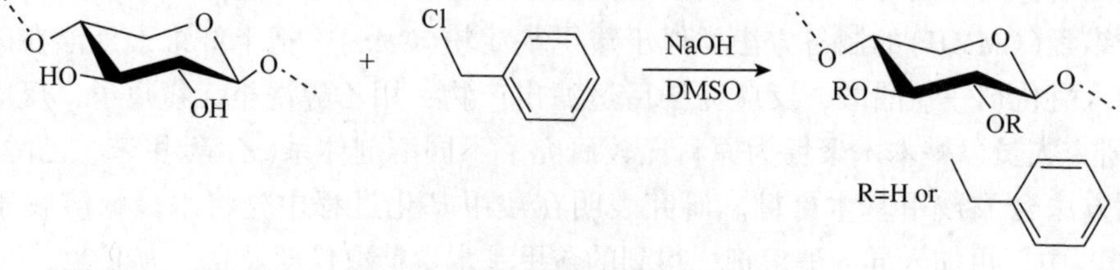

**图 4-11　半纤维素的苄基化反应**

Petzold 等研究了在均相和非均相体系中，分别使用碘甲烷和氯甲烷作为醚化剂，根据不同的实验条件合成甲氧基化木聚糖，研究发现：反应产物的取代度与反应体系是否均相以及反应物配比无关，木聚糖在质量分数为 40% 的 NaOH 水溶液中与碘甲烷反应所得产物的取代度值仅为 0.5，而木聚糖与过量的氯甲烷发生醚化反应所获得的甲氧基化木聚糖的取代度达到 0.94。Fang 等对麦草半纤维素与甲基碘在二甲基亚砜(DMSO)溶液中发生醚化反应生成甲氧基化半纤维素进行了深入研究。结果发现：麦草半纤维素发生甲氧基化醚化改性之后，热稳定性显著增加，其反应机理是甲基亚磺酰离子从半纤维素上的羟基吸收 1 个质子使半纤维素变成醇盐，然后与甲基碘反应生产甲基化的半纤维素。

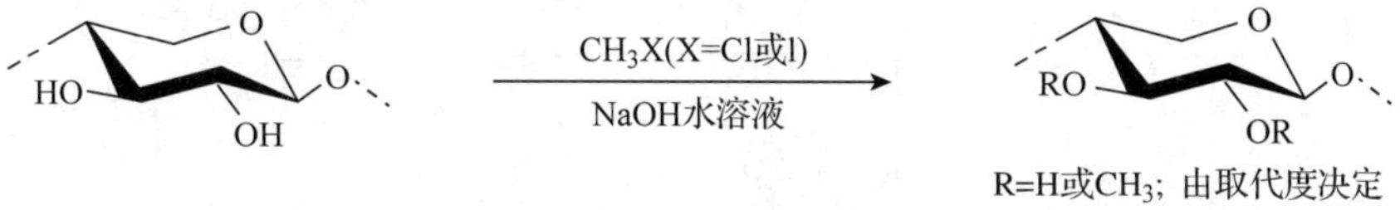

$$\xrightarrow[\text{NaOH水溶液}]{\text{CH}_3\text{X(X=Cl或I)}}$$

R=H或CH₃；由取代度决定

**图 4-12　半纤维素的甲基化反应**

(2)酯化反应

半纤维素的酯化反应可以提高其热稳定性、降低结晶度、增加水相的溶解度，使其应用范围更加广泛。半纤维素可与多种化合物发生酯化反应，如硫酸化试剂、酸酐、酰氯、异氰酸苯酯等，如图 4-13 所示。

乙酰基的疏水性比羟基强，因此酰化反应可以使聚合物的疏水性能得到极大改善，酰化的半纤维素利用其良好的疏水性和热塑性可制成热塑性材料，酰化反应通常采用酸酐或酰基氯在叔胺(如吡啶和 4-二甲氨基吡啶)催化剂存在的条件下进行，然而乙酰化催化剂价格昂贵且容易吸水，例如，从桦木中分离提取的木聚糖型半纤维素与乙酸酐的酯化反应，实验采用均相系统改性技术，以 4-二甲氨基吡啶作为催化剂，在 DMF/LiCl 的均相系统中反应 2 h，最终得到取代度 0.9~2 的酰化产物。有研究，以蔗渣中分离提取的半纤维素为原料，在均相系统二甲基甲酰胺/氯化锂中，以 N-溴代琥珀酰亚胺(NBS)为催化剂，与油酰氯进行酯化反应，发现半纤维素与油酰氯的物质的量之比为 1:3 时所获得的酯化产物取代度最高，为最佳的反应条件。同时证明了 N-溴代琥珀酰亚胺是一种高效、快速的乙酰化催化剂，可以在接近中性的温和条件下促进催化反应，并且还具有廉价易得等优点，可广泛应用于乙酰化反应中。

半纤维素与丁二酸反应可赋予半纤维素亲水性能。另外，半纤维素侧链高密度的羧基能够表现出优良的性能，如金属螯合作用。有学者研究了从麦草中提取的半纤维素与丁二酸酐的酯化反应。通常，丁二酰化反应在碱存在条件下进行，如用吡啶、4-二甲氨基吡啶(DMAP)共同催化进行化学改性半纤维素，但是这些催化剂价格昂贵，限制了其在工业上的应用。利用 NBS (价格是 DMAP 的 1/170)作为半纤维素酯化催化剂来催化半纤维素与丁二酸酐的酯化反应，改性后的半纤维素羧基含量明显增加。由于在侧链上产生了大量的羧基，因此改性后的半纤维素亲水性增强，而且具有良好的金属螯合能力。

硫酸酯化是半纤维素酯化反应中一类十分重要的改性方法。半纤维素的硫酸酯化是指磺酸基团与多糖的羟基之间发生的路易斯反应。多糖的羟基被硫酸基取代后，磺酸基之间的排斥作用使糖链增长，部分磺酸基与羟基之间形成氢键，产生螺旋结构，从而呈现出有活性的高级构象。目前，木聚糖硫酸化的方法有氯磺酸-吡啶法、氯磺酸-二甲基甲酰胺法(DMF)、三氧化硫-吡啶($SO_3$-Py)法、浓硫酸法和 Nagasawa 法等。

采用玉米秆半纤维素与三氧化硫-吡啶复合物的酯化反应合成木聚糖硫酸酯，并使用紫外可见吸收光谱仪、傅里叶红外光谱仪、核磁共振波谱仪对其结构和理化性质进行了表征，结果表明硫酸酯化的木聚糖和肝素钠具有相同的紫外吸收峰，显示酯化反应主要发生在 C2、C3 的羟基上；同时，还深入研究了木聚糖硫酸酯的抗凝血活性作用机理，发现木聚糖硫酸酯抗凝血机理与肝素钠相似，主要是通过影响内源性凝血途径从而达到抗凝血的目的；Mandal 等使用从鲜奈藻中碱法抽提得到的木聚糖为原料，采用三氧化硫—吡啶法进行硫酸酯化，得到硫酸根取代度为 0.93~1.95 的木聚糖硫酸酯，该取代度范围内的木聚糖硫酸酯均具有较强的抗 HSV 单纯疱疹病毒活性。

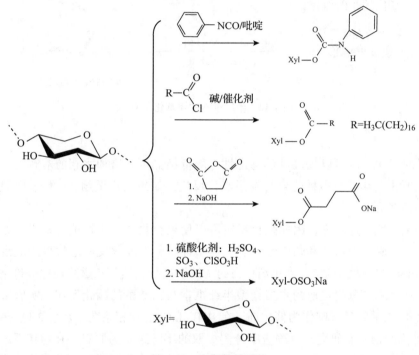

**图 4-13  木聚糖的酯化**

# 4.3  半纤维素的物理性质

半纤维素天然状态下呈无定型，一般无结晶区，水分子容易进入，而纤维素存在大量结晶区，所以半纤维素的吸湿性和润胀度比纤维素高。

## 4.3.1  半纤维素的溶解度

一般情况下，分离出来的半纤维素的溶解度要比天然状态的半纤维素溶解度高。聚阿拉伯糖半乳糖易溶于水。针叶木的聚阿拉伯糖葡萄糖醛酸木糖易溶于水，而阔叶木的聚葡萄糖醛酸木糖在水中的溶解度较针叶木的小。已证实当用碱液分级抽提桦木综纤维素时，含较多葡萄糖醛酸基的聚木糖容易抽提。

在针叶木中，例如，东部铁杉中有聚半乳糖葡萄糖甘露糖，其分子结构的半乳糖基皆为单个的支链，此支链越多，则其在水中的溶解度越高；此支链少，则只能溶于 NaOH 溶液中。

阔叶木和针叶木中的聚葡萄糖甘露糖即使在强碱溶液中也难溶解，需溶于碱性硼酸盐溶液中（即 NaOH+硼酸溶液）。

### 4.3.2　半纤维素的分散性

半纤维素的聚合度一般为150~200(数量平均)。针叶木半纤维素的聚合度大约是阔叶木半纤维素聚合度的一半,针叶木半纤维素的聚合度大约为100,阔叶木半纤维素的聚合度大约为200,半纤维素的聚合度比纤维素的聚合度小得多。测定半纤维素聚合度的方法主要是用渗透压法,也有用光散射法、黏度法及超速离心法。

半纤维素是多分散性的,其 $P_w/P_n>1$,即质量平均聚合度与数量平均聚合超速离心机法度之比大于1。例如,阔叶木中天然聚木糖的数量平均聚合度为150~200,相应的质量平均聚合度稍高些,为180~240,其比率 $P_w/P_n=1.2$,所以这种聚木糖的分散程度是较低的。

### 4.3.3　半纤维素的分支度

在半纤维素聚糖的分子结构中,虽然主要是线状的,但大多数聚糖都带有各种短支链,用分支度来表示半纤维素聚糖分子结构中支链的多少,支链越多,分支度也越高。例如,以下是两种半纤维素聚糖Ⅰ和聚糖Ⅱ,其结构示意如下:

$$A\!-\!A\!-\!A\!-\!A\!-\!A\!-\!A\!-\!A\!-\!A\!-\!A\!-\!A\!-\!A\!-\!A\!-\!A\!-$$
$$|$$
$$B$$

聚糖 1

$$B$$
$$|$$
$$A\!-\!A\!-\!A\!-\!A\!-\!A\!-\!A\!-\!A\!-\!A\!-\!A\!-\!A\!-\!A\!-\!A\!-$$
$$|\qquad\qquad|$$
$$B\qquad\qquad C$$

聚糖 2

聚糖Ⅰ、聚糖Ⅱ都有支链,而聚糖Ⅱ的分支度高于聚糖Ⅰ,所以分支度表示半纤维素聚糖分子结构中支链的多少。分支度的高低对于半纤维素的物理性质有较大的影响,如用相同溶剂在相同条件下,同一类半纤维素聚糖,分支度高的半纤维素的溶解度较大。

### 4.3.4　半纤维素的研究进展及应用

半纤维素因其结构的复杂性限制了它们在工业中的应用,例如大多数的半纤维素具有很强的氢键,因此在水中是不溶解的;半纤维素具有独特的化学结构,比如分枝,无定形组成的几种不同类型的单糖(杂多糖)和不同类型的官能团(例如羟基、乙酰基、羧基、甲氧基等),与纤维素和淀粉相比,这些不同类型的聚糖具有不同的化学行为,而这些也限制了它们的应用。因此,对半纤维素进行改性和合成新型聚合物是半纤维素研究的主要方向。半纤维素的醚化和酯化反应是最重要的改性半纤维素方法。

#### 4.3.4.1　半纤维素基膜材料

半纤维素的相对分子质量较低,因此成膜后分子结构之间连接作用较弱,膜的强度较低。但半纤维素具有可成膜、易改性等优点。近年来半纤维素膜方面的研究引起广泛的兴趣,主要是应用在包装材料,或者覆盖在食物上作为可食用的涂层。

半纤维素分子中有大量的羟基存在,对半纤维素进行化学改性——醚化、酯化、磺酰化、接枝等,可以改善半纤维素膜的阻隔性、结晶性、溶解性、亲水性等。研究表明,从木聚糖中完全去除木质素对成膜不利,会导致膜的破裂。向桦木木聚糖中加入木质素,控制膜的浓度为

1%（w/w，木质素/木聚糖）能够获得连续的膜。增塑剂的加入除了可以增加半纤维素的自由体积并提高水分蒸发外，还会导致薄膜厚度减小，力学性能下降。提取大麦壳的阿拉伯糖木聚糖，并使用氟化剂三氟乙酸酐对阿拉伯糖基木聚糖进行改性（图4-14），制备半纤维素膜。动态吸收接触角（DAT）测试结果显示，未改性木聚糖膜的接触角为40°，改性木聚糖膜的接触角随着膜表面氟含量的增加而逐渐增大，当氟含量达到7%时，接触角增大到70°，表现出显著的疏水性能，而且，膜中含水量从18%（质量）减小到12%。因此，通过表面气相氟化改性，可以增强半纤维素膜的憎水性，但是膜的机械强度依然较低。若加入增塑剂山梨醇，能取代半纤维素之间的氢键结合，在一定程度上可改善膜的延展性。聚乙烯醇是一种极好的氧气阻隔材料，它有着良好的热性能和机械强度，并可溶于水和生物降解。有研究表明，用35%（质量分数）山梨醇增塑后的半纤维素膜在50%湿度中氧的渗透率为$0.21cm^3 \cdot \mu m/(m^2 \cdot d \cdot kPa)$，与相同条件下与聚乙烯醇(PVA)膜的氧气透过率一致。因此，半纤维素膜作为阻氧材料在食品包装领域有很好的应用前景。

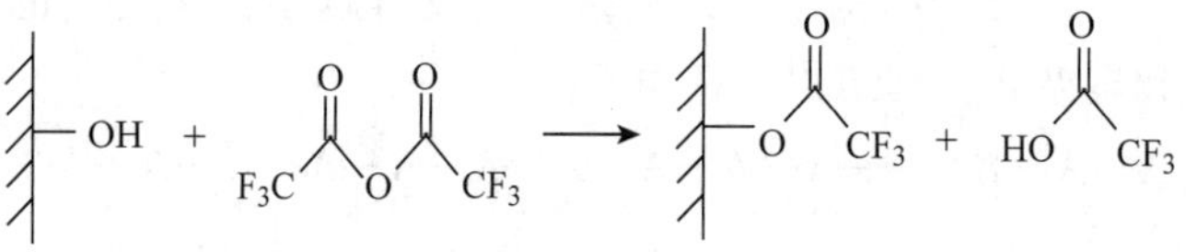

**图4-14 半纤维素羟基上的气相氟化反应**

半纤维素膜应用于食品包装除了需要有较好的疏水性、机械性能和阻氧性能外，还需要有较高的水蒸气阻隔性能。用蔗渣提取的半纤维素制备半纤维素基膜材料，在实验中发现从蔗渣提取的半纤维素和壳聚糖具有很好的兼容性，得到的复合膜孔径小于$1\mu m$，复合膜的水蒸气阻隔性能比壳聚糖薄膜增加约48%；将木材水解液（WH）加入层状硅酸盐来制备以木材水解液为基础的膜材料，加入层状硅酸盐的 WH 基膜材料不仅在氧气透过率和机械性能上有明显改善，而且水蒸气的阻隔性能也随着层状硅酸盐的含量的增加而增强。加入20%（w/w）的蒙脱石或滑石粉，水蒸气透过率分别下降68%和40%。因此，在木材水解液中加入层状硅酸盐制备膜材料在食品包装领域具有应用潜力。

#### 4.3.4.2 半纤维素水凝胶

水凝胶是以水为分散介质的凝胶，具有网络结构的高分子在水中能够吸收大量的水分，迅速溶胀而不被溶解。半纤维素基水凝胶因其高效吸水、保水以及生物可降解，可以应用在生物医学和智能材料等领域。

智能材料字幕

半纤维素水凝胶的制备方法可分为化学交联法和物理交联法。目前，主要是通过对半纤维素进行改性，使半纤维素具有活性基团，再将半纤维素与其他物质进行自由基聚合反应来制备水凝胶。从云杉热磨机械浆液中提取的 O-乙酰基聚半乳糖葡萄糖甘露糖（AcGGM）为原料，与具有导电性的合成苯胺四聚体（AT）反应（合成路线如图4-15所示），制备出具有良好力学性能的水凝胶，该水凝胶既可控制导电性又可以调节润胀性，在生物医学领域如生物传感器、电子设备和组织工程有很好的应用前景；如果将低聚水溶性半纤维素改性，使其具有甲基丙烯酸功能，然后将其与甲基丙烯酸羟乙酯或聚（乙二醇）二甲基丙烯酸酯发生自由基聚合反应来制备半纤维素水凝胶，该水凝胶具备较好的弹性、柔软性，以及吸水膨胀性，其物理学性能可以与甲基丙烯酸-2-羟乙酯水凝胶相媲美。这种环境友好型和生物相容性更好的新型半纤维素水凝胶有望代替常规的化学水凝胶。

将聚乙烯醇(PVA)、半纤维素和甲壳素晶须以 1:1:1 混合，混合液在 20 ℃ 下冷冻 10 h，随后在室温下解冻 1 h，对得到的水凝胶进行不同次数的循环冷冻/解冻(冻融) 过程，结果显示，经过多次冻融可获得较高的机械强度和热稳定性，经 9 次冻融循环的水凝胶具有 10.5 MPa 的压缩应力，这种水凝胶由于无毒性和生物适应性等特点，在组织工程和其他生物材料领域有良好的应用前景，该方式也为用物理法制备机械性能良好的水凝胶提供了可行性。

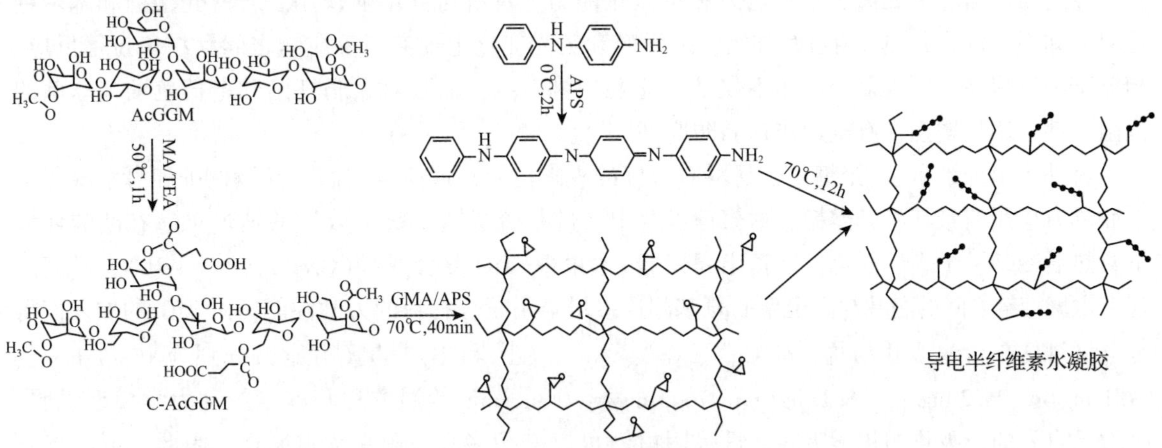

图 4-15　导电半纤维素的合成

　　随着对水凝胶研究的不断深入，人们对水凝胶的要求也越来越高，希望制备一种对环境，如温度、pH 值、盐、电场和化学环境等反应灵敏的水凝胶，即智能水凝胶。Zhang 等通过辉光放电等离子体制备具有温度、pH 值双重敏感性的芦苇半纤维素水凝胶，研究了不同放电电压对芦苇半纤维素水凝胶的温度和 pH 值敏感性，以及溶胀性的影响。结果表明，芦苇半纤维素水凝胶的相变温度大约在 33 ℃，在电压为 600 V 的条件下，该水凝胶对温度和 pH 值都具备较高的敏感性，并且芦苇半纤维素水凝胶的收缩行为符合一阶动力学方程。Sun 等提取小麦秸秆半纤维素，使用 N, N-亚甲基双丙烯酰胺作为交联剂，与丙烯酸制备出的水凝胶具有良好的溶胀性能和 pH 值敏感性能以及生物相容性，乙酰水杨酸为模型药物的药物释放动力学接近零级药物释放动力学，并且药物的释放累积可达 85%，因此，可以利用该水凝胶对不同 pH 值敏感性的不同而作为药物的载体，使得药物在人体的消化道内 pH 值不同而控制药物的释放，在胃中(低 pH 值下)可以防止药物的释放，而在小肠(pH 值较高) 中使药物得以释放，这使得该半纤维素水凝胶在医药卫生领域有着广阔的应用前景。

　　随着研究的不断深入，在制备方法上更趋向于制备出性能稳定和可重复利用的半纤维素水凝胶，在性质上半纤维素水凝胶更是向智能化和功能化方向发展，但是目前半纤维素水凝胶的制备还未产业化，应用领域也局限于医学和环保领域，因此还有较大的开发空间。

### 4.3.4.3　半纤维素/壳聚糖复合材料

　　半纤维素分子中含有醇、酮、羧酸及羧酸衍生物等基团，能够与还原糖类羰基发生美拉德 (Maillard)反应。而壳聚糖作为自然界存在的唯一碱性多糖，具有独特的物理化学性质和生理功能，其分子上带有大量的—NH₂ 能进行多种化学反应，在食品、环境保护等领域应用广泛。

　　半纤维素自身成膜性较差，而壳聚糖具有较好的成膜性，半纤维素/壳聚糖复合膜具有很好的致密性和力学性能，可应用于食品包装。半纤维素和壳聚糖制备的复合材料还具有较强的抗氧化性和抗菌性，在食品防腐领域有很大的应用潜力。Luo 等将壳聚糖和木聚糖溶解于离子液体中，在 110 ℃ 下混合反应，对反应产物进行 FT-IR 和核磁共振分析发现，木聚糖与壳聚糖之间发生了美拉德反应，壳聚糖中分子内的氢键被破坏，暴露出更多的羟基，使得供氢能力增强。此外，半纤维素和壳聚糖在反应的过程中还产生了中间产物——还原酮类化合物，它具有贡献氢原子的能力表现出高的还原能力。因而，与纯壳聚糖相比，壳聚糖与木聚糖复合产物表现出更高的抗氧化能力，可用作食品业的抗氧化剂。在离子体系中制备的半纤维素/壳聚糖复合材料，在还原能力、金属离子螯合能力和抗氧化能力上具有协同增强作用。若将壳聚糖和木聚糖在醋酸体系中混合共热，通过紫外吸收、褐变和荧光变化也证实了反应物之间存在美拉德反应。相比于纯壳聚糖，所得复合产物不仅抗氧化性得到改善，而且对大肠杆菌和金黄色葡萄球菌的抗菌活性也明显增强，有望用作食品防腐剂。

另外，半纤维素-壳聚糖复合材料有很好的吸附性能，这使得它们在环境保护和海水淡化等方面具有应用前景。将壳聚糖、木聚糖以及十二烷基硫酸钠（SDS）改性的纳米 $TiO_2$ 在醋酸环境下共热后冷却、干燥、固化，制备出壳聚糖-木聚糖-TiO 复合材料（CXTH）（图 4-16），研究发现，木聚糖链之间的醛基与壳聚糖的氨基相连接增强了复合材料的力学性能，而 $TiO_2$ 的加入使得复合材料具有高度多孔结构，对 $Cu^{2+}$、$Cr^{6+}$、$Ni^{2+}$、$Cd^{2+}$ 和 $Hg^{2+}$ 的吸附能力分别为 158.7 mg/g、97.1 mg/g、96.2 mg/g、78.1 mg/g 和 76.3 mg/g。Langmuir 等温方程和准二级动力学模型说明，吸附是自发的、吸热的化学吸附；且吸附材料可以进行多次吸附—解吸循环，因此，可以有效吸附废水中的重金属离子，具有可回收性和选择性。Ayoub 等将碱抽提的半纤维素与二乙烯三胺五乙酸（DTPA）枝接后再与壳聚糖交联反应，制备出半纤维素-DTPA-壳聚糖材料，该复合材料对浸泡于生理盐水中的盐的最大吸收能力是 0.3 g/g，多次吸附结果表明，盐的吸附过程遵循一阶动力学模型。在 pH 值为 5 时，将该膜材料浸入含有初始含量为 5000 mg/L 的 $Pb^{2+}$、$Cu^{2+}$、$Ni^{2+}$ 混合水溶液中，膜材料对 3 种离子的吸附能力分别为 2.90 mg/g、0.95 mg/g 和 1.37 mg/g，因此，该半纤维素-DTPA-壳聚糖复合材料可应用于海水淡化领域。

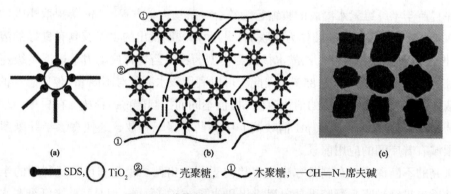

**图 4-16 壳聚糖-木聚糖 $TiO_2$ 复合材料**

（a）SDS-$TiO_2$ （b）壳聚糖-木聚糖-$TiO_2$复合材料的网状结构

（c）壳聚糖-木聚糖-$TiO_2$复合材料的实物图

### 4.3.4.4 半纤维素基催化剂材料

在众多有机分子合成反应中催化技术是实现绿色化学的重要途径。由于均相催化剂具有难回收、易失活及成本高的特点，近年来负载型固体催化剂得到了更多关注。目前，固体催化剂载体可分为无机材料（金属氧化物、硅胶、沸石、碳材料等）和合成有机聚合物材料（聚乙烯、聚丙烯、聚苯乙烯等），虽然都有一些优点，但也存在成本高、原料不可再生、制备过程复杂繁琐以及不环保等缺点。半纤维素是一类制备环境友好型催化剂的理想载体材料，由于其具有链状的分子结构和较高的比表面积，可为催化活性组分提供充足的稳定点，大量的羟基、羧基、羰基等活性功能基团具有较好的络合配位能力，能够有效地螯合、稳定金属离子和纳米颗粒，从而制得稳定的催化剂。

利用半纤维素作为催化剂载体，可通过氢键、范德华力等分子间作用力将活性组分吸附到固体载体表面制备催化剂，主要方式有浸渍法和包埋法；或者利用醚化及酯化等化学方式把活性组分引入到半纤维素表面，合成功能化半纤维素配体，然后再与金属配位获得负载型金属催化剂。已有研究，以通过反应制备的半纤维素–壳聚糖化合物为载体，利用还原的方式制备了半纤维素–壳聚糖负载钯的催化剂，该催化剂对偶联反应有较好的催化活性，以无水乙醇为溶剂，$K_2CO_3$ 为碱时，在 70 ℃ 下反应 3 h，反应产率高达 84%。利用一氯乙酸对木聚糖进行醚化改性形成含 O 配体的半纤维素基载体，然后通过原位还原—沉积的方法制得含 O 配体固载的钯纳米催化剂，该催化剂用于催化碘代芳烃及溴代芳烃和烯烃间的反应，产率高达 99%，并且重复使用 5 次后仍保持了 92% 的活性；经过异质性测试，在催化反应过程中钯元素的流失量基本可以忽略，说明半纤维素在该催化剂中还起到稳定剂的作用。利用吡啶对木聚糖类半纤维素进行改性，并进一步制备吡啶半纤维素作为载体的钯纳米粒子催化剂，用于催化芳基硼酸和芳基卤烃之间的反应，产率高达 98%，且该催化剂具有很好的稳定性和可重复使用性能。也有研究将纳米 $TiO_2$ 负载到半纤维素衍生物上，用于光催化降解亚甲基蓝，取得了很好的降解效果。

#### 4.3.4.5　半纤维素在造纸工业中的应用

木聚糖在造纸工业中是一种优良的添加剂。山毛榉、玉米芯中分离出的富含木聚糖的半纤维素和季铵基改性的半纤维素在造纸中经常使用，这些衍生物能提高漂白硫酸盐浆和未漂热磨机械浆的强度性质，增加细小纤维的留着。用 3-氯-2-羟丙基三甲基氯化铵（CHMAC）在碱性水溶液中对蔗渣、白杨木粉和玉米芯进行烷基化，得到用水可抽提的富含木聚糖的多糖，木聚糖的得率为原始木聚糖的 60%，白杨木中三甲基铵-2-羟丙基（TMAHP）木聚糖可以作为打浆添加剂，它能够使打浆阻力加倍，显著增加漂白云杉有机溶剂溶解浆的撕裂强度。阳离子木聚糖具有抗菌性，能够抵抗某些革兰氏阴性和革兰氏阳性细菌，使植物原料抵抗细菌侵蚀的能力增加。

#### 4.3.4.6　在其他工业上的应用

改性后的半纤维素可作为表面活性剂，应用在洗涤和肥皂等化学工业生产中。

## 课后习题

1. 半纤维素功能化的主要途径有哪些？化学法主要包括哪些？
2. 半纤维素是一种混合聚糖，都包含哪些糖基？主链连接方式有哪些？
3. 研究聚糖主链和支链的组成、联接方式和位置等结构信息，可以采用哪些方法？
4. 试命名以下结构式：

a.

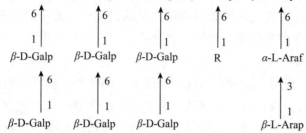
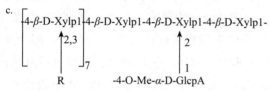

b.

c.

d. $-4-\beta\text{-D-GIcp-}1-4-\beta\text{-D-Manp-}1-4-\beta\text{-D-Glcp-}1-4-\beta\text{-D-Manp-}1-4-\beta\text{-D-Manp-}1-$

e. $-1-4-\beta\text{-D-Xylp}1-4-\beta\text{-D-Xylp}1-3-\alpha\text{-L-Ra}1-2-\alpha\text{-D-GaAp-}1-4-\beta\text{-D-XyIp}$

5. 半纤维素分离方法有哪些？

6. 研究半纤维素化学结构方法有甲基化醇解法，可以用于鉴定主链糖基和支链糖基或糖醛酸基的联接位置，试介绍该方法。

7. 半纤维素各组分的分离和鉴定有哪些方法？

8. 哪些方法能够用来研究半纤维素在细胞壁中的分布？

# 参考文献

樊洪玉，卫民，赵剑，等，2018. 半纤维素分离提取及改性应用研究进展[J]. 生物质化学工程，52(2)：42-50.

崔红艳，2011. 半纤维素的分离和分析方法及其应用研究进展[J]. 黑龙江造纸，39(1)：46-49.

邓军军，韩卿，2013. 半纤维素的现代仪器分析技术[J]. 黑龙江造纸，41(1)：35-37.

高海龙，刘娜，傅英娟，等，2017. 半纤维素功能材料的研究进展[J]. 造纸科学与技术，36(6)：24-28.

金强，张红漫，严立石，等，2010. 生物质半纤维素稀酸水解反应[J]. 化学进展，22(4)：654-662.

林妲，彭红，余紫苹，等，2011. 半纤维素分离纯化研究进展[J]. 中国造纸，30(1)：60-64.

马静，张逊，周霞，等，2015. 半纤维素在植物细胞壁中分布的研究进展[J]. 林产化学与工业，35(6)：141-147.

许凤，孙润仓，詹怀宇，2003. 非木材半纤维素研究的新进展[J]. 中国造纸学报(1)：150-156.

姚一军，王鸿儒，2018. 纤维素化学改性的研究进展[J]. 材料导报，32(19)：3478-3488.

余紫苹，彭红，林妲，等，2011. 植物半纤维素结构研究进展[J]. 高分子通报(6)：48-54.

岳盼盼，付亘悫，胡亚洁，等，2019. 木质纤维生物质半纤维素分离研究进展[J]. 中国造纸，38(6)：73-78.

郑勇，彭聪虎，郑永军，等，2016. 半纤维素在离子液体中的溶解和再生过程研究[J]. 轻工学报，31(2)：15-20.

周帅，苗庆显，黄六莲，等，2017. 半纤维素基功能材料的研究进展[J]. 林产化学与工业，37(6)：10-18.

# 第5章　甲壳素与壳聚糖

## 5.1　概述

甲壳素也称几丁质(chitin)，壳多糖，学名为 N-乙酰-2-氨基-2-脱氧-$\beta$-D-葡聚糖，是来源于海洋无脊椎动物的外壳，真菌细胞壁及昆虫的外角质层和内角质层的一类天然高分子聚合物，它属于氨基多糖。甲壳素广泛存在于昆虫、虾蟹及其他节肢动物体壁，如蝴蝶的头部和胸部被坚硬的甲壳素板覆盖，而腹部被柔软的甲壳素覆盖。翅膀也是一层甲壳素膜。软体动物的骨骼、贝类、昆虫的表皮、菌类、藻类的细胞中也含有丰富的甲壳素，如蝇蛆壳(干蛆皮含有30%~54.8%的甲壳素)、蚕蛹壳(含有33%~44%的甲壳素)、柠檬酸发酵渣(发酵废渣主要是废菌丝体，含有20%~22%的甲壳素，成本低)、蝉蜕(产率27.0%~33.3%)。甲壳类动物外壳的结构材料就是甲壳素，它既有生理作用，又能保护机体防止外来机械性冲击；同时，还具有吸收高能辐射的性能。在真菌的细胞壁中，甲壳素与其他多糖相连；在动物体内，则是与蛋白质结合成蛋白聚糖。

壳聚糖是什么

壳聚糖也称几丁聚糖(chitosan)，它是由几丁质在碱性条件下加热，脱去 N-乙酰基后生成的，其化学名称为(1,4)-2-氨基-2-脱氧-$\beta$-D-葡聚糖。壳聚糖由于它的大分子结构中存在大量氨基，从而大大改善了甲壳素的溶解性和化学活性，也是自然界中迄今被发现的唯一带正电荷的动物纤维素。壳聚糖外观是白色或淡黄色半透明状固体，略有珍珠光泽，应用价值高。一般而言，N-乙酰基脱去55%以上就可以称之为壳聚糖，这种脱乙酰度的壳聚糖能溶于1%乙酸或1%盐酸。根据 N-脱乙酰度可以把壳聚糖分为55%~70%为低脱乙酰度壳聚糖；70%~85%为中脱乙酰度壳聚糖；85%~95%为高脱乙酰度壳聚糖；95%~100%为超高脱乙酰度壳聚糖(极难制备)。作为有实用价值的工业品壳聚糖，N-脱乙酰度必须在70%以上。

消失的生命之源壳聚糖

甲壳素是地球上第二大生物资源(纤维素第一)，与纤维素结构相似，被称为动物纤维素。每年生物合成的甲壳素量约有 $100 \times 10^8$ t，是地球上仅次于植物纤维的第二大生物资源，是人类取之不竭的生物资源，这些天然聚合物主要来源于沿海地区。目前，印度、波兰、日本、美国、挪威和澳大利亚等国家甲壳素、壳聚糖已经商业化生产。我国沿海水产资源丰富，加工后的废弃虾、蟹下脚料很多，若不加以合理利用，不仅对环境造成负担，更是资源的浪费。中国古代医著《神农本草》《本草纲目》《千金药食治》等都有关于螃蟹壳、甲鱼壳、蝉蛹壳、比目鱼软骨入药治病的记载。

甲壳素首先是1811年，法国研究自然科学史的布拉克诺(H. Bracolmot)教授用温热的稀碱溶液反复处理蘑菇，首次发现甲壳质，并命名为 Fungine；1823年，另一位法国科学家奥吉尔(A. Odier)从甲壳类昆虫的翅鞘中分离出同样的物质，并命名为几丁质；1843年，A. Payen 发现几丁质与纤维素性质不同，J. L. Lassaigne 发现几丁质中有氮元素；1859年，法国科学家C. Rouget 将甲壳素浸泡在浓 KOH 溶液中，煮沸一段时间，取出洗净后发现甲壳素可溶于有机酸中；1878 年，G. Ledderhose 从几丁质的水解反应液中检出了氨基葡萄糖和乙酸；1894 年，E. Gilson 进一步证明几丁质中含有氨基葡萄糖，后来研究证明，几丁质是由 N-乙酰基葡萄糖缩聚而成的；1894 年，F. Hoppe-Seiler 确认这种产物是脱掉了部分乙酰基的甲壳素，并命名为几丁聚糖；1939 年，Haworth 获得了一种无争议的合成方法，确定了甲壳素的结构；1936 年，美国人 Rigby 获得了有关甲壳素/壳聚糖的一系列授权专利，描述了从虾壳、蟹壳中分离甲壳素的方法，制备甲壳素和甲壳素衍生物的方法，制备壳聚糖溶液、壳聚糖膜和壳聚糖纤维的方法；1963 年，Budall 提出了甲壳素存在着 3 种晶型；20 世纪 70 年代，甲壳素的研究增多；20 世纪八九十年代，甲壳素/壳聚糖研究进入全盛时代。

甲壳素安全无毒，且由于其分子间和分子内存在强烈的氢键，它化学性质不活泼，不易溶于水、稀酸、稀碱或一般的有机溶剂中，因此在应用中受到限制，平常用的大多数是甲壳素的衍生物壳聚糖。壳聚糖是甲壳素最重要的衍生物。它含有丰富的 C 和 N 元素，是自然界中除蛋白质外含氮量最为丰富的有机氮源，由于游离氨基的存在，壳聚糖能溶于大多数无机酸和有机酸中(图 5-1)。

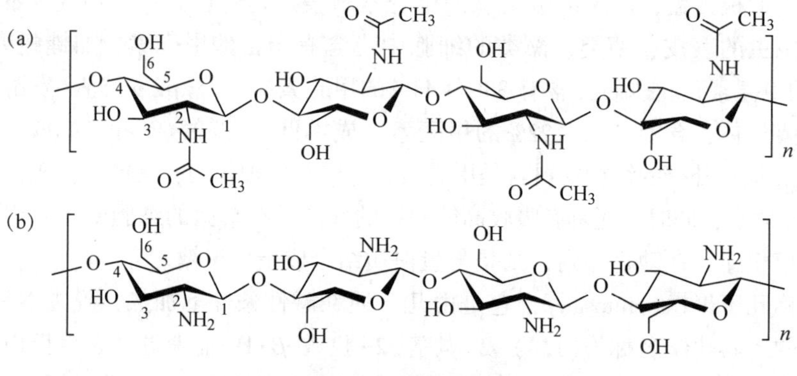

**图 5-1　甲壳素和壳聚糖的结构式**
(a)甲壳素　(b)壳聚糖

甲壳素在动植物组织中以一种高度有序的结晶微原纤结构分散在无定型多糖或蛋白质的基质内。甲壳素在生物体中常以直径在 2.5~2.8 nm 之间的微纤维形式镶嵌在蛋白质中。甲壳素具有微纤维的存在形式，使之可成为纺丝材料。

壳聚糖分子结构中的氨基基团比甲壳素分子中的乙酰氨基基团反应活性更强，使得该多糖具有优异的生物学功能并能进行化学修饰反应。因此，壳聚糖被认为是比纤维素具有更大应用潜力的功能性生物材料。

壳聚糖具有长链糖分子特性，它与纤维素形成的膳食纤维素有相似的特性，如保水、难以被人体消化吸收等。其次，壳聚糖溶于酸后，糖链上的氨基发生质子化，可形成强大的正电荷阳离子基团，这有利于改善酸性体质、维持机体正常 pH 值。同时，壳聚糖由于分子链上具有特殊的—NH₂ 和—OH 基团结构，能够进行改性、螯合和交联反应。另外，壳聚糖及其衍生物具有抗菌性、抗氧化性和成膜性，并在食品工业中表现出了巨大的应用前景。有研究发现壳聚糖在醋酸溶液中溶解后具有一定成膜性，将其涂于水果表面能形成一层薄膜，此膜具有防止果蔬失水，抑制其呼吸强度，延缓营养物质的消耗，抑制、防止微生物的侵染，减少果蔬的腐烂，延长贮藏期限的功能，从而达到保鲜的目的。在果汁或蜂蜜中可以利用壳聚糖起到絮凝剂的作用，由于壳聚糖带有正电荷，添加后可通过静电作用中和果汁中的负电荷的小分子杂质，起到澄清果汁的作用。除此之外，壳聚糖还具有生物降解性、生物相容性、无毒性、抑菌、抗癌、降脂、增强免疫等多种生理功能，广泛应用于食品添加剂、纺织、农业、环保、美容保健、化妆品、抗菌剂、医用纤维、医用敷料、人造组织材料、药物缓释材料、基因转导载体、生物医用领域、医用可吸收材料、组织工程载体材料、医疗，以及药物开发等众多领域和其他日用化学工业。

## 5.2　壳聚糖与甲壳素化学结构

甲壳素的分子式为$(C_8H_{15}NO_6)_n$，其化学名称为$\beta$-(1,4)-2-乙酰氨基-2-脱氧-D-葡萄糖，是通过$\beta$-1,4-糖苷键连接起来的线性高分子多糖。甲壳素是白色无定型、半透明固体，相对分子质量因原料不同而有数十万至数百万。氨基葡萄糖是壳聚糖的基本组成单位，壳二糖是壳聚糖的基本结构的糖单元，采用壳聚糖酶自然降解壳聚糖得到的最终产物是壳二糖。

壳聚糖是拥有着双螺旋结构的多糖分子，其分子含有—OH、—NH$_2$以及—N—COCH$_3$基团。其中羟基又分为C6—OH 一级羟基和C3—OH 二级羟基：在空间构象上，C6—OH 一级羟基位阻小，可以较为自由地旋转；但是 C3—OH 作为二级羟基，空间位阻大，在构象上不能自由旋转。就氨基和羟基的活性比较而言，氨基的活性要比一级羟基大。因为分子结构内部具有羟基和氨基基团，所以也由此形成了分子内和分子间氢键，基团和氢键一同构成了壳聚糖的大分子高级结构。壳聚糖分子因为数量众多的氢键更容易形成结晶区，从而具有较高的结晶度，具有很好的吸附性、成膜性、成纤性和保湿性等良好的物理机械性能。

脱乙酰度(degree of deacetylation，DD)是脱去乙酰基的葡萄糖胺单元数占总的葡萄糖胺单元数的比例。甲壳素及其衍生物的脱乙酰度、相对分子质量会因来源和生产工艺条件的不同而有所变化，这些理化性质会影响包括溶解性、化学反应性以及生物活性在内的多种功能特性。甲壳素的相对分子质量决定了自身的黏度和降解速率，这些指标可以通过黏度计、光散射法以及凝胶渗透色谱法进行测定。甲壳素和壳聚糖的脱乙酰度是脱去乙酰基的单元在整个聚合物链中所占的摩尔分数，它是影响甲壳素和壳聚糖的诸如溶解性、柔韧性、聚合物形态以及黏度等性质的重要因素之一。由于甲壳素和壳聚糖只是在乙酰化程度上有所不同，因此分子的不同乙酰度可以用来区分甲壳素和壳聚糖：当乙酰度大于 50% 且不可溶解时，被认为是甲壳素；而当乙酰度小于 50% 并且可以溶解的时，则被认为是壳聚糖。

甲壳素和纤维素类似，分子间和分子内都有大量作用力强的氢键连接，因而不溶于水、水溶性溶剂和一般的有机溶剂，但可溶于浓盐酸、硫酸、磷酸和无水甲酸，溶解的同时主链发生降解。甲壳素中由于有氨基、自由基以及羟基的存在，因此可以发生醚化、氧化、交联、螯合、酰化、烷基化、水解、接枝共聚等一系列的化学反应。甲壳素脱乙酰处理后得到的壳聚糖作为一种聚合电解质，可以在酸性条件下形成静电复合物，它在酸性媒介中的阳离子性能是独一无二的。

## 5.3　壳聚糖与甲壳素的物理性质

研究证实，甲壳素和壳聚糖与其他多糖一样呈现双螺旋结构特征，XRD 照片给出的螺距为 0.515 nm，1 个螺旋平面由 6 个糖残基组成。甲壳素和壳聚糖的氨基、羟基、N-乙酰氨基形成的氢键，形成了甲壳素和壳聚糖大分子的二级结构。壳聚糖的氨基葡萄糖残基以椅式结构中有 2 种分子内氢键：一种分子内氢键是一个糖残基的 C3—OH 与相邻的糖苷基形成的；另一种分子内氢键是同一条分子链上相邻一个糖残基的吡喃环上氧原子与 C3—OH 形成。

一种壳聚糖分子间氢键是 C3—OH 与相邻的另一条壳聚糖分子链的糖苷基形成的，另一种

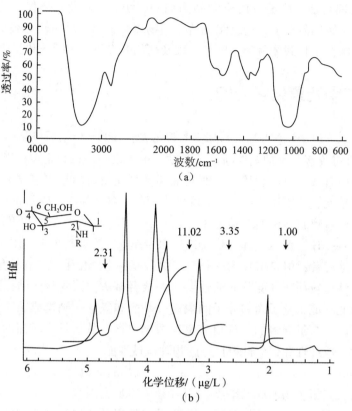

**图 5-2  壳聚糖的红外光谱和核磁共振氢谱**

(a)红外光谱    (b)核磁共振氢谱

分子间氢键是氨基葡萄糖残基的 C3—OH 与相邻壳聚糖呋喃环上的氧原子形成的。壳聚糖和甲壳素的 C3—OH、C2—NH$_2$、C6—OH 等官能团均可形成分子内和分子间的氢键(图 5-2)。

### 5.3.1  甲壳素与壳聚糖的结晶结构

甲壳素这类结晶高分子主要可以分为两种同质异型体:α 型、β 型和 γ 型,γ 型在自然界中比较少见,被认为是 α 型的一种变异体。α 型甲壳素,由两条反向平行的糖链组成;β 型甲壳素,由两条同向平行的糖链组成;γ 型甲壳素,由三条糖链组成,其中两条同向一条反向。α 型甲壳素是最稳定,储量最丰富的甲壳素,广泛存在于真菌、酵母细胞壁,在各种虾、蟹壳中与矿物质沉积在一起后,形成坚硬的外壳。相比之下,β 型甲壳素储量就少很多,仅仅存在鱿鱼、乌贼和管虫等体内,与胶原蛋白相联结,表现出较好的流动性和柔韧性,还具有多种生理功能。在 α 型、β 型这两种晶体结构中,甲壳素分子链通过大量的氢键紧密连接在一起,形成片状的板块,这种紧密的网络结构主要是由较强的 C—O⋯NH 氢键来决定的,它使得每个单位晶格上的分子链间距保持在 0.47 nm 左右。在 α 型甲壳素的晶体结构中,每个单位晶格沿着 b 方向会有氢键的结合,而在 β 型甲壳素中在 b 轴方向上却没有这类的氢键产生。因此,很多极性的小分子如水、乙醇等很容易渗透到 β 型甲壳素中,但通常这些小分子是难以进入 α 型甲壳素内,只有一些脂肪族的二元胺能够做到。另外,β 型甲壳素的晶内膨胀行为在水、乙醇中是可逆的,但在强酸溶液中是不可逆的,这是因为片层间的氢键被破坏,结晶消失,但结晶度依然存在,在去除酸液后,就会发生再结晶,α 型甲壳素的晶体形成。从 β 型到 α 型甲壳素的转变说明 α 型甲壳素在热力学上比 β 型甲壳素更稳定。α 型甲壳素常用来制备甲壳素晶须,主要是因为它的储量丰富，尽管 $\beta$ 型甲壳素储量少，但由于其晶须有着更高的长径比，而且甲壳素的反应活性相对于 $\alpha$ 甲壳素更高，因此也有不少人使用 $\beta$ 型甲壳素制备甲壳素晶须。

甲壳素和壳聚糖的脱乙酰度影响本身的结晶度，如脱乙酰度为 0 的甲壳素和脱乙酰度为 100%的壳聚糖，在分子结构中，具有分子链均匀、规整性好、结晶度高的特点。对甲壳素进行脱乙酰化化学处理，甲壳素分子链的规整性被破坏，致使结晶度下降，脱乙酰度增加到一定程度后，分子链结构又趋于均一，结晶度会逐渐增加。经 X 射线衍射测试壳聚糖脱乙酰度从 74%增加到 85%的样品，X 射线衍射峰随着脱乙酰度增加依次变得尖锐，结晶度从 21.6%增加到 28.0%。

## 5.3.2　甲壳素和壳聚糖的溶解

壳聚糖溶液的性质对其应用有重要影响。由于分子内和分子间强烈的氢键作用，导致可用于甲壳素和壳聚糖溶解及化学改性的溶剂很少，甲壳素不溶于一般有机溶剂、水、稀酸或稀碱，溶于少数混合溶剂如六氟丙酮-二氯乙烷-三氯乙酸、二甲基乙酰胺/氯化锂等。壳聚糖溶液有其自身特性，也具有高分子化合物溶液的通性。壳聚糖不溶于水、碱以及一般有机溶剂，但是因为壳聚糖结构单元中存在—$NH_2$ 基团，极易与酸反应成盐，因此，壳聚糖可以溶解在稀的盐酸、甲酸、乙酸、乳酸、苹果酸、抗坏血酸等许多稀的无机酸或某些有机酸中，长时间加热搅拌条件下也能溶解在浓的盐酸、硝酸、磷酸中。

大多数壳聚糖只在某些稀酸中才会溶解，在水和碱性溶液中基本不溶，这是因为分子间氢键的存在，使得壳聚糖分子内部的晶体结构紧密，结晶度高。而在稀溶液中，分子内部氨基上的 N 原子具有未共用的电子，与溶液中的氢质子结合，把—$NH_2$ 质子化为—$NH_3^+$，由此壳聚糖形成带正电荷的聚电解质，壳聚糖分子间和分子内氢键被破坏，壳聚糖便可以溶解在水溶液里，尤其当酸性 pH 值为 5.6 时，其活性最大(图 5-3)。

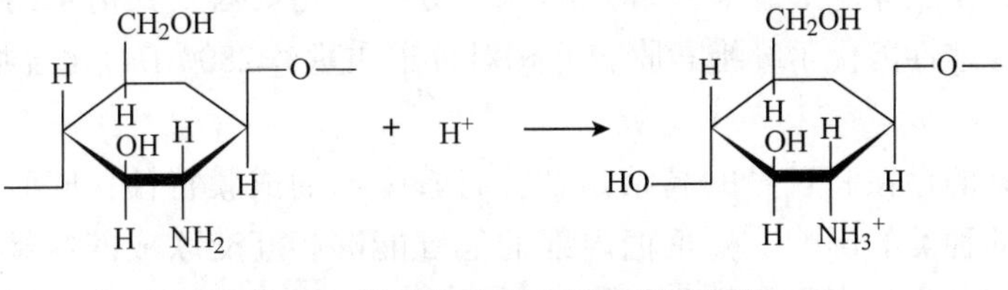

**图 5-3　稀酸溶液中壳聚糖的溶解性**

目前，溶解甲壳素和壳聚糖的方法主要是通过破坏内部氢键网络结构而使之溶解，溶解甲壳素和壳聚糖的传统溶剂体系包括强碱溶液体系、锂盐-强极性非质子极性溶剂体系等。由于这些溶剂具有毒性、强腐蚀性、后续处理麻烦等缺点，不利于绿色环保的工业化生产，因此，寻找一类温和的、环境友好的甲壳素和壳聚糖的溶剂，并且在该均相溶液中对甲壳素和壳聚糖进行化学改性，是拓展甲壳素和壳聚糖应用的重要内容和研究方向。

脱乙酰度、温度、相对分子质量等性质均会对壳聚糖溶解行为产生影响。脱乙酰度大、相对分子质量小、黏度低的壳聚糖更易溶于水。脱乙酰度是影响壳聚糖性质的重要因素。壳聚糖中的氨基基团决定了壳聚糖的带电性质会随着 pH 值的变化而变化。当 pH 值较低时，氨基发生质子化而带正电荷，使得壳聚糖成为水溶性阳离子聚电解质；当 pH 值达到 6 时，壳聚糖中的氨基开始去质子化并失去正电荷，此时壳聚糖变得不溶。壳聚糖这种可溶—不溶的转变发生在 pH 值为 6~6.5 范围内，壳聚糖的溶解行为与其脱乙酰度及脱乙酰的方法密切相关。离子液体通常由阴阳离子组成，离子液体的结构对壳聚糖的溶解有着重要影响。与离子液体对纤维素的作用相比，离子液体对壳聚糖有着相似的溶解机理。离子液体对壳聚糖的溶解机理可以解释为：在加热条件下，离子液体中的离子对发生解离，形成游离的阳离子和阴离子，其中游离的阴离子既可以和壳聚糖大分子链羟基中的氢原子形成氢键；也可以同大分子链中氨基中的氢原子形成氢键；而游离的阳离子和壳聚糖大分子中失去氢原子的氧作用，从而破坏了壳聚糖中原有的氢键，导致壳聚糖在离子液体中的溶解。

### 5.3.3  壳聚糖一般物理性质

甲壳素呈白色，为半透明固体；壳聚糖呈白色或浅黄色，为片状固体，壳聚糖在干燥条件下可存放很长一段时间。甲壳素和壳聚糖的相对分子质量因原料和制备方法的不同均从数十万至数百万不等。

（1）溶解性

甲壳素和壳聚糖的溶解性不完全相同。甲壳素和壳聚糖均不溶于水；甲壳素溶于浓的盐酸、硫酸和无水甲酸。壳聚糖可溶于稀的盐酸、硝酸等无机酸和大多数有机酸。

（2）溶液性质

研究壳聚糖的溶液性质对于壳聚糖未来的应用和发展是至关重要的。壳聚糖溶液的黏度与浓度有着十分紧密的联系，壳聚糖的浓度的越大，黏度也越大；当壳聚糖浓度相同时，其黏度随溶液的酸性增强而降低，降解也越快；壳聚糖溶液的黏度随着贮存时间的延长，黏度逐渐降低；在常温下，温度对溶液黏度的变化影响不大。

（3）吸湿、透气性和渗透性

甲壳素、壳聚糖及其衍生物都具有很强的吸湿性。甲壳素的衍生物具有很高的吸湿率，一般情况下可达 400%~500%。壳聚糖的衍生物吸湿率比甲壳素还要高。甲壳素、壳聚糖及其衍生物可以被制成膜，这种膜的透气性十分良好，如壳聚糖膜的透氧率高达 $7 \times 10^{-11} \text{cm}^2/\text{s}$。像这种透气性能良好的材料，是制作隐形眼镜片理想的原料之一。壳聚糖及其衍生物的膜具有良好的渗透性，壳聚糖膜的渗透性能优于纤维素膜，低相对分子质量（<2800 Da）化合物都可以通过。

（4）成膜性

壳聚糖因为氢键的存在和自身的高结晶度，有着不错的成膜特性，同时，成膜性也会受到溶液的浓度、溶剂的种类的影响。壳聚糖内部的氢键能够相互交联成网状结构，利于成膜；以醋酸、乳酸作为溶剂制成的壳聚糖膜，氧气透过性会随溶剂浓度的上升变好；成膜过程中需要一定黏度的壳聚糖溶液，但是若黏度太大，流延成膜的过程中会导致膜的厚度过大，涂膜不均匀。此外，膜的性能与成膜对象也有关，成膜介质表面粗糙，黏着性好；表面光滑，黏着性差。

壳聚糖的溶解性与脱乙酰度、相对分子质量、黏度有关，脱乙酰度越高，相对分子质量越小，越易溶于水；相对分子质量越大，黏度越大。壳聚糖具有很好的吸附性、成膜性、通透性、成纤性、吸湿性和保湿性。N-脱乙酰度和黏度（平均相对分子质量）是壳聚糖的两项主要性能指标。

## 5.4  壳聚糖与甲壳素的化学性质

甲壳素及壳聚糖分子链上含有—OH、—$NH_2$、氧桥、吡喃环等功能基团，因此一定的条件下能够水解、生物降解、酰基化、烷基化、缩合等。壳聚糖溶解性和 pH 值有关，酸性条件下，氨基质子化后易溶于水。pH <5 时，壳聚糖溶于水后形成黏稠的液体，碱化处理后，可形成凝胶而沉淀。壳聚糖本身带正电荷，在酸性水溶液中可与肝素、海藻酸钠、羧甲基甲壳素等聚阴离子化合物相互作用，形成聚电解质配合物。由于其分子链 C2 上有氨基，C6 上有羟基，因此在较

温和的条件下易发生化学反应，制备出多种功能特性的衍生物，并且通过修饰其侧链基团可以得到具有不同生物活性的衍生物。很多壳聚糖的衍生物就是通过对壳聚糖的氨基修饰、活化和偶联等方法改性得来的。例如，

①羧基官能团的引入　羧基官能团通过羧基化反应，引入到壳聚糖分子内的活性—$NH_2$ 上。其改性价值主要体现在水溶性变得更好，并且能够得到两性壳聚糖衍生物。

②—OH 和—$NH_2$ 与交联剂交联反应　通过交联反应可以生成网状聚合物，交联后的产物提升了溶酸性和机械性能，此反应还可以进一步为接枝改性提供条件。

③分子中的—OH 和—$NH_2$ 具有配位螯合的功能　—OH 和—$NH_2$ 基团能够和过渡金属离子形成配合物，而且还能够与交联剂发生交联，从而制备出的壳聚糖拥有了选择性吸附的特点。

④分子中的—OH 可与烃基化试剂反应　—OH 和甲基醚、乙基醚等进行醚化反应，应用于新材料的开发。

甲壳素和壳聚糖的溶解性较差，在水、普通的有机溶剂中溶解性均不好，这大大地制约了这类材料的应用，然而甲壳素和壳聚糖分子链上具有多种官能团，可以对其重复单元进行化学改性引入不同基团，得到溶解性能改善的衍生物材料，同时因为引入了不同的取代基而使甲壳素和壳聚糖衍生物材料具有各异的功能。

利用壳聚糖可溶于稀酸溶液中的性质可以对壳聚糖进行均相溶液反应，在不同的反应条件下，可以对重复单元中的羟基和氨基及分子链进行硅烷基化、酰化、羟基化、接枝共聚、烷基化、羧基化、季铵盐、主链水解、体型高分子等化学反应。

## 5.4.1　主链水解

### 5.4.1.1　单糖

甲壳素和壳聚糖完全降解的产物是 D-氨基葡萄糖单糖，具有辅助治疗关节炎和刺激蛋白多糖合成等功能。N-乙酰氨基葡萄糖有免疫调节作用，能改善肠道微生态环境，促进双歧杆菌生长，对肠道疾病有治疗和预防效果。因此，有关氨基葡萄糖及其衍生物的研究近年来较为活跃。化学法是甲壳素和壳聚糖主链水解制备单糖的主要途径。甲壳素用热的浓盐酸水解可得到 D-氨基葡萄糖盐酸盐，用乙酸水解可得到 N-乙酰基-D-氨基葡萄糖。利用盐酸盐还可制备硫酸盐和氨基葡萄糖的其他衍生物。目前临床使用的抗风湿药物常有胃肠道损伤、骨质疏松、肌肉无力、肝和肺损伤等毒副作用，而利用季铵盐正电荷与软骨蛋白多糖负电荷的相互作用，可以将含有季铵盐基团的化合物作为抗风湿药物。

### 5.4.1.2　低聚寡糖

甲壳素和壳聚糖的部分水解产物是低聚寡糖。化学法中通常用酸和过氧化物进行降解，难点是降解产物相对分子质量分布较宽，但近年来仍取得一定进展。如用盐酸控制条件可得到 5～7 糖，用亚硝酸钠可得到 3 糖。酶水解法是制备低聚寡糖的主要途径。酶水解法具有专一性，它可制备确定聚合度的低聚寡糖，特别是二聚体以上的寡糖。如用从芽孢杆菌中得到的壳糖酶降解壳聚糖，可得到壳二糖到壳五糖的系列物，而不会得到单糖，这些产物再进行乙酰化可得 N-乙酰化甲壳寡糖。而用从绿色木霉中得到的纤维素酶来降解壳聚糖，得到的是 6 糖至 10 糖。用排阻色谱可将壳糖低聚混合物中聚合度为 15 的低聚糖分离出来。目前将酶与超滤膜相结合，已实现了低聚糖的连续生产。

对低聚寡糖也可进行衍生化，并表现出了较强的生理活性。例如，N-乙酰基甲壳六糖和壳六糖，对 s-180 和 MM-46 有明显的抑制作用。将壳三糖与三甲基缩水甘油氯化铵反应，目标化合物有非常强的抗菌活性。低聚寡糖有显著的生理活性，已显示出在医药、食品、农业和化妆

品领域的潜在实用价值。

## 5.4.2 羟基化反应

羟基甲壳素和壳聚糖衍生物的合成，一般是在碱性介质中进行的。用碱性甲壳素和环氧乙烷进行羟乙基化反应可得到羟乙基甲壳素，但由于反应是在强碱中进行，同时也伴随着 N-脱乙酰化反应的发生。此外，环氧乙烷在氢氧根阴离子作用下会发生聚合反应，因而得到的衍生物结构具有不确定性。用 2-氯乙醇替代环氧乙烷也可得到相同产物。羟乙基甲壳素脱除乙酰基后得到 O 位取代的羟乙基壳聚糖。采用同样方法，用环氧丙烷反应可得到羟丙基甲壳素和壳聚糖。在碱性条件下，壳聚糖也可与环氧乙烷和环氧丙烷直接反应，但得到的是 N、O 位取代的衍生物。用缩水甘油或 3-氯-1,2-丙二醇也可进行羟基化反应，通过一步反应就可在壳聚糖的分子中引入两个羟基。

通常羟基化甲壳素和壳聚糖衍生物具有水性，也有良好的生物相容性。我们曾将改性后的羟丙基甲壳素作为增稠材料，制备成含适量盐酸环丙沙星的眼药水和人工泪液，在临床观察中取得了理想的效果。

## 5.4.3 酰化反应

甲壳素和壳聚糖的酰化反应是化学改性研究最早的一种反应。通过引入不同相对分子质量的脂肪或芳香族酰基，所得产物在有机溶剂中的溶解度可大大改善。早期的酰化反应是在乙酸和酸酐或酰氯中进行的，反应条件温和，反应速率较快，但试剂消耗多、分子链断裂十分严重。壳聚糖改性最常用的反应方式是酰化反应。此反应主要是将芳香族酰基、脂肪族在酰基化合物或者其他酸酐的条件下引入到壳聚糖分子中，在氨基上反应生成酰胺、在羟基上反应生成酯的化学反应。通常酰化反应发生的媒介溶剂是冰乙酸/甲醇、吡啶、吡啶/氯仿等混合溶液或甲醇/甲酰胺溶剂。

酰化改性后的壳聚糖，内部有序的晶体结构被打乱，主要是因为氢键遭到破坏，也正因为结构不再像改性前规整有序，所以改性后的壳聚糖水溶性有所提高。壳聚糖分子内部的羟基和氨基有着不同的反应活性，对壳聚糖进行酰化反应时，要注意二者的取代顺序，可以充分利用二者取代活性的不同，对不同位置有选择性地进行取代，因此，不仅能够酰化得到单一的 N-酰化产物、单一的 O-酰化产物质，还能够得到 N,O-酰化的壳聚糖。此外，壳聚糖分子内的羟基分为 C6 位上的一级羟基和 C3 位上的二级羟基，它们会影响参加反应的官能团的位置。从空间构象上来讲，C6 能够较为自由地旋转，位阻较小；C3 不能够自由旋转，空间位阻更大。因此，在通常情况下，C6 的反应活性要大于 C3。此外，在选取发生酰化反应的官能团时候，溶剂、酰化试剂、催化剂、反应温度都是影响发生反应基团的因素。

近年来的研究发现甲磺酸可代替乙酸进行酰化反应。甲磺酸既是溶剂，又是催化剂，反应

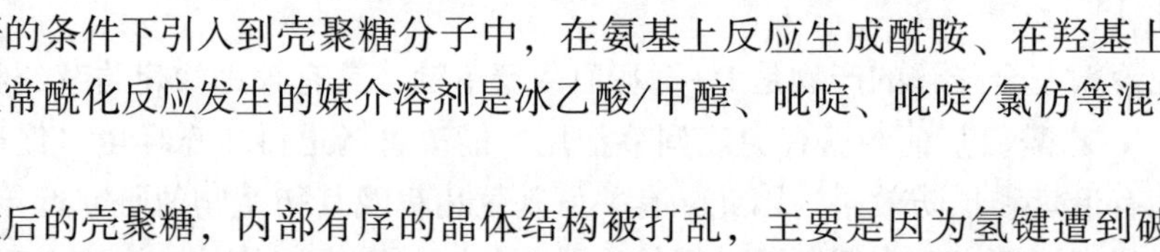

**图 5-4 完全酰化壳聚糖衍生物的结构式**

在均相进行，所得产物酰化程度较高；壳聚糖可溶于乙酸溶液中，加入等量甲醇也不沉淀。所以，用乙酸/甲醇溶剂可制备壳聚糖的酰基化衍生物。三氯乙酸/二氯乙烷、二甲基乙酰胺/氯化锂等混合溶剂均能直接溶解甲壳素，使反应在均相中进行，从而可制备具有高取代度且分布均一的衍生物。酰化度的高低主要取决于酰氯的用量，通常要获得高取代度产物，需要更过量的酰氯。当取代基碳链增长时，由于空间位阻效应，很难得到高取代度产物。

酰化壳聚糖反应通常发生在氨基上，但是反应并不能完全选择性地发生在氨基上，也会发生 O-酰基化反应。在乙酸水溶液中或在高溶胀的吡啶凝胶中，壳聚糖很容易发生 N-乙酰化反应。控制反应条件可得到 50%N-乙酰化壳聚糖。由于它可在有机溶剂中形成凝胶，有较好的反应活性，因此又可作为二次修饰的反应原料。例如，把水溶性甲壳素的水溶液加入吡啶和二甲基甲酰胺等有机溶剂中，就可得到高溶胀性凝胶，用邻苯二甲酸酐和均苯四甲酸酐等都可以与氨基发生 N-酰基化反应。将溶胀的完全脱乙酰化壳聚糖加到邻苯二甲酸酐的吡啶溶液中，反应得到 N-、O-邻苯二甲酰化壳聚糖，总取代度在 0.25~1.81 之间，溶于二甲亚砜、二氯乙酸和甲酸中，可以形成溶致液晶，它的临界浓度基本不受取代度变化的影响。为了用壳聚糖制备有确定结构的衍生物和性能更好的功能材料，寻求一种容易控制反应的方法显得尤为重要。近年来，N-邻苯二甲酰化壳聚糖的选择性反应受到了关注。将壳聚糖悬浮在 DMF 中，加热至 120~130 ℃，与过量的邻苯二甲酸酐反应，所得的邻苯二甲酰化产物可溶于 DMSO 中。该反应中也发生部分 O-邻苯二甲酰化，但邻苯二甲酰胺对碱敏感，在甲醇和钠作用下，发生酯交换反应，O-酰基离去只生成 N-邻苯二甲酰壳聚糖。

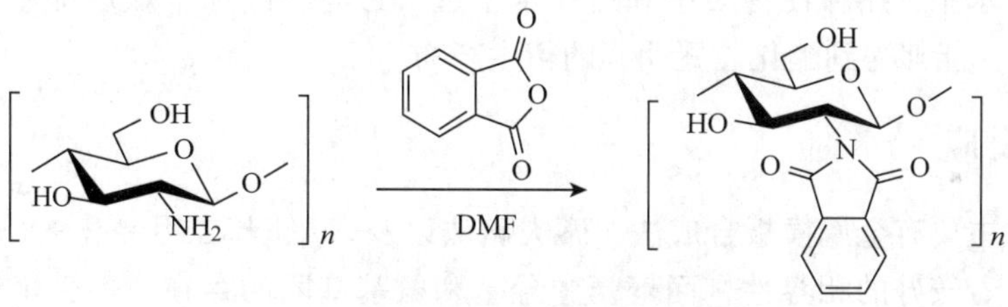

图 5-5 N-邻苯二甲酰壳聚糖的制备

在均相条件下，N-邻苯二甲酰壳聚糖可进行很多选择性修饰反应。例如，在吡啶中 C6 羟基先进行三苯甲基化反应，反应完全后，C3 进行乙酰化反应，最后 C6 脱去三苯甲基得到自由羟基。这些反应可以在溶剂中平稳和定量进行。由此可见，N-邻苯二甲酰基在选择性取代反应中，起到了保护氨基的作用。三苯甲基化产物用肼脱去邻苯二甲酰基可得到 6-三苯甲基壳聚糖，它可溶于有机溶剂，因此它是重要的反应原料。如控制反应条件，可制得双取代和三取代的十六酰壳聚糖衍生物，产物可进一步磺酸化，该产物是一种两性分子，可形成 Langmuir 层三苯甲基壳聚糖可形成磺酸盐，脱三苯甲基后得到 C2、C3 位磺酸化的壳聚糖衍生物。对三苯甲基甲壳素进行磺酸化，只能在 C3 位得到 O-磺酸化的衍生物。该衍生物显示出较强的抗病毒活性，对 AIDS 病毒也有很好的抑制作用；而 C6 位的 O-磺酸基甲壳素有抗凝血功能。由此可见，磺酸基衍生物对 AIDS 病毒的作用是与特定部位的磺酸基有关，而不是与取代度大小有关。

在甲壳素和壳聚糖的酰化反应中，对金属离子的吸附并非取代度越高性能越好。乙酰化或壬酰化壳聚糖的取代度越低，对 Cu(Ⅱ)的吸附量越大。这是因为少量酰基的存在，一方面会破坏壳聚糖的晶体结构，另一方面占据功能基团氨基的位置较少，因而对金属的吸附量增加。壬酰基的影响比乙酰基的影响更为明显，是因为壬酰基的体积更大，疏水性更强。在乙酸水溶液和甲醇混合溶剂中，用相应的酰氯可制得辛酰基、苯酰基和月桂酰基壳聚糖衍生物。所得凝胶是氨基酸的良好吸附剂，并且对 L 型氨基酸比 D 型吸附量大。用这种凝胶作为液相色谱的固定相，可以有效拆分氨基酸的旋光异构体，并且取代度越低，拆分效果越好。在较低的温度下，壳聚糖与苯甲酰氯反应，可得到苯甲酰化壳聚糖。将它制成薄膜，可用来分离苯环己胺的混合物。

### 5.4.4 酯化反应

壳聚糖可与多种有机酸的衍生物（酸酐、酰卤）反应，导入不同相对分子质量的脂肪族或芳香族酰基。壳聚糖分子链的糖残基上既有羟基，又有氨基，酰化反应既可在羟基上成酯，也可在氨基上成酰胺。酯化反应通常是 C6 位的羟基（C6—OH）与酸酐或含氧无机酸进行的反应，氨基也可以发生反应，但是主要以羟基上发生反应为主。反应中采用氨基质子化的方法，能够制得酯化位置明确的产物。

酯化产物包括无机酸酯和有机酸酯，壳聚糖无机酸酯有硫酸酯、黄原酸酯、磷酸酯、硝酸酯等酯类壳聚糖衍生物。壳聚糖硫酸酯的结构与肝素类似，也具有极高的抗凝血作用，特定结构和相对分子质量的壳聚糖硫酸酯，其抗血凝活性比肝素高，而且没有副作用，而肝素的提取和生产较为困难，价格很高。肝素还有引起血浆脂肪酸浓度增高的副作用。壳聚糖的硫酸酯化和磷酸酯化是其化学改性中主要产物之一。硫酸酯化试剂有浓硫酸、二氧化硫/三氧化硫、氯磺酸/吡啶等。硫酸酯化反应除在羟基上外，在氨基上也可进行硫酸酯化。壳聚糖硫酸酯化衍生物在结构上与肝素相似。此外，也曾有人利用以下方法制备：将硫酸和盐酸冷却以后，再往里面逐滴加入壳聚糖，同时随着壳聚糖的加入，缓缓升高温度到室温；再通过冷乙醚对产物进行沉淀过滤，最后溶于水中，用碱性物质中和后在水中透析过滤，冷冻干燥后即可得到产物。利用 Cu$^{2+}$ 对羟基做保护，能够得到酯化位置明确的衍生产物。

### 5.4.5 烷基化反应

壳聚糖烷基化主要有金属模板合成法、席夫碱法以及 N-邻苯二甲酰化法（表 5-1）。卤代烷衍生物与壳聚糖有着较好的相容性，而聚糖中羟基和氨基基团的存在，使壳聚糖较容易发生烷基化反应。但需要注意的是，壳聚糖在发生烷基化反应时候，受到氨基活性大于羟基的影响，更易与氨基反应生成 N-烷基化壳聚糖。烷基化反应的机理是：烷基的引入削弱了壳聚糖结构内部的氢键，所以，这在一定程度上对壳聚糖的溶解度也有所影响，可以通过烷基化来改变壳聚糖的溶解性。

**表 5-1 O 位烷基化壳聚糖衍生物制备方法**

| 方法 | 步骤 |
| --- | --- |
| 席夫碱法 | 先将壳聚糖与醛反应形成席夫碱，再用卤代烷进行烷基化反应，然后在醇酸溶液中脱去保护基，即得到只在 O 位取代的衍生物 |
| 金属模板合成法 | 先用过渡金属离子与壳聚糖进行络合反应，使—NH$_2$ 和 C3 位—OH 被保护，然后与卤代烷进行反应，之后用稀酸处理得到仅在 C6 位上发生取代反应的 O 位衍生物 |
| N-邻苯二甲酰化法 | 采用 N-邻苯二甲酰化反应保护壳聚糖分子中的氨基，烷基化后再用肼脱去 N-邻苯二甲酰 |

烷基化反应可以在壳聚糖的羟基上（O-烷基化），也可以在壳聚糖的氨基上进行（N-烷基化）。烷基化壳聚糖由于削弱了壳聚糖分子间和分子内的氢键，从而大大改善了其溶解性，但若引入的碳链过长（十六烷基），也会影响其溶解性。烷基化壳聚糖应用范围较广，如双二羟正丙基壳聚糖能与阴离子洗涤剂相溶，适用于洗发香波水，用缩水甘油三甲胺卤化物与壳聚糖反应所得到的阴离子聚合物用于洗发香波水中（洗过的头发易于梳理、柔滑），烷基化壳聚糖以其良

好的抗凝血性能，还可用于医学领域。

### 5.4.5.1　O-烷基化

甲壳素和壳聚糖的羟基与烃基化试剂反应生成醚(甲基醚、乙基醚、苄基醚等)，广泛用于日化工业。

甲壳素的 O 位反应通常是先制备成三苯甲基甲壳素，然后再与其他试剂进行反应。在 DMSO 中，用甲壳素与 NaI 反应得到碘代甲壳素，85 ℃时可实现完全取代；用 NaBH$_4$ 还原甲基苯磺酰基甲壳素和碘代甲壳素，可得到脱氧基甲壳素；用硫代乙酸钾处理可引入硫代乙酰基，在甲醇盐的甲醇溶液中脱去乙酰基后可得到巯基甲壳素。巯基甲壳素是一种酶的固定剂，它可使酸性磷酸酶经过多次重复使用后仍保持较高的活性。

### 5.4.5.2　N-烷基化

壳聚糖的氨基是一级氨基，有一对亲核性很强的孤对电子，在反应活性上来说氨基要比羟基大，所以 N-烷基化比 O-烷基化较易发生。壳聚糖的氨基是一级氨基，有一孤对电子，具有很强的亲核性，能发生很多反应。甲壳素的乙酰氨基的 N 上只有一个 H，很稳定，但在一些强烈条件下，也能发生取代反应。烷基化壳聚糖由于改变了分子结构及结构的规整性，壳聚糖分子间和分子内的氢键相应地被削弱，其溶解性得到相应有效的改善，但若引入的碳链过长(十六烷基)，也会影响其溶解性。

N-烷基化壳聚糖衍生物的合成，通常是采用醛与壳聚糖分子中的—NH$_2$ 反应形成席夫碱，然后用 NaBH$_3$CN 或 NaBH$_4$ 还原得到。用该方法引入甲基、乙基、丙基和芳香化合物的衍生物，对各种金属离子有很好的吸附或螯合能力。苯甲醛和壳聚糖反应后用硼氢化钠还原得到苄基壳聚糖，壳聚糖羟基苄基化可形成热致液晶，有可能成为有用的液晶材料。壳聚糖的季铵盐衍生物具有良好的生物相容性，如 N-甲基壳聚糖与碘甲烷进一步反应可得到 N-三甲基壳聚糖碘代季铵盐，由于 N 上存在庞大的取代基团，削弱了分子间的氢键作用，溶解性能得到改善。壳聚糖的季铵盐衍生物具有良好的生物相容性，近年来在药物缓释方面的应用得到了长足的发展。

### 5.4.5.3　N、O-烷基化

在碱性条件下，壳聚糖与卤代烷直接反应，可制备在 N,O 位同时取代的衍生物。反应条件不同，产物的溶解性能有较大的差别。该类衍生物也有较好的生物相容性，有望在生物医用材料方面得到应用。

## 5.4.6　醚化反应

醚化改性通常是指壳聚糖与醚化试剂反应，生成羟烷基壳聚糖和羧烷基壳聚糖，如甲基醚、乙基醚、苄基醚、羟乙基醚、羟甲基等。醚壳聚糖与氯代烷基酸或乙醛酸反应，可以得到溶于水的羧烷基壳聚糖。研究最多的是羧甲基化反应，可以得到 O-羧甲基壳聚糖、N-羧甲基壳聚糖和 O-N-羧甲基壳聚糖。羟乙基甲壳素可以由碱性甲壳素和环氧烷烃(如环氧乙烷)，通过羟乙基醚化反应制备，反应在强碱环境下进行会导致 N-脱乙酰化副反应发生(即羟乙基甲壳素乙酰基被脱除，生成羟乙基壳聚糖)、环氧乙烷在阴离子氢氧根作用下发生的聚合副反应，这些副反应都会导致产物结构复杂。羟丙基化的壳聚糖和甲壳素可用环氧丙烷反应经过相同的方法制备。

壳聚糖可以与环氧乙烷和环氧丙烷等环氧烷烃、缩水甘油、3-氯-1,2-丙二醇等反应，进行羟基化反应，在壳聚糖的分子中引入羟基，制备 N、O 位取代的衍生物。甲壳素和壳聚糖羟基化的衍生物有良好的水溶性、生物相容性，可作为增稠材料用于眼药水和人工泪液，临床效果理想。羟丙基壳聚糖可进一步改性为(2-羟基-3-丁氧基)丙基-羟丙基壳聚糖，是一种高分子表面活性剂材料。

### 5.4.7　羧基化反应

改善壳聚糖的溶解性能,尤其是溶解于水的性能,是开拓壳聚糖应用领域的重要环节。将壳聚糖进一步醚化,可制成水溶性的羧甲基壳聚糖。羧甲基化改性,是把羧甲基基团引入到壳聚糖分子链上,因为羧甲基基团是亲水性的,并且羧基的引入破坏了壳聚糖分子的二次结构,所以在羧甲基化后的壳聚糖,水溶性有了很大改善。由于 Cs 分子结构中在 C3 位和 C6 位分别有羟基,在 C2 位上也存在着氨基,所以羧甲基化会形成几种不同的产物:N-羧甲基壳聚糖、O-羧甲基壳聚糖以及 N,O-羧甲基壳聚糖 3 种。利用乙醛酸和氯乙酸作为醚化剂,可提高壳聚糖的两亲性。可将其应用于化妆品原料、金属离子螯合剂和医疗敷料中,在化妆品和医药领域中具有良好应用价值。

在甲壳素和壳聚糖化学改性研究中,近几年关于羧基化衍生物的报道越来越多。这是因为引入羧基后一方面能得到完全水溶性的高分子,更重要的是能得到含阴离子的两性壳聚糖衍生物。甲壳素和壳聚糖在医药缓释方面的研究应用已有许多研究,但是它们作为缓释材料进入人体后,要消耗一定的胃酸才能溶解,而化学改性制备成水溶性的衍生物可克服其不足。该类衍生物在许多方面得到应用,特别是作为药物载体方面。

羧甲基化甲壳素由碱性甲壳素和氯乙酸反应制得。由于反应是在强碱中进行的,因而既发生脱乙酰化的副反应,也发生 $N_2$ 羧甲基化反应。尽管用该方法得到的衍生物结构不甚明确,但它仍是一种应用最广的甲壳素衍生物。在强碱条件下,壳聚糖也可进行羧甲基化反应,但羧甲基反应是同时发生在羟基和氨基上,得到的是 N,O-羧甲基壳聚糖。在酸性介质中,壳聚糖与乙醛酸反应生成席夫碱,再进行还原可得到 N-羧甲基化壳聚糖。在适当的条件下也可以得到 N,N-二羧甲基壳聚糖。

### 5.4.8　硅烷化反应

甲壳素可以完全三甲基硅烷化,具有很好的溶解性和反应性,保护基又很容易脱去。因此,它可以在受控条件下进行改性和修饰。在 DMF 中,甲壳素的三甲基硅烷化只发生部分取代(取代度为 0.6),而在此条件下纤维素可以完全取代(取代度为 3.0),说明甲壳素的反应活性较低。三甲基硅基甲壳素易溶于丙酮和吡啶,在另一些有机溶剂中可明显溶胀。完全硅烷化的甲壳素很容易脱去硅烷基,因此可用它制备功能薄膜。将硅烷化甲壳素的丙酮溶液铺在玻璃板上,溶剂蒸发后得到薄膜,室温下将薄膜浸在乙酸溶液中,就可脱去硅烷基,得到透明的甲壳素膜。硅烷化甲壳素在一些反应中显示出良好的反应活性,包括三苯甲基化反应,主要用来保护 C6—OH,因此可用于特定选择性的修饰反应。在吡啶中用甲壳素不发生三苯甲基化反应,但是用硅烷化甲壳素代替甲壳素,三苯甲基化反应就可以平稳进行(图 5-6)。

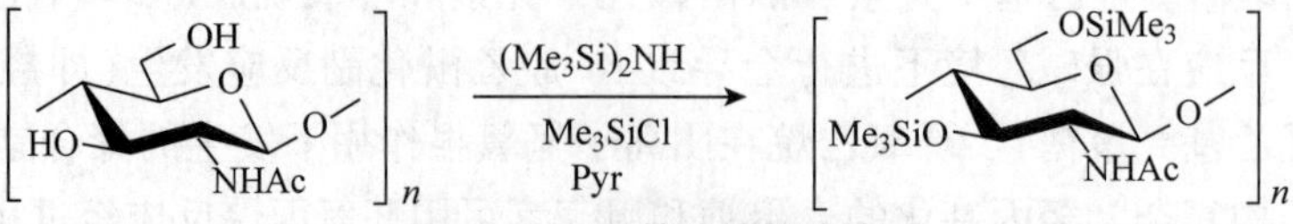

图 5-6　三甲基硅烷甲壳素

### 5.4.9　接枝改性

对壳聚糖和甲壳素进行接枝改性,是通过在其葡胺糖单元上接枝乙烯基单体或其他单体来合成含有多糖的半合成聚合物赋予其新的优异功能。壳聚糖及甲壳素的接枝改性产物主要用于环境科学方面，如用作吸附剂、离子交换树脂、生物降解塑料等。对壳聚糖和甲壳素进行接枝改性的一般途径为通过引发剂、光或热引发等方式在其分子链上生成大分子自由基，从而达到接枝共聚改性的目的。

### 5.4.9.1　甲壳素接枝改性

在 Ce(IV) 的引发下，用丙烯酰胺和丙烯酸与粉末状悬浮甲壳素进行接枝共聚反应，接枝率分别可达 240% 和 200%。所得的共聚物与甲壳素相比，显示出高度的吸湿性。甲壳素的共聚也可在水中以硼酸三丁酯为引发剂进行，但接枝效率不高。用 $\gamma$ 射线照射也可引发甲壳素和苯乙烯的聚合。通常甲壳素的接枝共聚反应不能确定引发位置和所得产物的结构，而用甲壳素的衍生物如碘代甲壳素就可得到有确切结构的接枝共聚物。在碘代甲壳素的硝基苯溶液中，加入 $SnCl_4$ 或 $TiCl_4$ 等 Lewis 酸，反应可形成正碳离子，在高溶胀状态下与苯乙烯进行接枝共聚反应，接枝率可达到 800%。6-巯基甲壳素不溶于水，但在有机溶剂中高度溶胀，且巯基容易脱去，所以，它也是较为理想的一种接枝共聚反应原料。在 80 ℃ 的 DMSO 中，巯基甲壳素与苯乙烯的接枝率可达到 1000%。

### 5.4.9.2　壳聚糖接枝改性

对壳聚糖进行接枝共聚改性反应主要有两种途径：①在高分子的骨架上产生大分子自由基进而引发另一种单体聚合；②通过分子链上的反应性官能团与其他的聚合物分子链偶合。通常的接枝共聚反应有化学法、辐射法和机械法。但壳聚糖的接枝共聚只有化学法和辐射法。从反应机理来看，可分为自由基引发接枝和离子引发接枝。在乙酸或水中壳聚糖与丙烯腈、丙烯酸甲酯、乙烯基乙酸、聚丙烯酰胺、聚丙烯酸、聚 4-乙烯基吡啶等乙烯单体，经偶氮二异丁腈、Ce(IV) 等引发剂引发，可以发生聚合反应，生成壳聚糖接枝共聚物。

## 5.4.10　交联改性

为了使壳聚糖得到很好的应用，需要把它制成交联产物。通常使用的交联剂有戊二醛、甲醛、环氧氯丙烷、环硫氯丙烷及二异氰酸酯等。交联后的产物不溶于稀酸，吸附性能好，可再利用。

壳聚糖与交联剂戊二醛发生交联反应，反应能在均相或非均相条件下，在较宽的值范围内于室温下迅速进行。其他常用的交联剂还有环氧氯丙烷和环硫氯丙烷等。另外，还能把壳聚糖用三氯乙酸酰化成光敏聚合物后在紫外光照射下交联。交联作用可发生在同一直链的不同链节之间，也可发生在不同直链间。交联壳聚糖是网状结构的高分子聚合物。

### 5.4.10.1　醛类

醛类非常典型的特征反应是碳氧双键的亲核加成反应，二醛类由于其特殊的化学结构被广泛用作交联剂，其分子中有两个羰基，羰基碳带有部分正电荷，羰基氧带有部分负电荷。羰基的极化结构使得它容易与某些极性基团发生亲核反应。以戊二醛为代表的醛类交联剂，通过与壳聚糖链上的氨基发生交联反应，壳聚糖的 C3—OH 和 C6—OH 由于电荷的极化使氧原子带有负电，而壳聚糖的 C2—$NH_2$ 由于其氮原子中的未共用电子对也具有亲核性，这些羟基和氨基很容易与带有正电荷的羰基碳发生反应，生成亚氨基及席夫碱结构以达到增强壳聚糖耐酸性的目的。用乙二醛交联的壳聚糖具有比用戊二醛交联的壳聚糖更紧密的结晶结构，交联之后由于乙二醛的两对羰基直接相连，而戊二醛在两对羰基之间有三个亚甲基，这样交联点的束缚和空间位阻效应会使乙二醛交联的壳聚糖纤维结晶度会高于戊二醛交联的壳聚糖，从而更有利于提高纤维强度。

戊二醛交联壳聚糖在 pH 值 3.0~6.0 之间时对 $ClO_4^-$ 的吸附容量为 128.78 mg/g（$ClO_4^-$ 初始浓度为 100 mg/L 时），该交联壳聚糖易再生，再生—吸附数个周期后，吸附容量仍基本保持不变(图 5-7)。戊二醛交联壳聚糖膜吸附剂，对废水中酸性大红染料的吸附率可达 95.46%。戊二醛交联壳聚糖在吸附染料后能在 NaOH 或 HCl 中很容易洗脱，可以重复使用。例如，对亮绿具有很高的吸附容量和较快的吸附速率，再生重复使用后其脱色率仍达 90% 以上。

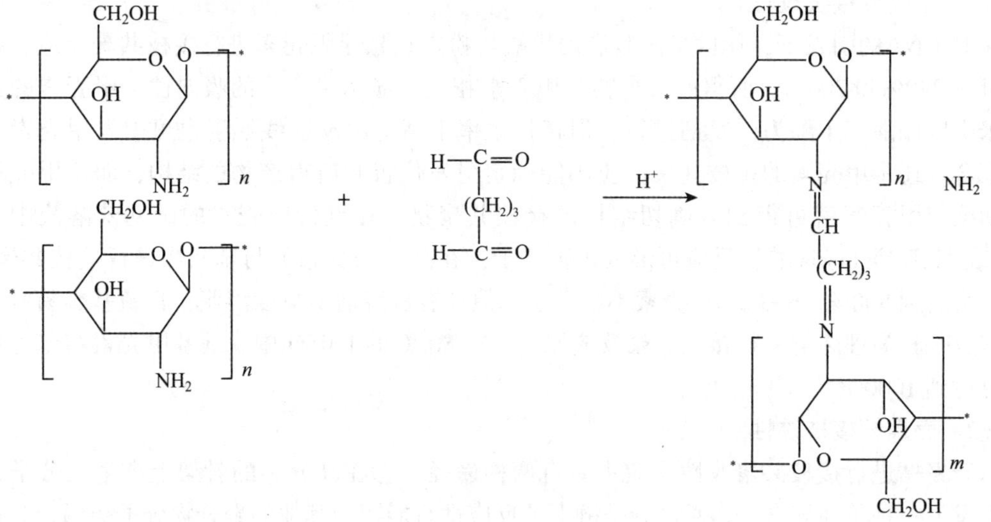

**图 5-7　戊二醛与壳聚糖的交联机理**

### 5.4.10.2　环氧氯丙烷

壳聚糖与环氧氯丙烷反应可以通过交联提高机械性能，还可以引入其他活性官能团。控制其交联位置可以对重金属离子具有更好的吸附效果，如使环氧氯丙烷与壳聚糖 C6—OH 发生反应，保留对重金属离子具有螯合作用的胺基，从而提高吸附能力。环氧氯丙烷改性壳聚糖对铀的吸附去除率最高可达 98.0%。环氧氯丙烷交联壳聚糖颗粒对不同重金属离子的吸附性能：$Cu^{2+}> Pb^{2+}>Zn^{2+}$，且吸附均属于单分子层吸附。环氧氯丙烷为交联剂的壳聚糖固载环糊精(CS-CD)微球具有较好的耐酸碱性能，在 pH 值为 3.6 的条件下，对 2,4-二硝基酚的吸附快速达到平衡，吸附容量为 325 mg/g，吸附符合 Freundlich 等温方程和二级动力学方程(图 5-8)。

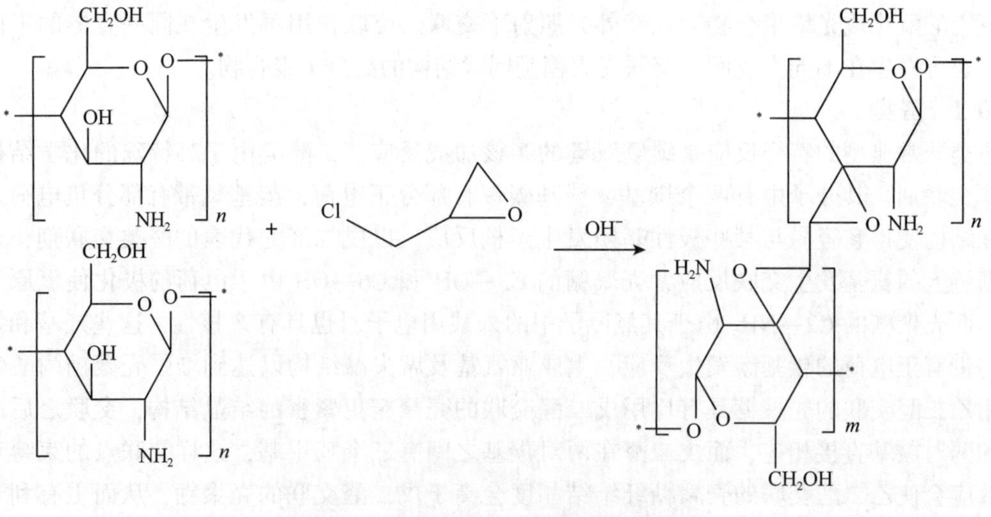

**图 5-8　环氧氯丙烷与壳聚糖的交联原理**

#### 5.4.10.3　聚乙二醇(PEG)

聚乙二醇含有大量醚结构，具有对多种重金属离子的螯合性能。壳聚糖通过聚乙二醇改性后得到的壳聚糖改性树脂具有大孔网状结构。$Ni^{2+}$ 模板-缩二乙二醇双缩水甘油醚交联壳聚糖和非模板吸附剂可以由聚乙二醇为交联剂制备。非模板吸附剂对 $Cu^{2+}$ 表现出一定的选择性能，镍模板吸附剂大大提高对 $Ni^{2+}$ 的吸附能力。乙二醇缩水丙基醚（EGDE）交联壳聚糖，在低 pH 值条件下对 $Hg^{2+}$ 和贵重金属 $Pt^{2+}$、$Pd^{2+}$、$Au^{3+}$ 都有很好的吸附效果，且被吸附的金属离子容易被酸性溶液洗脱，能够重复使用。用聚乙二醇（PEG400）交联剂壳聚糖材料，溶液 pH 值为 7 的条件下，对 $Pb^{2+}$ 的最大吸附容量为 20.20 mg/g，平均吸附能量为 13.12 kJ/mol，吸附过程以化学吸附为主。

#### 5.4.10.4　光照或辐射交联

通过一些高能量的光源引发高分子链间的相互作用，也同样可以制得壳聚糖水凝胶。例如，在壳聚糖链上引入甲基丙烯酸酯基得到甲基丙烯酸己二醇壳聚糖，并用 220~260 nm 的紫外光照射，利用 ATR-FTIR 光谱检测，发现持续在紫外光下照射 15 min 即会发生显著变化，且 30 min 之后双键峰信号几乎完全消失，这说明碳碳双键在光线照射条件下发生了交联。光敏叠氮羟乙基壳聚糖水溶液经 254 nm 紫外光照射后，衍生化的壳聚糖分子链上 $R-N_3$ 的结构之间发生作用，进而产生不溶性水凝胶。用电子束或 γ 射线分别辐射多糖衍生物羧甲基淀粉、羧甲基甲壳素、羧甲基纤维素和羧甲基壳聚糖时发现，多糖衍生物辐射交联，在高浓度糊状水溶液中制得的水凝胶，都具有良好的生物降解性和溶胀性。在室温下通过电子束辐射制得了聚乙烯醇—羧甲基壳聚糖共混水凝胶，研究发现，在辐射作用下，部分羧甲基壳聚糖接枝到了聚乙烯醇水凝胶上，使得共混水凝胶无论是在溶胀性能还是机械性能上都有显著提高。用 γ 射线辐射的方法，制备了壳聚糖-聚乙烯吡咯烷酮(PVP)水凝胶，研究发现，该水凝胶的溶胀性能对 pH 值有依赖性，同时还可以吸收表面活性剂。利用紫外光辐射壳聚糖水凝胶，该壳聚糖水凝胶含有纤维原细胞增长因子，研究发现，其可以保护慢性心肌梗死的兔子的缺血性心肌。

#### 5.4.10.5　酶交联

由于壳聚糖水凝胶大多应用在生物医药领域方面，因此，使用相对比较温和、选择性高、效率高的凝胶方法显得至关重要，而相比与其他化学交联方法，酶交联法具备这种优势。例如，辣根过氧化物酶是一种氧化还原酶，其在双氧水等过氧化物存在的状态下，可以催化多种有机底物(如苯胺、苯酚和它们的衍生物)的氧化反应。以水溶性壳聚糖、对羟基苯丙酸和乙醇酸为原料，通过酶交联方法，在过氧化氢和辣根过氧化物酶存在的条件下，可以制备壳聚糖水凝胶。

### 5.4.11　树型衍生物

壳聚糖的树形衍生物是近年来才发展起来的一类高分子化合物。它一般是在壳聚糖的氨基上接枝功能分子基团形成。如果接枝的基团是糖、肽类、脂类或者药物分子，所得的树型分子结合了壳聚糖的无毒、生物相容性和生物降解性，再有功能分子的药物作用，因此，在药物化学方面将会有广泛的应用。这类化合物可形象地形容为壳聚糖是这种分子的树干和主枝，树形分子是树枝，而功能分子就是树形材料的花和叶子。

如采用四甘醇作为起始原料进行化学反应，首先得到 N,N-双丙酸甲酯-11-氨基-3,6,9-氧杂-癸醛缩乙二醇，进一步与乙二胺发生胺解反应，重复此步骤，将 8 个氨基引入羧基，氨基通过和含有醛基功能基的单糖进行化学反应，最终引入壳聚糖通过发生经席夫碱反应、还原反应得到树型分子。这种壳聚糖高分子树型材料在主客体化学和催化方面显示出良好的应用前景。

### 5.4.12 壳聚糖季铵盐

壳聚糖的季铵盐是一种两性高分子,一般情况下,取代度在25%以上季铵盐化壳聚糖可溶于水。壳聚糖的季铵盐也可以分两个类型:一类是利用壳聚糖的氨基反应制得,具体方法是用过量卤代烷和壳聚糖反应得到卤化壳聚糖季铵盐,由于碘代烷的反应活性较高,是常用的卤代化试剂。用壳聚糖和醛反应,得到席夫碱,再用$NaBH_4$还原,然后和过量的碘甲烷反应可以制得了壳聚糖季铵盐。另一类是用含有环氧烷烃的季铵盐和壳聚糖反应,得到含有羟基的壳聚糖季铵盐。缩水甘油三甲基氯化铵和壳聚糖反应,可以合成羟丙基三甲基氯化铵壳聚糖,它的水溶性随取代度的增加而增大,完全水溶性产物的10%溶液,可以与乙醇、乙二醇、甘油任意比混合而不发生沉淀。壳聚糖季铵盐不仅有较好的抑菌性能,它还可以作为优良的絮凝剂,在污水处理中得到应用。控制pH值在9~13之间,三甲基氯化铵壳聚糖对谷氨酸钠生产废水CODCr的去除能力达到80%以上;而用壳聚糖作絮凝剂,去除能力只有70%,且只能在酸性环境使用。壳聚糖季铵盐处理油田污水和炼油废水,既有絮凝作用,又可以有效杀灭硫酸盐还原菌SRB菌。季铵盐壳聚糖还是一种新型的性能优良的表面活性剂,唐有根等(1997)通过壳聚糖接枝二甲基十四烷基环氧丙基氯化铵,再磺化引入—$SO_3H$,合成了一种吸湿性极强、具有优异表面活性的新型壳聚糖两性高分子表面活性剂,经测定,在环境湿度较大时,它的吸湿率超过了透明质酸。

### 5.4.13 氧化

甲壳素和壳聚糖可以被氧化剂氧化。氧化剂不同,反应的pH值不同,机理和产物也不同,既可使C6—OH氧化成醛基或羧基,也可使C3—OH氧化成羰基(成酮),还可能发生部分脱氨基或脱乙酰氨基,甚至破坏吡喃环及糖苷键。

### 5.4.14 螯合

甲壳素和壳聚糖的糖残基在C2上有一个乙酰氨基或氨基,在C3上有一个羟基,它们都是平伏键,这种特殊结构使得它们对具有一定离子半径的一些金属离子在一定的pH值条件下具有螯合作用(图5-9),尤其是壳聚糖。

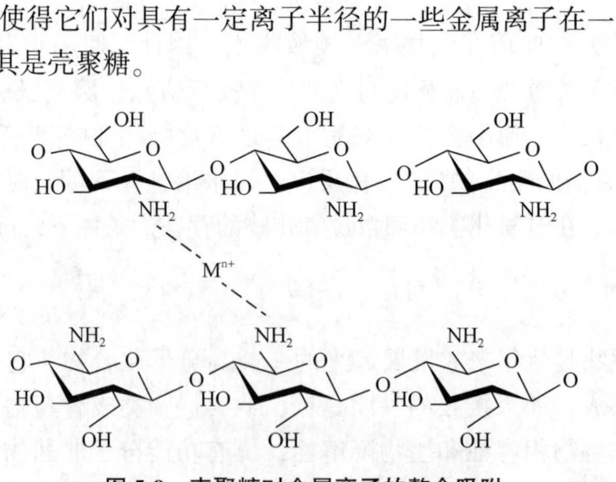

**图5-9 壳聚糖对金属离子的螯合吸附**

壳聚糖与金属离子通过离子交换、吸附、螯合3种形式发生结合。主要特点:①壳聚糖与金属离子螯合后,本身的结构并未改变,但产物性质变了。②正因为碱金属和碱土金属不会被壳聚糖螯合,因此壳聚糖可在存在这些离子的水溶液中螯合分离过渡金属离子。③当有两种或两种以上的过渡金属离子共存于一种溶液中时,离子半径合适的离子将优先被壳聚糖结合。

④氧化价态不同，结合能力也不同。⑤壳聚糖对过渡金属离子的结合受到阴离子的影响，氯离子会抑制金属离子的结合量，硫酸根离子会促进结合。

### 5.4.15　其他衍生物

甲壳素或壳聚糖的化学改性除了以上所提到的，还有降解反应、成盐反应和螯合反应等。甲壳素和壳聚糖与亚硝酸反应消除氨基，得到末端链上带有醛基的低聚合度葡胺糖，这是重氮化反应，利用该反应对甲壳素和壳聚糖进行降解，这种降解作用比酸的随机降解更有选择性，或利用该反应制备壳聚糖支链化的中间体，也可用于测定—$NH_2$ 在甲壳素和壳聚糖中的分布。甲壳素和壳聚糖上伯醇基可被氧化成羧基，该产物再进行硫酸醋化反应，可得到结构上与肝素更加相近的衍生物。该氧化反应是在甲壳素和壳聚糖中导入新官能团的重要方法。卤化反应是新近开发出的一种反应。甲壳素被甲苯磺酰氯酰化，再用 NaI 进行碘代作用，可得到碘代甲壳素，反应主要是在立体位阻较小的 C6 伯醇基上发生。这种碘代甲壳素显示了很高的反应活性，是各种反应的有用前体，也是一种很好的接枝共聚起始原料，可使得接枝共聚在特定的位置上有效进行。

壳聚糖磺化改性以后抑菌能力较壳聚糖要好，壳聚糖磺化衍生物发现对大肠杆菌、枯草杆菌、黑曲霉等细菌、霉菌和酵母菌均有较强的抑制作用。磺化壳聚糖与肝素具有相似的分子骨架，设定结构和相对分子质量的壳聚糖磺化衍生物作为抗凝血性优于肝素，而且没有副作用，价格低廉，适用于肝素替代品。

壳聚糖可与单糖、二糖甚至多糖在 $NH_2$ 上发生支化反应，得到可溶于水的、有较高的取代度产物。如通过 C10 接枝葡萄糖或半乳糖来制备壳聚糖衍生物。衍生物的乙酸水溶液加热到 50 ℃时，形成凝胶，冷却后又溶解。

用葡萄糖、半乳糖、乳糖和 N-氨基葡萄糖等不同糖类的丙烯基配糖基，通过臭氧化反应合成甲酰基甲基配糖基，得到壳聚糖衍生物，其中取代度高于 0.3 的衍生物可溶于水。

壳聚糖采用 α 环糊精进行交联，产物对硝基苯酚和 3-甲基-4-硝基苯酚有选择吸附性，可以很好地缓释硝基苯酚，还可作为高效液相色谱（HPLC）的固定相，具有分离手性化合物的功能。

## 5.5　壳聚糖的制备

我国目前工业生产甲壳素/壳聚糖的主要原料是水产加工厂废弃的虾蟹壳，虾蟹壳中含有大量的碳酸钙（20%~50%）和蛋白质（20%~40%）等，所以提取甲壳素的关键就是去除其中的碳酸钙和蛋白质等主要物质。目前甲壳素的提取方法主要有化学法、酶降解法、微生物发酵法和微波技术。

（1）化学法

传统的壳聚糖生产多采用化学降解法。作为壳聚糖工业生产最常用的制备方法，化学降解法简便易行，效率高，整个生产过程容易控制，但要消耗大量的酸碱，并且会产生大量的酸碱废液，蛋白质、钙和虾青素等有效成分无法回收，既浪费资源也污染环境。

化学法又称酸碱法，是提取甲壳素的传统方法。其主要包括脱盐、脱蛋白和脱色 3 个步骤，此法工艺流程：虾、蟹外壳→酸浸脱钙→碱煮脱去蛋白质→酸浸脱色→碱煮→甲壳素（水洗至中性）→浓碱脱去乙酰基→壳聚糖。该制作方法简便，但脱乙酰纯度较低；另一种方法是将苯硫酚钠的水溶液中加入亚硫酰甲醇钠和二甲亚砜溶液与甲壳素混合，在 100 ℃下反应 15 min，反应混合物用水稀释过滤，透析，干燥得到定量的完全脱去 N-乙酰基的壳聚糖。此法脱乙酰纯度较高，但工艺较为复杂，所以仅适用实验室提取制备高脱乙酰度的壳聚糖，不适于大量生产。

壳聚糖的化学制备方法主要有碱熔法、浓碱液法、溶剂碱液法、碱液微波法和碱液催化法。其中，碱熔法会对主链造成严重降解，碱液微波法在节能降耗、降低生产成本方面有实际意义。微波法比常规法达到相同的脱乙酰度所需的反应时间可以缩短 9/10，壳聚糖的黏度也有提高。

（2）微生物发酵法

微生物发酵法生产壳聚糖起源于美国，我国从 20 世纪 90 年代开始研究。其主要原理是利用微生物自身生产的酶进行催化，从而脱去甲壳素中的乙酰基，进而制备壳聚糖。

（3）酶降解法

甲壳素脱乙酰酶是一种能催化脱去甲壳素分子中 N-乙酰葡糖胺链上的乙酰基，使之变成壳聚糖的酶。该方法不但可以代替常规的浓碱热解法，还可以解决目前壳聚糖生产中的环境污染问题。

（4）微波技术

微波是一种电磁波，在化学反应中，通常采用 2450 MHz 的微波进行辐射处理。在壳聚糖的生产中，采用微波辐射降解具有操作简便、反应时间短、能源使用率高等优点，但由于微波使升温过快也会产生甲壳素降解反应不充分等弊端。

## 5.6 壳聚糖与甲壳素材料应用

甲壳素和壳聚糖来源丰富，是一类重要的天然高分子，是一种环境友好的生物材料，进一步降低成本和开发新型功能衍生物，已成为甲壳素和壳聚糖研发的发展方向，通过化学改性可赋予各种功能性，在化妆品、吸水剂、药物、酶载体、细胞固化、聚合试剂、金属吸附和农用化学制剂中有广泛的应用前景。

### 5.6.1 医用生物材料

甲壳素来源于生物体，具备良好的吸湿性、纺丝性和成膜性，与人体细胞有很强的亲和性，可被体内的酶分解而吸收，对人体无毒性和副作用；壳聚糖具有良好的亲水性，可在酸性消化液及低 pH 值水溶液中膨胀形成凝胶，从而阻止药物的扩散；溶液具有黏性，其氢键可相互交织成网状结构，是一种理想的成膜物质；壳聚糖复合膜覆盖在创伤表面，引起的生物组织反应很小，并且膜材料能被组织中含有的酶降解；壳聚糖能打开分子间相互交织的状态，增加小肠上皮细胞间的渗透，从而促进肽类药物的吸收。以上这些特性使得甲壳素/壳聚糖在生物医学材料及药物方面有良好的应用。

（1）制备医用敷料

将甲壳素同抗菌药物氟哌酸及多孔性支撑创伤伤口材料制成生物相容性好、不过敏、抑菌效果优良、透湿透气性能较高的烧伤用生物敷料。用甲壳素制成的无纺布、医用纤维、医用纸及黏胶带等外科敷料已得到开发应用。壳聚糖复合膜覆盖在创伤表面，引起的生物组织反应很小，并且膜材料能被组织中含有的酶降解。

（2）手术缝合线

传统的手术缝合线采用的是羊肠线，虽然吸收周期较短，但存在着降解副产品感染伤口等缺点。壳聚糖有着止血功能，能够促进伤口愈合，可将其制成手术缝合线，在溶菌酶的作用下酶解，能被人体组织吸收，减少拆除手术线的疼痛以及伤口感染的可能性。此外，甲壳素制成的手术合线在胆汁、尿液等液体中仍能保持强度，是一种十分优秀的缝合线材料。

（3）制作人造皮肤

甲壳素对人体细胞有很强的亲和能力，能被人体内的酶溶解，有着较好的成膜性及吸湿性等特点，被广泛地应用在医学材料领域。甲壳素能够很好地促进细胞再生，将其植入伤口处，便可生成人造皮肤。目前国外这类皮肤已经商品化，也应用到了整形外科手术中。

（4）医用微胶囊

甲壳素阳离子特性与带负电性羧甲基纤维反应可制备不同类型的微胶囊，这种微胶囊半透膜具有阻止动物细胞抗体蛋白（IgG）进出，允许营养物质、代谢产物和细胞分泌的激素等生理活性物质出入的功能，可保证细胞的长期存活，可应用于细胞培养和人工生物器官，用甲壳素代替聚赖氨酸进行人工细胞的研究，用其包封血红细胞、肝细胞和胰岛细胞，效果理想。

（5）药物缓释剂

作为药物载体需要具备两个条件：一是生物活性物质在其中必须稳定且按需释放；二是要有良好的机体舒适感和生物相容性。壳聚糖作为药物控释载体有着独特的优点：无毒、较好的生物相容性，酸性条件下可形成凝胶以及抗酸、抗溃疡的活性，可有效地解决药物对肠道的副作用。此外，壳聚糖还可降低药物吸收前代谢，以及提高药物的生物利用度。

（6）止血剂、伤口愈合剂、骨病治疗剂、人工透析膜

合适的止血材料对术后恢复有着十分重要的作用，好的止血材料应该具备无毒、止血迅速和不增加感染率等特点。甲壳素及其衍生物有止血效果，它本身具有多糖大分子结构，骨架上带正电的氨基可与红细胞上的负电荷相互吸引，形成网状结构，最终形成牢固的血凝块，从而达到止血的效果，是一种理想的止血材料。用甲壳素治疗各种创伤，有消炎、止痛、促进肉芽生长和皮肤再生，对创面无毒、无刺激性，相容性甚好。甲壳素经低分子衍生化制成骨病治疗剂，可以直接作用在骨芽细胞上，促进其分化衍生和骨矿物质的合成，从而提高碱性磷酸酶的活性，加快骨基质的形成及修复作用，因而对骨孔症、风湿性关节炎、骨折、骨移植等有特殊效果。壳聚糖与磷酸钙复合物可作为骨骼的代替物，可用作修补损坏的牙齿及其填充材料。

用甲壳素制成的人工透析膜抗凝血性大大提高，且能经受高温消毒，具有较大的机械强度，并对溶质如 NaCl、尿素等中等相对分子质量物质均有较好的通透性。

（7）壳聚糖在眼科学中的应用

壳聚糖具有较高的亲水性，还具有优良的成膜性，用作药物缓释载体，可以制备用于眼部的药物长效缓释制剂。壳聚糖制成水凝胶用于眼科药物运载在角膜具有比较长的滞留时间，液态下保存时间长，应用前景广阔。甲壳素在低温强碱条件下改性处理可制成集合水溶性、止血、抑菌、消炎、生物相容性于一体的人工泪液，作为改善干眼症患者的泪液代替品，性能优良。壳聚糖拥有机械稳定性、光学清晰度、气体渗透性、润湿性、光学矫正、免疫相容性等理想隐形眼镜所必需的性能，通过旋铸技术可制成清晰而有韧度的壳聚糖隐形眼镜。

## 5.6.2　环保材料

随着全球白色污染的严重化，可食用薄膜被大量应用于食品保鲜方面，主要包括安全无污染的蛋白质、多糖、脂肪类原料。壳聚糖薄膜的阻隔性、安全性、化学稳定性等不同性能可适用于不同需求的包装。甲壳素能溶于低浓度弱酸溶液中，可以根据需要制成各种膜材料。甲壳素膜材料可应用于食品包装、日化行业的保健服装、医用纱布和手套等，还可制成过滤膜和反渗透膜等工业用品。

长期以来，甲壳素/壳聚糖和合成物作为水处理材料一直备受关注。甲壳素/壳聚糖借助絮凝和吸附等方式可以将污染物有效地清除，所以甲壳素/壳聚糖在回收富集金属离子和污水净化

中有着极大的作用。在众多的重金属离子中甲壳素/壳聚糖都能发挥良好的吸附性。水体中壳聚糖分子中存在游离氨基，在稀酸溶解中易被质子化而带正电，可作阳离子絮凝剂，将带负电荷的活性污泥沉淀。当壳聚糖分子链上的阳离子活性基团与带负电的活性污泥相互吸引时，胶体微粒的表面电荷降低，分子链的吸附黏结和架桥作用使胶体产生沉降，可有效去除废水中的有机农药、污泥和染料。壳聚糖还可通过分子链中的羟基和氨基与 $Hg^{2+}$、$Zn^{2+}$ 等重金属离子形成稳定的螯合物产生沉降，经过交联反应扩大 pH 值范围，提高对金属离子的选择吸附性，被广泛应用于工业废水处理和重金属回收领域。另外，经改性的壳聚糖可增加在酸性介质中的化学稳定性和吸附能力，实现壳聚糖吸附剂的充分使用与重复利用。虽然壳聚糖在水环境处理方面取得了一定成效，但仍存在利用率低、成本高、吸附能力小等缺点。因此，将壳聚糖及其衍生物与其他添加剂相结合，开发更为高效廉价的壳聚糖吸附剂是目前急需解决的问题。

### 5.6.3　食品材料

（1）作为食品添加剂

甲壳素的结构虽然与纤维素相似，但它的吸湿性更优于纤维素，吸水后的表面活性降低程度也小于纤维素。作为食品添加剂，壳聚糖有增稠剂、被膜剂、澄清剂、抗氧化剂、风味改良剂、乳化剂等用途。在食用进入体后，吸附进入人体内的色素，使添加色素在人体内生成不被吸收的络合物，降低色素毒性，利于人体健康；在进行豆腐的制作或者提取酵母上，可以充分发挥凝集作用。此外，壳聚糖有着良好抑菌作用，将其作为食品防腐剂使用，对食品的保存期能够大大延长。

（2）固液分离的助剂

壳聚糖及其改性衍生物作为一种天然阳离子型絮凝剂，对活性污染物、有色染料等具有极强的絮凝作用，在啤酒、饮料等加工制作过程中，澄清液体，增加透明度。我国目前大多用酶法或过滤法来澄清果汁，成本高且周期长。壳聚糖分子上存在游离的氨基带正电，能够和酸、多酚类的物质进行反应，进而对胶态颗粒絮凝沉淀，达到澄清果汁的效果，且不会影响营养成分和风味。此外，用壳聚糖作澄清剂操作方便、成本低，有明显的经济效益。由于甲壳素具有能显著地抑制菌类生长繁殖的特点，适宜作为食品的保鲜剂。

（3）做食品包装膜

壳聚糖可食用并且易于降解，将其作为食品包装材料环保且安全。壳聚糖由于受分子链的作用、范德华力以及水解后羟基与水分子间的作用力使其具有良好的力学强度，壳聚糖用作包装材料优势明显。淀粉与壳聚糖用水混合再经过一系列的处理可制成无白色污染，能自动降解的具有无毒害、耐油、抗张强度高、可食的食品包装膜，由于该膜不溶于水，所以包装时不仅可以用作固体食品的包装，还可以用作半固体和液体食品的包装。

甲壳素和壳聚糖作为一种天然的生物质，无毒副作用，其本身可以作为一种功能性保健食品。壳聚糖阳离子多糖和生物活性物质作为膳食纤维具有广阔的应用前景。近年的研究表明，它在调节机体免疫功能，降血脂、血糖、血压，保护胃肠道等方面发挥着巨大的作用。壳聚糖通过阻断膳食脂肪和胆固醇的吸收而降低人体胆固醇的能力；壳聚糖及其两种衍生物不仅具有较低的细胞毒性，而且可以控制营养，实现胰岛素抵抗治疗。

### 5.6.4　化学工业材料

（1）化妆品

壳聚糖衍生物成膜后的透气、保湿、抗衰老、防皱、美容、保健作用、对皮肤无刺激等作用使壳聚糖可作为化妆品、护发素等的添加剂，它可保护皮肤、固定发型、防止尘埃附着以及抗静电。在发用化妆品中，壳聚糖处理过的头发，黏滞性极小，可改善头发梳理性，使头发富有弹性，兼具光泽。壳聚糖还能在毛发表面形成一层有润滑作用的覆盖膜，是理想的固发原料，其固发效果持久，且不易沾灰尘；与染料复配，同时起固发和染发作用，使头发增添色彩和光泽。以 5%~30% 甲壳素衍生物为主要成分配制的发胶具有防头发油腻、防吸尘、固发时间长、不损伤头发的特点。

在护肤类化妆品中，由于壳聚糖是亲水胶体，自身具有保水能力，它可与蛋白质和类脂质相互作用形成保护膜附着于角蛋白和类脂质上，起到保持皮肤水分的作用。皮肤和头发的自然 pH 值在 4.5~5.5 范围，而壳聚糖盐水溶液 pH<6，是配制化妆品的最适 pH 值。因此，配有壳聚糖的各种护发护肤化妆品在使用时极具亲和性，于人体无任何不适异样的感觉。在皂液产品中，壳聚糖可有效提高皂液的黏度，它在低 pH 值皂液中极为有效，而其他水解胶体在低 pH 值时会发生沉淀。市场上各种低 pH 值液皂，为改善流动性，只要在配料中加入少量壳聚糖，质量便有明显改进。

（2）印染、纺织、造纸

甲壳素抗菌、保湿等性能优良，可制作成吸水性、抗菌性等功能的无纺布，还可以在轻纺工业上作为织物的整理剂、上浆剂等改善织物的洗练性能。甲壳素纤维没有熔点，所以热分解温度比较高，能够耐高温，有利于对纤维进行热处理，扩大其使用范围。甲壳素能被生物体内的溶菌酶分解和吸收，不会发生积蓄作用，具备优良的生物相容性。甲壳素纤维分子中的氨基阳离子与构成微生物细胞壁的唾液酸或磷脂阴离子发生离子结合，能充分限制微生物的生命活动。因此，用甲壳素纤维制成的织物在没有抗菌处理的情况下，也具有良好的抗菌除臭性能。甲壳素纤维在使用酶作催化剂的情况下，甲壳素可以被分解成各种小分子物质，这些小分子物质对环境没有污染，是一种绿色纺织原料。甲壳素有特殊的微观结构，甲壳素纤维截面芯层里有较多细小的孔洞，纵向面凹凸不平，沟槽较多，这些结构特点对吸湿、透湿性有很好的作用。在印染工业中，壳聚糖的醋酸溶液是阴离子型染料的有效固化剂，用作印花增稠剂。它还用作羊毛防缩剂、表面调理剂，有时也可用作涤棉混纺织物蜡纺印花等。甲壳素及其衍生物作为增强剂和施胶剂等用于造纸助剂，可改善纸张性能和强度，用于制备香烟纸、铜版纸、仪表记录仪、打印纸及地图纸等。我国大部分高级纸都已添加了甲壳素。

（3）固体电池

壳聚糖可以溶解在稀醋酸的水溶液中，醋酸溶液中的质子可以起离子导电作用，这些质子是通过聚合物中的许多微孔进行转移的，选择较为合适的电极材料，则可制备出一个较好的电池体系。

（4）吸附剂

甲壳素可以用作离子交换与亲和吸附剂，如交联羧甲基甲壳素具有两性的离子交换能力，可以用作分离糖聚蛋白质、蛋白质聚蛋白质、粗糖脱盐的柱填料，也是有效的渗透材料和亲和色谱分离吸附剂。

甲壳素具有与各类金属离子生成有色络合物的功能，可用于搜集稀有贵重金属，如磷酸脂衍生物磷酸甲壳素从海水中回收铀的吸附量可达 2.6 mg/L，较容易的回收铀的方法是采用稀磷酸钠溶液解析。

甲壳素作为香烟的黏合剂和有害成分的吸附剂，大大降低了香烟中有害成分对人体的毒害，使健康无害烟成为可能。

（5）在农业方面的应用

甲壳素及壳聚糖由于其具有很好的生物相容性，生物官能团性和广谱抗菌性等多种功能以及无色无味，安全无毒，在农业上有广泛的用途。在小麦、玉米、大豆等农作物方面，可被用于土壤改良剂、植物病害抑制剂、植物生长调节剂，以及农药载体和种衣剂；在香蕉、苹果、橘子、桃、黄瓜等瓜果蔬菜方面，可被用作果蔬保鲜剂；在猪、鸡、鱼等家禽家畜方面，可被用于饲料添加剂。

甲壳素可以被微生物分解后作为养分供植物生长，而且可以改善土壤的微生物体系以及团粒结构，可以作为土壤改良剂。在土壤中添加龙虾壳或直接添加甲壳素，可以减少土壤中植物病原菌引起的病害。甲壳素可以使土壤中放线菌数量增加，病原菌的数量减少，能分解甲壳素的细菌数量也增加 3~5 倍，这些分解甲壳素的细菌产生几丁质酶能抑制部分真菌的生长或杀死线虫的卵。

壳聚糖具有较好成膜性，能在水果表面形成一种半透膜，调节水果的内环境，延缓果蔬呼吸速率，保持其整体质量和延长保质期，在食品领域中被用作被膜剂使用。被膜剂是指涂抹于食品外表，发挥保质、保鲜、上光、防止水分蒸发的物质。采用不同的材料，配制成各种浓度的液体，采用涂覆方法在水果、鱼肉、农产品等表面涂以薄膜，其目的是为了抑制水分蒸发，调节呼吸作用，减少营养物质的消耗，防止细菌侵袭，改善外观，从而保持食品的新鲜度，提高商品价值。这类涂抹于食品外表，发挥保质、保鲜、上光、防止水分蒸发等作用的物质，称为被膜剂。壳聚糖作为被膜剂，被列入《食品国家标准 食品添加剂使用标准》（GB 2760—2014）中。由于甲壳素及壳聚糖具有很好的成膜性和广谱抗菌性的优点，且安全无毒无味无副作用，可以很好地作为天然保鲜剂。

由于甲壳素和壳聚糖可以促进植物的生长，提高作物产量以及改善作物的品质，可以有效地作为植物生长调节剂。用壳聚糖拌种及喷叶处理不结球白菜，可以提高其叶片中可溶性蛋白、可溶性总糖、总氨基酸、维生素 C 和总叶绿素含量，减少粗纤维含量，从而改善不结球白菜的营养品质。

甲壳素及壳聚糖具有很好成膜性，是一种理想的种衣剂材料。壳聚糖可以在种子周围形成一层膜，这层膜既能保持种子的水分，又能抑制病原菌的入侵；种子萌发后，可以缓慢释放一些活性物质，保证幼苗的正常生长，不会因为迅速淋溶或溶解导致有效成分快速损失，也不会因为农药、养分等骤然聚集而产生药害；在缓释剂的作用下，使作物根系吸收有效物质并且传导到没有施药的地上器官，继续对幼苗发挥保护的作用。

## 5.6.5　功能材料

（1）液晶材料

壳聚糖有望成为一种新型的天然高分子液晶材料。壳聚糖具有与纤维素相同的 $\beta$-1,4-分子链结构，分子链上的氨基和羟基可进行各种化学修饰，从分子链结构、分子链刚性和结晶性三方面来比较，壳聚糖液晶材料具有很大的优势。

（2）分离膜

壳聚糖可用来制作超滤膜、反渗透膜、渗析膜等，已成功地分离了醇-水混合物，对其他有机混合物的分离也取得了重大进展，已广泛用于工业用水、食品卫生、医药工业、石油化工以及环境保护等许多工业领域。

（3）作为酶和细胞的固定化载体

壳聚糖的氨基对一些酶有较强的吸附结合力，使酶易于固定，而又不破坏酶的活性中心和结构，且来源丰富，机械性能较理想，化学性质较稳定等特点，可克服其他载体的易脱落、相溶性差、易凝血等缺点，在固定酶技术的发展中越来越受到重视。

## 课后习题

1. 脱乙酰度是什么？
2. 甲壳素与壳聚糖有什么区别？
3. 壳聚糖与甲壳素的化学性质都有哪些？
4. 壳聚糖制备方法有哪些？
5. 简述壳聚糖在食品工业的应用。
6. 添加钠离子能增强壳聚糖的抗菌活性，而添加 $Zn^{2+}$、$Ca^{2+}$、$Ba^{2+}$、$Mg^{2+}$ 等二价金属阳离子壳聚糖的抗菌性的顺序是什么？
7. 提高壳聚糖溶解性的方法有哪些？
8. 壳聚糖的羧甲基化不仅发生在—OH 上，也会在—NH₂ 上发生取代，要想得到结构单一的羧甲基壳聚糖，并且影响抗菌活性，必须严格控制反应条件。当在碱性条件下反应时，一级羟基、二级羟基、氨基的羧甲基化反应的活性顺序如何排？
9. 季铵化是一种增强壳聚糖水溶性和抗菌性的改性方法。实现壳聚糖季铵化一般有哪些方式？
10. 酯化壳聚糖有哪些方式和应用？

## 参考文献

庄金娟，王香梅，2011. 改性壳聚糖的研究进展及其应用前景[J]. 天津化工，25(2)：7-9.

汤虎，2012. 基于低温溶解制备的甲壳素新材料[D]. 武汉：武汉大学.

俞继华，冯才旺，唐有根，1997. 甲壳素和壳聚糖的化学改性及其应用[J]. 广西化工(3)：30-34.

马丁，汪琴，2004. 甲壳素和壳聚糖化学改性研究进展[J]. 化学进展，16(4)：643.

孙璠，徐民，李克让，等，2013. 甲壳素和壳聚糖在离子液体中的溶解与改性[J]. 化学进展，25(5)：832-837.

陈嘉，2016. 甲壳素基新材料的特点与应用[J]. 科技风(24)：5.

蒋小姝，莫海涛，苏海佳，等，2013. 甲壳素及壳聚糖在农业领域方面的应用[J]. 中国农学通报，29(6)：170-174.

吴杏梅，黄敏君，闵雯，等，2018. 甲壳素纤维的发展现状及其在纺织上的应用[J]. 轻纺工业与技术，47(11)：22-24.

张惠欣，尹静，周宏勇，等，2008. 壳聚糖的化学改性研究及应用[J]. 工业水处理，28(8)：5-9.

杨俊杰，胡广敏，相恒学，等. 2014. 壳聚糖的溶解行为及其纤维研究进展[J]. 中国材料进展，33(11)：641-648.

张立英，2018. 壳聚糖的制备方法及研究进展[J]. 山东工业技术(2)：22-25.

封晴霞，赵雄伟，陈志周，等，2018. 壳聚糖及其应用研究进展[J]. 食品工业科技，39(21)：339-342，347.

栗子茜，高彦祥，2018. 壳聚糖在果蔬涂膜保鲜的应用[J]. 中国食品添加剂(1)：139-145.

毕继才，姜宗伯，张亚征，等，2018. 壳聚糖在食品工业中的应用[J]. 河南科技学院学报，5(46)：34-39.

李永强，2016. 生物法处理虾壳制备甲壳素的研究[D]. 武汉：华中农业大学.

袁杨，2014. 食物蛋白与壳聚糖相互作用及其在食品体系的应用研究[D]. 广州：华南理工大学.

李琳，户献雷，佟锐，2018. 天然高分子及其衍生物在化妆品中的应用[J]. 广东化工，45(1)：133-134.

龚佩，2017. 天然高分子甲壳素/壳聚糖的溶解性能研究[D]. 北京：中国科学院大学(中国科学院武汉物理与数学研究所).

孙翔宇,魏琦峰,任秀莲,2018. 虾、蟹壳中甲壳素/壳聚糖提取工艺及应用研究进展[J]. 食品研究与开发,39(22):214-219.

陈政,2014. 小龙虾壳制备甲壳素-膨润土复合生物吸附材料及其脱除铬的研究[D]. 武汉:武汉工程大学.

段久芳,2016. 天然高分子材料[M]. 武汉:华中科技大学出版社.

# 第 6 章　木质素

1830 年，法国植物学家和化学家 Anselmen Peyen 最早提出木材是由纤维素和另外一种物质组成的。当时他发现，用硝酸和碱交替处理木材时，可以除去部分木材物质而得到纤维素，被除去物质的碳含量比纤维素高。他认为木材中这些物质是镶嵌于纤维素之间的，将它称为"镶嵌物或被覆物"（incrusting material），应该说他提示了木质素存在的可能性。1857 年，F. Schulze 将此高碳含量的溶出物命名为木质素（lignin）。

木质素是自然界中丰富的可再生有机资源，其在自然界中的产量仅次于纤维素，是最丰富的天然芳香族高分子物质。目前，以植物纤维为原料的产业，如纺织、制浆造纸、木材水解、生物质材料、生物质能源等，木质素基本上都作为废弃物排出。以制浆造纸为例，每生产 1 t 纸浆则需排出 1.5 t 左右的黑液固形物（包括碳水化合物和无机物）。据估计，全世界每年排出 $1.5 \times 10^8 \sim 1.8 \times 10^8$ t 工业木质素，其中绝大部分作为热源利用，只有不足 1%（主要是木质素磺酸盐）作为有机化学资源被再利用，其余部分被排放成为环境污染物。木质素作为植物的主要成分之一，其分子结构和聚集态结构非常复杂，人类尚未完全了解掌握，因而对它的利用技术研究尚处于起始阶段。多年来人们在合成树脂、表面活性物质等领域虽有一些研究成果，但仍未获得与石油化学品性价比相媲美的产品。

## 6.1　木质素在植物体内的分布及生物合成机理

### 6.1.1　木质素的分布

木质素是由苯基丙烷结构组成的三维无定形聚合物。在木材中的分布是不均匀的。随着树种、树龄和取样位置的不同，木质素的含量和组成都有差别，针叶材木质素含量高于阔叶材和禾本科植物。不同材种间木质素含量的差别也很大，热带阔叶材中木质素含量和针叶材接近。同株木材中木质素的含量从上部到下部逐渐增加。相同的高度，一般是心材部分木质素的含量高于边材。同一年轮层中早材和晚材的木质素含量也有差别。针叶材应压木中木质素含量明显增加。除含量存在差别外，树木各部分木质素的组成也有变化。如阔叶材成熟的木质部紫丁香基含量比初生木质部高，心材部分木质素紫丁香基苯丙烷含量高于边材，根部木质素的愈创木基丙烷含量较高。针叶材的树皮木质素含有较多的对羟基苯丙烷结构，所以阔叶材树皮木质素的愈创木基丙烷含量比木材高。

木材中大部分的木质素存在于次生壁而不是胞间层，虽然胞间层的木质素浓度最高，但是次生壁所占的组织容积比胞间层大得多，因而 70% 以上的木质素分布于次生壁中。图 6-1 描绘了植物细胞壁中木质素的示意图，木质素和半纤维素一起作为细胞间质时，填充在细胞壁的微细纤维之间，加固木化组织的细胞壁；当木质素存在于细胞间层时，把相邻的细胞黏结在一起，木质化的细胞壁能阻止微生物的攻击，增加茎干的抗压强度。木质化能减小细胞壁的透水性，对植物中输导水分的组织也很重要。

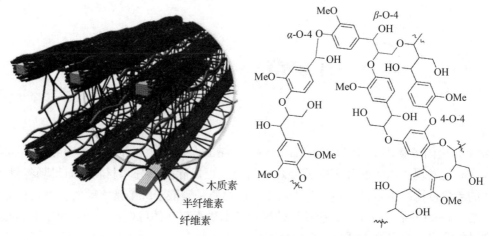

**图 6-1　植物细胞壁中木质素的位置和结构**

## 6.1.2　木质素的生物合成途径

对于木质素的研究始于 19 世纪 30 年代法国化学家和植物学家 A. Payen 对木质素存在的确认，20 世纪 30 年代 Ertdman 从天然的"生源说"出发，研究各种粉的氧化聚合作用，提出木质素是由松柏醇形式的苯基丙烷前驱物经酶作用脱氢而生成的，亚硫酸盐法制浆技术的工业化促进了对木质素蒸煮行为的研究，P. Klason 首先提出了木质素是由松柏醇构成的想法，接着由 K. Freudenberg 在碱性介质中用硝基苯氧化木质素得到大量香草醛，向人们展示了木质素具有芳香族性质的一面，直到酶脱氢聚合学说确立后才证明了 P. Klason 的松柏醇学说，从此，人们对木质素的研究发展到对木质素形成过程的酶学机制的研究。

1940—1970 年，K. Freudenberg 等对木质素的生物合成进行了全面研究。他们将从伞菌中分离出的漆酶加入到含有 0.5% 松柏醇的磷酸盐缓冲液中，在 20 ℃ 条件下通入空气或氧气，数小时后产生白色的沉淀，生成松柏醇的脱氢聚合物（DHP），得率为 60%~70%，它与针叶材木质素的结构很相似，将松柏醇和芥子醇一起进行上述实验，则生成淡褐色的脱氢聚合物，其元素组成、化学性质和光谱性质都与阔叶材木质素相似。经比较发现，"混合法"DHP 与"滴加法"DHP 在化学结构与相对分子质量上都有很大的差别，后者接近于针叶材木质素，据此可推论木质素是由其前驱物在酶的作用下按照"滴加法"的方式脱氢聚合而成的。所谓"混合法"是将松柏醇溶液一次加入到含有过氧化氢酶的溶液中；所谓"滴加法"是将松柏醇溶液在长时间内慢慢滴入酶溶液中葡萄糖经过莽草酸途径（shikimic acid pathway）和肉桂酸途径（cinnam acid pathway）合成得到木质素的三种前驱物，在莽草酸途径中，光合作用下由二氧化碳生成的葡萄糖先转化为此途径最重要的中间体——莽草酸，再经过莽草酸生成莽草酸途径的最终产物苯基丙氨酸和酪氨酸，这是两种广泛存在于植物体中的氨基酸，又是肉桂酸途径的起始物。它们在各种酶的作用下，发生了脱氨、羟基化、甲基化和还原等一系列反应，最后合成了木质素的三种前驱物，即松柏醇、芥子醇和对香豆醇，如图 6-2 所示。

通过采用[14]C 示踪碳研究证明，在针、阔叶材木质素的合成中，只有 L-苯丙氨酸参加反应，而在草类木质素合成中，L-苯丙氨酸和酪氨酸都参加反应，由于不同植物中各合成阶段酶的功能和活性的差别以及基质的差异性，针叶材、阔叶材和禾本科植物中合成的木质素前驱物存在差别，这些不同最终导致针叶材、阔叶材和禾草类木质素结构的差别。根据木质素生物合成的

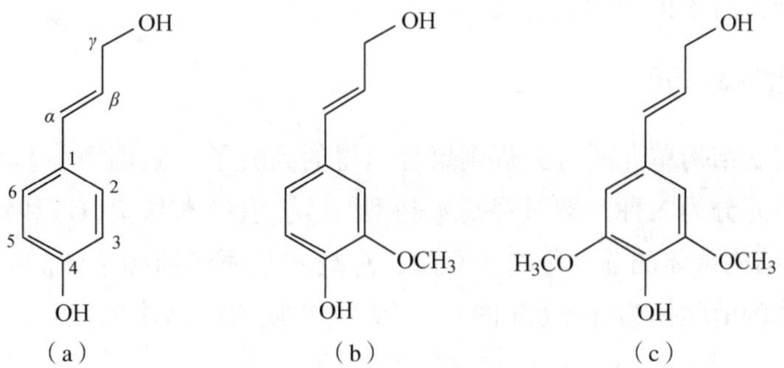

**图 6-2　木质素的三种前驱物**

(a)对香豆醇　(b)松柏醇　(c)芥子醇

研究及对木质素进行化学分析，得出针叶材木质素是由其前驱物松柏醇脱氢聚合而成，阔叶材木质素是由松柏醇和芥子醇脱氢聚合而成，禾草类木质素是由松柏醇、芥子醇和对香豆醇的混合物脱氢聚合而成的结论。

木质素结构单元之间的聚合反应，木质素主要是通过形成自由基，自由基之间结合形成二聚体的亚甲基结构，继而向亚甲基醌中加入 $H_2O$、木质素结构单元、糖等的加成反应完成的，即首先由在细胞壁上生成的过氧化氢及过氧化物酶的作用下，木质素结构单元被脱氢，生成酚游离基及其共振体。

这些自由基之间互相结合，或向其中加成 $H_2O$ 或木质素结构单元，生成二聚体。这些木质素二聚体本身也进一步脱氢成为自由基，进而和别的自由基结合，反复地进行水和木质素结构单元的加成反应，木质素便高分子化。研究认为，在植物细胞壁中，木质素高分子的生成阶段，主要是向已经堆积木质素的生长末端依次供给木质素结构单元而结合下去。这样不断结合生长的木质素大分子，根据结合的木质素结构单元之间连接的键的形式，可形成链状高分子，但主要形成分为三次元的网状高分子。在细胞壁中木质素开始堆积之前，已形成了纤维素和半纤维素，因此，在木质素反应之初向亚甲基醌加成的是碳水化合物，这样便形成了木质素和碳水化合物之间的结合。木质素的生物合成过程和其他天然高分子化合物的生物合成过程相比，其突出特点是自由基生成后，就与酶的作用无关了，自由基间可以任意结合成高分子。

## 6.2　木质素的化学结构

木质素化学研究史中，被称为"木质素化学之父"的瑞典科学家 P. Klason 于 1897 年总结了前人的研究成果，并发现松柏醇与亚硫酸氢盐反应时，可生成磺酸盐，其性质与木质素磺酸盐相近，从而推测松柏醇与木质素有密切关系，进而提出了木质素是由松柏醇通过生物合成，形成的高分子物质的假说。这个假说的提出为以后木质素的化学研究打下了基础，对木质素研究作出了重大贡献。他还发明了木质素定量测定方法，被称为 Klason 木质素(酸不溶木质素)法，这种定量方法直至今日仍被广泛应用于木质素的测定。早期的木质素研究是从木质素是否是芳香族化合物开始的。由于当时的科学水平限制，尚不能直接证明木质素就是芳香族化合物。直到 1939 年，瑞典科学家 K. Freudenberg 等发现针叶材木质素在碱性硝基苯氧化时可得到大量香草醛。与此同时，H. Hibbert 用乙醇-盐酸醇解木质素得到 Hibbert 酮(苯丙烷单体侧链上有酮基)；E. Harris 也发现，木材氢解时可分离出丙基环己醇衍生物等，才逐渐确立了木质素是由苯丙烷单元构成的学说。这个问题一直到 1945 年 P. Lange 用紫外吸收光谱法，直接证明了植物细胞壁中存在木质素的芳香结构后才得到彻底解决。

## 6.2.1　木质素的结构单元

木质素是由苯丙烷结构单元通过无规则聚合而得的高分子。依据甲氧基数量和位置的不同，可将木质素的结构单元分为 3 种，即对羟基苯基型(H)、愈创木基型(G)和紫丁香基型(S)，其中对-羟基苯基丙烷结构单体的前驱体为香豆醇，愈疮木基丙烷结构单体的前驱体为松柏醇，紫丁香基丙烷结构单体的前驱体为芥子醇(图 6-3 所示为木质素的结构单元)。

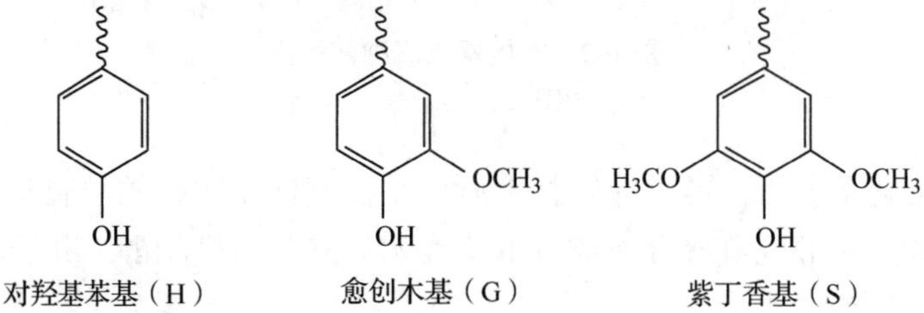

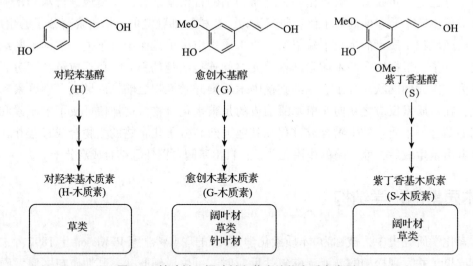

图 6-3　木质素的结构单元

按照植物种类不同，木质素可分为针叶材、阔叶材和草本植物木质素三大类。如图 6-4 所示，针叶材木质素主要由愈创木基丙烷单元所构成，阔叶材木质素主要由愈创木基丙烷单元和紫丁香基丙烷的结构所构成，草本植物木质素主要由愈创木基丙烷单元和紫丁香基丙烷单元及对羟基苯丙烷单元所构成。

图 6-4　针叶材、阔叶材和草本植物木质素类型

由于木质素的三维网状结构是各单体之间脱氢聚合形成的，因此根据参与脱氢聚合反应的元素和生成的键的不同，可将结构单元之间连接方式分为醚键相连(占全部成键的 2/3)和碳碳键相连(占全部成键的 1/3)两大类。根据参与反应的碳的位置的不同，醚键相连可以分为 $\beta$-O-4、$\alpha$-O-4 和 4-O-5 等，碳碳键相连可以分为 $\beta$-5、$\beta$-$\beta$、5-5 和 $\beta$-1。碳碳键相连中 $\beta$-5 型指两个苯环结构单元通过 $\beta$ 位和另一苯环 5 位连接到一起，同时存在 C—C 和 C—O 键，$\beta$-5 型连接方式很稳定，在发生降解反应时，其中一个苯环会发生断裂，$\beta$-5 连接结构能够稳定地保留；5-5 型连接是指两个木质素结构单元上苯环 5 位碳原子之间形成的碳碳连接，也称为联二苯结

构。香豆醇和松柏醇的二聚体就是由 5-5 连接的双苯环结构。木质素单元间的 C—C 键连接形式很稳定，如在制浆和漂白过程中经化学药品的降解处理后，仍然很难使木质素大分子的连接键发生断裂，然后碎解成单个单元从原料中溶解出来。如图 6-5 所示，不同类型植物除了在结构单元存在差异之外，连接单体的化学键比例和种类也存在很大差异。如针叶材（以云杉为代表）木质素中有 48% 的连接键型是 $\beta$-O-4 芳基醚结构，9%~12% 为苯基香豆满结构，9.5%~11% 为联苯结构（5—5′连接），6%~8% 为 $\alpha$-O-4 芳基醚结构，7% 为 $\beta$-1 连接（1,2-二芳基丙烷结构），3.5%~4% 为 4-O-5 连接（二苯基醚结构），2.5%~3% 为 $\beta$-6 和 $\beta$-2 结构，$\beta$-$\beta$ 结构约占 2% 等。这些复杂的结构有利于植物体利用木质素增强其细胞壁的机械强度并抵御微生物的入侵。

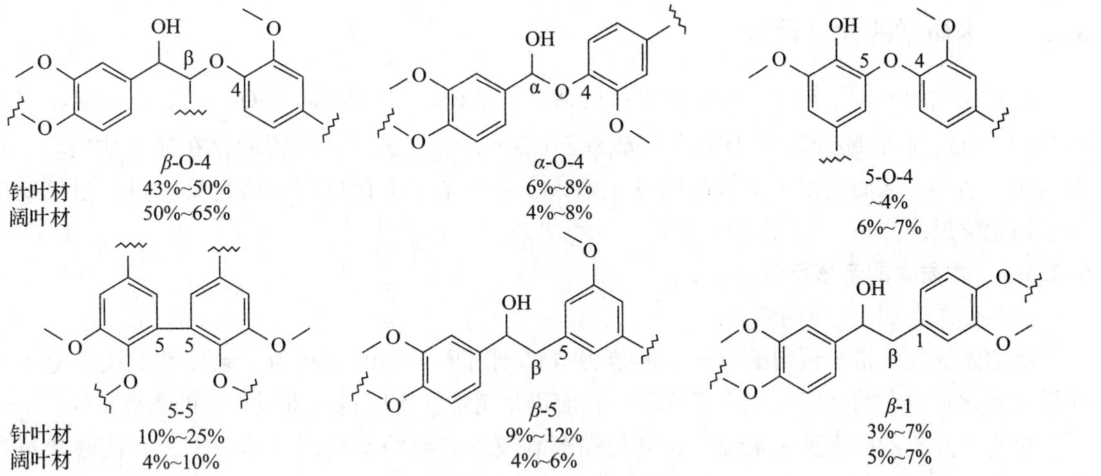

图 6-5　木质素苯丙烷单元间的主要连接方式

## 6.2.2　木质素官能团

由于在分离过程中会对木质素的结构产生一定的影响，因此测定木质素官能团的种类和含量存在较大的困难。磨木木质素（MWL）较好地保存木质素的结构，在测定木质素官能团时常选用磨木木质素作为原料。根据官能团所处的不同位置，主要可以分为两部分：一类是位于结构单元苯环上，例如甲氧基（—OCH$_3$）、酚羟基（—OH）；另一类是在苯环侧链上，包括羰基（C=O）、脂肪族羟基（—OH）、碳碳双键（C=C）等（表 6-1）。羰基官能团通常以酮羰基的形式出现在木质素侧链 $\alpha$ 位碳或者以醛基与羧基形式出现在 $\gamma$ 位碳。有研究人员测定针叶材 MWL 中羰基含量约占 20%。木质素侧链可以被氧化成醛基或羧基，这样就会在 $\alpha$-位碳出现醛基或羧基。MWL 中羧基官能团含量较低，且这些羧基官能团可能是在磨木木质素分离过程中木质素结构被氧化形成的。草本植物木质素结构中 $\gamma$ 位羧基易被对香豆酸酯化。木质素结构中碳碳双键的含量很难测定，有研究人员估测针叶材木质素中碳碳双键的含量为 0.05~0.1C=C/C9。针叶材和阔叶材 MWL 中羟基的含量约 1.3~1.5/C9 和 1.5/C9。甲氧基存在于愈创木基和紫丁香基结构单元中，是木质素的特征官能团，可以根据甲氧基所处位置区别愈创木基丙烷和紫丁香基丙烷结构，还可以通过甲氧基的含量判断木质素样品的纯度。甲氧基可以被强的亲核试剂脱掉，形成氧负离子，使木质素的苯环活化。侧链的碳碳双键可以使木质素更容易发生氧化反应，使木质素呈色。木质素结构中的羟基主要包括酚羟基和醇羟基两种类型，大量羟基的存在会赋予木质素分子很强的氢键，影响木质素的物理和化学性质。

表 6-1　针叶材与阔叶材木质素中主要官能团含量

| 官能团 | 针叶材 | 阔叶材 |
|---|---|---|
| —OCH$_3$ | 92~96 | 132~146 |
| OH$_{phenolic}$ | 20~28 | 9~20 |
| OH$_{benzyl}$ | 16 | — |
| OH$_{aliphatic}$ | 120 | — |
| Carbonyl | 20 | 3~7 |
| Carboxyl | — | 11~13 |

## 6.2.3　木质素的化学反应

在木质素的分子结构中，存在着丰富的活性官能团，如甲氧基(—OCH$_3$)、酚羟基(—OH)、羰基(C=O)、脂肪族羟基(—OH)、碳碳双键(C=C)等。这些官能团的存在显著地提高了木质素的化学活性，从而使得木质素可以发生亲核反应、亲电取代反应、氧化反应以及呈色反应等一系列化学反应。

### 6.2.3.1　木质素的亲核反应

(1)木质素亲核反应的特点

所谓亲核性，是指试剂给予电子的能力或试剂对原子核的亲和力。亲核性取决于电子云极性强弱和化学质点的空间构型。亲核反应目前仍是植物纤维原料蒸煮脱木素的主要反应。

对于蒸煮脱木质素反应来说，氢氧化钠蒸煮液中主要的亲核试剂是 OH$^-$，在硫酸盐蒸煮液中，则存在 OH$^-$、SH$^-$ 和 S$^{2-}$ 等亲核试剂。SH$^-$ 和 S$^{2-}$ 都比 OH$^-$ 具有更大的亲核性。碱性亚硫酸盐药液中的亲核试剂是 SO$_3^{2-}$；酸性亚硫酸盐蒸煮液中，主要的亲核试剂是 SO$_3^{2-}$ 和 HSO$_3^-$。亚硫酸盐药液中这些离子的亲核性都比氢氧化钠蒸煮液中的 OH$^-$ 要强，但不及硫酸盐蒸煮液中的 HS$^-$ 和 S$^{2-}$。因此，各种试剂的亲核性能不同，在脱木素反应中，必然影响其脱木素的速度及程度。

在碱性介质中，酚型结构单元的酚羟基中的氧原子是电负性很强的原子，它的未共用电子对和苯环上的 π 电子云形成 p-π 共轭体系，使氧原子的 p 电子云向苯环转移，因而又使酚羟基上氢氧原子之间的电子云向氧一方转移，这就削弱了酚羟基上的氧和氢原子之间的联系，使氢离子易于脱出(显出弱酸性)。在碱性介质中，酚羟基极易离子化以酚阴离子的形式存在，故在木质素的反应中，酚型结构单元经常以酚的阴离子形式来表示。它是强的电子给予体，通过诱导效应，使得侧链 α-碳原子上的醚键极易断裂，形成亚甲基醌结构。木质素在碱性介质中反应经常有亚甲基醌中间产物的出现也证明了这一变化。这种亚甲基醌的 π 电子云有较大的流动性，根据共振理论它可以表现为 4 种形式。根据亚甲基醌电子云分布情况，亦常把它写成双电极形式。这样，就能更好地理解木质素酚型结构单元的 α-碳原子常常成为亲核试剂攻击部位的原因。非酚型的木质素结构单元由于酚羟基上有了取代物，故不能形成亚甲基醌的结构形式。

在酸性介质中，醚和无机酸能生成四价氧盐，故在酸性条件下，具有苯甲基醚结构的酚型和非酚型结构单元，首先变成四价氧盐形式的醚基团，然后 α-醚键断裂而形成正碳离子，这种比较稳定的正碳离子亦呈 4 种形式存在。

由上可知，在碱性介质中，木质素结构单元中的酚型结构形成亚甲基醌结构，而在酸性介质中，无论是酚型结构还是非酚型结构均可形成正碳离子结构。这表明在碱性介质和酸性介质中木质素反应的机理不同。

（2）氢氧化钠溶液和木质素的反应

在高温条件下，植物原料中的木质素与氢氧化钠水溶液反应，木质素中的多种醚键受亲核试剂 OH⁻的作用而发生水解降解，主要反应如下：

①酚型 α-芳基醚结构基团的反应　酚型结构单元在碱性溶液中离解生成的酚阴离子，促进了 α-芳基醚键的开裂，经过中间体亚甲基醌结构，由于亚甲基醌中 C=O 基的吸电子作用，通过诱导效应，使得 β-碳原子的电子云密度降低，它与 H 原子的连接力减弱，于是脱去氢（β-质子消除反应），得到 1,2-二苯乙烯结构产物。如果在反应系统中存在氧，则产物进一步生成苯基香豆酮。反应中还发生 γ-位的伯醇变成甲醛而脱除。非酚型的苯基香豆满结构，在碱性介质中是稳定的。

②酚型 α-烷基醚结构基团的反应　在碱性条件下，以酚阴离子形式的松脂酚中的 α-烷基醚键断开，形成二亚甲基醌结构。亚甲基醌中间产物 γ-位伯醇阴离子以甲醛形式脱除（β-甲醛消除反应），形成 1,4-二芳基-丁二烯（1,3）产物。另外，由于亲核试剂对 α-碳原子的攻击，随后脱出两个愈创木基阴离子，并得到木质素的分解产物 2,3-二羟甲基琥珀醛。反应脱出的 2 个分子甲醛，一部分与脱出的愈创木基阴离子缩合形成二芳基亚甲基产物。非酚型的松脂酚结构，对氢氧化钠是稳定的。

③β-芳基醚结构基团的反应　酚型 β-芳基醚结构在碱液中，主要是 α-醚键按上述机理断裂，脱去芳基或烷基（—OR）成为酚或醇产物，变成亚甲基醌结构，由于 β-质子消除反应，脱去氢质子，而变成苯乙烯芳基醚结构产物，它在碱液中是稳定的。同时，一部分形成环氧化产物，并伴随着 β-芳基醚键的开裂。环氧化物不稳定，开环后形成 β-酮类产物。

在碱性介质中，α-醇羟基易离解出 H 而成为氧负离子。这时氧原子的电子云密度较大，通过诱导效应，导致 β-碳原子上的电子云密度增大，使得 β-碳原子与氧原子之间的作用削弱而断裂，从而使芳基作为酚阴离子脱出，形成环氧化合物。要说明的是，在 β-碳原子上的芳基醚结构中，由于氧原子上的 p 电子云与苯环上的 π 电子云重叠形成比较牢固的 p-π 共轭体系，所以醚键断裂时，只发生在 β-碳原子和氧原子之间，而不会发生在氧原子与芳基之间。反应形成的环氧化合物是不稳定的，它在碱性介质中受到亲核试剂 OH⁻的攻击，环被打开而形成 α、β-乙二醇结构产物。

④甲基芳基醚结构的反应　在甲基芳基醚结构中，氧原子和苯环由于电子云的重叠而形成 p-π 共轭体系，氧原子的电子云偏向苯环，导致甲基上的电子云也偏向氧原子一方，于是在甲基的碳原子形成正电的中心，易为亲核试剂 OH⁻所进攻，并使 OH⁻连接于碳原子上。连上的羟基上的氧原子的电子云亦向碳原子偏移，使甲氧基中氧和碳原子间的作用削弱而脱出甲基，形成新的酚羟基，脱出的甲基形成甲醇。

⑤添加蒽醌时的反应　在苛性钠法蒸煮药液中常常加入少量的蒽醌（AQ）或蒽醌衍生物，其目的是为了促进脱木质素和保护碳水化合物。

在蒸煮过程中，蒽醌氧化碳水化合物，被还原成蒽氢醌（AHQ），蒽氢醌溶解在碱液中变成蒽酚酮离子（AHQ），蒽酚酮离子与木质素的亚甲基醌发生还原作用，促进了木质素醚键的裂断而形成木质素碎片，溶于碱液中，从而加速了木质素的脱除。蒽氢醌被木质素氧化又生成蒽醌。由于蒽醌与蒽氢醌之间的还原与氧化形成循环，在反应中消耗很少，因此蒽醌如同催化剂一样被反复使用。同时，由于蒽醌氧化碳水化合物，生成糖醛酸末端基，从而防止了剥皮反应。

（3）硫化钠溶液和木质素的反应

在硫酸盐法蒸煮过程中，除了氢氧化钠和木质素的反应外，硫化钠和木质素的反应是脱木质素的主要反应在 Na₂S 的水溶液中，由于 Na₂S 的离解，溶液中同时存在 OH⁻、HS⁻和 S²⁻，因此，在硫化钠和木质素的反应中，除了 OH$^-$ 的作用外，还有亲核性更强的 HS$^-$ 和 S$^{2-}$ 的作用，所以木质素与硫化钠的反应比与氢氧化钠强，所引起的木质素降解作用也比氢氧化钠的大。

最重要的反应是酚型结构基团的 $\beta$-芳基醚键的断裂。通常以木质素模型化合物愈创木基-甘油-$\beta$-愈创木基醚与硫化钠水溶液的反应来表述，愈创木基-甘油-$\beta$-愈创木基醚在碱性介质中，首先 $\alpha$-醚键裂开，形成亚甲基醌结构，亲核试剂 HS$^-$ 和 S$^{2-}$ 立即进攻其 $\alpha$-碳原子，形成苯甲硫基结构。由于 S$^{2-}$ 是强的电子给予体，通过诱导效应，使 $\alpha$-碳原子上的电子云密度增大，$\beta$-芳基醚键不稳定，从而使芳基作为酚盐阴离子脱出，并生成环硫化合物，在此结构中，酚阴离子上的氧原子作为电子给予体，通过诱导效应，使 $\alpha$-碳原子上的电子云密度增大，$\alpha$-碳原子和硫原子间的作用减弱，环打开形成 $\beta$-碳原子上含硫离子的亚甲基醌结构（即木质素的硫化物）。如果温度较低(100 ℃)，它很容易聚合成二噻烷结构（木质素的二硫化合物），而在较高温度下(170 ℃)，这些含硫化合物被分解并把硫析出，最后，连木质素单元的侧链也分解断开，形成木质素的降解产物。可见，此类 $\beta$-芳基醚在 Na$_2$S 溶液中裂解是相当彻底而又十分迅速的。根据模型化合物试验，$\beta$-愈创木基醚键在 2 mol/L NaOH、170 ℃条件下仅能裂开30%，而当有 SH$^-$ 存在的硫酸盐法蒸煮条件下，170 ℃温度下几分钟几乎全部裂开，从而可以理解为什么含硫化钠的硫酸盐法蒸煮液的脱木质素速率比苛性钠法蒸煮液快，以及在同样条件下所得的浆料木质素含量比苛性钠法要低等事实。

$\beta$-芳基醚在木质素结构中占有相当大的比例，因此它的断裂对木质素大分子降解成碎片而溶出是很有意义的，这一反应在苛性钠法蒸煮中是次要的，而在硫酸盐法蒸煮中则是一个主要反应。这样，在硫酸盐法蒸煮时，不单 NaOH 和木质素反应引起四类醚键的广泛断裂，而且还能使 NaOH 很难起作用的酚型 $\beta$-芳基醚键也断开，加速木质素反应和碎解溶出过程。

在蒸煮时，木质素结构单元上甲基芳基醚结构和硫化钠也发生反应。首先，亲核试剂 HS$^-$ 进攻木质素芳香环中甲氧基的碳原子，生成甲硫醇，并在苯环上导出酚羟基，然后，甲硫醇的阴离子(CH$_3$S$^-$)与第二个甲氧基反应，生成二甲基硫醚。两个反应均属于亲核取代反应。在硫酸盐法蒸煮中，可以从蒸煮废气中获得甲硫醇和二甲硫醚，它们的生成量为 1～2 kg/t 浆，此量表明木质素中有 5%～6% 的甲氧基被分解形成这些产物，它们构成了硫酸盐浆厂气体臭味的主要成分。

总的来说，木质素在硫酸盐法蒸煮中的反应，除了木质素在 NaOH 溶液中的基本反应，还能促使酚型结构基团的芳基醚键断开形成环硫化合物的中间物，以及甲基芳基醚结构脱甲基生成甲硫醇和二甲基硫醚。这几种反应，都析出酚羟基，增大了木质素大分子的亲液性，而且使木质素的降解反应继续下去，直至出现抵抗蒸煮液中亲核试剂的结构为止。

以上通过硫化钠的作用使木质素大分子的醚键断裂而低分子化，从而促进木质素溶出的理论称为"开裂促进说"。除此之外尚有所谓的"保护作用说"和"游离基捕捉作用说"。所谓"保护作用说"是指硫化钠的存在抑制了木质素结构单元间的二次缩合。而"游离基捕捉作用说"是指硫化钠作为游离基捕捉剂可避免木质素游离基的结合，保持木质素的低分子状态，从而保证脱木质素的顺利进行。

(4)中性亚硫酸盐溶液和木质素的反应

蒸煮液 pH 值为 6～10 的亚硫酸盐法制浆称为中性亚硫酸盐法制浆。蒸煮液中的活性基团是亲核性的 SO$_3^{2-}$ 和 SO$_3$H$^-$，它们在使木质素磺化的同时，还使一些醚键断裂。

①酚型 $\alpha$-芳基醚结构基团的反应 以酚型苯基香豆满为例，在中性亚硫酸盐蒸煮中，开始是 $\alpha$-醚键断开，形成亚甲基醌结构。随后 $\alpha$-碳原子成为亲核试剂 SO$_3^{2-}$ 的攻击中心，形成 $\alpha$-磺酸。在中性亚酸盐蒸煮中，木质素单元上 $\alpha$-碳原子的磺化作用是一个重要反应。另外，还生成

相当少量的 1, 2-二苯乙烯。

非酚型的苯基香豆满($\alpha$-芳基醚)是稳定的，不发生断裂。

②酚型 $\alpha$-烷基醚结构基团的反应　以酚型松脂酚结构为例，$\alpha$-烷基醚键断裂后开环形成 2 个亚甲基醌型结构。随即 $\alpha$-位被磺化形成 $\alpha$-磺酸，$\gamma$-碳原子的伯醇羟基形成甲醛脱出。

非酚型结构的松脂酚($\alpha$-烷基醚)是稳定的，不发生断裂。

③酚型 $\beta$-芳基醚结构基团的反应　在反应中，首先是 $\alpha$-碳原子的醚键断裂，形成 $\alpha$-磺酸结构。由于 $\alpha$-位置导入了亲核的磺酸基，导致 $\beta$-芳基醚键的断裂，脱去芳基而形成 $\alpha$、$\beta$-二磺酸结构，最终形成苯乙烯 $\beta$-磺酸。这个反应取决于 pH 值，当蒸煮液的 pH 值等于 7 且蒸煮时间比较短的情况下，主要产物是 $\alpha$-磺酸；当蒸煮液的 pH 值为 9~10 且蒸煮时间较长时，则不仅 $\beta$-芳基醚分解加速，生成更多的 $\alpha$、$\beta$-二磺酸结构，而且由于酚羟基氧原子的供电子性质，经诱导效应使 $\alpha$-位置上的—$SO_3^{2-}$ 不稳定而又脱出来，形成亚甲基醌结构，经 $\beta$-质子消除反应，脱去质子而形成苯乙烯 $\beta$-磺酸，同时还形成缩合的二亚甲基结构作为最终产物。

④木质素中羰基和双键的反应　不管是酚型还是非酚型结构，木质素中羰基和双键都可以发生磺化反应，形成 $\alpha$，$\gamma$-二磺酸和 $\alpha$-磺酸。

⑤甲基芳基醚结构的反应　在中性亚硫酸盐蒸煮条件下，甲基芳基醚结构亦发生一定程度的醚键断裂，出现新的酚羟基，其甲基以甲基磺酸的形式被析出。

(5)碱性亚硫酸盐溶液和木质素的反应

碱性亚硫酸盐蒸煮液(pH 值为 10)，通常是在亚硫酸盐中加入氢氧化钠或硫化钠来实现的。从木质素化学的角度看，碱性亚硫酸盐蒸煮液中，含有两个亲核试剂，即 $SO_3^{2-}$、$OH^-$ 或 $SH^-$。根据氢氧化钠、硫化钠和亚硫酸钠与木质素的反应和有关实验结果可知，在此条件下不仅木质素中酚型单元很易起反应，非酚型的木质素结构单元，如苯基丙烷 $\beta$-芳基醚结构，也能参加反应，结果部分 $\beta$-取代物脱除，剩余的苯基丙烷骨架一部分也被磺化，并生成碎解产物。

(6)酸性亚硫酸盐溶液和木质素的反应

①碳化反应　在酸性介质中，$\alpha$-碳原子无论是游离的醇羟基，还是烷基醚和芳基醚的形式，均能脱去 $\alpha$-碳离子位置上的取代基，形成正碳离子。这是比亚甲基醌更强的亲电离子，极易和反应物中的亲核试剂反应，在 $\alpha$-碳原子的正电中心位置通过酸催化亲核加成而形成 $\alpha$-磺酸。和中性亚硫酸盐蒸煮相比，酸性亚硫酸盐和木质素反应的特点，在于不论是酚型和非酚型结构单元中的 $\alpha$-碳原子都被广泛地磺化，因此脱木质素的程度要比中性条件下强得多。

②缩合反应　酸性亚硫酸蒸煮在发生磺化反应的同时，也往往发生缩合反应。因为木质素中存在某些亲核部位(如苯环的 1 位和 6 位)。如果这些部位与反应的中间物苯甲基正碳离子靠得很近，它将和亲核试剂($SO_3^{2-}$ 或 $HSO_3^-$)一起对正碳离子的亲电中心($\alpha$-碳原子)进行竞争，因而导致中间产物的缩合反应。由于缩合反应，木质素分子变大，亲水性降低，木质素不易溶出。

由木质素的磺化和缩合反应的机理可以看出，磺化和缩合反应都发生在同一木质素结构单元的 $\alpha$-碳原子上。因此，缩合了的木质素在缩合的部位难以再发生磺化反应。同样，磺化了的木质素在磺化了的部位也不易发生缩合反应。故在酸性亚硫酸盐蒸煮时，必须严格控制工艺条件，以利于磺化反应，并使缩合反应受到限制。

③生成硫醚型化合物的反应　酸性亚硫酸盐蒸煮过程中，蒸煮液中的单糖与 $HSO_3^-$ 反应，生成 $S_2O_3^{2-}$。$S_2O_3^{2-}$ 能够抑制或阻止脱木质素作用，它和侧链上 $\alpha$-位反应生成硫醚型的硫化物。

在酸性亚硫酸盐蒸煮中，不论是酚型还是非酚结构的 $\beta$-醚键始终是稳定的。这和氢氧化钠或硫化钠等碱性介质中以及中性亚硫酸盐中木质素的降解反应不一样。因为在这里主要的亲核

试剂是 $HSO_3^-$，其亲核性比 $SO_3^{2-}$、$SH^-$、$S^{2-}$ 要弱，当 $HSO_3^-$ 引入到 $\alpha$-碳原子上，形成 $\alpha$-磺酸后，未能因为在 $\alpha$-位置上存在这一弱的亲核试剂而导致 $\beta$-醚键断裂。

#### 6.2.3.2　木质素的亲电取代反应

亲电试剂与有机化合物作用发生的取代反应称为亲电取代反应。木质素结构单元的苯环上，由于连接着羟基、甲氧基等供电子基团而使苯环得以活化，电子云密度增大，很容易和亲电试剂作用，发生亲电取代反应。木质素与亲电试剂的反应中，最重要的是卤化反应和硝化反应，其特点是试剂中以正卤离子、正硝基离子等首先作用于木质素的苯环上，通过一个过渡状态，把氢原子取代出来，生成氯化木质素、硝化木质素等。木质素的亲电取代反应往往还伴随着木质素的氧化、降解等反应。

木质素结构单元苯环上的亲电取代反应，其亲电试剂引入的位置，一般遵循着苯环取代反应的定位规律。由于木质素苯环上的甲氧基、羟基等基团都属于邻、对位定位基，因此，当试剂中的亲电基团与木质素进行亲电取代反应时，主要发生在氧基或羟基的邻位或对位。

（1）氯与木质素的反应

木质素在氯的水溶液或气态氯的作用下引起的化学反应是氯碱法制浆和纸浆氯化的基本反应。氯在水溶液中，形成强亲电性的 $Cl^-$ 或它的水合物 $H_2O^+Cl$；因此，氯水溶液中的氯是一种亲电试剂。另外，氯的正离子可以通过氧化反应获得电子而变成氯的负离子，因此，它又是一种强的氧化剂。氯与木质素的反应主要是亲电取代反应和氧化反应，少量的氯还与木质素侧链中的双键发生加成反应。

苯环上氯的亲电取代反应是氯水溶液中的正氯离子，在甲氧基的对位或羟基的邻位等没有取代基的位置上，取代了氢原子，即在苯环的 6 位和 5 位上受氯化而形成氯化木质素，通常是 6-位的反应占优势。

氯水溶液中形成的正氯离子或它的水合正离子能使木质素结构基团的 $\beta$-芳基醚键和甲基芳基醚键受氧化作用而裂断，生成邻醌和相应的醇，使木质素大分子变小而溶出。木质素氧化后生成的邻醌是一种呈黄红色的生色基团，这是纸浆经氯化后呈现黄红色的一个原因。上述氯亲电取代反应形成的木质素结构单元侧链的碎解物，以及由醚键的氧化裂解形成的碎解物，进一步受到亲电子的氯的氧化作用，形成相应的羧酸。

综上所述，木质素中酚型和非酚型单元与氯反应，受到氯水溶液中正氯离子的作用，发生苯环的氧化、醚键的氧化裂解、侧链的氯亲电取代断开以及侧链碎解物的进一步氧化作用，最终生成邻醌（来源于苯环部分）和羧酸（来源于侧链部分），并析出相应的醇，从而使木质素大分子碎解并溶出。

（2）硝化剂与木质素的反应

木质素能与硝酸及硝酸混合物发生硝化反应。所用的硝化剂有 $HNO_3+H_2SO_4$、$HNO_3$ 水溶液、$HNO_3+CH_3OOOH$、$HNO_3+(CH_3CO)_2O$、浓 $HNO_3$ 等。硝酸在无水或水溶液中起硝化作用的硝化剂是 $NO_2^+$。几种硝化剂对木质素反应性的先后顺序为 $NO_2^+ > NO_2 \cdot +OH_2 > NO_2 \cdot NO_3 > NO_2 \cdot OAC > NO_2 \cdot OH$。

对具有酚羟基的木质素模型物，硝化反应发生在酚羟基的邻位和对位，对于酚羟基被醚化的化合物在间位，接着在对位也起反应。此外，木质素单元侧链脱除之后在对位导入硝基的同时，被氧化生成对醌。

在木质素的硝化过程中，在一定条件下伴随着缩合反应的竞争，形成二苯甲基醚。也有部分甲氧基脱去甲基形成甲醇，使苯环导出新的酚羟基。

#### 6. 2. 3. 3　木质素的氧化反应

木质素的氧化反应是纸浆漂白的主要反应，这里重点介绍次氯酸盐、二氧化氯、过氧化氢、氧和臭氧等对木质素的作用。

（1）次氯酸盐与木质素的反应

次氯酸盐是传统的漂白剂，次氯酸盐漂白时的反应主要是氧化反应，但也有氯化反应，有时也发生游离基反应。

次氯酸盐主要是攻击苯环的苯醌结构和侧键的共轭双键。次氯酸盐与木质素发色基团的反应属亲核加成反应，反应中形成环氧乙烷中间体，最后进行碱性氧化降解，最终产物为羧酸类化合物和 $CO_2$。如果木质素结构单元间存在酚型 $\alpha$-芳基醚或 $\beta$-芳基醚连接，则这些连接将会断裂并进一步降解为有机羧酸和 $CO_2$。

酚型结构单元首先在苯环上发生亲电取代反应，生成氯化木质素，然后在次氯酸盐作用下，脱去甲基，形成邻苯二酚，继而被氧化成邻苯醌，在碱性介质中氯醌转变成羟醌，并进一步被次氯酸盐所氧化，最终芳香环破裂，生成低分子的羧酸和二氧化碳。由于这种氧化降解作用，木质素大分子的 $\alpha$-芳基醚或芳基醚断开，并导致在结构单元相连接的位置形成新的酚羟基，从而能重复上述反应。

（2）二氧化氯与木质素的反应

二氧化氯是一种高效漂白剂，其特点是它和饱和的脂肪族化合物（醇类、胺类、羧酸类等）之间则很难反应，但与不饱和的脂肪族化合物之间则很容易反应。因此，它能够选择性地氧化木质素和色素并将它除去，而对纤维素却没有或很少有损伤。$ClO_2$ 是一种游离基，它很容易攻击木质素的酚羟基使之成为游离基，然后进行一系列的氧化反应。

（3）过氧化氢与木质素的反应

过氧化氢（包括过氧化钠）是纸浆的优良漂剂之一，其漂白作用靠 $H_2O_2$ 离解产生的 $HOO^-$ 使纸浆中的发色基团脱色，增加 pH 值，则 $HOO^-$ 增多，漂白能力增强，所以通常过氧化氢漂白是在碱性条件下进行。过氧化氢与木质素的反应包括木质素结构单元苯环的反应、木质素结构单元侧链的反应和木质素结构单元苯环及侧链同时碎解的反应。

木质素结构单元苯环是无色的，但在蒸煮过程中形成各种醌式结构后变成了有色体。过氧化氢漂白过程中，破坏了这些醌式结构，使有色结构变为无色的其他结构，甚至碎解为低相对分子质量的脂肪族化合物。

当木质素结构单元的侧链上具有共轭双键时本身是一个有色体，过氧化氢漂白时，破坏了这些侧链，改变了侧链上有色的共轭双键结构，甚至将侧链碎解，使有色基团变为无色基团。非共轭双键侧链在碱性过氧化氢氧化时也能断裂，使木质素进一步溶出。

木质素模型 $\alpha$-甲基香草醇和碱性过氧化氢反应是木质素结构单元苯环和侧链同时碎解的反应，用气相色谱鉴定其所获得的产物，结果表明，针叶材木质素模型物在过氧化氢作用下，有 4 种反应形式：①反应产物为甲氧基对苯二酚，随后继续氧化成甲氧基对苯醌；②反应为一部分 $\alpha$-甲基香草醇受氧化后脱去乙醛直接生成甲氧基对苯二酚结构；③反应为苯环氧化后，甲氧基的甲基以甲醇脱出，形成邻苯醌；④反应为生成的邻苯醌的环经进一步氧化裂开，生成丙二酸、顺丁烯二酸、草乙酸、甲氧基琥珀酸和乙二酸等二元羧酸。

综上所述，木质素和过氧化氢的反应，过氧化氢主要消耗在醌型结构的氧化和木质素酚型结构的苯环及含有羰基和具有 $\alpha$、$\beta$-烯醛结构的侧链的氧化上。其反应结果使侧链断开并导致芳香环氧化破裂，最后形成一系列的二元羧酸和芳香酸。同时，苯核上还发生脱甲基反应。反应过程中，木质素中一些带色的基团如对醌、邻醌和侧链的共轭双键等被氧化裂开而成为无色基团，从而使纸浆漂白。

（4）氧与木质素的反应

分子氧作为漂白剂，主要是利用分子氧的两个未成对的电子对有机物具有强烈的反应倾向，从而发生游离基反应。分子氧与木质素的反应，实际上都属于游离基反应，在碱性介质中，分子氧引起对酚型和烯醇式木质素单元的自动氧化所形成的负离子的亲电攻击。在氧漂中，木质素结构的自偶氧化反应形成 $HOO^-$ 阴离子，作为一种亲核试剂，可以被加成到羰基和共轭羰基结构上。氧与木质素的反应包括苯环的氧化和侧链的氧化消除反应。木质素的苯环经分子氧化可形成氧五环结构、糠酸衍生物以及醌式机构，从而改变了木质素的结构。具有双键、$\alpha$-羟基和羰基的木质素结构单元的侧链以及亚甲基醌结构，在进行分子氧化时，侧链都能断裂或消除，这些断裂或消除也都是亲电攻击和分子内亲核攻击的结果。

木质素的
呈色反应

（5）臭氧与木质素的反应

臭氧是一种新型的无污染漂白剂。臭氧是空气或氧气通过高压放电产生的，臭氧在水中易分解，其分解速率随 $OH^-$ 离子浓度的增大而增大。此外，由于金属离子的存在，也会促进臭氧的分解，可以通过添加 $CH_3COOH$ 以减少金属离子的影响。由于臭氧的结构中具有由 3 个氧原子的 4 个电子所形成的大 $\pi$ 键，因此具有亲电攻击能力，与木质素发生亲电反应。

#### 6.2.3.4 木质素的呈色反应

木质素的呈色反应，不仅对于了解树木木质化的进程和木质素的分布非常重要，而且对了解木质素的特定构造也很有意义。同时，快速鉴定纸浆纤维的种类和鉴定木材的种类均可基于木质素的呈色反应。

（1）呈色试剂

到目前为止，已发现的呈色反应达 150 种以上。呈色试剂大致可分为链状化合物（脂肪族化合物）、酚类、芳香族胺类、杂环类化合物及无机化合物 5 大类。

链状化合物中的某些醇类、酮类化合物在少量酸的存在下，与木质素反应发生呈色反应。例如，将试料以甲醇盐酸处理，或者丙醇盐酸处理呈红色，以戊醇-硫酸处理则呈蓝绿色。另外，将试料以盐酸润湿之后，再加甲基庚烯酮水溶液，呈现紫红色。

酚类的呈色反应使木质素呈现绿—青—紫系列的颜色，而在羟基的对位被置换之后则呈色减弱。对于芳香族胺类，在胺基的对位，如有硝基及胺基存在，呈色加强。呈色反应使用的试剂的浓度为 1%。酚类呈色试剂常用酸性水溶液或者乙醇液。另外，对于胺类常使其成为盐酸盐或硫酸盐，通常加入过量的酸，使其呈微酸性。

木质素在酸性条件下，与呋喃、吡喃、吲哚类化合物等环化合物作用，发生呈色反应。与呋喃类呈绿色系列；与吡咯类呈红色系列。但是，呋喃的氧原子被硫置换之后成为噻吩后不再呈色。吲哚类化合物使木质素呈红色系列。

无机化合物使木质素的呈色反应中最有价值的是缪勒（Mïiller）反应及克罗斯-贝文（Cross-Bevan）反应，可用来识别针叶木和阔叶木，缪勒反应中将试剂先以 1% 高锰酸钾溶液处理，再以稀盐酸处理，最后加氨水，针叶木呈黄褐色或者褐色，而阔叶木呈红紫色。克罗斯-贝文反应是用盐酸-亚硫酸钠处理，呈色与缪勒反应呈色类似。

（2）呈色机理

木材及机械木浆具有一定颜色，意味着木材木质素本身存在着某些生色基团，木质素能和一些化学试剂发生特有的呈色反应，更能说明木质素中含有的某些基团经化学处理后，能形成生色基显出颜色。

木质素中含有羰基或者含有羰基及其共轭双键结构是导致木质素生色的一个重要原因。除此之外，木质素在化学反应中形成的无色结构基团，有可能受氧化而变成生色基团，这可通过木质素的模型物试验证明。例如，苯基香豆满结构在碱法和硫酸盐法制浆条件下生成的1,2-二羟基苯基乙烯，是一种无色基团，但在碱性溶液中受空气的氧化，能变成邻，对二苯醌乙烯生色基团；同样在碱法及中性亚硫酸蒸煮中，由松脂酚形成1,4-二羟苯基丁二烯，1,3结构在氧化时亦变成相应的生色基团。

由无机试剂引起的木质素呈色反应，大多数不能说是木质素特有的呈色反应。例如，五氧化二钒-磷酸的呈色反应是由于酚羟基；硫酸亚铁-赤血盐和乙酸汞-硫化氨的反应是由于半纤维素的糖醛酸残基。这些无机试剂的呈色反应主要还是缪勒反应和克罗斯-贝文反应。缪勒反应的呈色机理是由于高锰酸钾处理和盐酸处理，由紫丁香基核生成甲氧基邻苯二酚，再以氨水处理生成甲氧基邻苯醌，而呈紫红色，其最大吸收波长约在520 nm。克罗斯-贝文反应机理是紫丁香基模型物经氯水处理，生成2,6二氯苯三酚基，再经亚硫酸钠处理而呈红紫色，最大吸收位于波长540 nm附近。如果紫丁香基对位的侧链上含有酮基，则吸收光谱最大吸收向长波长方向移动。这两个呈色反应机理的阐明对于了解针叶木及阔叶木木质素化学构造的差异还是非常重要的。

同样，木质素在化学反应中也可能直接产生生色基团，如木质素和氯的反应，生成黄红色中间产物邻苯醌；木质素受过氧化氢氧化，其酚结构单元变成中间产物邻苯醌和对苯醌。这些新形成的基团所吸收的光波都在可见光区域，因而显出颜色，都是生色基。带有生色基团的木质素，也可以因某种化学反应而变成无色，上述的邻苯醌和对苯醌结构当进一步氧化时环被打开而分解，即形成无色的二元羧酸等分解产物。过氧化氢能使磨木浆中具有的羰基共轭双键结构生色基团分解而除去。可见，木质素通过化学试剂的作用能形成新的生色基团，也能除去固有的生色基团。因此，通过木质素的氧化或还原作用，可把木质素的生色基团分解或转化成无色基团，这便是工业上纸浆漂白的基本原理之一。

木质素的呈色反应在生产上和科学研究上有广泛的应用，尤其在纸浆纤维的鉴别上，例如，利用氯化锌碘染色液(赫兹波格染色液)对木质素产生的颜色反应，可以鉴别纤维的类别、制浆方法及其脱木质素程度。

## 6.3　木质素的物理性质

木质素的物理性质既取决于木质素的来源，即植物的种类，同时也取决于木质素分离提取的方法。因此，木质素的物理性质因多种因素的影响而具有多变性和复杂性。木质素的物理性质涉及木质素的一般物理性质、木质素的溶解性、木质素的热性质、木质素的分离和木质素的定量等。

### 6.3.1　一般物理性质

(1)颜色

原本木质素是一种白色或接近无色的物质，我们所见到的木质素的颜色是在分离和制备过程中形成的。随着分离和制备方法的不同呈现出深浅不同的颜色，如云杉 Brauns 木质素是浅奶油色，酸木质素、铜氨木质素和过碘酸盐木质素的颜色较深，在浅黄褐色至深褐色之间。通过化学等方法可使木质素的颜色变浅直至变白。

（2）相对密度

自木化植物分离的木质素大都是无定形的粉末，其相对密度为 1.300~1.500。数值的大小因测定方法和木质素制备方法的不同而有所区别。如松木硫酸木质素用水测定的相对密度是 1.451，而用苯测定的相对密度是 1.436；云杉二氧六环木质素用水测定的是 1.330，用二氧六环测定的是 1.391，用比重计法测定的则是 1.361。

（3）光学性质（折射率）

木质素结构中没有不对称碳，所以没有光学活性。云杉铜氨木质素的折射率是 1.61，这证明了木质素的芳香族特性。

（4）燃烧热

木质素的燃烧热值相对较高，如无灰分云杉盐酸木质素的燃烧热是 110.0 kJ/g，硫酸木质素的燃烧热是 109.6 kJ/g。这正是制浆黑液燃烧法碱回收的依据之一。

（5）溶解度

原本木质素一般不溶于任何溶剂，分离木质素往往有一定的溶解度，但因植物种类、分离方法和溶剂的不同而差别较大，很难找到一个确定值。关于木质素的溶解性将专门讨论。

（6）熔点

木质素的熔点往往不是一个固定的物理常数，一般存在玻璃化温度。但也有例外，如云杉碱木质素的熔点为 186 ℃，有两种工业碱木质素的熔点分别为 140 ℃ 和 170 ℃。有关木质素的热性质还将在后面讨论。

（7）黏度

研究结果表明，木质素溶液的黏度较低。表 6-2 列出了云杉木质素在不同浓度条件下的比黏度。其三个试样分别是用含盐酸的氯仿-乙醇混合物连续三次抽提云杉木材而得到的。木质素的溶剂是二氧六环。由表内数据可知，在不同浓度下云杉乙醇木质素的比黏度为 0.0495~0.0783，黏度值不大。从硫酸盐制浆黑液中分离获得的硫化木质素，当浓度为每 1000 g 溶液含木质素 0.012~2.5 g 时，测出溶液的比黏度相应为 0.026~0.330（20 ℃）。

表 6-2  云杉乙醇木质素的比黏度

| 木质素组分 | 比黏度 | | | | |
|---|---|---|---|---|---|
| | 4.00 g/100 mL | 3.20 g/100 mL | 2.56 g/100 mL | 2.05 g/100 mL | 1.64 g/100 mL |
| 1 | 0.0548 | 0.0516 | 0.0518 | 0.0498 | 0.0495 |
| 2 | 0.0692 | 0.0642 | 0.0616 | 0.0618 | 0.0567 |
| 3 | 0.0783 | 0.0740 | 0.0718 | 0.0722 | 0.0680 |

## 6.3.2  木质素的溶解性

原本木质素由于相对分子质量大和缺少亲液性基团，在水中以及通常的溶剂中的溶解性较差，基本上不溶解。以各种方法分离的木质素，在某种溶剂中溶解与否，取决于木质素的性质和溶剂的溶解性参数与氢键结合能（表 6-3）。Brauns 木质素和有机溶剂木质素可溶于二氧六环、吡啶、甲醇、乙醇、丙酮和稀碱液中，但必须在这些溶剂中加少许水，否则几乎不溶。碱木质素和硫木质素在二氧六环中溶解后像是胶体溶液。碱木质素可溶于稀碱水、碱性或中性的极性溶剂中。木质素磺酸盐可溶于水中，其溶液是真正的胶体溶液。Brauns 木质素、酚木质素和许多有机溶剂木质素在二氧六环中溶解后是澄清的，很像是真溶液。

表 6-3  云杉分离木质素在几种溶剂中的溶解性能

| 木质素样品 | 乙醇 | 丙醇 | 亚硫酸氢盐溶液 | 冷的稀碱 | 水 |
|---|---|---|---|---|---|
| 盐酸木质素 | − | − | − | − | − |
| 硫酸木质素 | − | − | − | − | − |
| 水解木质素 | − | − | − | − | − |
| 铜氨木质素 | − | − | − | − | − |
| 碱木质素 | + | + | − | + | − |
| 木质素磺酸 | + | + | + | + | + |
| 酚木质素 | + | + | − | + | − |

注："+"表示木质素溶解；"−"表示木质素不溶解。

鉴于原木木质素的溶解性较差，在制浆过程中为了把木材中的木质素溶出，使纤维分离开来，往往要在木质素大分子中引入亲液性基团。例如，导入磺酸基，就可以得到能溶解的木质素磺酸；或是使用碱，在一定条件下从木质素中导出新的酚羟基，由于酚羟基的亲液性，也能使木质素溶解出来，这也就是化学制浆的基本依据之一。图 6-6 为纸浆的蒸解示意。

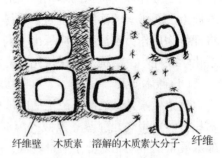

纤维壁  木质素  溶解的木质素大分子  纤维

图 6-6  纸浆蒸解示意

### 6.3.3  木质素的热性质

木质素的热性质指的是木质素的热可塑性。木质素的热可塑性是木质素的一项重要物理性质，对于木材的加工和制浆，特别是机械法制浆具有重要的意义。各种木质素加热到一定的温度即开始软化，软化温度也即常说的玻璃转化点，干态的木质素一般在 127 ~ 193 ℃，随树种、分离方法和相对分子质量大小等而异。吸水润胀后的木质素，软化点大大降低。而随着相对分子质量增大，其软化点上升，差不多呈直线关系。在木材加工和制浆时以水润湿木片，木片中木质素的软化点在水的作用下降低，从而利于木材加工和纤维的分离。

研究认为，在玻璃转化点以下，木质素的分子链的运动被冻结，木质素呈玻璃状固体，随着温度的升高，分子链的微布朗运动加快，到了玻璃转化点以上，分子链的微布朗运动开放，木质素本身软化，固体表面积减少，产生黏着力。

### 6.3.4  木质素的分离

从植物纤维原料中，分离木质素的方法大体有两类：一类是将植物中木质素以外的成分溶解除去，木质素作为不溶性成分被过滤分离出来；另一类则正好相反，木质素作为可溶性成分，将植物体中的木质素溶解而纤维素等其他成分不溶解进行的分离。

#### 6.3.4.1  可溶性木质素的分离

这一类木质素主要包括磨木木质素(MWL)、纤维素分解酶木质素(CEL)、离子液体木质素、碱木质素、木质素磺酸盐以及高沸醇溶剂法等。

(1)磨木木质素(MWL)

磨木木质素在 1957 年由贝克曼首次提出，所以又被称为贝克曼木质素。磨木木质素(MWL)是在室温条件下，通过磨球机将生物质原料磨碎，用来削弱木质素之间作用、破坏原料中的化学键，然后将磨碎后的原料溶于二氧六环溶液中进一步提纯，获得高保留率的分离木质素，通过此方法得到的木质素最接近天然木质素结构。具体操作流程如下：将原料用苯醇溶液抽提 24 h，然后用乙醇溶液继续抽提 24 h，在 $N_2$ 保护下将所得固体球磨数小时后，用 96% 的二氧六环水溶液萃取 24 h、冷冻干燥即可得到磨木木质素。MWL 特点是得率只占总木质素的 50%（另 50% 木质素与碳水化合物有连接用中性溶剂难于分离），为无灰分但有 2%~8% 的糖，呈淡黄色粉状物，主要来源于次生壁。

（2）纤维素分解酶木质素（CEL）

纤维素酶解木质素（cellulolytic enzyme lignin）是木质纤维原料经过球磨和酶处理去除纤维素和半纤维素成分之后，再经二氧己环抽提得到的木质素。这两种木质素被认为是与原本木质素结构最接近的木质素样品。酶解木质素的结构与磨木木质素相似，但得率更高。

（3）离子液体木质素

离子液体因其特殊的理化性质对木质生物质都具有一定的溶解能力，可以根据离子液体对木质素、纤维素的溶解性不同，使得大部分木质素溶于离子液体介质中、纤维物质溶解的较少；将纤维物质作为不溶物沉淀析出，剩下的即为高富含木质素的溶液。离子液体法提取出的木质素化学改性小，结构上能保持先有的木质素结构，进而成为最有前景的提取方法之一。

（4）碱木质素

碱木质素是碱法制浆产生的废液的主要成分。主要在高温条件下用碱性蒸煮液蒸煮切碎的木片，然后用酸处理蒸煮黑液，沉淀析出得到的木质素。碱法制浆主要是硫酸盐法和烧碱法。碱木质素的平均相对分子质量较低，一般在 3 kDa 左右，分散性很大，亲水性能差，在工业上很难被直接利用，但是碱木质素中含有较多的酚羟基、醇羟基等活性基团，具有较高的化学反应活性，经过改性可用于复合材料、橡胶等领域。

（5）木质素磺酸盐

在 130 ℃ 左右温度下，用亚硫酸盐蒸煮处理木材原料，保温一段时间后，此时原木木质素被磺化为水溶性的木质素磺酸盐，纤维素则析出，滤出纤维素，产生的废液经酸碱中和获得木质素磺酸盐。根据蒸煮液 pH 值不同，得到的木质素磺酸盐可分为以下碱性木质素磺酸盐和酸性木质素磺酸盐。当蒸煮液 pH 值为 4~5 时，为亚硫酸氢盐法等。得到的木质素磺酸盐中含有丰富磺酸基团，具有很好的水溶性和反应活性，可用于加工减水剂、助剂等。木质素磺酸盐是一种线性高分子结构，相对分子质量为 20~50 kDa，极性磺酸基团使其具有很好的水溶性，但不溶于有机溶剂，常被用于表面活性剂。

（6）高沸醇溶剂法

高沸醇对木质素有很好的溶解效果，可以用高沸醇作为溶剂，把木质素从植物纤维中提取出来。例如，花生壳在高沸醇中加热，并在助剂的作用下半纤维素发生水解、断裂，木质素溶于高沸醇而与纤维素分离，制得高沸醇木质素。HBS 木质素是棕色粉末，可溶于高沸醇、苯酚，但不溶于水，其红外光谱图与造纸厂所得木质素相似，由于 HBS 木质素有较高的化学活性，可以与酚或醛反应，通过进一步改性，在材料科学和工程中可能具有潜在的利用价值。高沸醇在温度较高条件下对木质素的溶解性较好，并能在结构上保留很多活性基。除此之外，高沸醇溶剂法制备木质素与现有的碱法或酸法相比，不仅反应工艺效率较高，得到的木质素理化性质改变小；同时该工艺操作简单，处理后的溶剂可以回收利用，符合绿色化学的实验宗旨。

### 6.3.4.2　不溶性木质素的分离

主要包括酸木质素（硫酸木质素和盐酸木质素），其分离原理是：无抽提物木粉用酸水解溶出试样中的聚糖（纤维素与半纤维素），所得残渣即为不溶性木质素，或称酸不溶木质素。此外，将木质素作为不溶物进行分离的方法还包括用硫酸和氧化铜氨溶液的分离法和用高碘酸钠溶液的分离法等。

（1）酸木质素

木材的酸水解是利用 65%~72% 的硫酸或 42% 的盐酸，将纤维素和半纤维素降解为葡萄糖、木糖、阿拉伯糖等单糖和甲酸、乙酸等小分子物质，木质素作为不溶物被分离出来。前者得到的称为硫酸木质素，后者得到的称为盐酸木质素，总称木材水解木质素或酸木质素。酸木质素在分离过程中受到酸的作用，其结构会发生化学变化，不过盐酸木质素的变化比硫酸木质素的变化要小一些。硫酸木质素在分离过程中所发生的变化，是由于在水解的同时木质素发生高度缩合反应造成的。

（2）铜氨木质素

以铜氨溶液为纤维素的溶剂，无抽提物 1% $H_2SO_4$ 煮沸，LCC 结合键断裂，冷铜氨溶液 4~5 ℃ 下抽提 4~5 次碳水化合物溶出残渣即为铜氨木质素。其特点是结构变化小，颜色比酸木质素淡，制备麻烦，应用不广泛。

（3）过碘酸盐木质素

将木粉用 5% 过碘酸盐（$Na_3H_2IO_6$）的水溶液，在 20 ℃、pH 值为 4 条件下，将纤维素等的乙二醇结构氧化为二醛结构并用热水溶出，木质素作为残渣而滤出得到过碘酸盐木质素。其特点是除有少量木质素被氧化结构有所改变外，其他变质较少。

## 6.3.5　木质素的定量法

木质素的定量是为了定性木质纤维素原料，评估木材和纸浆化学、物理和生物处理的影响，监控化学法制浆的废液以及估计漂白化学品的用量。木质素的定量分析方法可分成 3 种：第一种方法是强酸或酶水解除去碳水化合物，使木质素成为沉淀而分离出来；第二种方法是使木质素溶解后用分光法测定；第三种方法是用氧化剂分解木质素并根据氧化剂消耗量来推测木质素的含量。

### 6.3.5.1　Klason 木质素的测定法

木质素作为不溶物的定量方法包括木质化原料中碳水化合物成分的水解和溶解，木质化原料水解后的木质素残渣进行重量分析测定。在水解之前，用苯醇抽提把那些有干扰的外来物质除去。多聚糖水解要用强无机酸来催化。最普遍实用的酸水解法用硫酸促进碳水化合物的水解。在这个处理中被分离的木质素被称为酸不溶木质素，一般称为 Klason 木质素。在目前改进形式中，此法包括基本的两个步骤：用冷的（10~15 ℃）72% 的硫酸在 20 ℃ 处理木质化原料一段时间，然后把硫酸稀释到 3.0%，煮沸完全水解，过滤所得的残渣即为 Klason 木质素。上述步骤可用来测定纤维原料和所有等级的未漂浆中的酸不溶木质素。对半漂白浆，木质素含量应不低于1%，以便提供足够的木质素（大约 20 mg）来精确称量。这个方法不适合漂白浆，因为木质素的量太少而不能准确称量。

植物纤维原料的平均 Klason 木质素的含量顺序：针叶材≥阔叶材≥非木材纤维；多年生植物的 Klason 木质素含量远大于一年生植物；针叶材的压应木的 Klason 木质素明显高于正常材；无论是硫酸盐法浆还是 TMP 机械浆，细小纤维的 Klason 木质素明显高于正常浆；而阔叶木的张紧木的 Klason 木质素则明显低于正常材。

### 6.3.5.2　溶液中木质素的测定

（1）基本原理

溶解的木质素来源于制浆废液和漂白废水，采用的分析方法非常简单。将样品蒸干并用测定固体原料中木质素的方法来测定残渣的木质素含量。当在制浆和漂白过程中采用联机检测木质素浓度时，显然不能采用这种途径。由于这个或别的直接分析溶液更易于测定溶解的木质素。

采用紫外(UV)吸收分光光度法可以测定亚硫酸盐、硫酸盐浆液以及排放水的木质素浓度，此测定方法与酸溶木质素的测定联系在一起。当采用这种分析方法时，最关键的一点是要选择合适的波长，Browning、Pearl 和 Goldschmid 探讨了在 205 nm 和 280 nm 下进行测量时，干扰物质(SO₂和碳水化合物降解产物)对吸光度的影响，低浓度使亚硫酸盐和硫酸盐浆液在 205 nm 处的木质素的测量值限制在 5~10 mg/L 的范围内。

第二种用于溶液中木质素测定的分光分析法是荧光分光光度法。当浓度小于要求的吸收光谱法的浓度值的 2~3 倍时，可以采用这种技术测定木质素。要获得高灵敏度，必须稀释制浆废液，为了使木质素浓度与荧光强度呈线式关系，需将制浆废液稀释 $10^3 \sim 10^4$ 倍，由具体的实验得知，荧光光谱是一种监测亚硫酸盐和硫酸盐制浆脱木质素的方法。

第三种用于溶液中木质素测定的是近红外光谱法(NR)，近红外光谱的波长区域为 780~2500 nm，近红外光谱法主要用于浓度较高的黑液或红液的定量分析，也可以用于蒸煮过程、洗浆过程和漂白过程中木质素含量的在线测量。由于近红外光谱法的 S/N 可达 $10^5$，测量精度较高，但是由于木质素在近红外区域的吸收信号基本上反映基团的合频和倍频振动，需要建立合适的数学模型来计算木质素的浓度。

(2)木材和浆中酸溶木质素的定量方法

把酸不溶木质素测量时第二阶段酸水解的过滤液(洗液)样品放进一个有 10 mm 光路长的硅吸收槽，用3%硫酸溶液作为空白或参比溶液，测量其在 205 nm 处的吸光度。如果过滤液吸光度高于 0.7，那么要用3%的硫酸把过滤液稀释，使其吸光度在 0.2~0.7 范围内。

根据比尔公式计算过滤液里木质素含量 $B$(g/L)：

$$木质素含量 B = A/(b \times a) \tag{6-1}$$

式中　$B$——滤液木质量含量；

　　　$A$——滤液吸光度；

　　　$b$——光路长(cm)，$b=1$；

　　　$a$——吸光系数[L/(g·cm)]，$a=110$。

因此木质素含量 $B=A/110$，用于未被稀释的过滤液；$B=AD/100$，用于被稀释的过滤液。

$$D = V_D/V_0$$

式中　$D$——稀释因子；

　　　$V_D$——被稀释过滤液的体积；

　　　$V_0$——原过滤液的体积。

纤维原料和浆品中酸溶木质素含量 $C$(%)可以用下面公式来计算：

$$C(\%) = B \times V \times 100/(1000 \times m) \tag{6-2}$$

式中　$C$——酸溶木质素含量；

　　　$V$——过滤液的总体积；

　　　$m$——纤维原料或浆的绝干重(g)。

纤维原料和浆的酸水解产生碳水化合物降解产物如糠醛和羧甲基糠醛，这些产物在 280 nm 有强的吸收，这个波长一般用来监测溶液里的木质素。虽然通过煮沸第二阶段酸水解混合物比回流加热第二阶段酸水解混合物能减少这些碳水化合物降解产物的干扰，但是酸溶木质素的吸光度照样在 205 nm 处测量，在这一波长下，来自糠醛的干扰的可能性要小一些。然而，Maekawa 等在重新分析酸溶木质素的测定后，推断出虽然 205 nm 波长常被用来测定阔叶材 Klason 木质素过滤液的吸光度，但是针叶材和竹类的最适合的波长是在 200 nm，在这个波长有最大的实际吸收。

对于基于 UV 光谱的木质素定量技术，当评价测量的数据时，用来计算木质素含量的吸收系数可靠性是一个要考虑的重要因素，不同来源和不同环境的纤维原料或浆样，其吸收系数变化或大或小，在文献报道中不同的木质素（如磨木木质素）的吸收系数值通常用来计算木质素含量。在上述酸溶木质素的计算里吸收系数值 110 L/（g·cm）是几个已经报道值的平均值。

（3）利用乙酰溴法对木材和纸浆中的木质素的测定

木材试样应用 Wiley 磨浆机进行磨浆，并且 40~60 目的组分要经过乙醇-苯（1：2，v/v）抽提。

将试样（木材为 5 mg，纸浆为 10~15 mg）放入一预先放入含有 25% 乙酰溴和高氯酸的乙酸溶液的玻璃瓶中（15 mL），这个瓶用 PTPE 镀硅的螺丝帽进行密封后放入 70 ℃ 的烘箱中烘 30 min，在蒸煮的过程中要每隔 10 min 使玻璃瓶轻轻旋转一下。蒸煮完成后，将溶液转入一个 100 mL 盛有 10 mL 2mol/L 氢氧化钠和 25 mL 乙酸的容量瓶中。这个玻璃瓶冲洗干净后加入乙酸至 100 mL。用紫外光谱进行分析时应做一个空白试样。木质素含量 $C$（%）可以通过对紫外光谱在 280 nm 处的吸收并结合下面的公式来计算：

$$木质素含量 \, C(\%) = \frac{100(A_s - A_b)V}{am} - B \tag{6-3}$$

式中　$C$——木质素含量；

　　　$A_s$——试样的吸收；

　　　$A_b$——空白样的吸收；

　　　$V$——溶液体积；

　　　$a$——木质素的标准吸收[L/（g·cm）]；

　　　$m$——试样的质量（g）；

　　　$B$——对纸浆试样的校正值（对于硫酸盐浆，$B = 1.70$；对于亚硫酸盐浆，$B = 1.38$）。

### 6.3.5.3　基于氧化剂消耗量的木质素定量方法

此法用于未漂浆分析可以提供一个简单而且快速的应用于制浆过程，以质量控制为目的估计残余木质素含量的方法。这个过程是基于纸浆中木质素消耗的氧化剂要远远高于纸浆中碳水化合物消耗的基本原理；氧化剂在规定的条件下的消耗量可以作为纸浆中木质素浓度的一个量度标准。木质素浓度是通过每单位质量的纸浆所消耗的氧化剂的数量来测定的（如 Roe 氯价或者 *Kappa* 值）。这些数值可以转化为酸不溶木质素（Klason）或通过合适的、经验的转化因子使其转化为其他的木质素含量。

$$硫酸盐浆木质素含量（\%，Klason 木质素）= Kappa 值 \times 0.15 \tag{6-4}$$

高锰酸钾值的测定是根据氧化剂的氧化原理，高锰酸钾氧化木质素，然而碳水化合物却相对稳定。虽然已经对这个基本过程做过许多改进，但是所有的都是基于向纸浆试样的悬浮液中添加过量的 0.1 mol/L 高锰酸钾并准确地确定反应完成时间，并对剩余的高锰酸钾进行滴定来测量高锰酸钾的消耗量。高锰酸钾值是测试条件下 1 g 绝干浆所消耗的 0.11 L $KMnO_4$ 量。

高锰酸钾值还受纸浆试样的量和所用高锰酸钾的量的影响。因此，不管纸浆中木质素含量的高低，高锰酸钾-木质素关系的不连续性导致了每个试样质量和高锰酸钾容量之间的对应值的改变。这个问题已经根据 Tasman 和 Berzins 提出的方法得以解决，这个方法包括改变试样的量以确保加入的高锰酸钾的一半被消耗和校正实际被试样消耗的高锰酸钾的体积，并使它相当于刚好是高锰酸钾用量的 50%。为了区别其他的高锰酸钾测定，这个改进过程的测定值称为 *Kappa* 值。*Kappa* 值测定方法已经被许多国家的制浆造纸技术组织定为标准方法。

## 6.4 木质素的研究进展及其应用

### 6.4.1 木质素液化降解应用

木质素液化降解可以得到多种产物。木质素结构中 $\beta-O$ 或者 $\alpha-O$ 醚键的断裂可以得到酚类化合物、苯、联苯、苯的取代物等多种化合物。此外，在木质素液化过程中，脂肪侧链的脱落也会形成各种碳氢化合物、有机酸、酯类、酮类等物质。总体来说，木质素降解的产物主要有以下几个部分：液体油部分、混合气体部分以及固体残渣部分。

（1）木质素液化降解制备生物油

生物质降解得到的非水相液态产物称为生物油，主要由含有羰基、羧基和酚羟基等官能团的含氧化合物组成。木质素降解产生的生物油可以用于制备液体燃料以及酸、醛、酯等化学品。木质素降解制备生物油的原料一般为含有木质素的生物质，如木质纤维素，或者是工业木质素副产物，以及其他方法提取的木质素。近年来，随着人们对超临界技术的普遍关注，采用超临界技术液化木质素或者生物质成为研究的热点。常用的超临界溶剂有超临界水、超临界甲醇、超临界乙醇等。徐敏强等（2007）采用氢氧化钠在超临界乙醇中催化液化木质素。当氢氧化钠用量为 0.06 g/mL 时，原料的碳基转化率为 93.53%，总油分碳基收率达到 94.96%。该研究表明水解木质素在超临界乙醇液化过程中，氢氧化钠能起到较好的催化作用。在木质素液化过程中，温度、压力、催化剂浓度、反应时间等工艺参数都会影响生物油的产率和木质素的转化率，其中以温度的影响最为显著。液化过程的加热速率也会影响生物油的产率和组成。较大的加热速率有利于木质素的降解，抑制残渣的形成。但是，加热速率过快容易导致木质素降解中间体的二次降解，促进气体等小分子的生成，降低生物油的产率。综上所述，当前对于木质素液化应用的研究，主要是以提高液化油的产率为目的，对液化工艺条件进行优化选择。然而，木质素液化油往往含氧量高，不稳定，难以储存，分离纯化困难。因此，在现有技术条件下，要达到工业化应用仍存在一定的困难。

（2）木质素液化降解制备酚类化合物

酚类化合物是指芳香烃中苯环上的氢原子被羟基取代所生成的化合物，根据其分子所含的羟基数目可分为一元酚和多元酚。酚类化合物是具有较高附加值的化工产品，在添加剂、黏合剂和酚醛树脂等生产方面都有广泛的应用。木质素结构中含有大量的酚羟基，以木质素为原料降解制备酚类化合物具有一定的可行性及潜在的经济效益。木质素液化降解过程中，酚类化合物的产率和组成取决于工艺条件，如木质素原料粒度、反应停留时间、反应压力、反应温度等。Xu 等（2010）以酚类化合物为目标产物，研究了有机溶剂木质素在高温压缩水、$H_2$ 气氛下的降解。当温度为 250 ℃，反应时间 60 min 时，含酚类化合物部分的生物油产率最高达到 53%，其中酚类化合物的总含量达到 80% 以上，主要的酚类物质有 2-甲氧基-苯酚、4-乙基-1-甲氧基-苯酚、2,6-二甲氧基-苯酚等。与木质素降解制备生物油相似，木质素降解制备酚类化合物的难点之一是木质素降解活性中间体很容易发生缩聚反应，导致焦炭或者固体残渣的生成。如何减少木质素中间体的再聚合成为制约酚类化合物产率提高的关键。解决中间体聚合的方法之一是向反应体系中加入适当的供氢试剂。木质素降解过程中形成的活性中间体，从供氢试剂中夺取 H，生成稳定产物，从而防止木质素中间体之间相互缩合成大分子，避免残渣的形成。常用的供氢试剂有 9,10-二氢化蒽、四氢萘、苯酚、异丙醇、甲酸等。除了供氢试剂，氢气气氛也可以抑制木质素的过度缩合。Yuan 等（2010）以苯酚和对甲基苯酚混合物作为供氢试剂，在水-乙醇混合溶剂中催化降解碱木质素，结果表明，220~300 ℃温度条件下，碱木质素降解产物中仅有很少量的残渣和气体产物。

（3）木质素液化降解机理

探索木质素的液化机理，对提高液化产物的产量，寻找合适的液化工艺条件，调控液化产物组成，更好地利用木质素资源具有重要的意义。由于木质素大分子结构复杂，很难掌握反应过程中化学键的断裂方式，因此，直接用木质素作为反应物研究降解机理非常困难。为了从分子水平上研究木质素降解机理，进一步明确木质素降解动力学，研究者多采用小分子木质素模型物作为研究对象。通常采用的木质素模型物有单环化合物、双环化合物及多环化合物。木质素苯丙烷基结构单元通过醚键和碳碳键相互联结，侧链醚键的断裂是木质素液化降解的一个重要途径。因此，研究者对于含有 $\beta$-芳基醚键的模型化合物的降解进行了广泛的研究。Tsujino 等研究了 8 种木质素模型化合物在超临界甲醇中的液化。研究表明，酚型 $\beta$-O-4 醚键在超临界甲醇中能快速断裂，生成愈创木酚。非酚型 $\beta$-O-4 醚键较酚型 $\beta$-O-4 醚键稳定。愈创木酚是木质素降解过程中形成的重要产物，其进一步反应可以得到苯酚和儿茶酚。在木质素液化降解过程中，存在两大竞争反应：解聚反应和缩合反应。Li 等认为，解聚反应过程中，木质素结构中 $\beta$-O-4 醚键的断裂是在 $\alpha$-碳正离子形成的前提下，受到 $\alpha$-碳正离子的影响，导致其断裂。另一方面，$\alpha$-碳正离子的形成也容易导致缩合反应的发生。此时，$\beta$-O-4 醚键的断裂与 $\alpha$-位的缩合反应是竞争反应。为了抑制缩合反应的发生，液化过程中常常加入某些合适的抑制剂，使其与 $\alpha$-碳正离子结合，从而防止木质素降解中间体引入到 $\alpha$-碳正离子，进而抑制缩合反应。例如，以 2-萘酚为缩合反应抑制剂，Saisu 等认为，木质素在超临界水中的降解，苯酚可以结合木质素降解小分子上的活性位点，从而阻止这些小分子发生进一步交联，避免残渣的形成。Fang 等的研究也表明，超临界水/苯酚降解木质素过程中，苯酚的加入可以有效抑制木质素小分子之间的再聚合。

## 6.4.2　木质素在工业上的应用

（1）水泥减水剂

木质素的性质随植物种类、取得方法或分离方法不同而有很大差别。天然木质素为无色或淡黄色。可是它遇酸、碱进行热处理时，变成褐色或黑褐色。从木质素结构看，它有非极性的芳环侧链和极性磺酸基等，因此有亲油和亲水性。可用作水泥减水剂（木质素磺酸盐具有较强的阴离子表面活性基团，在中性和酸性水中均可溶解，具有很好的稳定性，因此可以用作混凝土减水剂）、水泥助磨剂、沥青乳化剂、钻井泥浆调节剂、堵水剂和调部剂、稠油降黏剂、三次采油用表面活性剂、表面活性剂和染料分散剂等。

（2）木材胶黏剂

木质素是一种天然高分子化合物，本身就有黏结性，再经过酚、醛或其他方法改性，其黏结性会更佳。利用这一特性，用作木材胶黏剂。当用作木材的黏合剂时，可直接与木材混合。如将木材重量 10%的木质素磺酸钠、4%的 Novolac（一种线型酚醛清漆）及 2.1%的六亚甲基四胺与木片混合均匀，在 180 ℃下热压 12 min，可制成厚度为 9 mm 的刨花板。据 Z. J. Zhang 和 S. F. Zhang 等报道，利用木质素的絮凝性把它从黑色造纸液中分离出来，并且利用木质素在黑色液中以溶解的胶状性质可作为黏合剂代替尿素-甲醛和苯酚-甲醛型树脂代替品，以及在铺路建筑中作可塑剂。从经济成本上，木质素显示出作为商业可用的树脂和可塑剂具有明显的优势，而且木质素的改性化合物还是一种环境友好材料，与逐渐受到市场限制的苯酚及其衍生物相比，改性木质素对环境没有不利的影响。

（3）在合成材料中的新型应用

木质素在热硬化的不饱和的聚酯和乙烯基酯中，作装填物和共聚用单体使用。据 E. Can, S. S. Morye 等对木质素的新型应用的可行性进行了研究。不同的木质素（如松树牛皮纸、阔叶树等）的可溶性取决于不同的树脂体系（如丙烯酸酯环氧化大豆油、羟基化大豆油、大豆油脂肪酸丙酯单体和商业化的乙烯基酯）中木质素与该树脂体系的兼容性好坏。木质素作为装填物使用时，混合物的玻璃转化温度升高，且在 20 ℃时模数减少。这些都是因为木质素的塑性影响的结果。为了改善木质素在铸模性能方面的影响，依靠增加双倍的黏结性能进行改性。因此，把木质素分子合并进树脂中，通过游离基的聚合物是完全可行的。被改性的木质素被引进几种树脂中，通过马来酸酐和被环氧化的大豆油之间进行反应，测试它们在可溶性、玻璃转变温度及模数的影响作用。这种改性提高了木质素在含有苯乙烯树脂中的可溶性，还包括了化学合成的木质素在树脂中的可溶性。还可利用木质素对纤维素纤维有天然的亲和力的性质，用木质素处理天然大麻纤维的表面，可用来治愈天然纤维表面的缺陷，同时增加树脂与纤维之间的黏结力。

（4）用于制造碳纤维

木质素因其含碳量高，用作生产碳纤维的原料是比较理想的。当然，从造纸黑液中提取木质素在经济上是不合算的，但木材的酸水解木质素应该是可取的。目前，制造碳纤维的木质素是采用高压水蒸气处理木材，再用有机溶剂或碱溶液提取，还要在减压条件下加氢裂化，最后通氮气熔融纺丝，最后制得碳纤维，其拉伸强度达到 300~800 MPa；或者用苯酚-对甲苯磺酸处理木质素，制得的碳纤维拉伸强度达到 528 MPa±116 MPa；井户一彦等采用含三甲苯酚的溶液蒸煮木片，提取的木质素经 100 m/min 的速度熔融纺丝，再以 3 ℃/min 的升温速度从室温升至 200 ℃热处理 1 h，制得木质素基预氧化丝，再去炭化处理，能得到拉伸强度更好的碳纤维。

## 6.4.3　木质素在农业上的应用

（1）肥料

利用木质素迟效性，作各种肥料使用。由于改性的木质素 C/N 比较高（为 250），是很好的腐殖物质的先体。它在土壤中不能立即降解，而只能在微生物的作用下逐渐分解。当利用氧化氨解法，在木质素大分子结构上接上植物生长所必需的氮元素时，这些氮绝大多数为有机氮，不能直接为土壤作物吸收；只有在微生物的作用下，随着木质素降解而逐渐释放出无机氮，为作物所吸收，这样氧化氨解木质素就可以成为一种缓慢释放的资源。利用工业木质素的迟效性，将其氧化氨解，制备三种高含氮量的、缓慢释放的氧化氨解木质素肥料。

（2）农药缓释剂

由于木质素比表面积大，质轻，能与农药充分混合，尤其是分子结构中有众多的活性基团，通过简单的化学反应与农药分子产生化学结合，即使不进行化学反应，两者之间也会产生各种各样的次级键结合，使农药从木质素的网状结构中缓慢释放出来；木质素还能很好地吸收紫外线的性能，对光敏、氧敏的农药能起到稳定作用；木质素本身无毒；木质素在土壤中能缓慢降解，最终不会有污染物残留。

（3）植物生长调节剂和饲料添加剂

木质素经稀硝酸氧化降解，再用氨水中和，可生产出邻醌类植物生长激素。这种激素对于促进植物幼苗根系生长、提高移栽成活率有显著作用；使植物的叶色较绿，叶片较大；对水稻有提早成熟的作用；对水稻、小麦、棉花、茶叶及白及等作物有一定的增产效果。酸析木质素是一种有特殊活性的有机化合物，既含有 60%的碳元素，又含有比较丰富的微量元素，还有少量的蛋白质，经毒理研究，无毒、副作用，可以用作饲料添加剂。

(4)液体地膜

木质素是一种可溶性的天然高分子化合物，只需添加少量碱即可有一定的成膜性，也有一定的强度。如果在木质素溶液中添加少量甲醛作交联剂，使木质素相对分子质量增大，增加其强度和成膜性，再添加少量短纤维或其他可溶性高分子化合物，进一步增加其强度和成膜性。此外，添加一些表面活性剂和起泡剂，这样制成的液体混合物，用喷雾器喷到土壤表面，形成一厚层均匀的泡沫，消泡后便在土壤表面形成一层均匀的地膜。它有很好的浸润性，能把所有的土壤表面全部覆盖上一层膜。这种膜的优点是在土壤表面形成，减轻了劳动强度，不怕风刮，作物的幼苗长出时，可自行顶破，不必人工破膜。它会逐渐降解，变成腐殖酸肥料，并能改善土壤团粒结构，在降解前，覆盖在土壤表面，有保墒的作用，防止土壤蒸发水分，防止杂草生长；由于木质素有杀菌作用，又有吸收紫外线的能力，可以提高地温，更能帮助作物提高抗病能力；这种地膜中还可以加入农药和肥料，成为多功能复合液体地膜，其成本低于各种合成地膜和液体地膜。

(5)砂土稳定剂

木质素磺酸盐喷洒在砂土表面后，首先与砂土表层的砂土颗粒结合，通过静电引力、氢键、络合等化学作用，在砂土颗粒之间产生架桥作用，促进了砂土颗粒的聚集。当施用剂量超过 $20 \, g/m^2$ 以上时，可以发现表层砂土颗粒彼此紧密结合，形成具有一定强度致密表层，称为固结层。一般强砂尘暴的风速 70 km/h 左右。试验时，选用最大风速为 79.2 km/h，把足量的木质素磺酸盐直接喷洒在砂土表面，干燥后可以在砂土表面形成一层具有一定强度的固结层，从而有效地抵御风蚀，达到控制砂尘暴形成的目的。李建法等对木质素磺酸盐接枝丙烯酰胺产物(LSAM)的结果是高分子链加长，下渗能力下降，导致相同用量条件下，吸附或结合在砂土表层的高分子物质的量增加，固结层厚度略有提高，同时单个高分子链结合砂土颗粒数增多，明显提高了砂土稳定效率，与木质素磺酸盐相比，用量减少一半，就可达到良好的抗风蚀效果。

## 6.4.4 在医药方面的应用

(1)抗癌剂和抗诱变剂

Slamenova 和 Darina 等报道了木质素的抗癌和抗诱变性。其实验结论大致如下：第一，经过化学改性的木质素，其交叉连接的密度减少，这使得改性木质素对亚硝基(致癌物质)和胆汁酸的吸附亲和力大大地提高了。第二，具有最好吸附效能的吸附剂是经过预先水解和高倍浓缩的牛皮纸木质素，它们能减少 4-氯喹啉-N-氧化物(缩写为 4NQO)所引诱产生的诱变和 SOS 反应。木质素的这种性能在微生物体系 Eschericha coli PQ37 菌种中得到了强有力的验证。第三，在实验中，分析了亚洲鼠 V79 和人类的 VH10 以及 Caco2 等细胞，发现它们被 N-甲基-N′-nittro-亚硝基胍(缩写 MNNG)处理后，这些细胞中 DNA 分子均被损伤，然而利用木质素的强吸附亲和性，能约束亚硝基混合物的诱变性能，使得 DNA 的损伤大大减少，减少 DNA 的烃化。在这过程中，木质素充当了有氧化特性的 DNA 的抗氧剂，显示出对 DNA 的保护作用。第四，这种无毒害作用的木质素颗粒是一种天然的保护剂，具有抗癌和抗其他疾病的作用，能减少通常有毒化学试剂的毒害性，是一种取代有机合成抗癌剂化合物的理想的天然替代品。

(2)木质素磺酸盐在医药业上的应用

在医药业上，木质素磺酸盐还被认为具有肝素的类似医疗功能，可用来制造抗凝血剂、抗溃疡剂、抗炎剂、抑汗剂、杀菌剂、兴奋剂和壮身剂等；还能广泛用于饮料食品、化妆香料和食品防腐等方面。

## 课后习题

1. 木质素的结构单元有哪些类型？请比较针叶木、阔叶木和禾本科植物的木质素结构单元组成的特点？

2. 测植物原料的木质素含量的方法主要有哪几种？分别说明其原理。

3. 木质素在植物细胞的哪一个部位含量最高？在哪个部位总量最多？

4. 常用的木质素分离方法有哪些？什么方法分离得到的木质素比较接近原本木质素？

5. 用硝基苯氧化法和高锰酸钾氧化法降解木质素可得到哪些有关木质素结构的信息？这两种方法有什么差别？

6. 酸性亚硫酸盐法制浆与碱法制浆脱木质素有什么不同？

7. 常用含氯漂剂脱木质素反应的原理是什么？

8. 常用含氧漂剂脱木质素反应或脱色反应的原理是什么？

9. 要说明木质素在木材纤维细胞壁和胞间层中的分布。

10. 木质素的主要功能基有哪几种？其含量如何测定？

11. 经过碱性硝基苯氧化降解后，从针叶木木质素、阔叶木木质素和禾本科原料木质素所得到的产物主要是什么？

## 参考文献

王健，2019. 新型碱木质素的溶解体系及其性质研究[D]. 贵阳：贵州大学.

王婷，2018. 云杉、桉木原本木质素和分离木质素中酚羟基含量的测定研究[D]. 南宁：广西大学.

黄阳，2018. 醇溶木质素对纤维素酶水解的影响机理研究[D]. 南京：南京林业大学.

朱宛萤，2018. 乙二醇法提取椰壳纤维木质素研究[D]. 哈尔滨：东北林业大学.

孙琴琴，2019. 深共晶溶剂–NiO 体系改性木质素合成环氧树脂及其热稳定性研究[D]. 淮南：安徽理工大学.

王瑞琦，2019. 木质素氧化、酯化改性及在聚氨酯材料中的应用研究[D]. 长春：吉林大学.

冯泽宇，冯辉霞，赵丹，等，2020. 木质素的分离方法及应用研究进展[J]. 应用化工，49(5)：1-7.

孙建奎，2019. 基于木质素优先的催化解聚及生物质全组分分级转化[D]. 北京：北京林业大学.

张方达，2019. 酚化木质素及其活性炭纤维的结构与性能[D]. 北京：北京林业大学.

杨珍珍，2019. 不同相对分子质量木质素基可聚单体的制备及其聚合性能研究[D]. 南宁：广西大学.

李锋，2019. 白蚁肠道降解木质素细菌资源挖掘及代谢过程与机制研究[D]. 镇江：江苏大学.

王银玲，2019. Baeyer-Villiger 氧化、Beckmann 重排及铱或铈光催化反应应用于木质素碳碳键裂解的研究[D]. 长春：吉林大学.

陈嘉川，谢益民，李彦春，等，2010. 天然高分子科学[M]. 北京：科学出版社.

胡玉洁，何春菊，张瑞军，2012. 天然高分子材料[M]. 北京：化学工业出版社.

# 第7章 蛋白质

## 7.1 概述

在生命体内，蛋白质分子是由约 20 种氨基酸残基组成的单链或多链多肽。通常，把含 50 个氨基酸残基以上者称为蛋白质，含 50 个氨基酸残基以下者则常常被称为多肽。

蛋白质的基本结构单元是氨基酸，在蛋白质中出现的氨基酸共有 20 种。所有氨基酸都有共同的结构形式：中心碳 $\alpha$ 原子连接 1 个氢原子、1 个氨基（—NH$_2$）、1 个羧基（—COOH）和 1 个 R 基团（R 基团通常是氨基酸的侧链）。最简单的氨基酸是甘氨酸（Gly），它的四个侧链都是氢原子。其他侧链基团含有脂肪族的有丙氨酸（Ala）、缬氨酸（Val）、亮氨酸（Leu）、异亮氨酸（Ile）；含有侧链脂肪族羟基的有丝氨酸（Ser）和苏氨酸（Thr）；含有侧链芳香族基团的有苯丙氨酸（Phe）、酪氨酸（Tyr）和色氨酸（Trp）；组氨酸（His）的侧链为咪唑基团。除了上述的中性氨基酸外，还有在中性环境带有正电荷的赖氨酸（Lys）和精氨酸（Arg）两种碱性氨基酸；谷氨酸（Glu）和天冬氨酸（Asp）是两种酸性氨基酸。后两种酸性氨基酸的侧链羧基为酰胺所代替时各成为谷氨酰胺（Gln）和天冬酰胺（Asn）。此外，还有两个含硫的氨基酸，半胱氨酸（Cys）和甲硫氨酸（Met）。

蛋白质是什么-
蛋白质的组成、
结构与功能

蛋白质是一种复杂的生物大分子，构成单位为氨基酸，是由碳、氢、氧、氮、硫等元素构成，某些蛋白质分子还含有铁、碘、磷、锌等。蛋白质是生物体细胞的重要组成成分，在细胞的结构和功能中蛋白质也起着重要的作用；蛋白质还是食品的主要成分，给机体提供必需氨基酸，蛋白质还是一类重要的产能营养素。

从 DNA 到蛋白
质的神奇过程

在材料领域中正在研究与开发的蛋白质主要包括大豆分离蛋白、玉米醇溶蛋白、菜豆蛋白、面筋蛋白、角蛋白和丝蛋白等，其主要应用在黏结剂、生物可降解塑料、纺织纤维和各种包装材料等领域。

食物中的常见
蛋白质及其与
人体的关系

## 7.2 蛋白质的化学结构

蛋白质分子具有一条或多条肽链，肽是具有完整生物功能蛋白的最小单位。蛋白质分子构象是蛋白质在三维空间里特定的趋向与排布，又称为蛋白质的结构、立体结构或者三维结构等。蛋白质的结构主要分为一级结构、二级结构、三级结构和四级结构。一级结构是指蛋白质肽链中的氨基酸共价结合的排列顺序，是最基本的结构。二级结构是指肽链骨架原子即氨基氮和碳原子的相对空间位置，主要包括 $\alpha$-螺旋、$\beta$-折叠、$\beta$-转角和无规则卷曲，并不涉及侧链基团的构象。三级结构是指肽链中全部氨基酸残基的相对空间位置，包括每一个原子在三维空间的排列位置。每条肽链都有完整的三级结构，称为蛋白质的亚基。这种蛋白质分子的各个亚基的空间位置及亚基接触部位的布局，即为蛋白质的四级结构。蛋白质各级结构之间的关系如图 7-1 所示。

　　蛋白质的二级、三级和四级结构，统称为高级结构或空间构象，是蛋白质功能多样性的结构基础。一级结构可理解为氨基酸排列的一维线性结构，高级结构可理解为蛋白质分子中各个基团的三维空间结构。与稳固的一级结构不同，蛋白质的高级结构只具有相对的稳定性，可以发生程度不等的变化，导致蛋白质构象改变，从而可使蛋白质正在执行的生理功能发生变化。

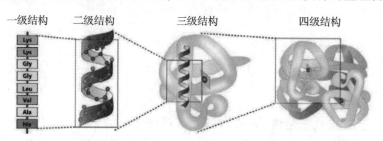

一级结构　　二级结构　　　三级结构　　　　四级结构

**图 7-1　蛋白质的一级结构、二级结构、三级结构和四级结构**

## 7.2.1　蛋白质一级结构

　　蛋白质的一级结构又称化学结构，是指氨基酸在肽链中的排列顺序及二硫键的位置，肽链中的氨基酸以肽键为连接键。从遗传学角度分析，蛋白质的一级结构是由基因决定的，肽键是主要连接键，始于 N-末端，终于 C-末端，如图 7-2 所示。通常的物理化学改性不会改变蛋白质中氨基酸的排列顺序，即一级结构。

　　蛋白质的种类和生物活性都与肽链的氨基酸和排列顺序有关。蛋白质的一级结构是最基本的结构，决定着它的二级结构和三级结构，其三维结构所需的全部信息也都贮存于氨基酸的顺序之中。蛋白质的功能都是通过其肽链上各种氨基酸残基的不同功能基团来实现的，可以说，蛋白质的一级结构确定了，蛋白质的功能也就确定了。

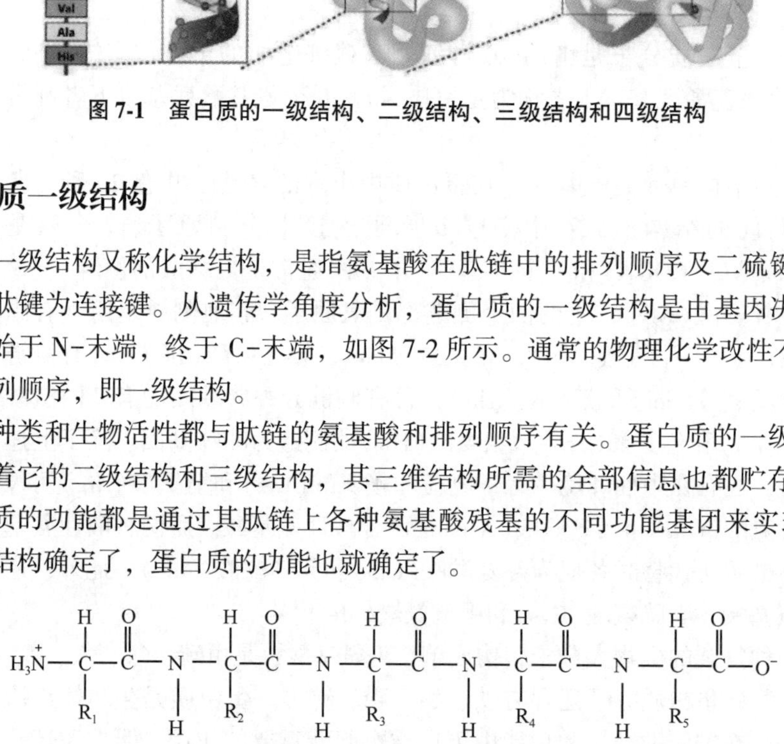

**图 7-2　多肽链的结构**

## 7.2.2　蛋白质的二级结构

　　蛋白质的二级结构是指多肽链主链骨架中各个肽链折叠所形成的规则或不规则的构象，是指多肽链中彼此靠近的氨基酸残基之间由于氢键相互作用而形成的空间关系，主要是 $\alpha$-螺旋结构，其次是 $\beta$-折叠结构和 $\beta$-转角。

　　$\alpha$-螺旋结构是最常见、含量最丰富的二级结构。一条多肽链是否形成 $\alpha$-螺旋，以及形成的螺旋是否稳定，与它的氨基酸组成、排列顺序和 R 集的大小，以及电荷性质有极大的关系。

　　（1）$\alpha$-螺旋（$\alpha$-helix）

　　蛋白质中常见的二级结构 $\alpha$-螺旋结构中分子的肽链不是伸直展开的，肽链主链绕假想的中心轴盘绕成螺旋状，一般都是右手螺旋结构，螺旋是靠链内氢键（分子内 NH 基和 CO 基间的氢键）维持的（图 7-3）。在典型的右手 $\alpha$-螺旋结构中，肽链以螺旋状盘卷前进，螺距为 0.54 nm，每一圈含有 3.6 个氨基酸残基，每个残基沿着螺旋的长轴上升 0.15 nm，螺旋的半径为 0.23 nm。

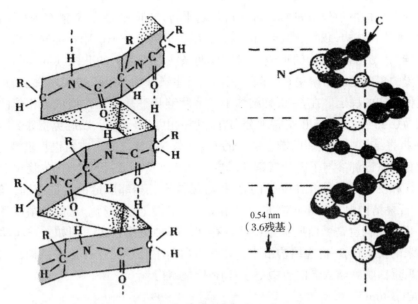

图 7-3　蛋白质的二级结构

　　螺旋结构被规则排布的氢键所稳定，氢键排布的方式是每个氨基酸残基的 N—H 与其氨基侧相间三个氨基酸残基的 C═O 形成氢键。这样构成的由一个氢键闭合的环，包含 13 个原子。因此，α-螺旋常被准确地表示为 3.613 螺旋。螺旋的盘绕方式一般有右手旋转和左手旋转，在蛋白质分子中实际存在的是右手螺旋。

　　（2）β-折叠（β-sheet）

　　β-折叠结构（β-sheet）又称为 β-折叠片层（β-plated sheet）结构，是由伸展的多肽链组成的蛋白质二级结构。由相邻两条肽链或一条肽链内两个氨基酸残基间的 CO 基和 NH 基形成氢键所构

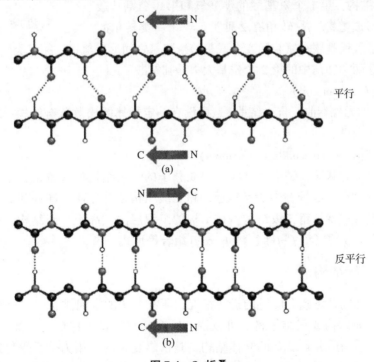

图 7-4　β-折叠
(a)弯曲氢键　(b)线形氢键

成的结构。而 $\beta$ 型结构由于分子间的氢键而产生的平行（走向都是由 N 到 C 方向）或反平行（肽链反向排列）两种片状结构。对于螺旋结构，氢键存在于单个分子链中；而对于折叠结构，氢键存在于相邻的链间。$\beta$-折叠结构的形成一般需要两条或两条以上的肽段共同参与，即两条或多条几乎完全伸展的多肽链侧向聚集在一起，相邻肽链主链上的 NH 基和 CO 基之间形成有规则的氢键，维持这种结构的稳定。在 $\beta$-折叠结构中，多肽链几乎是完全伸展的。相邻的两个氨基酸之间的轴心距为 0.35 nm。侧链 R 交替地分布在片层的上方和下方，以避免相邻侧链 R 之间的空间障碍。在 $\beta$-折叠结构中，相邻肽链主链上的 C＝O 与 N—H 之间形成氢键，氢键与肽链的长轴近于垂直。所有的肽键都参与了链间氢键的形成，因此维持了 $\beta$-折叠结构的稳定。相邻肽链的走向可以是平行和反平行两种。在平行的 $\beta$-折叠结构中，相邻肽链的走向相同，氢键不平行；在反平行的 $\beta$-折叠结构中，相邻肽链的走向相反，但氢键近于平行。从能量角度考虑，反平行更为稳定。$\beta$-折叠结构也是蛋白质构象中经常存在的一种结构方式。例如，蚕丝丝心蛋白几乎全部由堆积起来的反平行 $\beta$-折叠结构组成；球状蛋白质中也广泛存在这种结构，如溶菌酶、核糖核酸酶、木瓜蛋白酶等球状蛋白质中都含有 $\beta$-折叠结构。

（3）$\beta$-转角（$\beta$-turn）

蛋白质分子多肽链在形成空间构象的时候，经常会出现 180°的回折（转折），回折处的结构就称为 $\beta$-转角结构，是多肽链中常见的二级结构。$\beta$-转角经常出现在连接反平行 $\beta$-折叠片的端头。连接蛋白质分子中的二级结构（$\alpha$-螺旋和 $\beta$-折叠），使肽链走向改变的一种非重复多肽区，一般含有 2~16 个氨基酸残基。含有 5 个氨基酸残基以上的转角又常称为环。常见的转角含有 4 个氨基酸残基，在构成这种结构的 4 个氨基酸中，第 1 个氨基酸的羧基和第 4 个氨基酸的氨基之间形成氢键。甘氨酸和脯氨酸容易出现在这种结构中。在某些蛋白质中也有 3 个连续氨基酸形成的 $\beta$-转角结构，第 1 个氨基酸的羧基氧和第 3 个氨基酸的亚氨基氢之间形成氢键。$\beta$-转角有 2 种类型：第一类转角的

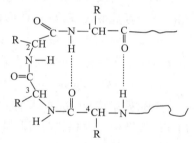

图 7-5　$\beta$-转角

特点是第 1 个氨基酸残基羧基氧与第 4 个残基的酰胺氢之间形成氢键；第二类转角的第 3 个残基往往是甘氨酸。这两种转角中的第 2 个残基大都是脯氨酸。

（4）自由回转（random coil）

自由回转（又称无规卷曲、自由绕曲）是指没有一定规律的松散肽链结构。酶的功能部位常常处于这种构象区域里。

（5）超二级结构（supersecondary structures）

超二级结构也称为基元，是指在球状蛋白质分子的一级结构的基础上，相邻的二级结构单位（$\alpha$ 螺旋 $\beta$ 折叠等）在三维折叠中相互靠近。超二级结构彼此作用，在局部形成规则的二级结构组合体，这种组合体就是超二级结构。在结构的组织层次上高于二级结构，但没有形成完整的结构域。主要有 $\alpha$-$\alpha$ 组合、$\beta$-$\beta$ 组合、$\beta$-$\alpha$-$\beta$ 组合等形式。

## 7.2.3　蛋白质三级结构

蛋白质三级结构则是指整个肽链的折叠情况，所有原子的空间排布（包括侧链的排列），亦即蛋白质分子的空间结构或三维结构。可以说，所有具有重要生物功能的蛋白质都有严格的、特定的三级结构。蛋白质分子复杂的立体结构，是依靠复杂的作用力体系来稳定的，共价键和次级键均起重要的作用，如二硫键、氢键、疏水键、离子键和范德瓦耳斯键。结构域可以认为是三级结构的一个功能单位。一个大的蛋白质或一条大的多肽链常常可以折叠成几个结构域，

不同结构域通常具有独立的折叠结构及不同功能。

### 7.2.4　蛋白质四级结构

蛋白质的四级结构是指有两条或者两条以上具有三级结构的多肽链聚合而成的、具有特定三维结构的蛋白质构象，其中每条多肽链称为亚基。一般来说，游离的亚基无生物活性，只有聚合成四级结构后才有完整的生物活性。

蛋白质的
四级结构

蛋白质四级结构的形成是多肽链之间特定的相互作用的结果，这些相互作用是非共价键性质如疏水作用、氢键等。当蛋白质中疏水性氨基酸残基所占比例高于30%时，它形成四级结构的倾向大于含有较少疏水性氨基酸残基的蛋白质。

## 7.3　蛋白质的理化性质

无论是蛋白质本身还是由蛋白质水解所得的氨基酸都有着相应的一些物理、化学性质，如蛋白质的高分子性质、两性解离及等电点特性、极谱特性、水合作用、变性作用、显色反应以及氨基酸的 $\alpha$-氨基与 $\alpha$-羧基反应。这些理化性质有的是特有的，有的是和其他物质共有的。

### 7.3.1　蛋白质胶体性质

尽管蛋白质分子很难用肉眼看到，但较之其他小分子物质，其空间体积和相对分子质量都很大，分子颗粒直径达 1~100 nm，处于胶体颗粒的范围，因此蛋白质溶液具有丁达尔现象、布朗运动等胶体溶液典型的性质。由大分子构成的物质通常具有不同寻常的物理性质。溶液中浓度稍高的有机大分子能够通过群聚效应排斥其他分子，改变溶液中分子均匀分布的状态，最终聚集到一起形成体积更大的胶体。

### 7.3.2　蛋白质的两性电离和等电点

在溶液中，除了肽链两端的氨基和羧基外，蛋白质表面部分侧链基团也能解离为带电基团，从而使得蛋白质带有净电荷。这些基团既能与酸作用，又能与碱作用，因此调整溶液的 pH 值可使蛋白质表面的净电荷为零。对于每种蛋白质都存在一个相应的 pH 值使得其净电荷为零，该 pH 值称为蛋白质的等电点。在等电点偏碱性溶液中蛋白质带正电电荷，外加一个电场后蛋白质将向负极移动；在等电点偏酸性溶液中蛋白质分子带负电，在外加电场的作用下向正电极移动。蛋白质的电泳现象即基于这一性质的典型应用。

### 7.3.3　蛋白质的变性

蛋白质受到物理或化学因素影响发生特定的空间构象改变，导致其生物活性丧失的现象称为蛋白质的变性或失活。一些条件引起的蛋白质失活在除去变性因素后可以重新恢复其天然构象和生物活性，说明这种变性是可逆的，称为可逆失活；而当外界因素造成蛋白质内部结构发生剧烈改变时，即使导致变性的条件去除，蛋白质的构象和活性依然不能恢复，称为不可逆失活。外界环境中存在很多因素会破坏蛋白质的构象并导致蛋白失活，主要包括以下方面。

（1）热

蛋白质分子在热的作用下易发生结构伸展，使得原本包埋在分子内部的疏水区域暴露于溶剂之中并最终导致失活。热失活在某些程度上当温度恢复时能重新复性，但如果蛋白质分子结构破坏过大或在失活的过程中发生分子间聚合沉淀，都会最终导致蛋白质发生不可逆失活。

（2）pH 值

极端 pH 值导致的蛋白质变性，主要是由于蛋白质分子中带相同电荷的基团之间产生静电斥为引起蛋白质分子结构伸展，造成蛋白质分子的疏水区域暴露、原先分子内部的非电离残基发生电离等。这个变性过程同时也会伴随着蛋白质分子的自溶和聚合。

（3）变性剂

变性剂，如脲、盐酸胍、乙二胺四乙酸、有化溶剂等，主要是指变性剂中的疏水基团直接与蛋白质分子疏水部分相结合，或者改变整个溶剂的介电常数，增加蛋白质分子疏水区域的溶解度，使蛋白质结构外翻而失去活性。

（4）机械力

机械力，包括振动、压为、超声、剪切力等都会导致蛋白质的变性。一般机械力造成的蛋白质变性属于可逆失活，但这种变性也可能因为伴随着蛋白质的聚合或共价反应而导致其发生不可逆失活。

（5）冷冻

蛋白质溶液通常可以在低温的环境下保存较长的时间，但是冷冻过程也可能会造成蛋白质的变性失活。冷冻过程造成溶液中的溶质随着水的结晶不断浓缩，蛋白质分子所处的微环境发生剧烈改变，最终导致蛋白质分子的结构和功能受到影响。即使在以缓冲液为溶剂的蛋白质溶液中，如在磷酸缓冲液中，也会因为在冷冻过程中发生剧烈的 pH 值改变而造成蛋白质变性失活。

其他因素，包括氧化剂、重金属、巯基试剂、表面活性剂、微生物感染、电离辐射等，也会在一定程度上导致蛋白质失活，因此如何让蛋白质分子长期稳定地保存和使用还存在着很多问题亟待解决。

## 7.3.4 蛋白质沉淀

蛋白质沉淀（precipitation）是指蛋白质分子从溶液中凝聚析出的现象。蛋白质所形成的亲水胶体颗粒因为表面具有的电荷及水化层，使得蛋白质颗粒稳定，不会凝集。若通过调节溶液 pH 值到等电点，兼性蛋白质分子间同性电荷相互排斥作用消失了，并且通过脱水剂除去水化层，蛋白质便会凝集沉淀而析出。只除掉一个因素，蛋白质一般不会生成凝聚沉淀。例如，在等电点，蛋白质表面不带电荷，但有水化膜起保护作用，蛋白质还不会沉淀，如果这时除去蛋白质分子的水化膜（通过加入脱水剂的方式），蛋白质分子就会互相凝聚而析出并沉淀。如果使蛋白质脱水及调节 pH 值到等电点同样可使蛋白质沉淀析出。中性盐[硫酸铵[$(NH_4)_2SO_4$]、硫酸钠（$Na_2SO_4$）、氯化钠（NaCl）、硫酸镁（$MgSO_4$）等]、重金属盐[硝酸银（$AgNO_3$）、氯化汞（$HgCl_2$）、醋酸铅[$Pb(CH_3COO^-)_2$]、三氯化铁（$FeCl_3$）等]、生物碱试剂[单宁酸、苦味酸、磷钨酸、磷钼酸、鞣酸、三氯醋酸及水杨磺酸等]、有机溶剂[甲醇（$CH_3OH$）、乙醇（$CH_3CH_2OH$）、丙酮（$CH_3COCH_3$）等]、加热等方式都会引起蛋白质沉淀。

因为蛋白质分子有较多的负离子易与重金属离子如汞、铅、铜、银等结合成盐沉淀，沉淀的条件以 pH 值稍大于等电点为宜。重金属沉淀的蛋白质常是变性的，但若控制低温、低浓度等条件也可用于分离不变性的蛋白质。误服重金属盐中毒的病人，在临床上就可以利用蛋白质与重金属盐结合的性质来解毒。在蛋白质溶液中加入大量的中性盐如硫酸铵、硫酸钠、氯化钠等以破坏蛋白质的胶体稳定性而使其析出，这种方法称为盐析。盐析沉淀的蛋白质，经透析除盐，蛋白质可以保持活性。利用每种蛋白质盐析需要的浓度及 pH 值不同可以对混合蛋白质进行组分的分离。如血清中的球蛋白可以通过半饱和的硫酸铵沉淀出来；血清中的白蛋白、球蛋白可以通过饱和硫酸铵沉淀出来。在 pH 值小于等电点的情况下，苦味酸、钨酸、鞣酸等生物碱试剂及三氯醋酸、过氯酸、硝酸等酸可以与蛋白质结合成不溶性的沉淀。蛋白质这一性质可以应用于尿中蛋白质检验、血液中的蛋白质去除。酒精、甲醇、丙酮等与水的亲和力很大的溶剂可以破坏蛋白质颗粒的水化膜，在等电点时使蛋白质可以沉淀。分离制备各种血浆蛋白质要在低温条件下进行，低温下蛋白质变性较缓慢。酒精消毒灭菌就是利用有机溶剂沉淀蛋白质在常温下易变性的特点。加热等电点附近的蛋白质溶液，蛋白质变性，肽链结构的规整性将被破坏变成松散结构，暴露疏水基团，蛋白质将发生凝固，凝聚成凝胶状的蛋白块而沉淀。变性蛋白质只在等电点附近才沉淀，沉淀的变性蛋白质也不一定凝固，例如，蛋白质被强酸、强碱变性后由于蛋白质颗粒带着大量电荷，故仍溶于强酸或强碱之中，若将此溶液的 pH 值调节到等电点，则变性蛋白质凝集成絮状沉淀物，继续加热此絮状物，则变成较为坚固的凝块。

### 7.3.5　蛋白质的显色反应

蛋白质与某些特定试剂的反应产物会呈现出不同颜色的视觉效应，这便是蛋白质的化学显色反应。较为典型的蛋白质化学显色反应有双缩脲反应、Folin-酚反应、茚三酮反应、米伦反应、黄蛋白反应、乙醛酸反应以及坂口反应等，这些反应的产物对某些特定波长的光吸收较为强烈使得溶液的颜色变深。除了化学显色反应外，蛋白质也存在着物理上的显色反应。蛋白质分子与某些显色试剂分子之间通过范德华力相互吸引结合后可显著改变试剂的特征吸收波长，从而使得试剂的颜色发生变化，这便是蛋白质的物理显色反应。由于这种显色反应是靠物理上的结合来实现的，物理显色反应也被称为蛋白质的染色反应。可用于蛋白质染色的试剂有偶氮染料、甲基橙、考马斯亮蓝、溴甲酚紫以及溴甲酚绿等，其中偶氮染料和考马斯亮蓝最为典型。

### 7.3.6　蛋白质的水合作用

蛋白质分子中的一些带电基团以及氨基酸侧链中的部分极性基团可与水分子结合，使得蛋白质分子具有水合性质。这些结合水在蛋白质中以结构水、邻近水以及多层水的状态存在。结构水与蛋白质中极性基团以氢键方式结合，起到稳固蛋白质结构的作用，结合最为紧密；邻近水主要靠静电引力结合，紧密程度次之；多层水则是由蛋白质分子中的亲水性基团和蛋白质分子表面的疏水性基团共同作用形成的"水膜"。当蛋白质干粉与湿度为 90%~95% 的水蒸气达到平衡时，每克蛋白质结合的水的克数可用来考察蛋白质的水合能力，反过来也可以通过水合能力对蛋白质定性鉴别。

## 7.4　玉米醇溶蛋白

2018 年我国玉米产量高达 $2.573×10^8$ t，约占世界玉米总产量的 25%，位居世界第二，也是全球第二大玉米消费国，仅次于美国。玉米由果皮和种皮、胚芽、胚轴、胚根、子叶、胚乳等部分组成。胚乳因品种的不同所占比例不同，通常是为干重的 80% 以上。在胚乳中淀粉占 87%，蛋白质含量为 8%。玉米主要用于高果糖浆、淀粉及工业酒精的加工，而加工的副产品 CGM 及 DDGS 含有蛋白质 65% 及 27%。胚乳中的蛋白质主要是储藏蛋白，而玉米醇溶蛋白(zein)是玉米中主要的贮藏蛋白质，占胚乳总蛋白质的 35%~60%。玉米醇溶蛋白含有大量的疏水性氨基酸，含有较多的含硫氨基酸，缺乏能带电的酸性、碱性氨基酸，缺少极性的氨基酸，尤其缺乏色氨酸和赖氨酸。由于其氨基酸组成不均衡，营养价值不高；但玉米醇溶蛋白分子结构中亲水部分和疏水部分分区明显，有独特的自组装特性、成膜性、凝胶性，具有抗水、抗油性，并且具有良好的生物相容性、生物黏附性，因此，在生物活性物质以及药物输送载体系统、可食性的材料制备等方面上具有天然优势。

## 7.4.1　玉米醇溶蛋白组成

玉米醇溶蛋白最显著特征是不溶于水，除非水中含乙醇、高浓度的尿素、碱(pH值为11或以上)或阴离子活性剂，这是由组成它的氨基酸决定的(表7-1)，它含有丰富的谷氨酰胺(21%~26%)、亮氨酸(20%)、脯氨酸(9%)、丙氨酸(8%)，缺乏一些碱性和酸性氨基酸，如赖氨酸、天冬氨酸和色氨酸，作为食物供给时不能保证氮平衡。由于高比例的非极性氨基酸存在以及碱性和酸性氨基酸的缺乏对它的溶解性也有影响。在玉米中，玉米醇溶蛋白以双硫键连接组成不同的聚合体，平均相对分子质量为44 000 Da。

表 7-1　水解玉米醇溶蛋白所得氨基酸的组成　　　　　　　　g /100g

| 类型 | 氨基酸 | 含量 | 类型 | 氨基酸 | 含量 |
|---|---|---|---|---|---|
| 非极性 | 甘氨酸 | 0.7 | —S | 甲硫氨酸 | 2.0 |
| | 丙氨酸 | 8.3 | | 半胱氨酸 | 0.8 |
| | 缬氨酸 | 3.1 | 碱性 | 赖氨酸 | 未检出 |
| | 亮氨酸 | 19.3 | | 精氨酸 | 1.8 |
| | 异亮氨酸 | 6.2 | | 组氨酸 | 1.1 |
| | 苯丙氨酸 | 6.8 | 酸性 | 天冬氨酸 | 未检出 |
| | 色氨酸 | 未检出 | | 天冬酰胺 | 4.5 |
| | 脯氨酸 | 9.0 | | 谷氨酸 | 1.5 |
| —OH | 丝氨酸 | 5.7 | | 谷氨酰胺 | 21.5 |
| | 苏氨酸 | 2.7 | | | |
| | 酪氨酸 | 5.1 | | | |

## 7.4.2　玉米醇溶蛋白结构

玉米醇溶蛋白是一种复杂的复合蛋白质，由多种不同组分的肽链组合而成，根据玉米醇溶蛋白在乙醇溶液中不同的溶解度，一般分为 α-、β-、γ-、δ-玉米醇溶蛋白四种蛋白组分。α-玉米醇溶蛋白能溶于95%的乙醇水溶液而 β-玉米醇溶蛋白不能溶解。α-玉米醇溶蛋白包含单体和小相对分子质量的低聚物，而 β-玉米醇溶蛋白包含单体和大相对分子质量的低聚物。在还原剂的存在下 α-玉米醇溶蛋白和 β-玉米醇溶蛋白有相似的相对分子质量 22 kDa 和 24 kDa。

通过研究 α-玉米醇溶蛋白在溶液中的构象和三维结构，发现玉米醇溶蛋白是不对称的菱形粒子，其三维结构有较高的长径比率，

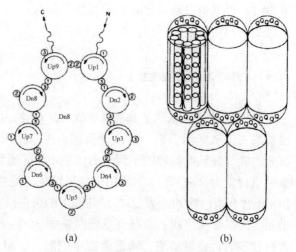

(a)　　　　　(b)

图 7-6　玉米醇溶蛋白的结构模型

(a)俯视图　(b)堆叠模式图

使用小角度 X 射线散射测得玉米醇溶蛋白的长径比是 6∶1。玉米醇溶蛋白螺旋结构模型如图 7-6 所示，玉米醇溶蛋白的螺旋结构是由九个同源的单位，反相平行排列，通过氢键形成稳定的仅仅表现出略微不对称的蛋白质分子。研究表明，在 70%的乙醇溶液中玉米醇溶蛋白稳定聚集形成 50~150 nm 大小的球形颗粒。

### 7.4.3　玉米醇溶蛋白物理化学性质

玉米醇溶蛋白具有其独特的理化性质。通过氨基酸的分析以及结构的比较，不难发现玉米醇溶蛋白含有一半以上的疏水氨基酸(如缬氨酸、亮氨酸和脯氨酸)，致使其难分散在纯水介质中。纯的玉米醇溶蛋白是无色、无味的，但是由于叶黄素结合在玉米醇溶蛋白的内部，利用目前的技术很难将两者分离开来，所以大部分的玉米醇溶蛋白为淡黄色的固体。

玉米醇溶蛋白是一种浅黄色的、等电点为 6.2 的蛋白质。虽然玉米醇溶蛋白不能分散在水中，但是可以分散在醇-水溶液或者其他非极性溶剂中，这些特性总结列于表 7-2 中。这些特性赋予了玉米醇溶蛋白可以制备成一种胶体颗粒，这种胶体颗粒作为一种新兴材料而被广泛应用于制药行业等。

表 7-2　玉米醇溶蛋白的基本物理特性

| 性　能 | 特　征 |
|---|---|
| 颜色 | 无定形浅黄色粉末 |
| 相对分子质量 | ~35 000 Da |
| 组成 | 主要非极性氨基酸：亮氨酸 19.3%、缬氨酸 8.3%<br>主要极性氨基酸：谷氨酸 22.9%、丝氨酸 5.7%、酪氨酸 5.1% |
| 等电点 | pH 6.2 |
| 玻璃转变温度 | 165 ℃ |
| 热降解温度 | 320 ℃ |
| 溶解度 | 一级溶剂：乙二醇、乙二醇醚、氨基醇<br>二级溶剂：水和脂肪醇或者脂肪酮混合物 |

### 7.4.4　玉米醇溶蛋白的提取

玉米醇溶蛋白现行制取工艺有醇提盐析法、碱提酸沉法、超临界 $CO_2$ 萃取法、超声波辅助有机溶剂提取法和有机溶剂提取法等。

(1)醇提盐析法

醇提盐析法是最早用于提取玉米醇溶蛋白的方法，它的工艺流程为玉米黄粉→粉碎过筛→丙酮脱除黄色素→$C_2H_5OH$ 浸提→离心→上清液加入 NaCl 盐析→离心→水洗沉淀→冷冻干燥→磨碎→玉米醇溶蛋白。由于玉米醇溶蛋白分子内和分子间电荷的极性基团存在静电吸引力，盐析法要想达到粗提取物中目标产物彼此分离的目的，主要是利用了各种有效成分在一定浓度盐溶液中溶解度降低程度不同的原理。运用这种方法处理玉米醇溶蛋白，操作方法简单，但是得到的目标产物纯度有待进一步提高，因此，只能用于玉米醇溶蛋白的初步纯化。

(2)碱提酸沉法

碱提酸沉法的工艺流程为玉米黄粉→粉碎过筛→丙酮脱除黄色素→NaOH 浸提→离心→上清液调节 pH 值至 6.2→离心→水洗沉淀→冷冻干燥→磨碎→玉米醇溶蛋白。碱提酸沉法提取玉米醇溶蛋白过程安全可靠、操作简单、条件易于控制、成本也比较低廉，但是由于碱液浓度过大将对玉米醇溶蛋白变性率产生显著影响，工业生产中综合考虑所有条件，为了得到纯度高、颗粒均匀、分散性好的产品，较少采用碱提酸沉法提取玉米醇溶蛋白。

（3）超临界 $CO_2$ 萃取法

超临界 $CO_2$ 萃取技术是近几年发展起来的一种新的提取分离技术，玉米醇溶蛋白通过超临界 $CO_2$ 萃取技术制得后无不良气味和苦味，纯度较高，兼具脱色作用。但是由于设备昂贵，购置成本较高，再加上维护开支也大，所以目前此方法只在实验室研究成功，工业化生产具有一定的难度。

（4）超声波辅助有机溶剂提取法

超声波辅助有机溶剂提取法是在有机溶剂提取的基础上辅以超声装置，借助超声波产生的空化作用，增大分子运动的频率和速度，以提高萃取效率。这种方法制取的玉米醇溶蛋白外观色泽鲜亮，产品纯度大幅度提高，有机溶剂的使用量大大减小，但是超声时间不能太长，否则溶液快速升温导致玉米醇溶蛋白结构被严重破坏，因此必须反复多次操作。

（5）有机溶剂提取法

有机溶剂提取法为传统的提取方法。先将玉米黄粉粉碎过筛处理，再用一定比例的有机溶剂在提取器内萃取，萃取完毕，用离心机对萃取液离心，得到上清液。加入酸碱溶液调节上清液的 pH 值，最终让玉米醇溶蛋白最大程度地沉淀下来。此种方法操作过程简单，成本较低，具有较高的产品产率和产品纯度，但是早期生产中大都采用的是异丙醇提取，鉴于异丙醇长期产不足需，且毒性较大、易被人体吸收、有一定酸味和异臭味的缺陷，后来有人提出采用乙醇提取减小异味。

## 7.4.5　玉米醇溶蛋白的化学改性

醇溶蛋白是玉米中蛋白质的主要成分，占玉米蛋白总量的 50%~60%。醇溶蛋白的氨基酸组成及其分子内存在的大区域 α-螺旋结构，使之具有很强的疏水性，这一特性限制了玉米蛋白在食品工业的应用。为了使醇溶蛋白能够应用于食品工业，需要对其进行改性处理。目前，主要采用化学法对醇溶蛋白进行改性。化学改性是用化学方法使蛋白质分子中的氨基酸残基的侧链基团或多肽链发生断裂、聚合或引入新的基团来改变蛋白质功能性质的方法。化学改性包括酰化改性、交联改性、共混改性和磷酸化改性等方法。

### 7.4.5.1　酰化改性

酰化改性是蛋白质上的亲核基团与酰化试剂的亲电基团如羰基的反应。玉米醇溶蛋白上常见的可以发生酰化反应的亲核基团有氨基、羟基、巯基、咪唑等，可以与琥珀酸酐、乙酰酸酐等酰化试剂的亲电基团反应。在玉米醇溶蛋白上引入乙酰基后，由于静电荷增加，分子伸展，离解为亚单位趋势增加，所以溶解度等都有明显变化。酰化反应主要发生在 lys 的 $—NH_2$ 上，Tyr酚基反应活性次之，His 咪唑基和 Cys 巯基只有相当少一部分可参与反应，Ser 和 Thr 羟基是弱亲核基，在水介质中基本不被酰化。

通过用疏水基团或聚合物改性玉米醇溶蛋白亲水基团如 —SH、—OH、—COOH、$—NH_2$ 等方法来提高玉米醇溶蛋白的疏水性，如选用 PCL 预聚物改性玉米醇溶蛋白，在 60~90 ℃ DMF中合成-PCL 生物可降解聚合物，并且随着 PCL 用量的增加，改性玉米醇溶蛋白的可塑性得以显著提高，并能很好地改善玉米醇溶蛋白的机械力学性能。用油酸、聚乙二醇类对玉米朊膜进行增塑改性，膜的增塑效果较好，增塑的膜的 $T_g$ 下降，增塑剂的使用使分子间的柔性增大。

### 7.4.5.2　交联反应

共价交联是指使用交联剂将两个或更多的分子以共价键的形式相互作用从而使这些分子结

合在一起，生成不同性质的交联聚合物。玉米醇溶蛋白含有氨基酸，故可选用合适溶剂以恰当的方法将氨基与试剂交联，反应生成不同性质的交联聚合物。交联剂的加入可促使多个线型分子相互键合，交联成网络结构，促进或调节聚合物分子链间共价键或离子键的形成。

用1-乙基-3-(3-二甲基氨丙基)碳二亚胺盐酸盐(EDC)和N-羟基琥珀酰亚胺(NHS)两种温和的交联剂处理玉米醇溶蛋白，玉米醇溶蛋白的成膜性能得到改善，抗拉强度增大，杨氏模量减小，且溶液中玉米醇溶蛋白的聚集现象得到抑制。这是因为加入交联剂后，玉米醇溶蛋白分子间发生了交联，最终玉米醇溶蛋白分子的羧基与另一蛋白分子的氨基交联。

用HAC作催化剂，戊二醛作交联剂与玉米醇溶蛋白进行交联反应，可以提高戊二醛交联玉米醇溶蛋白胶体在水、乙醇及乙醇的水溶液中的膨胀特征。

将玉米醇溶蛋白溶解在冰醋酸中，再用戊二醛对其进行改性处理。由于玉米醇溶蛋白的交联，改性后的玉米醇溶蛋白膜的玻璃化转变温度升高，薄膜的抗拉强度比未改性的增加了1.8倍，伸长率增加了1.8倍，杨氏模量增加了1.5倍，同时改性后的薄膜显示出更好的耐水性。

### 7.4.5.3 共混改性

玉米醇溶蛋白共混改性主要有物理共混和化学共混两种方式。

(1)物理共混

通过加热、加压等简单的物理方式赋予蛋白质特定的功能性质，物理共混工艺具备连续、低耗能、高效等优点，如采用BC45型双螺杆挤压机对玉米粗蛋白进行挤压改性，发现螺杆转速越快，物料水分越低，膨化温度越低，越有利于获得高氮溶解指数的玉米蛋白，产品的色泽、气味也得以改善。

(2)化学共混

将蛋白质在介质中和改性剂进行类似化学反应的操作，但两者之间并无分子层面的结合作用。例如，利用表面活性剂的十二烷基硫酸钠增溶解作用与玉米醇溶蛋白络合，十二烷基硫酸钠提高了络合物的溶解度。

玉米醇溶蛋白含有大量—OH，可与部分试剂形成氢键，相应的玉米醇溶蛋白性质也随之改变。例如，采用山梨醇、丙三醇、甘露醇等多羟基化合物作为增塑剂进行改性，山梨醇改性的玉米醇溶蛋白膜有相对较高的极限抗拉强度、拉伸断裂应力值，随着山梨醇和丙三醇的含量增加，玉米醇溶蛋白薄膜的氧渗透性值下降，含有山梨醇和甘露醇的薄膜分别具有最低和最高的OP值，丙三醇改性的薄膜表面光滑，粗糙度指数($R_q$)低；丙三醇可被玉米醇溶蛋白质吸收，并与蛋白质的氨基基团形成氢键。用30%的聚乙二醇改性，可较大程度提高玉米醇溶蛋白薄膜的抗拉强度，并增强其耐水性。

油酸和亚油酸改性玉米醇溶蛋白薄膜可增加玉米醇溶蛋白膜的伸长率，降低其杨氏模量，降低吸水量，再次塑化处理可以增强薄膜的柔韧性和耐水性，如添加3%(体积分数)的油酸可使膜的柔韧性大为提高(抗拉强度提高30%，伸长率提高20倍)，吸水率降低2倍以上，而且膜的表面结构更加光滑，能增加膜的透明度。

加入果糖(fructose)、半乳糖(galactose)和葡萄糖(glucose)等糖可改变纯的玉米醇溶蛋白膜非常脆的缺点。含有各种糖类[(果糖、半乳糖、葡萄糖)用作增塑剂]的玉米醇溶蛋白树脂的玻璃化转变温度没有明显差别。含有半乳糖的薄膜比其他薄膜具有更好的拉伸性能，显示出较高的抗拉强度、拉伸断裂应力值和杨氏模量。纯玉米醇溶蛋白膜具有高的水汽渗透性，玉米醇溶蛋白加入一定量的糖时，会降低水汽渗透性。含有半乳糖的薄膜具有最低的水汽渗透性，含有半乳糖的薄膜具有最高的水接触角。在玉米醇溶蛋白膜中加入糖类增塑剂可增加其表面张力。玉米醇溶蛋白溶液中加入果胶，加入果胶的透水率为0.760×10⁻⁴ kg·mm (kPa·h·m²)，拉伸

强度为 $23.5 \times 10^{-5}$ N/m$^2$。

#### 7.4.5.4　磷酸化改性

蛋白质磷酸化改性是指无机磷（P）与蛋白质上特定氧原子（Ser、Thr、Tyr 的—OH）或氮原子（氨基），His 咪唑环 1,3 位-N-等形成-C-O-P 或-C-N-P 酯化反应。常用磷酸化试剂有磷酰氯（别称三氯氧磷，POCl$_3$）、五氧化二磷和多聚磷酸钠（STMP）等。磷酸化作用能改善诸多蛋白溶解性、吸水性、凝胶性及表面性能。例如，玉米醇溶蛋白溶解度随磷酸化程度的增大而增大，呈递增趋势；磷酸化后玉米醇溶蛋白黏度增加，且增加的程度跟磷酸化度呈正比；蛋白电负性增加，使玉米醇溶蛋白解螺旋，结构松散，蛋白有效体积增大；结构松散的蛋白疏水性增加，蛋白之间通过疏水键力聚集成大分子玉米醇溶蛋白；磷酸化玉米醇溶蛋白膜的表观接触角降低；pH 值为 7.0 和 9.0 时磷酸化玉米醇溶油酸蛋白膜的延伸率分别高达 150.17%和 122.72%，比加入同量油酸塑化剂的玉米醇溶蛋白膜延伸率提高约 50 倍。

#### 7.4.5.5　脱酰胺改性

脱酰胺改性是使蛋白质分子中的碳基上 O$^{2-}$ 和 H$^+$ 直接发生质子化作用，生成羧酸根离子。由于脱酰胺形成羧酸根离子，引起氢键的减少和静电排斥的增加，导致蛋白质的空间构象发生变化，从而增加蛋白质的溶解度，有利于功能特性的提高。蛋白质化学脱酰胺作用主要在酸碱或酶催化下水解进行。通过酸法脱酰胺化对玉米醇溶蛋白进行改性，对于表面疏水性而言，随脱酰胺度的增加，表面疏水性先增加后趋于平衡，且增加幅度比较大，改变了玉米醇溶蛋白的某些功能特性。

#### 7.4.5.6　其他方法改性

除上述几种常用改性手法外，玉米醇溶蛋白还有其他改性方式。如糖基化改性利用还原糖与蛋白质氨基发生美拉德反应。美拉德反应是食品加工过程中一种十分常见的褐变反应，又称为羰氨反应，是羰基化合物（还原糖类）和氨基化合物（氨基酸和蛋白质）之间的反应。通过美拉德反应，蛋白的游离氨基与多糖的还原端羰基聚合，形成功能性化合物，从而提高蛋白的功能特性，如乳化性、热稳定性、溶解性以及抗过敏性。通过美拉德反应来改善蛋白质功能特性，其反应本质是利用生物大分子多糖的多羟基特性改善共价复合物的亲水—亲油平衡，利用多糖的无规线团结构特质改善复合物的热稳定性，同时利用多糖的大分子本质改善复合物的界面空间稳定效果。

成脂改性利用蛋白质端基和侧链上的羧基与醇形成酯键，减少蛋白亲水性羧基数目，改变其离子特性和电荷分布；成氢键改性是让蛋白质与一些试剂形成氢键，使蛋白分子之间的连接增强，改善所成膜机械性能。

加入增塑剂可以减少聚合物相邻链间的分子内的相互作用，阻止膜分子间由于局部结合力薄弱而出现的裂缝或孔洞，软化膜的刚性结构，使膜柔韧性和塑性增强，降低膜的脆性及易碎性。改善效果取决于塑化剂与玉米醇溶蛋白分子之间相互作用情况。

### 7.4.6　玉米醇溶蛋白应用

（1）药物缓释材料

玉米醇溶蛋白可以应用于食品和医药的包埋材料，使药物在吸收位点释放或以可控速率释放达到要求时间，这是当代药学研究的目标，也是实现生物活性物质及营养物质生物利用度的途径。玉米醇溶蛋白在胃液中一般比水溶性蛋白难消化，用于包封生物活性物质、营养素、药物，抵抗胃部 pH 值 1~3 及多种消化酶存在的对所包埋物质的破坏，在胃中缓慢释放的药剂的壁材，直接用喷雾干燥制备玉米醇溶蛋白压片能减缓药物释放。

（2）膜材料

利用玉米醇溶蛋白的成膜性，采用喷淋或将产品浸入的方式在食品表面涂膜，并且在其醇溶液中添加脂肪酸、甘油等塑化剂，改善成膜的性能。玉米醇溶蛋白膜具有防潮、隔氧、保香、不透油、抗紫外线、防静电、耐酸、耐热等特性，将其用于果蔬保鲜中，不仅能减少果蔬在贮藏过程中的水分散失，而且可控制涂膜内的气体浓度，减小果实的呼吸强度，从而延缓果实衰老进程。也可以制作成可食性膜用于食品包装，在成膜液中添加甜味剂、色素增加包装材料的感官质量，也可以添加抗菌剂、抗氧化剂等物质，使物理和化学作用相结合，控制微生物污染，防止食品腐败、延缓氧化进程，延长食品的货架寿命。

（3）高分子材料

作为一种植物蛋白质，玉米蛋白也被用于生产具有热塑性的塑料产品，由玉米蛋白制成的热塑性塑料具有较强的脆性，只有加入一定的增塑剂或进行化学改性才能获得所需产品。在工业领域，玉米蛋白与黄麻纤维的复合物可用于磨具的生产，与聚丙烯树脂制作成的磨具相比，它具有更强的弯曲和拉伸性能。

采用酯类化合物对玉米醇溶蛋白进行改性，可以得到抗张强度较高的、通透性较低的产品。采用柠檬酸、丁烷四甲酸、甲醛等交联剂处理玉米醇溶蛋白，可以提高抗张强度 2~3 倍。采用表氯醇、甲醛等交联剂处理玉米醇溶蛋白、淀粉，可以得到防水性较好的塑料膜。采用亚油酸或油酸处理玉米醇溶蛋白，可以制得抗张性能及耐受性良好的塑料。

将玉米醇溶蛋白溶于醇制成溶液，添加脂肪酸后，可制得黏合剂，应用在粉末、干燥食品、木材、树脂、金属等材料的黏合。根据对象物的不同，还可利用玉米醇溶蛋白的热可塑性进行熔融压黏。

（4）制备纤维

玉米醇溶蛋白纤维抗酸、碱和大部分有机溶剂，不易被虫侵蚀，具有出色的抗老化特性，通过氢氧化钠-乙醇水溶液纺丝得到玉米醇溶蛋白纤维。大多数工艺是碱性玉米醇溶蛋白溶液湿纺到酸性凝固槽中，有些工艺加甲醛到碱性蛋白溶液中，在槽中用甲醛处理纤维使其硬化。1998 年，乌拉圭发布了一个使用干纺丝工艺生产玉米醇溶蛋白纤维产品的专利，含 40%～60% 的玉米醇溶蛋白溶液挤出到气态大气中形成蛋白纤维，然后纤维与水接触、抽丝，与稳定剂溶液、盐溶液接触，热抽丝固化后的纤维。这个工艺没用玉米醇溶蛋白碱性溶液和酸性固化槽，因此，降低前面工艺的污染问题。玉米醇溶蛋白通过静电纺丝可以得到玉米醇溶蛋白纤维。同轴静电纺丝是在传统静电纺丝基础上发展起来的新方法，能够制备芯—壳型纳米结构纤维，能很好地改变玉米醇溶性能。用冰醋酸作为溶剂得到的横截面为圆形的纤维尺度均匀适合纺织。这类材料同时还具有非常广阔的前景用于营养物质的输送。利用静电纺丝的方式制备纤维膜，这种膜因为具有蜘蛛网式的结构从而表现出很好的胃肠吸附性能。在这个过程中，可以通过将维生素营养物质及药物包裹在纺丝中，使其在实现包封和缓慢的得到释放作用。

（5）玉米醇溶蛋白油墨

玉米醇溶蛋白可以起到固定油墨的作用。在印刷生产中，油墨可以随着蒸汽移动，最终留在印刷材料上，溶剂则被蒸发或者被基质吸收。玉米醇溶蛋白油墨具有易干、无异味等优点，适合凸版印刷设备的印刷作业。另外，它可以应用于多种材质的印刷，如金属箔片、塑料膜、纸张等；玉米醇溶蛋白油墨还具有良好的抗热性和抗油性。所以，玉米醇溶蛋白油墨的利用价值很高。

（6）涂料

利用醇溶蛋白的抗油性和耐久性，可以与对水敏感的松脂混合后制作轮船发动机室地板的涂料。相对虫胶涂料地板而言,玉米醇溶蛋白–松脂涂料能够改善地板的抗磨性,保持较高的光泽度。另外,在一定范围内,涂料中添加玉米醇溶蛋白的量越多,地板的抗磨性也就越强。

(7)功能性食品

将其水解利用生物工程对其进行改性,能够在水中溶解,在酸性条件下不易凝聚,等电点处不易沉淀,玉米短肽具有很多功能特性,如抗高血压、抗疲劳以及抗氧化功能等。已报道的玉米功能活性肽很多,包括高 $F$ 值寡肽、抗疲劳肽、抗氧化肽、降血压肽、醒酒肽等。用稀酸或稀碱处理玉米醇溶蛋白,使谷氨酸残基脱酰胺作用,产物能溶于中性水溶液。脱酰胺作用在 pH 值范围 6~11 和 pH 值范围 7~11 分别改善蛋白的溶解性和乳化性,脱酰氨的玉米醇溶蛋白能作为食品抗氧化剂。

# 7.5　大豆蛋白

大豆的营养成分丰富,营养价值高,蛋白质为主要成分,约占 40%,脂肪和碳水化合物分别占 18%、25%。此外,大豆中还含有膳食纤维、不饱和脂肪酸和异黄酮等人体必需的营养物质。大豆中含有丰富的蛋白质,其含量比肉类和谷类高,必需氨基酸组成与动物蛋白质接近,不含胆固醇,含有人体难以合成的 8 种氨基酸,其中一些氨基酸的含量比 FAO/WHO 推荐的标准还高,消化率与动物蛋白接近,功效比值接近 1。除此之外,大豆蛋白质从价格上也明显低于动物蛋白质。除营养价值外,大豆蛋白质的功能特性也受到极大关注,因为功能特性的改变对食品加工中的质地特征有直接的影响,同时也会影响食品的加工和贮藏。

## 7.5.1　大豆蛋白质的组成

大豆蛋白产品通常是由脱脂大豆粕加工而成,按蛋白含量不同通常可分为 3 类:大豆粉(soy flour,SF)、大豆浓缩蛋白(soy protein concentrates,SPC)和大豆分离蛋白(soy protein isolates,SPI)。

大豆粉(SF)通常采用低变性脱脂豆粕,经粉碎后得到的产品,其蛋白质含量在 48%~55%。根据应用食品的要求不同,可以生产出不同粒度的 SF(粒度为粗粒 10~20 目、中粒 20~40 目、细粒 40~80 目、细粉大于 100 目)。一般未被高温灭酶的 SF 在水中都有较好的分散性能和水结合能力,其氮溶指数(nitrogen solubility index,NSI)大于 80%。但是未灭酶的 SF 带有豆腥味,主要是脂肪氧化酶催化不饱和脂肪酸氧化所产生的氧化产物,如氯乙烯酮和乙基乙烯酮等。SF 灭酶和脱腥可采用高温处理(如喷雾干燥、气流干燥、闪蒸等)或使用添加剂(如异硫氰酸酯等),但会增加生产成本。此外,在经过灭酶处理后的大豆粉功能特性通常会受到不利影响,NSI 一般小于 30%,常用于肉制品和冷饮制品中。

大豆浓缩蛋白(SPC)是以低变性脱脂豆粕为原料,除去低分子可溶性非蛋白成分,主要是可溶性大豆低聚糖、灰分及各种气味成分等,制得蛋白质含量在 70%(干基)以上的大豆蛋白制品,其主要成分是蛋白质和细胞壁多糖(如纤维素)。目前,SPC 生产工艺一般有 3 种:湿热浸提法、稀酸浸提法和含水乙醇浸提法。湿热浸提法目前已基本被淘汰,原因是产品风味、色泽和功能性质都极差。稀酸浸提工艺是利用蛋白质等电点沉淀原理,将低变性豆粕中可溶性糖类物质、灰分及可溶性微量成分用酸水溶液洗除,从而使产品蛋白质含量能达到 70%。稀酸浸提法制得的 SPC 虽具有较好功能特性,但蛋白质得率较低,污水排放造成环境污染较为严重,综合效益差。含水乙醇浸提法是将低变性豆粕中可溶性糖类等物质用醇溶液洗掉,从而使产品蛋白质含量达到 70%。目前发达国家生产大都采用这种工艺,其最大特点是没有废水产生。此外,产品的风味、色泽好，蛋白质得率高。但由于使用 65% 左右乙醇溶液，蛋白质变性较为剧烈，功能性较差。目前有许多关于蛋白醇提的改性研究，获得了风味、色泽和功能特性都改善的蛋白产品。

大豆分离蛋白(SPI)是指除去大豆中油脂、可溶性及不溶性碳水化合物的大豆蛋白质。这是高度精制的蛋白质，蛋白含量在 90% 以上，其组成、结构和性质基本代表纯的大豆蛋白。工业上的制备方法主要有 3 种：等电点沉淀法、超滤法和离子交换法。其中，离子交换法和超滤法由于生产成本太高，尚处于试验阶段。目前工业生产大豆分离蛋白基本上采用等电点沉淀法。低变性的脱脂豆粕粉用稀碱液浸提(pH 8.5~9.0)后，经过滤或离心除去豆粕中的不溶性物质，得到一个分散可溶性蛋白和某些非蛋白成分的溶液(母液)。利用食用盐酸将浸出液的 pH 值调至 4.5 左右，蛋白质处于等电点状态而聚集沉淀下来，分离出凝乳和乳清，凝乳经清洗尽量除去非蛋白成分，再经中和、调浆、干燥即得成品大豆分离蛋白。大豆蛋白的高分子结构及生化特性非常复杂，对环境因素的影响极为敏感，生产过程中任何的差异，都可能导致蛋白质结构的变化致使产品的功能性发生变化。实验室制备蛋白质时通常没有进行杀菌处理，采用冷冻干燥，因此产品变性程度低，溶解性好，但工业生产的 SPI，通常要经过高温杀菌和喷雾干燥，因此蛋白产品变性严重，溶解性差，功能特性较差。

大豆中的蛋白质是以储存蛋白的形式存在的。大豆分离蛋白(soybean protein isolation, SPI)是在低温条件下将豆粕(除去油和水溶性非蛋白成分)放入碱性溶液中浸提，然后沉淀、洗涤、干燥得到蛋白含量大于 90% 的蛋白粉，其结构和性质基本代替纯的大豆蛋白。根据沉降系数不同，SPI 可分为 2S、7S、11S 和 15S 4 种组分，主要的成分是 β-伴大豆球蛋白 (7S 大豆蛋白)和大豆球蛋白(11S 大豆蛋白)(表 7-3)。β-伴大豆球蛋白中含有极性氨基酸，如 Asp(Asn)、Glu(Gln)、Arg、Lys 和 His，总含量为 53.0%，远远高于大豆球蛋白(28.8%)；弱极性氨基酸 Cys、Tyr 和 Ser 的总含量两者相当(β-伴大豆球蛋白为 12.2%，大豆球蛋白为 8.7%)，而大豆球蛋白中非极性氨基酸(Ala、Gly、Ile、Leu、Met、Phe、Pro 和 Val)的总含量(62.5%)则远高于 β-伴大豆球蛋白(34.8%)。

表 7-3 大豆蛋白质的组成

| 组分 | 离心沉降法 占总量/% | 电泳法 占总量/% | 成分 | 相对分子质量/kDa |
|---|---|---|---|---|
| 2S | 9 | 10 | 胰蛋白酶抑制剂 | 80~21.5 |
| | | | 细胞色素 C | 12 |
| | | | 血球凝集素 | 110 |
| 7S | 34 | 31 | 脂肪氧化酶 | 102 |
| | | | β-淀粉酶 | 61 |
| | | | 7S 球蛋白 | 180~210 |
| 11S | 43.6 | 40 | 11S 球蛋白 | 360 |
| 15S | 4.6 | 14 | 有待测定 | 600 |
| 其他 | | 5 | | |

大豆蛋白质并不是指某一种蛋白质，而是指存在于大豆种子中诸多蛋白质的总称。大豆蛋白质根据溶解性可将其分为清蛋白和球蛋白。清蛋白一般占大豆蛋白质的 5%，球蛋白约占 90%。根据不同的生理功能，将大豆蛋白质分为贮藏蛋白和生物活性蛋白两大类，其中 75% 为

贮藏蛋白(如 7S 球蛋白、11S 球蛋白等)，它与大豆制品的加工性质关系比较密切。此外，含有少量的生物活性蛋白(如血球凝集素、胰蛋白酶抑制素、脂肪氧化酶等)，对大豆蛋白制品的质量起着重要的作用。在大豆四种组分中，7S 大豆球蛋白(β-伴大豆球蛋白，7S)和 11S 大豆球蛋白(11S)约占 80%，是大豆蛋白的主要组分(Delwiche et al.，2007)。根据不同类型，7S 与 11S 的比率为 0.5~1.3。在生产时，小分子的 2S 组分会分散于乳清水中，大分子的 15S 组分残留于粕渣之中，因此下文重点介绍 7S 与 11S。

7S 是由 3 种亚基(α、α′和 β)组成的三聚体，一种含糖基的寡聚蛋白，其相对分子质量为 180~210 kDa，聚合度在 110 左右。7S 的含糖量为 5%，其中含有 3.8%的甘露糖，1.2%氨基葡萄糖的糖蛋白质。与 11S 相比，7S 中色氨酸、蛋氨酸、胱氨酸含量较低，赖氨酸含量较高。11S 是由 12 个亚基构成的寡聚体，聚合度在 2000 左右。其中酸性亚基 A(分离后带羧基)有 6 种，分别为 A1、A2、A3、A4、A5 和 A6，碱性亚基 B(分离后带羟基)有 4 种，分别为 B1、B2、B3 和 B4。每种 A 亚基和另一种 B 亚基通过二硫键连接，形成稳定的中间亚基 AB。这种中间亚基共有 6 种。研究表明，11S 的亚基具有多态性，因为它含有不同亚基组成的六聚体，所以大豆球蛋白表现出分子异质性，即 11S 共有 5 种 AB 亚基对，它们分别由 Gy1(A1b B2)、Gy2(A2B1a)、Gy3(A1a B1b)、Gy4(A5A4B3)和 Gy5(A3B4)5 个不同的基因所编码的。

研究表明，7S 和 11S 组分在理化性质、功能特性方面均有很大差异。11S 是一种不均匀的蛋白，有复杂的多晶现象，对构成四级结构有重要作用。7S 具有致密折叠的高级结构，含有的巯基和二硫键较少，而富含赖氨酸和疏水性氨基酸等。与 11S 相比，7S 具有较强的表面活性、较好的溶解性、乳化性与乳化稳定性。

## 7.5.2 大豆蛋白质的结构

根据溶解性，大豆蛋白质分为大豆清蛋白(albumin，5%左右)和大豆球蛋白(globulin，90%左右)。根据生理功能，大豆蛋白质分为贮藏蛋白和生理活性蛋白两大类。贮藏蛋白主要指大豆球蛋白(glycinin)和 β-伴大豆球蛋白(β-conglycinin)，而生理活性蛋白主要有胰蛋白酶抑制剂、β-淀粉酶、血球凝集素、脂肪氧化酶等。根据免疫反应不同，可分为大豆球蛋白(40%左右)、β-伴大豆球蛋白(27.9%左右)、α-伴大豆球蛋白(13.8%左右)和 γ-伴大豆球蛋白(3.0%左右)等。依超速离心分离方法对大豆蛋白分类，可分为 2S、7S、11S 和 15S 四个组分，α-伴大豆球蛋白属于 2S 组分、β-和 γ-伴大豆球蛋白属于 7S 组分、大豆球蛋白属于 11S 组分。通常人们所说的大豆蛋白质是指大豆球蛋白和 β-伴大豆球蛋白，即 11S 和 7S 球蛋白，两者约占大豆蛋白的 70%。

### 7.5.2.1 大豆蛋白质的一级结构

蛋白质是一种由 DNA 编码的 20 种 L 型 α 氨基酸，通过 α 碳原子上的取代基间形成的酰胺键连成的，具有特定空间构象和生物功能的肽链构成的生物大分子。氨基酸是蛋白质的基本组成单位，20 种氨基酸的侧链在大小、形状、电荷、形成氢键的能力和化学活性方面都存在差异，以及它们的各种组合的变化导致蛋白质功能的千差万别。氨基酸的 α 氨基和另一个氨基酸的 α 羧基脱水缩合形成的肽键带有部分双键的特性，不能像 C—N 单键那样简单而自由地旋转，参与形成肽键的原子有羰基(C═O)和胺基(N—H)及相邻的两个 α 碳原子(Cα)共 6 个原子形成一个平面，被称为肽平面。运用碳原子和氨基一侧肽平面间二面角 φ 和 α 碳原子和羧基一侧的肽平面间二面角 ψ 两个参数定量地描述肽键的刚性和可变程度。

大豆蛋白质的一级结构是指构成蛋白质肽链的氨基酸残基的排列次序，是蛋白质最基本的结构。从遗传学角度分析，蛋白质的一级结构是由基因编码的。目前发现的编码大豆球蛋白的基因主要有 5 个，包括 Gy1（A1Bb2）、Gy2（A2Bla）、Gy3（AlaBlb）、Gy4（A5 与 B3）和 Gy5（A3B4）。根据 c DNA 核苷酸编码序列的同源性将 Gyl-Gy5 这 5 个基因分Ⅰ和Ⅱ两个类群。Gyl-Gy3 的Ⅰ类群这 3 个基因已被定位于两个相应的染色体区域。1985 年，Scanon 等报道了被称为Ⅱ类群 Gy4 和 Gy5 基因。2002 年，Beilinson 等又报道了 Gy6 和 Gy7 基因，并将 Gy6 和 Gy7 基因分成第Ⅲ类群，其中由于 3′端缺陷型 Gy6 基因不能编码有功能的大豆球蛋白，而 Gy7 基因是弱表达。以上各基因均包含 3 个内含子和 4 个外显子，不同基因的内含子保守性较低，同源性只有 40%左右，而外显子的同源性达 80%以上。编码 $\beta$-伴大豆球蛋白的基因数目比大豆球蛋白的要多，包括至少 15 个成员的大家族 CG-1~CG-15。根据 mRNA 的大小编码 $\beta$-伴大豆球蛋白基因可分为两类，一类为编码 $\beta$ 亚基的 1.7kb mRNA 和另一类编码 a′和 a 亚基的 2.5kb mRNA，这两类 mRNA 代表不同的基因亚家族。研究表明 $\beta$-伴大豆球蛋白的 CG-1 基因编码 a′亚基，$\beta$-伴大豆球蛋白的 CG-2 和 CG-3 基因编码 a 亚基，而 $\beta$ 亚基由 CG-4、CG-5、CG-11、CG-12、CG-13 和 CG-15 基因编码，CG-6、CG-7 和 CG-14 基因编码类似于 2.5kb mRNA 和 1.7kb mRNA 大小的产物。通过序列对比发现 CG-4 和 CG-1 这两个基因包含 5 个内含子和 6 个外显子，CG-4 和 CG-1 这两种基因的内含子的同源性只有 50%，而外显子的同源性达 85%以上。

占大豆总蛋白质 70%大豆球蛋白和伴大豆球蛋白具有良好的营养价值和重要的经济价值，对编码大豆球蛋白和伴大豆球蛋白基因的深入研究旨在获取更有价值的蛋白质。大豆分子遗传学让我们以全新的视角深入观察大豆蛋白质家族的分子功能，大豆分子进化分析使我们更清晰的明白大豆蛋白质的过去和未来。

### 7.5.2.2　大豆蛋白质的二级结构

大豆蛋白质的二级结构是指蛋白质肽链主链骨架不同肽段通过自身的相互作用形成氢键，沿一主轴盘旋折叠形成规则或不规则的局部空间结构，二级结构单元有 $\alpha$-螺旋、$\beta$-折叠、$\beta$-转角和无规则卷曲。

（1）$\alpha$-螺旋

$\alpha$-螺旋呈右手螺旋，3.6 个氨基酸残基上升一圈，螺距 0.54 nm，每个氨基酸上升 0.15 nm，一个肽平面上的 C=O 基氧原子与其前的第三个肽平面上的 N—H 基氢原子生成一个氢键 C=O···H—N。$\alpha$-螺旋允许所有肽键都参与链内氢键，因此 $\alpha$-螺旋是相当稳定的。

（2）$\beta$-折叠

$\beta$-折叠是两条或多条几乎完全伸展的多肽链侧向聚集在一起，相邻肽链主链上的—NH 和 C=O 之间形成有规则的氢键。在 $\beta$-折叠结构中所有的肽键都参与了链间氢键的形成，侧链 R 交替地分布在片层平面的上方和下方，以避免相邻侧链 R 之间的空间位阻。

（3）$\beta$-转角

$\beta$-转角是指蛋白质的分子多肽链经常出现的 180° 回折，通常氨基酸残基的 C=O 与第四个残基的 N—H 之间形成氢键又称为发夹结构。

（4）无规则卷曲

无规卷曲是指没有确定规律性的肽链结构，不同氨基酸残基扭角不同而表现出多种构象，更利于形成灵活的多肽链和具有特异生物功能的球状结构。大豆球蛋白的二级结构主要为 $\beta$-折叠和含量较少的 $\alpha$-螺旋。此外，对大豆球蛋白的两组亚基（组Ⅰ、组Ⅱa 和组Ⅱb）的测定结果表明，三者的 $\alpha$-螺旋的含量分别为 19%、16%和 15%，$\beta$-折叠含量分别为 44%、38%和 39%。通过 FTIR 研究了大豆蛋白溶液和大豆蛋白膜的构象及其变化，测定的大豆球蛋白的二级结构主要是 $\beta$-折叠（48%）和无规卷曲（49%），大豆蛋白溶液在碱性和增塑剂乙二醇条件下 18%的二级结构（12%无规卷曲和 6%$\beta$-折叠）转变成 $\alpha$-螺旋。利用 CD 光谱测得的 $\beta$-伴大豆球蛋白的二级结

构中 $\alpha$-螺旋为 14.7%、$\beta$-折叠为 51.8%、无规则卷曲为 33.5%。

规则的二级结构对球状蛋白质构象的形成是非常重要的，不论 $\alpha$-螺旋还是 $\beta$-折叠组成的片层结构中，都存在着较多的氢键，致使规则的二级结构都有相当的刚性。如果一段肽段中不存在氢键或其他的相互作用，则肽段中的各个残基间有更大的自由度而没有刚性，从而表现出极大的柔性，属于柔性部分的二级结构有转角和无规卷曲两类。球状蛋白质结构的特点在于部分规则的刚性结构和柔性结构同时存在，即"刚柔兼备"。蛋白的柔性和稳定性是由相关但并不相同的结构因素决定的，降低稳定性并非是提高柔性的前提。稳定性主要取决于静态结构中化学键(主要包括氢键和盐键等)的平均数目，键数目越多，稳定性越高；而柔性则与这些键的动态持续性(键的稳定性)相关，键的动态持续性越低则柔性越高。

### 7.5.2.3 大豆蛋白质的三级结构

蛋白质的三级结构主要是指整条多肽链在二级结构基础上，非几何状地进一步折叠或卷曲构成复杂的空间结构，整个分子成为球状或颗粒状，它包括肽链上一切原子的空间排布方式，是在二级结构基础上多肽链发生的再折叠和卷曲。正是由于三级结构的存在，蛋白质才具备特殊的生物学功能，如酶的活性与蛋白质三级结构密切相关。如果没有蛋白质三维结构的确切知识，很难对生物学很多领域进行深入的研究。

11S 大豆球蛋白(glycinin)由 5 种亚基组成，依据氨基酸序列特点，可分为两组：组 I 包括 A1aB1b、A2B1a 和 A1bB2，而组 II 包括 A3B4(IIa) 和 A5A4B3(IIb)两个亚组。每个亚基都含有一对通过二硫键相连的酸性亚基和碱性亚基。酸性亚基(A1、A2、A3)相对分子质量为 28~42 kDa，碱性亚基(B1、B2、B3)相对分子质量为 18~20 kDa。等电聚焦法结果表明，酸性亚基的等电点为 pH4.7~5.4，碱性亚基等电点 pH8.0~8.5。

大豆球蛋白分子的 6 个亚基对堆积成两个堆叠的六元环，也有报道称大豆球蛋白的 6 个亚基在中性疏水条件下的最佳聚集结构是三方反棱柱密堆积结构。日本 Utsumi 课题组通过基因重组的方法研究了 A1aB1b 和 A3B4 两种亚基的结晶结构以及结构与物化性能之间的相互关系。他们报道了由 3 个 A1aB1b 亚基组成的大豆球蛋白三聚体的结晶结构：它包含 1128 个氨基酸残基和 34 个结晶水，其核心结构包含了 25 个 $\beta$-折叠和 5 个 $\alpha$-螺旋，形成类似于两个果冻卷(jelly-roll)形状的 $\beta$-圆筒和两个包含了两个螺旋的伸展螺旋(extended helix)区域 2D5F。11S 球蛋白分子为有一定刚性的扁椭圆形状，在溶液中几乎呈主轴 180A° 和次轴约 20A° 的扁椭圆体。他们还确定了亚基为 A3B4 的六聚体的结晶结构是由面对面的两个三聚体堆积起来的 32 点群对称体，其内表面包埋了高度隐藏的二硫键。他们还提出在酸性 pH 值条件下，含有大量分子间二硫键且带大量的正电荷的亚基表面会诱导六聚体向三聚体转变。

7S 大豆球蛋白分为 $\beta$-伴大豆球蛋白、$\gamma$-伴大豆球蛋白和碱性大豆伴球蛋白，$\beta$-伴大豆球蛋白为主要成分，其相对分子质量为 180~210 kDa，由 3 个亚基对组成，分别称为 $\alpha$ 亚基(相对分子质量约为 67 kDa)、$\alpha'$亚基(相对分子质量约 71 kDa)和 $\beta$ 亚基(相对分子质量约 50 kDa)。与大豆球蛋白相似，$\beta$-伴大豆球蛋白的每个亚基对由一条 N 末端酸性的 $\alpha$ 链和一条 C 末端碱性的 $\beta$ 链组成。由于缺少半胱氨酸残基，$\alpha$ 链和 $\beta$ 链之间不会生成二硫键。$\beta$-伴大豆球蛋白 3 个亚基均是 N-糖基化的。$\beta$-伴大豆球蛋白含有 3.8%~5.4%(w/w)的糖蛋白，每摩尔蛋白质的糖基部分由 38 个甘露糖残基和 12 个氨基葡萄糖残基组成。3 个亚基均是糖蛋白，各亚基 N-末端的精氨酸残基上链接着一个寡糖，但是含糖量不同，$\alpha'$、$\alpha$ 含糖量是 $\beta$ 的两倍。$\alpha$ 亚基和 $\alpha'$亚基可分为外围区域($\alpha$ 亚基由 125 个氨基酸残基，$\alpha'$亚基由 141 个氨基酸残基)和核心区域(均为 418 个氨基酸残基)；而 $\beta$ 亚基只包含核心区域(416 个氨基酸残基)。在这些亚基的核心区域含有大量同源氨基酸残基($\alpha$ 亚基与 $\alpha'$亚基、$\alpha$ 亚基与 $\beta$ 亚基、$\alpha'$亚基与 $\beta$ 亚基之间不变氨基酸残基的比例分别为 90.4%、76.2% 和 75.5%）。此外，$\alpha$ 亚基与 $\alpha'$ 亚基的外围区域含有 57.3% 同等序列且都含有大量的酸性氨基酸残基。由氨基酸序列可以计算得到 $\alpha$ 亚基和 $\alpha'$ 亚基的等电点以及疏水性均低于 $\beta$ 亚基，同时各种亚基之间的热稳定性也有很大的差别，顺序为 $\beta$（363.8K）>$\alpha$（355.7 K）>$\alpha'$（351.6 K）。这些研究结果均表明 $\beta$-伴大豆球蛋白中各个亚基结构上的差异导致了它们性质上的不同。$\beta$-伴大豆球蛋白的三级结构中亚基的核心区域均由双 $\beta$-折叠桶的结构域组成，25 个 $\beta$-折叠两端分别带有两段 $\alpha$-螺旋、$\beta$-折叠和无规则结构分别占 5%、35%、60%。

### 7.5.2.4　大豆蛋白质超二级结构和结构域的生物学意义

超二级结构于 1973 年由 Rossman 提出的，是指几种二级结构的组合物存在于各种结构中。某些相邻的二级结构单位（$\alpha$-螺旋、$\beta$-折叠、$\beta$-转角、无规则卷曲）组合在一起，相互作用，从而形成有规则的二级结构集合体，充当更高层次结构的构件，称为超二级结构。对于较大的球蛋白分子，一条长的多肽链，在超二级结构的基础上，往往组装成几个相对独立的球状区域，彼此分开，以松散的单条肽链相连，这种相对独立的球状区域称为结构域。结构域的概念是由免疫化学家 Porter 提出的，是指蛋白质分子中那些明显分开的球状部分，更多的规律性结构，相当多的结构域都具有局部而不完全的功能。超二级结构和结构域帮助我们更深入地理解蛋白质结构与功能之间的关系。

很多蛋白质分子结构或部分结构相互之间存在大量相似性。大量研究结果证明：不同蛋白质的结构域，当一级序列同源时结构域的空间结构也相似。Cupin 蛋白家族是一个具有多种功能蛋白的家族，它的进化可以追溯到从古细菌、细菌到真核生物。根据蛋白中含有 Cupin 结构域的数目而把它们分类成不同的 Cupin 亚群。具有两个 Cupin 结构域的蛋白最初是在高等植物种子储藏蛋白中发现的。它们分为 7S 球蛋白三聚体（豌豆球蛋白）和 11S 球蛋白六聚体（豆球蛋白）。7S 和 11S 球蛋白有 35%~45% 的序列相似性，在结构上具有高度的相似性。Bicupins 在原核生物中的出现证实了先前的假说，即在各种极端环境中 Cupin 结构可以为蛋白的生存及功能发挥提供一个稳定的支架。Cupin 的三级结构可能具有耐热性，它在植物中用来储存氨基酸，最初在干燥的孢子中发现，其后在种子中也得到证实。Cupin 蛋白家族中大多数过敏原属于豌豆球蛋白或者豆球蛋白的种子储藏蛋白家族，如花生 7S 球蛋白或豌豆球蛋白（Ara h1）、2S 水溶白蛋白（Ara h2）和 11S 球蛋白或豆球蛋白（Ara h3）、胡桃中的 Jug r4（Juglans reg ia）、榛子中的 Cor a 9（Cory lus avellana）、腰果中的 Ana o2（Anacard ium or ientale）和甜荞过敏原等。

### 7.5.2.5　大豆蛋白质的四级结构

1958 年，英国晶体学家 Bernal 在研究蛋白质晶体结构时发现，并非所有蛋白质的结构只有三级结构水平，有些蛋白质存在更复杂的结构，即由几个蛋白质的亚基结合成几何状排列。大豆许多蛋白一级序列同源，这些结构域的空间结构也相似，这说明它们是有着共同进化起源的蛋白质。Bernal 于 1958 年提出四级结构概念被看成蛋白质一级结构、二级和三级结构的延伸。大豆蛋白的四级结构由多个具有三级结构的亚基或亚单位通过非共价键彼此缔合在一起而形成的三维结构聚集体，在亚基和亚基之间通过疏水作用等次级键结合成为有序排列的，特定的空间结构，四级结构中每个亚基大多无生物活性或具部分生物活性，只有完整的四级结构才表现全部的生物活性。另外，具有四级结构的蛋白质分子中亚基数目、种类和亚基之间的空间缔合关系存在极为严格性、特定性和不可替代性。大豆球蛋白酸性亚基与碱性亚基的排布与 $\beta$-伴大豆球蛋白类似，只是前者由 6 个亚基对组成，后者由 3 个亚基对组成；而 Lawrence 等认为 11S 六聚体结构是由两个 7S 三聚体背对背堆积而成的，三聚体与六聚体可在静电和疏水作用下形成。

### 7.5.2.6　维持和稳定蛋白质高级结构的因素

除了肽链单键的旋转以外，肽链内部的一些原子和基团间的相互作用也是蛋白质产生高级结构和稳定蛋白质高级结构的一个重要的原因，维持和稳定蛋白质高级结构的主要作用力有氢键、范德华引力、静电作用、疏水作用、配位键、离子键和二硫键。

（1）氢键

多发生于多肽链中负电性很强的氮原子或氧原子的孤对电子与 N—H 或 O—H 的氢原子间的相互吸引力，对维持蛋白质分子的二级结构（如 $\alpha$-螺旋、$\beta$-折叠、$\beta$-转角）起主要的作用，对维持三、四级结构亦有一定的作用；结合水分子也可以和蛋白质表面的一些基团形成大量的氢键，对稳定蛋白质的结构起重要作用。

（2）范德华引力

实质是一些原子的正负电荷在一瞬间也可能有相对的偏移造成了瞬间偶极，这些瞬间偶极之间也能发生相互作用，尽管这些作用很弱并且只在很短的距离内有作用，但是大量蛋白质分子内的范德华引力参与维持蛋白质分子的三、四级结构。

（3）静电作用

组成蛋白质的氨基酸中的多种可解离的侧链基团相互间可能产生静电作用，蛋白质中这些可解离基团的电离情况和局部环境的 pH 值有很大的关系，也和局部环境的介电性质有关。

（4）疏水作用

蛋白质疏水基团或疏水侧链为避开水分子而相互靠近聚集形成的力，对维持蛋白质分子的三、四级结构起主要作用。组成蛋白质的 20 种氨基酸各自带有不同性质的侧链基团，有些是极性的而另一些残基的侧链却是非极性的，生物体是亲水性和疏水性平衡统一的产物。

（5）配位键

由一个原子单独提供电子对形成的共价键，配位键在一些金属蛋白质分子中维持三、四级结构重要的作用力。

（6）离子键

指正离子与负离子之间产生的化学键又称为盐键或盐桥，如蛋白质分子中的 —NH$_3^+$ 与 —COO— 可以形成离子键，参与维持三、四级结构。

（7）二硫键

一种肽链中两个半胱氨酸的侧链巯基氧化成的共价键，使蛋白质的肽链的空间结构更为紧密，对稳定蛋白质的结构起了重要的作用，但也不利于蛋白酶的酶解消化。

### 7.5.3　大豆蛋白质的特性

大豆蛋白质的功能特性是蛋白质加工最重要的理化性质，其具有许多重要的功能特性，如起泡性、溶解性、乳化性、凝胶性等。因此，大豆分离蛋白可作为一种食品添加剂应用于食品生产中，不仅提高了产品的蛋白质含量，还可改善产品的功能性质，如改善口感、增加弹性、提高保水性和吸油性等。但是工业生产的大豆分离蛋白经加热、碱溶和酸沉等加工处理后，造成大豆蛋白变性，使其功能性降低或丧失，从而限制了其应用范围。因此，研究大豆分离蛋白功能性质及其影响因素具有实际意义。

大豆蛋白质的功能性质可分为以下 3 类：

（1）水合特性

包括湿润性、分散性、溶胀性、溶解性、表观黏性和水吸收及保留等，主要取决于蛋白质肽链上的极性基团和水分子之间发生水合作用，作用大小与蛋白质相对分子质量大小、结构及分子柔顺性有关。

（2）表面特性

包括起泡性、乳化性及风味结合能力等。蛋白质是水溶性胶体，具有两亲性，既有亲水基团又有亲油基团，能够分散在气—水或油—水界面上，一旦界面吸附，蛋白质分子会相互作用形成一层分子膜，阻止气泡或小液滴聚集，有助于维持泡沫和乳化液的稳定。

（3）蛋白质分子间交互作用

主要包括蛋白质的沉淀作用、聚集作用、凝胶作用和成膜性等。蛋白质分子受热空间结构打开，肽链舒展，内部的疏水基团暴露，蛋白质通过疏水作用、静电作用、氢键或二硫键交联形成三维空间网络结构。一般来说，蛋白质的水合特性主要受分子大小和构象的影响较大，而蛋白质表面特性则主要受到氨基酸组成、分布和一二级结构的影响。在蛋白质的功能特性中，其溶解性、凝胶性和乳化性与产品品质密切相关，也是蛋白质改性的重要指标。溶解性是蛋白质可应用性的重要参数，它直接影响着蛋白质的起泡能力、凝胶作用和乳化作用。蛋白质功能特性和结构之间的关系主要体现在其亚基组成、亲/疏水性基团、分子柔性、分子聚集形态、表面电荷分布、空间构象、亚基缔合/解离形式、功能基团修饰或分解等方面。

## 7.5.4　大豆蛋白质的改性

大豆蛋白质成本低、产量多和营养价值高，具有多种功能特性，但因其自然功能属性不突出，而且工业生产的大豆分离蛋白在某些方面还存在不足之处，以至于在食品工业中的应用受到严重限制。研究大豆蛋白质的功能性质及改性，获得专用性强的蛋白产品就显得十分重要。

在大豆蛋白质改性方面，日本以及欧美国家在国际上起着领头军作用，蛋白生产技术较为先进，已成功研制出许多高度专一性的功能性大豆蛋白产品。如美国阿丹米公司和 PTI 公司是目前世界上生产大豆分离蛋白最具实力的公司，阿丹米公司生产高溶解性调味品、低糖度乳品饮料以及婴幼儿专用粉等 18 种大豆分离蛋白产品。PTI 公司生产的大豆分离蛋白产品有 80 余种产品，可分为高分散型、强凝胶型、高乳化型等。我国生产的大豆蛋白产品则较为单一，多为具有高凝胶特性的产品，主要应用于香肠类的肉制品中，而大豆蛋白质的其他功能特性没有很好的开发利用。因此，研制开发出多元化，具有高度专一性的功能性大豆分离蛋白，可以缓解我国大豆分离蛋白缺乏多样化和专一化的现状，努力达到国际先进技术水平。

蛋白质功能特性与其结构有密切关系，在蛋白质加工生产过程中，其功能特性将随着结构改变而变化。大豆蛋白质在不分离组分的条件下进行改性，实质上是对大豆蛋白质不同组分在食品体系中实现协同增效的结果，从而提高了大豆蛋白质功能特性。在大豆蛋白质的生产过程中，由于加工工艺及参数不同，将会影响最终产品的功能特性。大豆蛋白质具有致密的球状结构，在水中的起泡性、乳化性和表面疏水性受到限制，且采用"碱溶酸沉"的方法生产的大豆蛋白质变性程度较大，功能特性较差，制约了大豆蛋白质在食品中的广泛应用。在食品生产应用中，食品体系不同，对蛋白质功能特性要求不同，比如肉制品对蛋白凝胶性要求较高，而饼干、冰淇淋和面包等对蛋白发泡性能要求更高，因此，为了更加契合食品工业的发展需要，通常要对蛋白质进行必要的改性。

蛋白质改性是利用化学、物理以及生物作用修饰蛋白质组成和结构，使蛋白质的理化性质改变，从而改善蛋白质的功能特性和营养特性，以适应食品工业多元化的需求。比较常用的蛋白质改性方法主要包含物理方法、化学方法、酶法和生物工程改性。国内外对大豆蛋白的功能特性的研究较多。

### 7.5.4.1　大豆蛋白质的物理改性

物理改性是利用热、电、磁等物理机械作用形式改变蛋白质的高级结构和分子间的聚集状态。该改性方法一般不涉及蛋白质分子的一级结构，具有作用时间短、费用低等优点。事实上，就是利用物理方法在控制一些限定的条件下，使蛋白质发生定向的变性，改变蛋白质分子链的柔顺性，提高大豆蛋白质分子的伸展能力。常见的物理改性方法有：热改性、超声改性、超高压改性、微波改性、紫外线及 X 射线照射、剧烈振荡或搅拌等。

（1）热改性

通过对大豆蛋白质进行适当的热处理，平衡了大豆蛋白质相邻多肽之间的吸引力和相互排斥力，提高了大豆蛋白质表面活性和乳化性，更有利于凝胶作用。实验发现，利用水浴加热的方法对大豆分离蛋白改性，经过改性后的浓缩蛋白在溶解性、乳化稳定性、凝胶性等方面均得到了改善。

（2）超声改性

在水相介质中，大功率的超声波会促使体系温度升高，对蛋白质产生一定的压力和剪切力破坏其高级结构，使小分子亚基或呈游离状态，因此经过超声处理的大豆蛋白质，其溶解性能够都到明显的改善。

（3）超高压改性

超高压的作用能够改善大豆蛋白质的溶解性，这是大豆蛋白质分子受到高压挤压作用，其内部存在的氢键和离子键等非共价化学键链接作用力受损所致。

（4）微波改性

通过微波的穿透作用，蛋白质内部会产生一定的热量和机械作用力，破坏极性分子的平衡分布，使蛋白质高级结构中的作用力消失，从而赋予蛋白质不同的特性。微波频率的高低对蛋白质分子结构改变程度影响较大，当微波频率较低时，分子结构出现微弱的分离而呈游离态，当频率增大到某一临界值时，蛋白质分子将发生聚集而沉淀，溶解性迅速下降。

### 7.5.4.2　大豆蛋白质的化学改性

大豆蛋白质常用的改性方法为化学改性，包括碱改性、脲改性、交联改性、酰化、表面活性剂改性等。

（1）碱改性

用碱对大豆蛋白质的处理有助于大豆球蛋白解聚、暴露出极性和非极性基团、提高蛋白质的溶解度、增加蛋白质的黏附能力和降低大豆蛋白质的黏度，从而提高大豆蛋白质的黏附能力和疏水特性；但如果使用强碱作为改性剂，最终会使木材部分变色。常用的碱性试剂包括：$NaOH$、$Ca(OH)_2$、$Na_2HPO_4$、硼砂、氢氧化铵等，也可以采用碱性试剂混合物，例如，$NaOH$ 和 $Ca(OH)_2$ 或 $NaOH$ 和镁盐、钠盐等。而弱碱性试剂，例如，$Ca(OH)_2$、$Na_2HPO_4$、硼砂、氢氧化铵等改性可以得到无碱斑的胶黏剂，但是黏结强度比较低。

（2）脲改性

脲改性主要是脲与大豆蛋白的羟基基团相互作用能破坏蛋白质中的氢键，从而使蛋白质的聚合体展开，暴露出里面的疏水基团，提高大豆蛋白质的耐水性。但脲的浓度过高时，会使蛋白质分子展开程度太高，有助于黏结作用的二级结构减少过多，从而使胶黏剂的剪切强度下降。在改性过程中蛋白质中的脲酶可以使脲分解，对改性产生不良的影响或改性不完全，必须设法克服。伴随着脲的浓度的增加，大豆蛋白质的黏稠度会降低，当脲达到一定浓度时，大豆蛋白质的黏稠度不再降低。

（3）交联改性

硫化物常用来作为交联剂对大豆蛋白质进行改性，例如，$CS_2$、黄原酸钾、亚硫酸盐和硫脲等。它们主要用于切开蛋白质分子内部和蛋白质分子之间的二硫键，减少分子间相互作用力，从而降低蛋白质的黏度。通过交联改性可以改善耐水性、使用期和黏度。其他交联剂如可溶性的铜、铬、锌盐等可用于碱性大豆蛋白胶黏剂的交联。环氧化物尤其是脂肪族环氧化物是碱性大豆蛋白胶黏剂的活性固化剂，通过其改性的产品黏结强度高，耐久性强，但是成本高。甲醛单体或者其加成物可以交联和改性大豆蛋白质，主要用于改善大豆蛋白胶黏剂的耐水性、使用期、固化状态。

（4）酰化

酰化是通过蛋白质分子中的亲核基团（氨基、羟基）与酰化试剂中的亲电基团（羰基）相互反应而得到的，目前对大豆蛋白质主要进行琥珀酰化和乙酰化改性。琥珀酰化改性大豆蛋白质增加其胶黏强度，但对其耐水性不利，因为连接到蛋白质分子上的琥珀酰基亲水性较强，琥珀化改性后，水分子更容易入侵到蛋白质分子内部，对蛋白质的耐水性起破坏作用。乙酰化使多肽链的正电荷减少，酰化处理后蛋白质分子间的相互作用力下降，多肽链的伸展更为充分，大豆蛋白质乙酰化以后，胶黏强度明显提高。对耐水性的影响主要取决于暴露的疏水性基团和引入的乙酰基官能基团共同作用的结果。

（5）表面活性剂改性

表面活性剂改性主要用十二烷基硫酸钠（SDS）和十二烷基苯磺酸钠（SDBS）等。它们可以降低非极性侧链从疏水内部到水介质的转移的自由能。通过这些活性剂对大豆蛋白质进行改性能破坏蛋白质分子内的疏水相互作用使非极性基团暴露于介质水中，和活性剂的疏水部位相互作用而形成胶束团，从而增加疏水性，提高剪切强度。

其他化学改性方法如酸改性、硅烷化、胍基化、仿生、接枝共聚和共混等都可以改变蛋白质的空间结构，借以改善大豆蛋白的胶接性能和耐水性。

### 7.5.4.3　大豆蛋白质的酶法改性

酶法改性的机理是通过蛋白酶来催化蛋白质部分降解，增加其分子内或分子间交联或连接特殊功能基团，改变蛋白质的功能性质。酶法改性的优点在于反应条件温和、反应速率高和专一性强。蛋白酶根据来源的不同可分为动物蛋白酶、植物蛋白酶和微生物蛋白酶，其中微生物蛋白酶资源丰富、效率高。

蛋白酶法改性是指蛋白质在酶的作用下降解或交联聚合成理化性质改善的功能性蛋白的过程，因其反应速度快、处理条件温和、安全性高，从而成为改造蛋白质组成及结构、实现蛋白质功能多元化、提高蛋白质应用价值的有效途径。常用的酶法改性方法是采用蛋白酶对蛋白质进行限制性酶解改性，TG 酶交联聚合也有相应报道。限制性酶解酶法改性技术是利用蛋白酶的内切作用及外切作用将蛋白质分子切割成较小的分子，一般会涉及蛋白质一级结构的破坏，通过蛋白质分子部分降解和修饰，或增加其分子内或分子间交联形成特殊功能基团（如形成可溶性聚集体），从而显著改变蛋白质的功能特性，提高营养价值。

进一步研究表明，酶解改性的程度与酶的种类、酶用量、底物浓度、水解时间等因素密切相关。通过胰酶和木瓜蛋白酶限制性水解大豆蛋白质可提高表面疏水性改善其乳化性和溶解性，用碱性蛋白酶对大豆分离蛋白进行水解时，可以通过控制水解时间来控制水解程度，避免生成苦味肽，水解后产品具有较好的感官质量，而且水解蛋白质的氨基酸组成基本不变，使其营养价值得以保持。TG 酶交联聚合可以在一定程度上改善大豆蛋白酶解产物与酶解产物的功能特性，并与聚合产物的相对分子质量大小密切相关，聚合过程中表面疏水性显著下降，说明暴露的疏水残基在聚集进程中被包埋在分子内部。

不可忽视的是，大豆蛋白酶解过程中，随着酶解程度的增加，容易产生苦味肽，并且所产生的部分小肽在酸性条件下溶解性好，难以在后续酸沉工序中回收，从而导致蛋白质利用率低。

随着酶解进程中的蛋白质降解和重聚集，副产物较多，反应过程难以定向控制；而轻微酶解不产生苦味肽和蛋白质损失，但对蛋白功能特性的改善不明显。因此可见，酶解工序与其他手段联合改性，是拓展酶解改性方法应用领域的重要途径。

## 7.5.5 大豆蛋白质的应用

### 7.5.5.1 用于黏合剂

在中国，据文献资料记载，大豆蛋白胶黏剂最早应用在胶合板和细木板工业中，北京农业大学（现为中国农业大学）薛培元利用豆粕作为原料，用氢氧化钠将蛋白质溶解制成蛋白质溶胶，再配合抗水剂用于木材胶黏剂。在中华人民共和国成立初期，森林工业生产部门采用豆饼（榨油后）中的天然蛋白质或者用部分猪血和豆粉蛋白质来制作胶黏剂，生产三类胶合板。1952 年，以豆粉提纯制作豆酪素胶黏剂，提高了胶黏剂的等级，但由于成本较高且耐水性差，生产的产品质量也不高。后来也曾用过豆科植物种子内所含蛋白质与氢氧化钙和氢氧化钠作用生产胶黏剂，其特点是没有臭味，适合制造食品用的包装材料，但还是耐水性差。通过酰化试剂和交联剂改性能提高大豆蛋白胶黏剂的黏结性能与耐水性；大豆分离蛋白经氢氧化钠、尿素和三聚磷酸钠适当的改性后，胶黏剂的黏结性有所增加；采用甲基丙烯酸丁酯（BMA）为接枝单体，过硫酸铵-亚硫酸氢钠（APS-NaHSO₃）氧化还原体系为引发体系，与经过脲预处理后的脱脂豆粉接枝共聚生成改性大豆蛋白胶黏剂，改性后大豆蛋白胶黏剂的胶合强度和耐水性得到改善。

1923 年已有大豆基黏结剂的专利问世。由于石油储量的减少和基于石油的高分子材料带来的环境污染，尤其是用苯酚-甲醛、脲醛树脂黏结剂所黏结的层压木板不断发出有毒气体危害人体健康，促使人们大力开发基于大豆蛋白质等天然高分子的环境友好型黏结剂。长期以来，多种物理和化学改性方法用于改善 SIP 黏结剂的性能，如以变性剂和交联剂增加耐水性、延长使用寿命；添加防腐剂或适量的苯酚、苯酚卤代物或其盐类防止霉菌污染；将 SIP 或 SF 与其他黏胶如酪素胶、血胶共混提高黏结性能；SIP 与酚-醛以及酚-醛的共混物在室温下可快速固化，具有良好的耐水性，并能降低甲醛的挥发，从而改善产品的综合性能。大豆分离蛋白经盐酸胍、尿素、胰蛋白酶等改性后制备黏结剂，其黏结强度和耐水性均有提高。将 SIP 与聚乙烯醇（PVA）或聚醋酸乙烯酯共混，可获得具有较好黏结性和生物降解性的复合黏结剂，用于制造一次性植物纤维盒。由 SIP 或改性 SIP 制备的黏结剂主要用于纸张涂层、木材黏结、油墨、印染等方面，尤其以用于纸张行业居多，它赋予纸张良好的光泽和洁白的表面。

### 7.5.5.2 用于制备可降解塑料

用于制备可生物降解塑料的蛋白质有大豆分离蛋白、玉米蛋白、角蛋白、麦麸、绿豆蛋白和鱼肉肌原蛋白等。其中，大豆分离蛋白来源最丰富，其研究也最引人注目。20 世纪三四十年代，当时石油价格昂贵，促进了大豆蛋白质的开发和利用，但后来石油价格下跌，以石油为原料的塑料在第二次世界大战后占领了绝大部分市场，大豆蛋白质塑料的研究和开发工作一度下滑。随着石油危机的加剧和环境污染的日益严重，世界各国又兴起对大豆蛋白质塑料研究的新热潮。

由于大豆分离蛋白具有热塑性，所以，目前大豆分离蛋白塑料主要通过模压、挤出和注射等成型方法制备。对于模压成型，加工的温度、压力、时间等是影响材料性能的主要因素。当温度为 140 ℃时，这种蛋白质塑料的拉伸强度、屈服强度和断裂伸长率分别为 15~39 MPa、1~5.9 MPa 和 1.3%~4.8%，而其吸水率则随温度的升高从 170% 迅速下降到 80%。140 ℃是 SIP 比较适宜的热压温度，当温度高于 140 ℃时，蛋白质易分解，塑料的力学强度降低。通过研究模压压力和温度对 SIP 塑料性能的影响，发现 SIP 粉末的含水量为 5%，最适合的压力、温度和时间分别为 20 MPa、150 ℃和 5 min，所得材料的拉伸强度为 42.9 MPa，在水中浸泡 2 h 和 26 h 的吸水率分别为 50% 和 180%。通过挤出成型或先挤出造粒再进一步注射成型的方法也常用于 SIP 塑料的制备。热塑性挤出是在水或甘油等增塑剂的存在下形成非均相混合物的熔融过程。SIP 可以在较高的剪切力和较高温度作用下熔化形成流体。因为挤出过程剪切力和温度都较高，所以可能会产生分子内和分子间交联、二硫键断裂或重组等现象，这些都利于 SPI 的改性。挤出过程的温度可以改变且可以程序化，采用甘油和水共增塑，先在较低的温度下挤出造粒，然后在较高温度下热压，可以制备力学性能较好的 SPI 塑料片材。在挤出过程中，可以加入各种添加剂，如加入巯基乙醇、碱金属亚硫酸盐等，能够使蛋白质分子内和分子间的二硫键断裂，产品颜色变浅，透明度增加。

SIP 塑料具有很好的应用前景。SIP 塑料在干态下具有高于双酚 A 型环氧树脂和聚碳酸酯的杨氏模量和韧性，因而可应用于工程材料领域。SIP 塑料作为日常用品的潜能也较大。它经过一定工艺流程可以制备出各种一次性用品，如盒、杯、瓶、勺子、片材和玩具等家庭用品，育苗盆、花盆等农林业用品，以及各种工艺、旅游和体育用品等。还可通过吹塑或流延等工艺制备 SIP 塑料薄膜，具有很好的透气性和防紫外性。此外，还可用于美容、化妆，甚至用于大型机器的保护和包装等。聚苯乙烯泡沫塑料用于包装防震材料已大量使用，但它的降解需要 400～500 年时间，给自然界造成严重的白色污染，因此，SPI 泡沫塑料具有很强的应用潜力，可根据需要，生产具有不同密度、不同热性能的可生物降解的 SPI 泡沫塑料，用于野外作业、仪器包装等。

### 7.5.5.3　大豆蛋白质复合材料

至今为止，大豆蛋白质复合材料主要包含两个方面：一方面是大豆蛋白质与天然生物可降解材料(如麦草、淀粉等)的复合；另一方面是大豆蛋白质与合成生物可降解材料(如聚乙烯醇、聚乳酸等)的复合。这两种方法的共同点是改善大豆蛋白质材料的加工性能、力学性能以及吸水性，从而使大豆蛋白质材料有着广泛的应用前景。

(1) 大豆蛋白质与天然高分子共混复合材料

研究人员在模压加工条件下使用木素磺酸盐(LS)和甘油制备了大豆蛋白质高分子复合材料，并对其宏观性能和微观性能进行了分析研究。结果表明，木素磺酸盐的含量在 30%～40% 时，可以同时提高复合材料的力学性能和杨氏模量，同时因为木素磺酸钠和大豆蛋白质分子的相互作用改善了材料的疏水性。经扫描电镜(SEM)分析发现，LS 填充到大豆蛋白质分子中形成均匀、紧密的交联网络结构。使用纳米 $SiO_2$ 填充到大豆分离蛋白中制备了大豆蛋白复合材料，通过研究 $SiO_2$ 对大豆蛋白复合材料机械强度和韧性的影响，发现当 $SiO_2$ 含量低于 8% 时，所得复合材料的强度、模量和伸长率都增强；当 $SiO_2$ 的含量在 4% 的时候，所得材料具有最好的强度和断裂伸长率。纳米 $SiO_2$ 是纳米团簇构成的网络结构，能够均匀地分散到聚合物中增强复合材料的力学性能，同时有很好的增强和增韧作用。使用麦麸和大豆分离蛋白制备了复合材料，并对其加工后的力学性能等物理性能进行分析研究，发现大豆分离蛋白与麦麸可以形成网络结构，会影响大豆蛋白复合材料的塑化性能，如果往里面添加部分水分，可以改善材料的流变性；另外，还可以改善它的韧性，使其往包装膜和地膜等应用方面发展。采用模压的方法将苎麻纤维添加到大豆分离蛋白中制备复合材料，并对材料的力学性能和热性能进行了表征。研究发现：不同排列方向的苎麻纤维都可以提高复合材料的强度，所得复合材料对水的吸收从 10% 提高到 25%，弹性模量从 125 MPa 提高到 942 MPa。同时材料还表现出较好的热稳定性和力学性能，主要是苎麻纤维和大豆蛋白质的芳基化反应起了作用。

（2）大豆蛋白质与合成高分子共混复合材料

由于氢键的相互作用使所得材料的弹性和疏水性都有明显的改善，同时提高了共混材料的力学性能。使用双螺杆挤出机制备了大豆蛋白/聚己二酸丁二醇酯（PBAT）复合材料，并在共混组成和剪切力对材料结构与性能的变化方面作出了研究，研究发现，所得材料的相结构和机械性能主要取决于共混物大豆蛋白和 PBAT 的比率。大豆蛋白/PBAT 的值较小时，材料的拉伸性能和塑化能力都表现较好，相的网络结构比较致密。利用大豆蛋白/聚乙烯醇/甘油制备的共混膜，通过研究膜的吸水性和水蒸气渗透能力，发现膜的水蒸气渗透率和吸水率与聚乙烯醇和甘油的含量有关。随着聚乙烯醇含量的增加，膜的防潮性提高，水蒸气渗透率和吸水率下降。由于甘油具有吸水性，更多的水分子被吸收保留在大豆蛋白膜中，使大豆蛋白膜的体积变大，聚合物链段的流动性增加，造成了膜具有较好的水蒸气渗透性。将制备好的大豆蛋白膜放在聚乳酸溶液中制备大豆蛋白/聚乳酸复合涂抹膜，通过研究该膜的综合性能。发现涂抹 2%的聚乳酸溶液后，大豆蛋白膜的拉伸强度增加了 18.3 MPa，水蒸气透过率下降了大约 60 倍，膜的耐水性和水阻隔能力大大提高，因此聚乳酸涂抹大豆蛋白膜可用于高湿度的食品包装，同时具有健康、环保的特性。

## 7.6 蚕丝

丝素蛋白是一种从蚕丝中提取的蛋白质，天然丝蚕丝（silk）有"纤维皇后"的美誉，是熟蚕结茧时所分泌丝液凝固而成的连续长纤维，蚕丝本身具有热绝缘效果、具有高度亲和性、对人体有很好的相容性、能自动调节湿度使皮肤处于最为适合的湿度，丝素提纯工艺简单，被广泛用于服装领域、手术缝合线、食品发酵、食品添加剂、化妆品、生物制药、环境保护、能源利用等领域。

### 7.6.1 蚕丝蛋白质的结构及组成

蚕丝是在蚕茧形成期自然形成的，呈扁平椭圆型，直径约为 30 μm，由两根呈三角形或半椭圆形的平均直径大约为 10μm 的丝素蛋白纤维外面包裹了一层胶状的丝胶蛋白外衣而组成，其横截面呈椭圆形，如图 7-7 所示。丝素蛋白是蚕丝中主要的组成部分，在家蚕丝中约占 70%，包裹在丝素蛋白外围的丝胶，在家蚕丝中约占 25%。

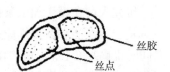

图 7-7 蚕丝的横截面示意

丝素蛋白质（SF）由甘氨酸、丙氨酸、丝氨酸等 18 种氨基酸所组成。随着生物技术的发展，丝素蛋白质的肽链氨基酸排列顺序已经被测定。在家蚕丝素分子的羧基末端的非重复区域内，含有较多的碱性氨基酸，尤其是精氨酸。丝素蛋白质链中极性侧基约占 29.5%，非极性侧基约占 70.5%，两者比为 0.42；而丝胶蛋白质中两者之比远高于丝素，约为 2.91，这也是丝胶易溶于水，而丝素不易溶于水并具有一定强度的根本原因。

### 7.6.2 丝素的结构

家蚕丝素蛋白质分子主要由 3 个亚单元组成，包括重链（H 链，相对分子质量 350 kDa）、轻链（L 链，相对分子质量 26 kDa）及辅助蛋白（P25，相对分子质量 25 kDa），三者的摩尔比为 6∶6∶1。

H 链大约含有 5200 个氨基酸残基，其中，甘氨酸（Gly）、丙氨酸（Ala）及丝氨酸（Ser）3 种氨基酸的含量合计超过 90%，是典型的丝素蛋白 Silk Ⅰ 型。除去 N 及 C 末端附近区段，H 链的主要由两部分交互排列构成：结晶性区段(T)和非结晶性区段(U)。L 链的氨基酸排列为非重复性的氨基酸序列，含 244 个氨基酸残基，丙氨酸(Ala)、天冬氨酸(Asp)比甘氨酸(Gly)的含量多，是一种与传统认为的丝素蛋白完全不同的肽。此外，P25 在维护复杂的丝素大分子的完整性中起着尤为重要的作用，它通过非共价疏水相互作用与二硫键连接的 H 链和 L 链发生结合，形成最终的丝素蛋白质大分子。由于 L 链和 P25 蛋白质所占的比例很低，因此，通常所说的丝素蛋白质一般指的是丝素蛋白质的 H 链。天然与再生家蚕丝素的各种氨基酸残基所占的比例见表 7-4。

表 7-4　天然家蚕丝素与再生家蚕丝素的氨基酸残基的组成

| 氨基酸 | 天然丝素 /% | 再生丝素 /% | 氨基酸 | 天然丝素 /% | 再生丝素 /% |
|---|---|---|---|---|---|
| Asp/Asn | 0.9 | 1.5 | Met | 0.2 | 0.1 |
| Thr | 0.9 | 0.8 | Ile | 0.1 | 0.6 |
| Ser | 12.1 | 10.8 | Leu | 0.1 | 0.4 |
| Glu/Gln | 0.8 | 0.9 | Tyr | 5.3 | 4.9 |
| Pro | 0.3 | 0.5 | Phe | 0.6 | 0.6 |
| Gly | 45.9 | 46.2 | His | 0.1 | 0.2 |
| Ala | 30.3 | 29.7 | Lys | 0.2 | 0.3 |
| Gys | 0.1 | – | Arg | 0.3 | 0.4 |
| val | 1.8 | 2.1 | trp | 0.2 | – |

丝素蛋白质存在 3 种构象形式：无规则卷曲、$\alpha$-螺旋和 $\beta$-折叠。丝素蛋白质中 $\beta$-折叠构象的含量很高，且 $\beta$-折叠的取向是沿着纤维轴取向，取向度高，这正是丝素蛋白质具有优良力学性能的直接原因所在。丝素蛋白质水溶液中，丝素大分子链的构象一般为无规线团及少量的 $\alpha$-螺旋结构，随着特定外部条件的变化(如温度、应力—应变及化学处理条件等)，丝素蛋白质的构象会发生相应的转变。

研究表明，极性溶剂，如三氟乙酸、丙酮或甲醇等能够引起丝素蛋白质的构象由无规线团向 silk Ⅰ 和 silk Ⅱ 型结晶结构转变。丝素蛋白质通常不溶于水及有机溶剂，但是能够溶解在一定浓度的某些化合物的水溶液(如 60% 的 NaSCN 溶液，9.0 mol/L 左右的 LiBr 溶液及 $CaCl_2/H_2O/$$C_2H_5OH$ 的三元溶剂等)中，高浓度的盐溶液使得丝素内部的氢键被破坏，发生溶胀溶解，当丝素蛋白质溶解以后，可以通过透析的手段除去体系的盐及小分子，溶解后的丝素蛋白质在水溶液中主要以无规卷曲的构象存在。

## 7.6.3　丝素蛋白质性质与功能

丝素蛋白质具有良好的生物相容性、可降解性和机械性能，对机体无毒性、无致敏和刺激作用，降解物对组织无毒副作用。丝素蛋白质可在一些特殊的中性盐溶液中发生无限膨胀形成黏稠的液体，透析除盐即可得到丝素的纯溶液，然后通过喷丝、喷雾或延展、干燥等处理，通过不同加工方法可以得到丝素蛋白质纤维、溶液、粉、再生丝素、凝胶、薄膜或微孔材料等不同形态的产品，用溶解丝素纤维制备的丝素膜广泛应用于人工皮肤、创面覆盖材料、人工骨、人造血管、释药载体、酶固定载体、细胞培养基质、生物传感器等。

丝素蛋白质可降解吸收，因蛋白酶作用点的不同，不同的酶对丝素蛋白的降解程度各异。去除丝胶的丝素蛋白纤维不会引起 T 细胞调节的体内应答，可以支持细胞黏附、分化和组织形

成。丝素蛋白质具有类似胶原蛋白的性质，能促进细胞生长。丝素蛋白质因含有细胞结合结构域，利于细胞黏连，可作为胶原蛋白的替代品。

丝素蛋白质中含量高达36%的甘氨酸，有降低血液中胆固醇的功能，丝素蛋白质降低胆固醇的效果优于单独使用甘氨酸。丝素蛋白质具有很强的吸附作用，可以通过吸附凝固胆汁酸来促进对胆固醇的分解。丝素降解物中的部分多肽具有血管紧张肽转化酶（ACE）的抑制活性，ACE抑制剂的存在能够阻止血管紧张素的生成，从而起到降低内源血压的功能。丝素蛋白质中含有6%的酪氨酸，在酪氨酸脱氢酶的作用下可生成多巴，而多巴在酶的作用下可转化成多巴胺，从而对帕金森氏症有防治效果。丝素蛋白质有促进胰岛素的分泌的功能，胰岛素促进人体内的糖分代谢，当体内糖分含量过高时，补充丝素蛋白质可以起到调节糖分代谢的作用，从而由防治糖尿病的功效。丝素蛋白质中有28%（摩尔百分率）的丙氨酸，而丙氨酸对酒精有促进分解作用，水溶性丝素蛋白质粉末的解酒作用明显强于丙氨酸。

### 7.6.4 丝素蛋白质的改性

丝素蛋白质所具有的优良性能包括高强力、柔和的光泽、良好的吸湿性、可降解性及优良的生物相容性等，往往优于其他天然或合成纤维，然而丝素蛋白质的空间结构稳定性差，需要借助一定的改性手段才能得到进一步的改善。丝素蛋白质修饰改性主要有两种途径：一种是化学改性，主要是通过改变丝素大分子链的结构，来改变丝素蛋白质材料的性质，丝素蛋白质的化学改性主要有化学接枝改性和化学交联；另一种是物理改性，主要是将丝素蛋白质溶液与其他高分子材料溶液共混处理，通过混入的大分子与丝素蛋白质分子链之间形成氢键作用力，丝素蛋白质中氢键的改变可使丝素蛋白质分子链构象改变，从而最终改变结晶态，直接有效地改善丝素膜的物理性能。

#### 7.6.4.1 丝素蛋白质的化学改性

丝素蛋白质的化学改性由于可以改变这种天然材料的原有性能，而成为让研究者着迷的丝素改性方式。丝素蛋白质存在的形态包括丝素织物、纤维、膜、凝胶及丝素溶液等多种，改性时应根据其形态的不同，实施针对性的改性方案，以使改性后的丝素材料具有期望的物理、化学及机械性能。

采用接枝共聚的方法将乙烯基单体接枝共聚到丝素织物/纤维上。这些乙烯基单体包括甲基丙烯酸甲酯、甲基丙烯酰胺、2-甲基丙烯酰氧乙基磷酸胆碱、丙烯酰胺、二甲基丙烯酸二甘醇酯、二乙基-2-甲基丙烯酰氧乙基磷酸、2-羟乙基甲基丙烯酸酯和三甲氧基乙烯基硅烷等。这种接枝共聚的方法不仅可以有效地增加丝素本身的重量，而且可以显著地改善丝织品的服用性能，如褶皱回复性、尺寸稳定性、耐光致泛黄牢度、拒水拒油性、耐化学性及色牢度等。接枝共聚后的丝织物/纤维获得新的特殊性能。与此同时，丝织物/纤维原有的性能并没有受到显著影响。

对丝素蛋白质的结构改性，除了应用接枝共聚合的方法外，还可以通过化学修饰剂对丝织物/纤维的表面进行化学改性。目前，丝素化学改性时常用的修饰剂多是多元羧酸与酸酐类化合物。这些化合物可以同丝素中的氨基酸发生化学反应。新化学键的生成有助于改进丝织物/纤维的阻燃性、防水性、热稳定性及折皱回复性等。除此之外，这类化合物还可以作为桥基将其他物质接枝到丝织物/纤维上，以此赋予丝素全新的功能。例如，以1,2,3,4-丁烷四羧酸为桥基将羟基功能化有机磷寡聚物（HFPO）接枝到丝织物上以后，热分析表明HFPO改性后的丝织物的阻燃性获得大幅提升。多元羧酸及酸酐类化合物可作为桥基将多糖基壳聚糖接枝到丝织物/纤维上，改性后的丝织物/纤维具有潜在的抗菌性且其可染色性也得到一定程度的提升。环氧交联处理可以用作防皱整理，同时可以改善丝织物的回弹性及手感。异氰酸酯也可与丝素侧链上的氨基酸残基发生反应，改性后丝织物/纤维的疏水性及耐酸碱、稳定性都获得了提高。

丝素蛋白的水溶液可以通过蚕丝脱胶、溶解、透析以及抽滤离心而制得。丝素与小分子重氮盐的反应属于亲电芳香取代反应。丝素中的酪氨酸残基与重氮盐反应生成了偶氮苯衍生物，丝素溶液在反应所需的碱性 pH 值环境中非常稳定。这种方法可以将带有不同功能基(包括磺酸基、羧酸基、醛基及长链烷基等)的小分子引入丝素蛋白的大分子结构中。研究发现，重氮化后的憎水和亲水基丝素蛋白衍生物用作细胞生长骨架时，细胞表现出不同的生长速度和形态，重氮化后的丝素蛋白提高了骨髓间充质细胞向成骨细胞的分化。

#### 7.6.4.2  丝素蛋白的共混改性

单纯的丝素蛋白在应用上存在一定的缺陷，例如，纯丝素膜在含水量极低时易于破碎，在低湿环境应用时强度不够，丝素膜在溶液中的溶失率较高等，丝素蛋白质可以与其他材料共混，通过复合材料性能互补的原理，来改变其丝素蛋白质性能。常见的共混材料有纤维素、聚乳酸、弹性蛋白、壳聚糖、聚丙烯酰胺、胶原、尼龙、腈纶等。纤维素/丝素蛋白质共混膜中纤维素的加入可以有效地改变复合材料的力学性能，如较好的吸湿性及柔韧度，纯丝素膜引入 40%纤维素共混后，柔韧度可以提高 10 倍。丝素溶液与尼龙 6 共混，可以提高热稳定性，降低共混膜的结晶温度。蚕丝和腈纶共混，部分丝素蛋白质包裹在复合纤维的外部，改善了复合纤维的吸湿性，相对吸湿速率甚至超过蚕丝。

聚氨酯与丝素制备柔软性、弹性俱佳的共混膜，聚氨酯比例增加到 50%时，断裂伸长率提高约 4 倍。采用不同相对分子质量的聚乳酸对丝素蛋白质共混改性制备具有较高的力学性能的共蛋白混膜，丝素、聚乳酸的比例为 100∶3 时断裂强度可高达 38.7 MPa，断裂伸长率可达 32.5%。聚乳酸的加入使丝素蛋白质膜的 $\beta$-折叠含量增多，丝素、聚乳酸的比例为 100∶5 的时候，共混膜的 $\beta$-折叠构象的含量是最多的。聚乙烯基吡咯烷酮与丝素蛋白质共混后，可使共混膜增加伸长率、吸湿性以及透气性，改善了丝素创面保护膜的性能和应用效果。

将聚乙二醇作为交联剂制备的丝素/壳聚糖共混膜对细胞产生的毒害作用较小，共混膜的力学性能得到了极大地改善。原料中壳聚糖用量不同对膜的性能有较大影响，如控制当壳聚糖的添加量为 5%、10%、15%、超过 15%时，共混膜性能分别为结晶含量高、生物相容性好，丝素蛋白质由无规则卷曲的构象变化为 $\beta$-折叠构象；丝素蛋白质的构象由 $\beta$-折叠变化为 $\alpha$-螺旋；丝素蛋白质的构象由 $\beta$-折叠变化为无规则卷曲；共混膜中的丝素、壳聚糖出现两相分离的结构。

采用化学组装技术将纳米 $TiO_2$ 和 $TiO_2$、Ag 纳米粒子通过化学键将其组装到蚕丝纤维表面，丝素面料通过较强的化学键和纳米粒子之间连接，纳米粒子功能化的丝素面料不仅具有较好的吸收紫外线、较强的抗病菌能力，同时还具有较高的光催化性质及自清洁能力。

### 7.6.5  蚕丝的应用

桑蚕丝自古就有"纤维皇后"的美誉蚕丝，在人们传统的观念当中，蚕丝由于具有优良的服用性能和对环境友好的性能，作为一种天然的纤维服装面料一直受到人们的关注。通过脱胶工艺除去蚕丝表面的亲水性丝胶蛋白以后，可以获得纯化的丝素蛋白质。丝素蛋白质的相对分子质量介于 30~450 kDa 之间，其结晶度高、结构致密、不溶于水，是家蚕丝的重要组成成分。丝素蛋白质具有极其优良的力学性能：拉伸强力可达到 0.5 GPa，断裂延伸率为 15%，断裂功为 62.104 J/kg。丝素蛋白质所具有的优良力学性能与其自身结构是密不可分的。

由于蚕丝固有的优良性质，包括闪烁的光泽、显著的力学性能、生物相容性以及可控的降解性等，使其在不同领域得到广泛的应用。随着生物高新技术的快速进步，丝素蛋白的应用领域正逐步以纺织品、化妆品、食品为先导扩展到生物医药领域。

#### 7.6.5.1 丝素蛋白质在食品方面的应用

组成丝素蛋白质的 18 种氨基酸中有 11 种为人体所必需的氨基酸。其中，甘氨酸和丝氨酸可起到降低血液中胆固醇浓度的作用，而丙氨酸则对酒精的代谢有显著的促进效果。另外，将丝素溶解为黏稠状的中性盐溶液后制作成凝胶，可用于果冻的生产。将经过 $Na_2CO_3$ 溶液脱胶处理后的丝素蛋白质采用 $CaCl_2$ 溶液溶解，经透析脱盐制得丝素蛋白质溶液，以其为原料制备的饮料和丝素蛋白质果冻口感良好，色泽透明，食用卫生安全。

#### 7.6.5.2 丝素蛋白质在化妆品领域的应用

丝素蛋白质具有良好的保温保湿性，有助于调节皮肤的水分，因而丝素蛋白质可用作化妆品的良好基材。丝素蛋白质在化妆品领域的主要应用形式有两种：丝素粉和丝素肽。天然丝素自身不溶于水，而丝素粉保留了丝素蛋白质原始的结构组成，因此，丝素粉继承了丝素蛋白质特有的柔和光泽的同时，又兼具了吸收紫外线抵御日光辐射的作用。化妆品领域中主要应用的是水解后的相对分子质量在 2 kDa 以下丝素肽。其中，相对分子质量较低的丝素肽（300~800）可为皮肤和毛发的代谢提供养分，有助于皮肤与毛发抵御化学和机械的损伤；相对分子质量为 1~2 kDa 的丝素肽则可赋予皮肤毛发自然的光泽，进而对皮肤毛发起到保湿的作用。

#### 7.6.5.3 丝素蛋白质在医学方面的应用

丝素蛋白质在生物医药领域的应用也受到越来越多研究者的关注，可用作人工皮肤、酶的固定化载体、药物缓释载体及组织工程材料等。细胞培养基的硬度是一个响应于细胞类型的重要的物理因素，尽管以蛋白质为基础制备的水凝胶已广泛用作细胞的培养基，但是它们的刚性应进一步提高才会更有助于细胞的吸附生长。以 1-（3-二甲氨基丙基）-3-乙基碳二亚胺盐酸盐将丝素蛋白质和胶原蛋白诱导交联，可以制备出具有适当硬度的丝素蛋白/胶原蛋白混合水凝胶。该交联水凝胶的存储模量高于 3 kPa，即使高于 10 kPa 其仍有很高的机械强度；此外，交联水凝胶在 80 ℃时仍能保持其原本的构象不发生变化，由此证明该水凝胶的耐热稳定性得到了改善。血管平滑肌细胞在丝素蛋白/胶原蛋白水凝胶中的生长表明，交联反应对该水凝胶的生物活性没有产生消极影响。该水凝胶将会在组织工程材料上有很广阔的应用前景。

#### 7.6.5.4 丝素蛋白质在生物技术方面的应用

在生物技术领域丝素膜可作为酶的固定化载体和制备生物传感器。酶的固定化是指通过物理或化学方法将酶固定在载体上，其催化活性不受影响，应用于生物医药、食品等领域。

丝素蛋白质具有良好的保湿性、吸湿性、抗微生物性、机械性能、可加工性等，是固定化载体的理想材料，丝素蛋白质制成的丝素膜可以用来固定化酶并应用于传感器方面，如葡萄糖氧化酶（GOD）经丝素膜固定作为生物传感器应用于分析系统，将负载酶的丝素膜附在氧化电极表面，传感器对葡萄糖的浓度变化产生线性响应，以固定了 GOD 的丝素膜结合氧电极可作为葡萄糖生物传感器。

经丝素膜固化后的酶在热处理和电渗析方面都有了较高的稳定性和活性，如用丝素蛋白质膜固定过氧化氢酶、果胶酶、α-淀粉酶等，得到具有较高酶活性的丝素膜固定化酶，且对周围的不良环境有较强的抵抗能力，便于长时间存放。丝素膜也可以与其他物质共混形成共混膜来固定化酶，用以提高膜的性能。如把葡萄糖氧化酶（GOD）固定在丝素蛋白质-聚乙烯醇（PVA）共混膜上以提高丝素蛋白质膜的力学强度。

用丝素蛋白质溶液为材料合成生物酶防护剂后，它可直接和有毒物质（有机磷酯）发生反应，阻断毒剂对人体的侵害。例如，以丝素蛋白质溶液为载体制得乙酰胆碱酯酶的防护剂，经过 9 个月后，丝素蛋白质溶液保存的乙酰胆碱酯酶仍然具有活性，而以蒸馏水为防护剂载体的乙酰胆碱酯酶则完全丧失活性。

## 7.7　蜘蛛丝

蜘蛛属节肢动物门蛛形纲蛛形目，它们种类繁多、分布广泛，全世界记载的蜘蛛有 105 科 3000 属 3.7 万多种。在进化过程中，蜘蛛具有了分泌多种功能丝的能力，在蜘蛛捕食、筑巢、繁殖等基本生命活动中发挥着重要作用。蜘蛛丝是自然选择留给蜘蛛的一种生存、繁衍工具(表 7-5)。

表 7-5　蜘蛛丝种类及功能

| 名　称 | 功　能 | 组　成 |
|---|---|---|
| 牵引丝 | 逃逸和织网、织网框 | MaSp1，MaSp2 |
| 临时捕获丝 | 捕捉缠绕猎物 | MiSp1，MiSp2 |
| 鞭毛状丝 | 构成捕获丝的核心纤维 | Flag |
| 葡萄状丝 | 捕捉猎物和衬卵袋内层丝 | AcSp1 |
| 卵被丝 | 编制卵袋 | Tuspl，ECP-1，ECP-2 |
| 黏合物 | 黏合猎物 | ASG1，ASG2 |
| 附着盘 | 固定和连接作用 | PySp1 |

蜘蛛丝是由蜘蛛丝腺体分泌的蛋白质遇空气凝结而成。蜘蛛丝的分泌伴随着蜘蛛从孵出到死亡，长期的生物进化赋予了这种生物蛋白聚合纤维特别的性能，有着其他现有的任何纤维都无可比拟的力学特性，被誉为"生物钢蛋白"，受到人们越来越多的关注。

圆网蜘蛛一般都具有产生多种不同类型具有多种功能蛛丝和胶体物质的能力。基于解剖学、微观组成和形态学分类，不同类型的蛛丝在形态学上由不同的种腺体表达，这些截然不同的腹部腺体被认为最终来源于同一种腺体。不同腺体分泌的蛋白由不同的氨基酸分子组成，不同的丝蛋白被组装成具有特定功能的蛛丝，这些不同功能的蛛丝又都是由同属于蛛丝蛋白家族的蛋白聚合形成的。

### 7.7.1　蜘蛛丝蛋白结构及组成

#### 7.7.1.1　蜘蛛丝蛋白的组成

蜘蛛丝的化学本质为蛋白质。研究报告指出蜘蛛丝中 7 种氨基酸的含量占总含量的 90%，分别为丙氨酸 42%、甘氨酸 25%、谷氨酸 10%、亮氨酸 4%、精氨酸 4%、酪氨酸 3%、丝氨酸 3%。蜘蛛丝的氨基酸组成中含量最多的为丙氨酸和甘氨酸，其次是谷氨酸；氨基酸组成既存在种间差异也存在种内差异：不同蜘蛛分泌的同种丝纤维的氨基酸组成有较大的区别，同一蜘蛛的不同腺体内丝蛋白的氨基酸组成也存在较大的差异，例如，大囊状腺和鞭毛状腺中的丝蛋白含有比其他腺体多得多的脯氨酸，而管状腺中的丝蛋白内丝氨酸的含量很高。

#### 7.7.1.2　蜘蛛丝聚集态结构

聚集态结构是决定纤维性能的关键因素之一，因此多年来，特别是从 20 世纪 90 年代后期，随着蜘蛛丝研究高潮的掀起，学者对蜘蛛丝的聚集态结构进行了大量的研究，采取了广角 X 衍射(场叭 XD)、小角 X 散射 s(AXS)、3CNMR、透射电镜(TEM)、原子力显微镜(AFM)等技术，并开发了单纤维 X 射线衍射等专门的测试手段。

蜘蛛牵引丝为三相结构——高度取向的结晶区、取向较好但非结晶的中间相和非结晶区。较小的结晶颗粒分布于非结晶区中，中间相使结晶区和非结晶区形成良好的连接，从而使丝纤维具有良好的韧性。蜘蛛牵引丝具有三相结构状态的研究结果，使人们初步理解了结晶度很低的蛛丝具有高强度的根本原因，分子链呈规整排列的结晶区只是影响纤维强度的因素之一，强度反映的是纤维承担负荷的能力，因此沿外力作用方向上承载单元的数目以及这些单元抵抗破坏的能力是纤维强度的决定性因素。蛛丝结晶度虽低，但由于其内部分子排列规整性和取向度都较好的中间相的比例较大，这部分分子链是承受轴向外力的主要单元，同时大量的极性氨基酸增加了分子间的作用力，使各分子链能共同抵抗外界负荷的作用。

#### 7.7.1.3 蜘蛛丝的形态结构

蜘蛛丝从外观看，蜘蛛丝呈金黄色，包卵丝的断面形状基本为圆形，蛛网框丝和牵引丝的断面形状均为圆形，外层包卵丝较内层包卵丝粗得多。蜘蛛牵引丝具有皮芯结构，并且皮层比芯层稳定，皮层和芯层可能是由两种不同的蛋白组成的，皮芯层分子排列的稳定性也不同，皮层蛋白的结构更稳定。

蜘蛛丝蛋白构成微原纤，多个微原纤的集合体形成原纤，由原纤的纤维束组成了蜘蛛丝。蜘蛛丝是一根单独的长丝，直径只有几微米。

在显微镜下发现蜘蛛丝是一根极细的螺线，看上去像长长的浸过液体的"弹簧"一样，当"弹簧"被拉长时它会竭力返回原有的长度，但是当它缩短时液体会吸收全部剩余能量，同时使能量转变成热量。

### 7.7.2 蜘蛛丝的性能

（1）物理性能

蜘蛛丝光滑、闪亮，耐紫外线，耐高温和低温，直径细到几百微米，物理密度为 1.34 g/cm³。不溶于水、稀酸、稀碱，仅溶于浓硫酸、LiBr、甲酸等，并且对大多数蛋白酶具有抗性。热分析表明，蜘蛛丝在 200 ℃以下表现热稳定性，300 ℃以上丝的颜色才变黄。-40 ℃时丝仍有弹性，只有在更低的温度下脆性增强。

（2）蜘蛛丝的机械性质

经过近几十年的研究，国外的学者对蜘蛛丝优异的综合力学性能有了基本一致的认识：蜘蛛牵引丝具有高强度、高韧性和高弹性，尤其是承受外力所做功的能力远大于钢丝及高性能合成纤维。表 7-6 中为蜘蛛牵引丝和其他纤维力学性能的比较。蜘蛛大囊状腺分泌的蛛丝强度为蚕丝丝素的 2 倍以上，高于高强尼龙和工业涤纶；虽然其断裂强度低于 Kevlar、Spectra 等高性能合成纤维，但伸长能力远大于前者，拉断单位体积蛛丝所要做的功很高，因此，大囊状腺分泌丝的综合力学性能不仅比天然蛋白质纤维蚕丝好得多，而且优于高强高模的高性能合成纤维。

表 7-6　蜘蛛丝与其他纤维的力学性能

| 纤　维 | 初始模量/GPa | 强度/GPa | 断裂伸长/% |
|---|---|---|---|
| *N. clavipes* 大囊状腺分泌的蛛丝 | 22 | 1.1 | 9 |
| *N. clavipes* 小囊状腺分泌的蛛丝 | 3 | 0.35 | 30 |
| 蚕丝丝素 | 9 | 0.50 | 20.5 |
| 再生丝素 | 13 | 0.55 | 9 |
| *N. clavipes* "生物丝" | 4.6 | 0.14 | 103 |
| 高强尼龙 | 5 | 0.9 | 18 |
| 工业涤纶 | 15 | 0.9 | 13 |
| Kevlar29 | 62 | 2.8 | 3.5 |
| Kevlar49 | 124 | 2.8 | 2.5 |
| Spectra1000 | 171 | 3.0 | 2.7 |
| 高模量石墨纤维 | 393 | 2.6 | 0.6 |

（3）蜘蛛丝生物相容性

蜘蛛丝在民间作为医疗用品已有很长的历史，主要用于伤口的包扎，具有良好的止血、杀菌作用。牵引丝植入老鼠体内，纤维对老鼠的纤维状巨细胞腺没有毒性反应，纤维表面仍然是光滑的，没有结构的畸形，有良好的阻止血栓形成的作用。蜘蛛牵引丝植入猪的皮下后，在植入区周围没有异样的反应，经过 13d 后，表面完全被上皮细胞覆盖伤口痊愈，没有发炎。

## 7.7.3　蜘蛛丝蛋白的制备

蛛丝因为力学性能显著和生物可降解等特性被认为在纺织、航天航空、生物医学以及军事等领域具有广泛的潜在应用前景。人们对蜘蛛丝的研究始于 19 世纪末，比蚕丝还早，但在蚕丝商业化应用的今天，蛛丝仍处于研究阶段，主要是由于蜘蛛的相互蚕食，以及蛛丝性能、产量与生活环境密切相关等原因，使得像家蚕一样大规模人工饲养蜘蛛困难重重。因而，通过基因工程技术和蛋白质表达技术，在异源宿主中合成蛋白质再利用纺丝技术进行纺丝成为一种全新的研究方向。虽然仿生"蛛丝"的研究在加拿大、德国、美国和丹麦等国家中已经开展，但是到目前为止还没能够纺出与天然蛛丝性能相当的人工蛛丝。尽管如此，在过去的几十年里，利用生物技术方法来生产重组蛛丝蛋白已经有所进展。

最先开始进行重组蜘蛛丝蛋白表达的尝试是直接将天然蛛丝基因的全部或部分序列转入原核细胞大肠杆菌（*Escherichia coli*）中，但由于蛛丝基因的尺寸过大以及密码子使用率的不同，大肠杆菌并不适合作为生产大相对分子质量蛛丝蛋白的宿主。之后有研究者尝试使用真核细胞毕赤酵母（*Pichia pastoris*）表达系统作为宿主进行表达，然而，毕赤酵母表达的蛛丝蛋白难以通过通常的蛋白质纯化过程获得足够的纯度。类似的问题也出现在表达宿主为植物（如马铃薯、烟草）时。尽管如此，由于以上表达系统在大规模生产中更具有吸引力，仍有研究人员在做进一步研究。也有研究者利用哺乳动物进行蜘蛛丝的基因片段表达研究。最突出的成果是由加拿大公司 Nexia Biotechnologies 研发的、在转基因山羊乳腺中表达蜘蛛丝蛋白，虽然这种技术最初产生很有希望的结果，但是牛奶中蛛丝蛋白质浓度量较低，并且蛛丝蛋白质不能被有效地纯化用于后续深入的分析。试验还在哺乳动物细胞系进行，也产生了类似的结果。

仿生蛛丝过程所遇到的问题使得研究者们认识到直接将全部或者部分原始基因转到宿主中表达也许不是合适的表达方法，为了获得更高和更稳定的产量，有人认为蛛丝基因序列应该根据宿主（如大肠杆菌）的密码子使用率进行改造。为了达到这个目的，设计密码子使用率与宿主相同的人工蛛丝蛋白 DNA 序列，并通过特殊的克隆步骤获得所需的重组基因，这一克隆步骤是由 DNA 模块合成和 PCR 扩增基因序列相结合组成。例如，用这种方法将珠丝的 C 端非重复区域以及经过密码子优化的重复区域，通过无缝拼接技术，根据原始片段序列人为地组合形成重组基因。使用这种策略，可以大大提高表达产量，这种方法制备的蛛丝蛋白不仅可以制备出各种形状的丝纤维材料（如丝纤维、膜、胶和多孔海绵结构及其他一些结构），这让后续产生为实验分析量身定做的特殊材料成为可能。

目前，蛛丝仿生主要是通过电纺或湿纺制备丝纤维，这两者技术成熟，但是纺丝过程所使用的有机物使得功能性蛋白失活，并且残留的有机溶剂不利于细胞的生长。微流体（microfludic device）纺丝设备模拟天然蜘蛛纺丝的方法在生理环境条件下所形成的丝纤维没有有机物的残留，是理想的生物医学材料，因而通过微流体设备纺丝制备符合商业化需求的丝纤维将成为蛛丝仿生未来的发展方向。

### 7.7.4 蜘蛛丝的应用

（1）人造皮肤

影响人造皮肤和烧伤包被层性能最大的因素是水汽的通透性，而蛛丝纤维的通透性与天然皮肤很接近，作为生物材料，又具有比较发达的伸展性，非常适合未来的人造皮肤的要求。

（2）人工肌腱

肌腱是连接骨骼肌与骨骼之间的致密结缔组织，每一块肌肉都有不同长度的肌腔与骨骼附着，由于肌腹的收缩，通过肌腱的牵拉，带动骨骼产生运动，使人体完成生活及工作所需要的各种动作，因此肌腱在人一生的生命活动中，有十分重要的作用。20世纪80年代以后出现的肌腱组织工程研究仍以修复手的屈指肌腱为主要内容。当将磷酸基团嵌入丝后，丝纤维可以吸附到骨骼的主要成分轻磷灰石形成坚固的晶体外层。而蛛丝本身还具有高强度、韧性以及良好的柔性和可塑性，这一切都使其成为适宜替代肌腱的前景材料。

（3）支架材料

丝纤维蛋白有良好的生物相容性、无毒、无刺激性、可降解性等，引起了人们的关注。已有研究者采用蚕丝纤维与软骨细胞进行复合培养，探索了蚕丝作为软骨细胞体外培养支架的可行性。蜘蛛丝也是一种丝纤维蛋白，其力学更优越于蚕丝，但目前还没有作为支架材料的相关报道。

（4）酶等生物大分子的固定材料

丝类蛋白纺织系统特殊分子结构赋予其比例适中的亲水性和疏水性，同时水溶性的丝类蛋白可以加工成各种形态及形状的材料以适合不同用途。例如，固定在丝蛋白薄膜中的葡萄糖氧化酶就被用来作为检测血液中葡萄糖浓度的传感器。

（5）生物传感器

固定了特异抗原的丝类纤维膜可以用作检测相关疾病的生物传感器。被固定的抗原物质与体内产生的特异抗体相作用形成固定在纤维上的抗原抗体复合物，而这种特异的结合反应可以通过电信号的形式被检测到。

（6）军事及民用防护领域

蛛丝在理化性质方面与目前军事及民用防护领域所用的材料相当，甚至略优越一些。更重要的是蛛丝本身的重量要轻得多，而且柔韧性和通气性要远远优于上述材料，因此在未来的防护领域蛛丝将有非常乐观的广阔前景。

（7）纺织新材料

据观察，南美产的蜘蛛所分泌的蛛丝具有非常特殊的性能，它非常结实并富有弹性，能挡住射来的子弹，另外还特别耐寒，到-60~-50 ℃时才会断裂，而一般强力合成纤维却无法保持此弹性，因此蛛丝是一种优异的纺织原料。蜘蛛结网时，液态蛛丝蛋白经过一管道到达纺绩突，在这里可以观察到液态蛛丝蛋白已具备某些液态晶体的性质。当蛛丝蛋白从纺绩突被压出时，就成为不溶于水的固体。这说明在整个过程中，蛛丝蛋白发生了某种物理和化学变化。当人为控制纺丝条件时，pH 6.3 与蜘蛛吐丝管末端的 pH 值最为相近，并且当吐丝液中添加有 $K^+$ 时，可以自发地产生微纤维，随后聚集、沉淀。

## 课后习题

1. 请根据下图，回答下列问题：

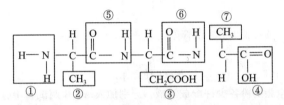

(1)⑤和⑥称为_____。①表示_____，④表示_____。

(2)决定氨基酸种类的编号是_____。该化合物是由_____种氨基酸组成的。

(3)该化合物是由_____个氨基酸，失去_____个分子水而形成的，这种反应称为_____。
该化合物的名称是_____。

(4)该化合物最左端的肽键水解后生成的氨基酸的结构简式表示为_____。

(5)图中有_____个肽键，有_____个氨基和_____个羧基。

(6)该化合物水解成氨基酸的过程中，需要消耗_____个分子的水。

2. 某致病细菌分泌的外毒素为无色、细针状结晶，对小鼠和人体有很强的毒性，可引起流涎、呕吐、便血、痉挛等，最终导致死亡。该外毒素为环状肽，结构式如下图所示。据图回答：

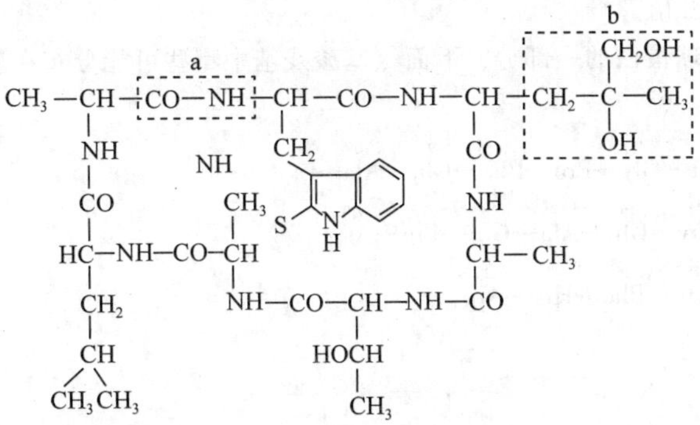

(1)该化合物中含有_____个游离的氨基，_____个游离的羧基。

(2)组成该化合物的氨基酸有_____种，其中它重复出现的 R 基是_____，请写出氨基酸的结构通式：_____。

(3)该化合物含有_____个肽键。

(4)b 框所示的 R 基所构成的氨基酸的相对分子质量是_____。

(5)该外毒素在环状肽形成过程中失去了_____个水分子，相对分子质量减少了_____。

3. 试举例说明蛋白质结构与功能的关系(包括一级结构、高级结构与功能的关系)。

4. 参与维持蛋白质空间结构的力有哪些?

5. 名词解释

氨基酸　等电点　蛋白质的变性　胶凝　氨基酸残基　α蛋白质二级结构　结构域

6. 影响蛋白质变性的因素有哪些?

7. 对食品进行热加工的目的是什么? 热加工会对蛋白质有何不利影响?

8. 我们去超市买牛奶或奶粉的时候，会发现有全脂奶和脱脂奶之分。如果你的血液各项指标正常，饮用全脂奶为宜，因为全脂奶营养齐全，且有抗癌作用。如果血脂较高，还是饮用脱脂奶较好。某商场所卖奶粉被怀疑为假冒伪劣产品。生物学研究兴趣学习小组把调查脱脂奶粉合格率作为研究课题，设计实验来鉴定真假脱脂奶粉。请回答下列问题。

(1)实验原理

全脂奶粉含有蛋白质、脂肪和蔗糖等成分，脱脂奶粉则高蛋白、低脂肪。假冒脱脂奶粉有两种：

①是用淀粉假冒，可用_____鉴定;

②是用全脂奶粉假冒，可用_____鉴定。

（2）实验材料

市场采购的奶粉、碘液、苏丹 Ⅲ 染液、试管等。

（3）实验步骤

①将＿＿＿＿＿＿＿＿，向其中加＿＿＿＿＿＿＿＿，观察颜色变化。

②将采购的脱脂奶粉和全脂奶粉各少许配成溶液，分别加入 A、B 两试管中，向两试管中加入＿＿＿＿＿，并＿＿＿＿＿＿＿＿＿＿。

（4）实验结果和分析

A. 如果步骤①中＿＿＿＿＿＿＿＿，证明＿＿＿＿＿＿＿＿；

如果步骤①中＿＿＿＿＿＿＿＿，证明＿＿＿＿＿＿＿＿。

B. 如果步骤②中＿＿＿＿＿＿＿＿，证明是用全脂奶粉假冒的；

如果步骤②中＿＿＿＿＿＿＿＿，证明＿＿＿＿＿＿＿＿。

9. 什么是蛋白质的变性作用和复性作用？蛋白质变性后哪些性质会发生改变？

10. 根据蛋白质的一级结构的氨基酸序列可以预测蛋白质的空间结构。假设有下列氨基酸的序列：

①预测在该序列的哪一部位可能会出弯或 $\beta$ 转角？

②何处可能形成链内的二硫键？

③假设该序列只是大的球蛋白的一部分，下面氨基酸残基中哪些可能分布在蛋白的外表面，哪些分布在内部？

```
  1     2     3     4     5     6     7     8     9    10
 Ile—Ala—Hie—Thr—Tyr—Gly—Pro—Phe—Glu—Ala—
 11    12    13    14    15    16    17    18    19    20
 Ala—Met—Cys—Lys—Try—Glu—Ala—Gln—Pro—Asp
 21    22    23    24    25    26    27    28
 Gly—Met—Glu—Cys—Ala—Phe—His—Arg
```

## 参考文献

穆利霞, 2010. 大豆蛋白-糖接枝改性及其结构与功能特性研究[D]. 广州：华南理工大学.

徐国恒, 2010. 蛋白质分子的结构与功能[J]. 生物学通报（3）：24-25.

申小娟, 2013. 蛋白质对称结构及其形成机制[D]. 深圳：中国科学院深圳先进技术研究院.

杨宇玲, 2016. 基于生物矿化提高蛋白质稳定性的研究[D]. 杭州：浙江大学.

冯旭东, 2013. 奶制品中蛋白质的检测仪器和方法研究[D]. 长春：吉林大学.

欧阳小艳, 2015. 玉米黄粉中醇溶蛋白的提取及成膜性能研究[D]. 武汉：湖北工业大学.

张敏, 2013. 玉米醇溶蛋白的改性及成膜性质研究[D]. 天津：天津科技大学.

李海明, 2016. 玉米醇溶蛋白糖接枝改性及应用[D]. 杭州：浙江大学.

王丽娟, 2014. 玉米醇溶蛋白胶体颗粒的制备及应用研究[D]. 广州：华南理工大学.

任婷婷, 2014. 玉米蛋白的提取、功能特性及应用研究[D]. 石家庄：河北科技大学.

赵飞, 2019. 物理预处理对大豆分离蛋白结构和理化性质的影响机制[D]. 泰安：山东农业大学.

高雪丽, 2015. 大豆 7S、11S 球蛋白与分离蛋白影响面团特性及馒头品质的机理研究[D]. 杨凌：西北农林科技大学.

龙国徽, 2015. 大豆蛋白的结构特征与营养价值的关系[D]. 长春：吉林农业大学.

朱伍权, 2015. 大豆蛋白的化学交联改性及其对大豆木材胶黏剂性能的影响[D]. 哈尔滨：东北林业大学.

张亚慧, 2010. 改性大豆蛋白胶黏剂的合成与应用技术研究[D]. 北京：中国林业科学研究院.

罗东辉, 2010. 均质改性大豆蛋白功能特性研究[D]. 广州：华南理工大学.

陈云, 2004. 大豆蛋白质的共混改性研究[D]. 武汉：武汉大学.

张君红, 2013. 大豆分离蛋白材料改性方法的研究[D]. 北京：北京化工大学.

袁青青, 2010. 再生丝蛋白材料的制备及其结构与性能的研究[D]. 上海：复旦大学.

张飞飞, 2018. 丝素蛋白水凝胶的可控制备及其力学性能的研究[D]. 苏州：苏州大学.

龚傲，2018. 新型丝素蛋白基复合材料的制备及应用[D]. 厦门：厦门大学.

张凯，2015. 丝素蛋白的提取及丝素膜的制备、修饰与应用研究[D]. 上海：东华大学.

潘志娟，2002. 蜘蛛丝优异力学性能的结构机理及其模化[D]. 苏州：苏州大学.

林森珠，2016. 杂合重组包裹丝的制备及其性能研究[D]. 上海：东华大学.

涂桂云，2005. 基因重组蛛丝蛋白作为组织工程支架材料的研究[D]. 福州：福建师范大学.

王宏昕，2008. 重组蛛丝蛋白支架材料生物相容性的研究[D]. 福州：福建师范大学.

黄智华，2004. 蛛丝蛋白工程菌高密度发酵、表达产物纯化与湿法纺丝[D]. 福州：福建师范大学.

# 第8章 天然橡胶

橡胶树原产于巴西亚马孙河流域马拉岳西部地区，现已布及亚洲、非洲、大洋洲、中南美洲40多个国家和地区。种植面积较大的国家有印度尼西亚、泰国、马来西亚、中国、印度、越南、尼日利亚、巴西、斯里兰卡、利比里亚等。天然橡胶采自植物的汁液，虽然世界上有2000多种植物可生产天然橡胶，但大规模推广种植的主要是橡胶树。采获的天然橡胶主要成分是顺式聚异戊二烯，具有弹性大、定伸强度高、抗撕裂性和耐磨性良好、易于与其他材料黏合等特点，广泛用于轮胎、胶带等橡胶制品的生产。橡胶树喜高温、高湿、静风、沃土，主要种植在东南亚等低纬度地区。受自然条件制约，我国仅海南、广东、云南等地气候条件可以种植，可用面积约1500万亩，已种植1400万亩左右，年产量在$60×10^4$ t左右。

天然橡胶的发现要追溯到1493年，伟大的西班牙探险家哥伦布率队初次踏上南美大陆。在这里，西班牙人看到印第安人小孩和青年在玩一种游戏，唱着歌互相抛掷一种小球，这种小球落地后能反弹得很高，如捏在手里则会感到有黏性，并有一股烟熏味。西班牙人还看到，印第安人把一些白色浓稠的液体涂在衣服上，雨天穿这种衣服不透雨；还把这种白色浓稠的液体涂抹在脚上，雨天水也不会弄湿脚。由此，西班牙人初步了解到了橡胶的弹性和防水性，但并没有真正了解到橡胶的来源。1693年，法国科学家拉康达到南美又看到土著人玩这种小球，科学家和军人思维和眼光是不同的，追根寻底调查这种小球，才得知这种小球是砍一种印地安人称为"橡胶"的树而流出的浓稠液体制造的。1736年，法国科学家康达敏从秘鲁带回有关橡胶树的详细资料，出版了《南美洲内地旅行记略》，书中详述了橡胶树的产地、采集乳胶的方法和橡胶的利用情况，引起了人们的重视。1763年，法国人麦加发明了能够软化橡胶的溶剂。1770年，英国化学家普立斯特勒发现橡胶能擦去铅笔字迹。1823年，英人马金托什，像印第安人一样把白色浓稠的橡胶液体涂抹在布上，制成防雨布，并缝制了"马金托什"防水斗蓬。1852年，美国化学家古特义（C. Goodyear）在做试验时，无意之中把盛橡胶和硫黄的罐子丢在炉火上，橡胶和硫黄受热后流淌在一起，形成了块状胶皮，从而发明了橡胶硫化法。古特义的这一偶然行为，是橡胶制造业的一项重大发明，扫除了橡胶应用上的一大障碍，使橡胶从此成为了一种正式的工业原料，从而也使与橡胶相关的许多行业蓬勃发展成为了可能。随后，古特义又用硫化橡胶制成了世界上的第一双橡胶防水鞋。1876年，英国人魏克汉九死一生，从亚马孙河热带丛林中采集7万粒橡胶种子，送到英国伦敦皇家植物园培育，然后将橡胶苗运往新加坡、斯里兰卡、马来西亚、印度尼西亚等地种植并获得成功。至2004年，世界人工种植天然橡胶成功已有128年历史。1888年，英国人邓禄普发明汽胎，1895年开始生产汽车。汽车工业的兴起，更激起了对橡胶的巨大需求，胶价随之猛涨。1897年，新加坡植物园主人黄德勒发明橡胶树连续割胶法，使橡胶产量大幅度提高。由此，野生的橡胶树变成了一种大面积栽培的重要经济作物。

天然橡胶树适宜生长在高温潮湿的环境中。鉴于早期始终无法在北纬10°以北地区成功栽培天然橡胶树，一些西方学者得出了"天然橡胶树只能在赤道南北10°以内生长"的定论。按照这一定论，我国并不适合种植天然橡胶树。中华人民共和国成立后，我国科研人员经过长期努力，使天然橡胶树成功移至北纬18°以北地区，使我国成为天然橡胶主要生产国之一。现在天然橡

树种植面积达到 $114×10^4 hm^2$，主要的种植区分布于云南、海南、广东三大垦区以及广西、福建部分地区，年产天然橡胶超过 $86×10^4 t$，在世界排第 4 位。在我国热带地区，尤其是在边疆少数民族居住区，天然橡胶已经成为当地经济支柱产业之一，是当地农民脱贫致富的主要途径，有效地维护着边疆地区的社会稳定。

## 8.1 天然橡胶

橡胶是高分子材料的重要组成部分，其通俗概念是"施加外力时发生大的形变，外力去除后又可恢复的材料"。美国材料协会标准（ASTM）规定："$20～27$ ℃ 下、1 min 可拉伸两倍的试样，当外力除去后 1 min 内至少回缩到原长的 1.5 倍以下者或者在使用条件下，具有 $10^6～10^7 Pa$ 的杨氏模量者称为橡胶"。

橡胶按其来源可分为天然橡胶（natural rubber，NR）和合成橡胶两大类，其中天然橡胶和煤炭、钢铁、石油共同被称为四大工业原料，是重要的战略物资，是关系到国计民生的基础产业，具有不可替代性。作为重要的战略物资，天然橡胶除了广泛用于民用领域（包括轮胎、胶管、胶鞋、密封、减震隔震、建筑防水、医疗卫生等）外，还应用于国防、火箭及卫星等尖端科技领域。

天然橡胶是一种天然的高分子化合物，主要成分是聚异戊二烯，分子式是 $(C_5H_8)n$ 其成分中 91%～94% 是橡胶烃（主要是聚异戊二烯），其余为非橡胶物质，主要包括蛋白质、脂肪酸、无机盐、糖类和水分等。地球上能生成橡胶的植物有许多种（表 8-1），其中最为主要的一种是橡胶树，也称三叶橡胶树，近些年来，改良的银色橡胶菊进入了实用阶段。此外，还有产生反式-1,4-聚异戊二烯的杜仲树。三叶橡胶树是高大的乔木，叶三个为一支，由此而得名。全树都有胶乳管，干皮中最多，所以从树干割胶，破其乳管，收集流出的胶乳，是制造固体天然橡胶的原料。

天然橡胶具有很好的柔软性，优越的弹性，优良的电绝缘性，疲劳强度，耐磨性、耐溶剂性、耐腐蚀性及耐高、低温性等特殊性能，是应用最广的通用橡胶。

表 8-1 生胶天然橡胶来源

| 天然橡胶 | 来 源 |
|---|---|
| 野生橡胶 | 由野生树木植物采制的橡胶，银色橡胶菊、野藤橡胶等也属此类 |
| 栽培橡胶 | 主要是三叶橡胶树 |
| 橡胶草橡胶 | 橡胶草，$1 hm^2$ 可收 $150～200 kg$ |
| 杜仲胶 | 由杜仲树的枝叶根茎中提取，常温下无弹性，软化点高，比重大，耐水性好 |

橡胶烃主要成分包括约占 97% 以上的顺式-1,4-聚异戊二烯，2% 左右的 3,4-聚异戊二烯，100% 都为头尾连接的结构，其中顺式-1,4-聚异戊二烯的分子链上含有少量的醛基。在储存天然橡胶的过程中，醛基可与蛋白质的分解产物氨基酸反应形成支化和交联结构，促使生胶黏度增大。根据推测天然橡胶大分子的两个端基：一端是焦磷酸基；另一端是二甲基烯丙基（图 8-1）。因为天然橡胶的相对分子质量很大，结构主要由顺式-1,4-聚异戊二烯组成，因此天然橡胶的结构式可以表示如下：

$$+CH_2-C(CH_3)=CH-CH_2+_n$$

图 8-1 天然橡胶结构式

杜仲胶代替不了天然橡胶，所以采取并用

而杜仲胶的主要结构为反式-1,4-聚异戊二烯的结构，与天然橡胶相比，虽化学组成相同，但性能各异。

天然橡胶的相对分子质量很大且分布较宽，多数在 300~30 000 kDa 之间，分布指数在 2.8~10 之间：低相对分子质量部分对加工有利，高相对分子质量部分对性能有利。天然橡胶在 20 ℃ 时的密度为 0.913 g/cm³，折光指数为 1.52，天然橡胶的 $T_g = -73$ ℃，在 -50 ℃ 仍具有很好的弹性。天然橡胶没有一定熔点，加热后会慢慢软化，生胶在 130~140 ℃ 时开始软化，200 ℃ 开始分解，270 ℃ 剧烈分解。其长期使用温度不超过 90 ℃，短期最高使用温度为 110 ℃。黏流温度 $T_f = 130$ ℃。

天然橡胶在室温下为无定形体，10 ℃ 以下开始结晶，无定形与结晶共存，-25 ℃ 结晶最快。拉伸条件下结晶、无定形与取向结构共存，属于自补强橡胶，即在不加补强剂的条件下，橡胶能结晶或在拉伸过程中取向结晶，晶粒分布于无定形的橡胶中起物理交联点的作用，使天然橡胶本身的强度提高(图 8-2)。

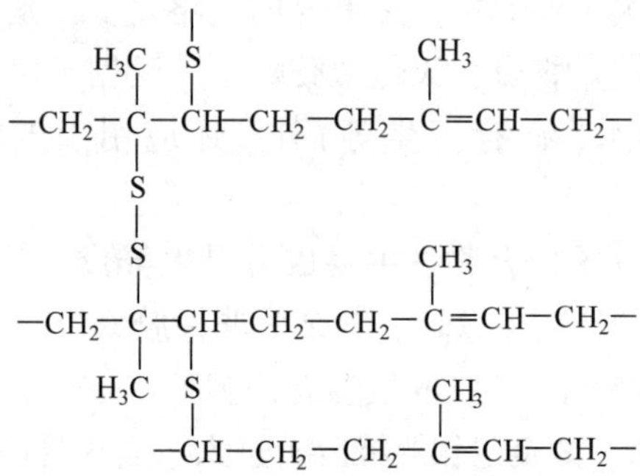

**图 8-2　橡胶的交联结构**

天然橡胶具有良好的弹性和回弹性，仅次于顺丁橡胶。天然橡胶有良好回弹性的原因：①天然橡胶大分子含有很多易旋转的 $\sigma$ 键，因此其本身有较高的柔性。②天然橡胶中少而且小的分子链侧基，对 $\sigma$ 键的影响小。③ 天然橡胶作为非极性物质，本身分子间的作用力小。

天然橡胶的力学强度大，属于自补强橡胶。未硫化橡胶的拉伸强度（格林强度）为 1.4~2.5 MPa，格林强度对于橡胶的成型加工是必要的，如轮胎胎面胶在成型时受到较大的冲击，如果强度不够，容易拉断。

纯天然橡胶硫化胶的拉伸强度可达 17~28 MPa，撕裂强度可达 98 kN/m，炭黑补强硫化胶的拉伸强度可达 25~35 MPa，各种橡胶的拉伸强度比较：NR>IR>CR>IIR>NBR>SBR>BR，耐屈挠疲劳性好，一般在 20 万次以上。

天然橡胶是一种绝缘性很好的材料，如电线接头外包的绝缘胶布就是纱布浸入天然橡胶糊或压延而成的。天然橡胶体积电阻率为 $10^{14} \sim 10^{15}$ Ω·cm。

天然橡胶具有良好的耐腐蚀及耐溶剂性，耐稀酸、稀碱、不耐浓酸、油、耐水性差，天然橡胶作为非极性聚合物，溶于苯、汽油、石油系油类，不溶于极性油类。

新鲜胶乳经过稀释、过滤、凝固、干燥、分级、包装等过程得到天然橡胶。由于天然橡胶具有很好的柔软性、优越的弹性、优良的耐疲劳强度、耐磨性、电绝缘性及耐腐蚀、耐溶剂、耐高湿及低温等特殊性能，因此成为重要的工业材料，广泛应用于交通运输、国防、工业、医疗卫生、日常生活、农业等领域，如轮胎、飞机、大炮、坦克及航天科技领域中的火箭、人造卫星、宇宙飞船、航天飞机等。目前世界上部分或完全用天然橡胶制成的物品已达 7 万种以上，其中，轮胎的用量要占天然橡胶使用量的一半以上。

## 8.2　橡胶的硫化历程

　　最初橡胶产品遇到气温高和经太阳暴晒后就变软发黏，在气温低时就变硬和脆裂，制品不能经久耐用。直到美国人古特义于 1839 年在一个偶然的机会发现了橡胶的硫化，发现硫黄粉洒在晾晒的胶块上可以避免胶块发黏，使胶块表面光滑有弹性，后经一年多的实验证明：在橡胶中加入硫黄粉和碱式碳酸铅，经共同加热熔化后所制出的橡胶制品可以长久的保持良好的弹性。从此天然橡胶才真正被确定具有特殊的使用价值，成为一种极其重要的工业原料。

### 8.2.1　橡胶硫化反应过程

　　硫化是指橡胶的线性大分子通过化学交联而构成三维网状结构的化学变化过程。硫化是橡胶制品加工的主要工艺过程之一，也是橡胶制品生产中的最后一个加工工序。橡胶经历了一系列复杂的化学变化，由塑性的混炼胶变为高弹性的或硬质的交联橡胶，从而获得更完善的物理机械性能和化学性能，提高和拓宽了橡胶材料的使用价值和应用范围。硫化反应是一个由多元组分参与的复杂的化学反应过程，它包含橡胶分子与硫化剂及其他配合剂之间发生的一系列化学反应。在形成网状结构时伴随着发生各种副反应。其中橡胶与硫化剂的反应占主导地位，它是形成空间网络的基本反应。硫化天然橡胶的反应历程可大致如图 8-3 所示。

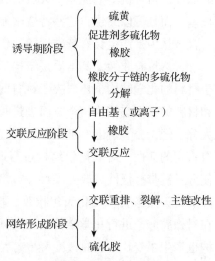

**图 8-3　橡胶硫化历程**

　　以上硫化历程可分为三个阶段。第一阶段为诱导阶段，先是硫黄、活化剂、促进剂相互作用，使活化剂在胶料中溶解度增加，活化促进剂，使促进剂与硫黄之间反应生成一种活性更大的中间产物；然后进一步引发橡胶分子链产生可交联的橡胶大分子自由基。第二阶段是交联反应阶段，可交联的自由基或离子与橡胶分子链产生反应，生成交联键。第三阶段是形成橡胶大分子网络的阶段，此阶段的前期交联反应已趋完成，初始形成的交联键发生短化、重排和裂解反应，最后网络趋于稳定，获得性能稳定的硫化胶。

　　硫黄硫化天然橡胶的发现已经有上百年的历史，直到 1960 年才弄清楚天然橡胶的硫黄无促进剂和有促进剂的硫化历程。天然橡胶硫黄硫化或是按自由基反应机理进行、或是按离子反应机理进行或两者兼而有之。

### 8.2.2　天然橡胶硫化胶的结构

　　硫化胶交联结构最主要的表征方式是交联密度和交联键类型。交联密度就是交联聚合物里面交联键的多少，一般用单位体积硫化胶中网链数均相对分子质量的大小、交联键的数目来表示。硫化橡胶具有优良的性能是因为天然橡胶经过硫黄硫化后形成网链结构，网链结构中包含单硫交联键、双硫键、异构化双键、多硫键、侧链基团、分子内环硫键、改性主链(包括共轭和非共轭的二烯和三烯)和物理交联(由链间缠结形成)等。随着硫化反应的深入硫化胶的交联密度、交联效率以及结合硫的数量都会逐渐增加，环化结构的结合硫量增高。

## 8.3　天然橡胶的改性

天然橡胶是橡胶树分泌的乳汁，经过凝固、干燥等加工而成的弹性体，主要由聚异戊二烯组成，其具有多种优异的性能，是一种可再生的天然资源。天然橡胶具有很高的弹性和良好的加工性能，是综合性能最好的通用型橡胶。天然橡胶为拉伸结晶型橡胶，其结晶性使无填料和含惰性填料的硫化胶在拉伸时有较高的强度，加活性填料则使硫化胶的定伸强度、硬度和耐磨性大为提高。天然橡胶硫化胶具有良好的弹性、耐寒性，很高的动态性能和耐磨性。天然橡胶是非极性橡胶，具有优良的电性能，在极性溶剂中较稳定，而在非极性溶剂中则易溶胀，故其耐油性、耐有机溶剂性差。天然橡胶分子中含有不饱和键，所以它的耐热氧老化和耐臭氧性都较差，而且可以燃烧，这些特性限制了它在一些特殊场合的应用。长期以来，天然橡胶的改性一直被认为是产生具有特殊性能的新型橡胶的可行方法。

天然橡胶改性，其本质是结构的改变，其现象则是性能的变化。天然橡胶的性能不仅取决于材料的化学结构，还取决于材料的凝聚态结构。因此，改性可以从改性分子链上的化学结构和材料的凝聚态结构两个方面来进行，即化学改性和共混改性。天然橡胶的分子是长链结构的大分子烃，分子链上有不饱和的双键存在，而除双键碳原子外的其他碳原子都是 $\alpha$-碳原子，具有一定的活性。对其化学结构进行改性是采用各种方法，在分子链上引入其他的基团或原子，使分子链带有极性或改变柔性，或者接枝引入支链，使其具有新的性质，达到改性的目的。如环氧化天然橡胶、氯化天然橡胶、接枝天然橡胶、氢化天然橡胶、环化天然橡胶等。事实上，在对橡胶分子进行化学结构改性的同时，由于改变了分子结构单元间的范德华力，其凝聚态结构也产生了变化。但是改变凝聚态结构却不一定要改变化学结构。改变材料的凝聚态结构，同样可以达到改性的目的，这就大大拓宽了天然橡胶的改性方法和范围，可以采用化学和物理共混的方法将天然橡胶和其他具有弹性、纤维性或塑性的聚合物共混，产生具有某些特殊性能的新材料。

### 8.3.1　物理改性

橡胶共混改性技术的成功开发，不仅有重大的实用意义，也有重大的理论意义。橡胶共混作为聚合物共混的一个重要分支，其理论是伴随着共混实践过程应运而生的，在生产实践中显示出重要的指导作用，并在实践中得到了不断的发展和完善。这些理论概括起来，主要有：①聚合物相容性理论；②橡胶共混物形态结构理论；③橡胶共混物聚合物组分的共交联理论；④橡塑共混型 TPE 理论等。

天然橡胶共混改性的方法主要有熔融共混、溶液共混和乳液共混 3 种，由于天然橡胶不溶于大部分溶剂，故熔融共混和乳液共混被视为最有实际应用价值的方法。天然橡胶物理改性主要包括橡胶/橡胶共混改性、橡胶/树脂共混改性、橡胶/无机材料共混改性。开发最早的熔融共混型天然橡胶生产工艺是机械共混法，其具体过程为在高温、高剪切下进行共混组分的熔融物理混合。乳液共混是将聚合物以乳液状态与天然胶乳共混的方法，分散效果较好，但仅限于能制备成乳液的聚合物体系。还可以采用辐照交联的方法硫化橡胶胶乳，然后通过喷雾干燥的方法制备出全硫化超细粉末橡胶，该超细粉末橡胶可用于聚烯烃在塑料加工机械上共混制备聚烯烃天然橡胶共混物。

#### 8.3.1.1　橡胶/橡胶共混改性

常见的天然橡胶与其他橡胶共混改性有二元共混，如天然橡胶/三元乙丙橡胶(EPDM)、天然橡胶/顺丁橡胶(BR)、顺丁橡胶/天然橡胶、天然橡胶/丁苯橡胶(SBR)、天然橡胶/丁腈橡胶(NBR)、天然橡胶/环氧化天然橡胶(ENR)、天然橡胶/氯丁橡胶(CR)以及天然橡胶/氯化聚乙烯(CPE)等。天然橡胶具有优良的物理机械性能和加工性能，但其耐臭氧及耐天候老化性能极差；三元乙丙橡胶具有优异的耐热、耐臭氧及耐天候老化性能，但其硫化速度较慢，耐油性及黏结性能较差。在天然橡胶中掺入一定量的三元乙丙橡胶后，可显著改善天然橡胶的耐热性和耐老化性。顺丁橡胶具有高弹性、低生热、耐寒性、耐屈挠和耐磨耗性等优异的特点，天然橡胶与顺丁橡胶及充油顺丁橡胶并用是橡胶工业中应用最广泛的橡胶并用体系。以天然橡胶/顺丁橡胶并用橡胶制造轮胎的胎面、胎侧胶或者制造橡胶输送带的覆盖等都有良好的技术效果。丁苯橡胶的弹性、强度特性、耐磨耗性诸性能之间的平衡性优良，加工性能好，而且加工低廉，因此，它是当今生产量和消费量最大的一种通用合成橡胶。丁苯橡胶并用天然橡胶可以改善丁苯橡胶的自黏性，提高撕裂强度、弹性以及拉伸强度等性能。丁腈橡胶是极性橡胶，天然橡胶极性很弱，因此丙烯腈含量越低，并用性越好。低丙烯含量丁腈橡胶配用 15 份以下的天然橡胶，可改进加工性和低温性能，但耐油性随天然橡胶并用量增加而降低，当天然橡胶用量超过 20 份时，耐热和耐油性能显著下降，压缩永久变形明显增大，故天然橡胶以少量并用为宜。

三元共混常见体系有天然橡胶/顺丁橡胶/丁苯橡胶、天然橡胶/顺丁橡胶/丁腈橡胶、天然橡胶/丁腈橡胶/环氧化天然橡胶、天然橡胶/三元乙丙橡胶/氯丁橡胶和天然橡胶/环氧化天然橡胶/顺丁橡胶等。天然橡胶/顺丁橡胶/丁苯橡胶共混体系在抗油、耐臭氧、耐候性、控制阻尼、耐磨性能、耐热氧老化性能、胎面胶的湿抓着性等方面均得到优化提高。通过调节叔丁基酚醛树脂在天然橡胶/丁腈橡胶/环氧化天然橡胶并用胶中的用量，可以改变共混物在 0 ℃和 65 ℃附近的 tanδ 值，从而获得抗湿滑性能好、滚动损失小的新型胎面材料。在天然橡胶/顺丁橡胶并用胶体系中加入适量的极性橡胶丁腈橡胶(NBR)，同时对增强材料进行改性或者引入改善滚动阻力的增强材料，能够在不损害滚动阻力及耐磨性的前提下，较大幅度地提高胎面胶的湿抓着性，克服滚动阻力和湿抓着性之间的矛盾。天然橡胶/三元乙丙橡胶/氯丁橡胶共混胶将三者并用，可提高三元乙丙橡胶的强度和低温屈挠性，改善天然橡胶的耐老化性能和耐介质性能，增强氯丁橡胶的综合性能和降低成本。环氧化天然橡胶/天然橡胶/高乙烯基顺丁橡胶(Hv-BR)三元共混物具有较好的减振性能，优异的力学性能及较高的低温应力保持率。

#### 8.3.1.2　橡胶/树脂共混改性

橡胶与塑料及合成树脂的共混，也称橡塑并用。橡胶与某些塑料或合成树脂的机械共混，可以实现对橡胶和塑料及合成树脂的改性。天然橡胶是非极性橡胶，虽然本身具有优良的电性能，但在非极性溶剂中易溶胀，故其耐油、耐有机溶剂性差；天然橡胶分子中含有不饱和双键，故其耐热氧老化、耐臭氧化和抗紫外线性都较差，限制了它在一些特殊场合的应用，共混改性是物理改性的方法之一，采用共混方法，将天然橡胶和其他具有弹性、纤维性或塑性的聚合物共混，会产生具有某些特殊性能的新材料。橡胶与聚烯烃树脂的共混并用是应用最广泛的一类橡塑并用体系。在聚烯烃树脂中，最经常与橡胶并用的是聚乙烯、聚丙烯及聚苯乙烯等聚合物。

在橡胶并用技术的发展基础上，20 世纪 70 年代初，开发研制成功一种新型的橡塑并用的热塑性弹性体材料，称为共混型热塑性弹性体，它是由一定比例的橡胶与塑料共混，加入适当硫化剂而成。热塑性弹性体是一种兼有塑料和橡胶特性的高分子材料。在常温下，它能像橡胶那样具有一定的弹性和其他一系列良好的物理机械性能。当加热到一定温度后，它又能像塑料那样具有良好的流动性，可用塑料的加工方式进行加工成型，因此，又将它称为第三代橡胶。热塑性天然橡胶在常温下显示橡胶弹性，高温下又能塑化成型，兼有塑料的易加工特性和橡胶优良的黏弹性质。

聚乙烯(PE)是乙烯的均聚物，它是无色的结晶体，平均相对分子质量为 1 万~100 万 Da。聚乙烯具有很高的化学稳定性和机械强度，有较强耐射线照射能力，耐寒并易于加工等性能。聚乙烯的这些性能是它被用来做橡胶添加剂的基础。由于聚乙烯的溶解度参数、极性与通用橡胶相近，因此，它与天然橡胶具有良好的并用效果。硫黄的质量分数为 2% 时，天然橡胶/低密度聚乙烯共混物的力学性能和重复加工性能最好；低密度聚乙烯质量分数为 30% 时，共混物的增强与弹性较佳。相容剂的加入明显改善了热塑性硫化橡胶(MNR/HDPE)的力学性能，如加入 5% 的酚醛改性高密度聚乙烯时，马来酸酐接枝天然橡胶/高密度聚乙烯热塑性硫化橡胶材料的综合性能达到最优。

聚苯乙烯(PS)具有透明、成型性好、刚性好、电绝缘性能好、易染色、低吸湿性和价格低廉等优点，但聚苯乙烯较脆，耐环境应力开裂及耐溶剂性能较差，热变形温度相对较低。将天然橡胶与聚苯乙烯共混，可以不显著损失模量的前提下增加其韧性，获得综合性能优良的天然橡胶/聚苯乙烯合金材料。将聚苯乙烯树脂乳液(用乳液聚合制备)与天然浓缩胶乳并用制得聚苯乙烯/天然橡胶共混性弹性体，聚苯乙烯树脂乳液可以对天然胶乳起到良好的补强作用。

聚氯乙烯(PVC)是氯乙烯的均聚物，具有优良的力学性能，良好的耐油性及透光性而在工业上得到广泛的应用。聚氯乙烯在所有塑料制品中产量最大。但其本质上是脆性材料，使用时需要增韧。聚氯乙烯与天然橡胶并用可以补充两者各自的不足，获得性能良好的新材料。聚氯乙烯与天然橡胶并用时，能极大地改善胶料的耐磨耗性、抗撕裂性和拉伸性能。此外，它还能增加挤出胶料的光泽度，并提高其阻燃性。然而，天然橡胶与聚氯乙烯极性差别较大，通常是环化天然橡胶与聚氯乙烯共混，其具有良好的相容性。

天然橡胶与聚丙烯(PP)共混得到的是共混型热塑性弹性体，聚丙烯由于具有原料丰富、价格低廉、综合性能好的特点，成为制备共混型热塑性弹性体的首选塑料。天然橡胶是生物合成产物，是世界上热带、亚热带地区最丰富的资源之一，具有优良的综合性能，也成为制备共混型热塑性弹性体选用的弹性体原料。天然橡胶/聚丙烯热塑性弹性体的成本较低，低温性能改善，加工流动性好，是一种具有较好的应用前景的热塑性弹性体。

### 8.3.1.3 橡胶/无机材料共混改性

纳米粒子具有特殊的表面效应、小尺寸效应、量子尺寸效应和宏观量子隧道效应，由其复合而成的材料表现出独特的力学、热学、光学和电磁学等性能。在橡胶工业中，有关炭黑、白炭黑、黏土等传统纳米增强粒子的复合研究已经广泛开展，研制出了性能优异的天然橡胶纳米复合材料。随着技术的发展，碳纳米管、石墨烯等新纳米材料的应用，天然橡胶纳米复合材料各方面性能也得到大幅度提升。

(1)纳米粒子改性天然胶乳

纳米粒子结构上的特殊性，使纳米复合材料具有一系列的优异性能。基于其结构特点，影响纳米复合材料性能的因素有粒径大小、组织结构和表面性质三方面。纳米粒子结构的特殊性主要有：小尺寸效应、表面效应、宏观量子隧道效应、介电限域效应、量子效应、库仑堵塞与量子隧穿效应等，使纳米材料具有极其重要的物理和化学结构性能。常用于橡胶复合材料的纳米粒子有纳米炭黑、纳米氧化硅、纳米碳酸钙、纳米二氧化钛、纳米氧化铝、纳米及氧化锌和纳米黏土等。常见的纳米粒子改性天然胶乳见表 8-2 所列。

表 8-2　部分纳米粒子改性天然胶乳

| 种　类 | 性　质 |
| --- | --- |
| 纳米蒙脱土改性天然胶乳 | 纳米蒙脱土可以显著提高天然胶乳膜的阻燃性能,但是蒙脱土的气体渗透率远低于橡胶分子,氧分子在胶料中的扩散受片层结构阻碍,从而阻隔橡胶分子链的氧化和降解 |
| 纳米氧化硅改性天然胶乳 | 纳米氧化硅由于存在大量羟基表面活性高,容易吸附在胶乳表面,其改善天然胶乳机械性能的效果较为显著 |
| 纳米碳酸钙改性天然胶乳 | 碳酸钙粒子与天然橡胶粒子的结合可以使整个硫化体系的解聚能升高,从而可以提高硫化胶膜的耐热性能 |

其他常见的纳米粒子改性天然胶乳有:

①纳米黏土　目前对天然橡胶进行改性的层状硅酸盐包括蒙脱土、累托石、凹凸棒土、有机蛭石等,其中蒙脱土复合天然橡胶改性应用最广泛。蒙脱土是一类 2:1 型的层状硅酸盐黏土,蒙脱土在橡胶补强性应用中的主要性能研究表明,蒙脱土片层在小形变下限制橡胶变形的能力很强,具有其他填料不具有的特殊物理机械与热力学行为。由于其本身的片层结构和强的吸附性,减少了有机小分子在橡胶中的扩散和渗透系数,所以耐溶剂和耐油性(包括渗透性)优异。对分子链的牵制力增大,使大分子的活动能力降低,弹性减弱,从而提高了挤出产品的外观质量和成品收缩率,还具有优异的滞后生热性和动/静态压缩性等。由于层状蒙脱土的夹层是一种受限体系,聚合物分子被限制束缚在蒙脱土夹层中,分子链的传动和平动以及链段的运动受到了极大的阻滞,所以往往聚合物的玻璃化温度及热分解温度得到大大提高,从而提高了热老化性能。常用来制备天然橡胶/黏土纳米复合材料的方法有溶液插层、乳液插层和熔体插层等方法。a. 溶液插层法。制备纳米黏土/天然橡胶复合材料是将天然橡胶先溶解于有机溶剂中形成大分子溶液,天然橡胶大分子再扩散插层与改性后的纳米黏土晶层间经干燥而复合制备的。b. 乳液插层法。制备纳米黏土/天然橡胶复合材料是通过天然胶乳分子插入经改性后晶层间距增大的纳米黏土片层间,与天然橡胶大分子形成互穿网络,经天然橡胶的凝固作用下,纳米黏土晶层间的作用力被进一步削弱而剥开,均匀分散在天然橡胶基体中。c. 熔体插层法。纳米黏土/天然橡胶复合材料是将天然橡胶加热至熔融态,再与层状纳米黏土共混,从而使熔融态天然橡胶直接插入到无机物片层间,得到天然橡胶插层纳米黏土复合材料。

采用乳液共混共凝法制备天然橡胶/凹凸棒石复合材料(ANRC),复合改性后材料的拉伸强度、撕裂强度和硬度较未复合改性的纯天然硫化胶都获得了大幅度地提高。用熔融共混法制备出天然橡胶/纳米有机蛭石复合材料,可以改善天然橡胶复合材料的拉伸强度、扯断伸长率、邵氏 A 硬度、撕裂强度、模量、综合性能等。

纳米有机黏土/天然橡胶复合材料应用于制品,可显著改善其气密性、定伸应力、耐磨性、防腐性、耐天候性、耐化学药品性等应用性能,通过加入少量(3%~10%)的纳米黏土,也可以使天然橡胶的强度、伸长率等性能大幅度提高,获得高性能的复合材料,可以用于制备汽车内胎,浅色日用品和化学仪器配件等。

②纳米炭黑　炭黑是橡胶工业中重要的填充剂和补强剂,赋予橡胶优异的应用性能。纳米炭黑/天然橡胶复合材料的制备也仅有常用的机械共混法,经过改性后的纳米炭黑可以较均匀地分散于天然橡胶基体中。马来酸酐预处理炭黑有利于降低天然橡胶的滚动阻力。炭黑颗粒可以改善天然橡胶的混炼特性、改善炭黑在天然橡胶中的分散性、降低转子的转矩和混炼生热、缩短硫化时间、提高天然橡胶硫化胶的力学性能。一般来说体积分数为 15% 的炭黑能使生胶的强

度提高 15 倍左右。通过炭黑填充的橡胶，其硫化胶的拉伸强度、耐磨性、抗撕裂强度、弹性模量、抵抗溶胀性等性能得以大幅度提升，同时有利于橡胶制品的成型加工，起到降低成本的作用等。

在橡胶制品中，炭黑对橡胶制品的补强性能主要受炭黑的粒径、结构、表面能的影响。炭黑颗粒粒径越细，在橡胶基体中的补强作用越大；炭黑粒子结构度越高，硫化胶的模量和拉伸应力也越大。轮胎胎面需要耐磨性能优异的硫化胶，通常情况下采用粒径较小的炭黑作为补强剂。因此，通过对炭黑的结构、形貌、粒径及其与橡胶基体的相互作用的研究，可以更好地掌握炭黑的补强性能，从而利用其规律，不断改进橡胶制品的性能。

③纳米白炭黑　白炭黑能赋予胶料极好的抗张强度、抗撕裂强度、良好的屈挠性和刚性，是橡胶工业中最主要的浅色填料，其补强效果仅次于炭黑。橡胶/粒状白炭黑复合材料在降低滚动阻力和生热方面优于炭黑。白炭黑表面含有大量的羟基，表面极性和亲水性较强，与橡胶分子的相容性较炭黑差，在橡胶中填充时分散不佳，会影响补强效果，并使加工性能变差，使用有机改性剂表面改性后的白炭黑，表面极性和亲水性降低，在橡胶基体中的分散性得到提高，与基体界面结合得到加强，可以降低胶料的门尼黏度、生热和滚动阻力，改善加工性能、耐磨性。常用的偶联剂有硅烷偶联剂、硅氧烷类化合物、氯硅烷类改性剂、醇类改性剂等。双(三乙氧基丙基硅烷)四硫化物、双(三乙氧基丙基硅烷)二硫化物、3-丙酰基硫代-1-丙基-三甲氧基硅烷等偶联剂均使白炭黑填料网络化程度大幅度减轻，弹性模量和损耗模量变小，增大了胶料的流动性，加工性能得到改善。具有较强碱性的环己胺改性白炭黑能有效地改善硫化性能及增强效果。多元醇能促进白炭黑填充 NR 胶料硫化，如二甘醇的性最高，硫化化速度最快，物理性能最优。间苯二酚六次甲基四胺(PY)、硅烷偶联剂 KH-550、Si-69 这 3 种改性剂对白炭黑都起到很好的改性作用。

④纳米碳酸钙　纳米碳酸钙(又称超细碳酸钙，其颗粒尺寸小于 100 nm)是仅次于炭黑、白炭黑的天然橡胶第三大补强填充剂，是一种用途广泛的无机盐，具有毒性小，价格低，补强效果好等特点。随着纳米技术的发展，近来来对纳米碳酸钙补强橡胶的研究十分活跃。由于纳米碳酸钙粒子的超细化，其晶体结构和表面电子结构发生变化，产生了普通碳酸钙所不具有的量子尺寸效应、小尺寸效应、表面效应和宏观量子效应等结构特点，与常规材料相比显示出优越的性能。将其填充在橡胶、塑料中能使制品表面光滑、抗撕裂性强、耐弯曲、抗龟裂性能好，是优良的白色补强材料。目前，工业上多用硬脂酸、偶联剂对纳米碳酸钙进行表面处理，克服纳米粒子自身的团聚现象，使纳米粒子均匀分散在聚合物基体中，并增加其与聚合物之间的界面相容性。例如，间苯二酚和六次甲基四胺改性碳酸钙天然橡胶硫化胶(填充量为 100 份时)比未改性碳酸钙天然橡胶硫化胶的 100%定伸强度提高 130%，拉伸强度提高 101%，撕裂强度提高 70%。

⑤纳米氧化锌　氧化锌是一种白色粉末，是一种新型的高功能精细无机材料，在天然橡胶加工中主要用作补强剂和硫化活性剂，促进橡胶交联密度的提高及确保各项物理机械性能的提高。纳米氧化锌由于具有量子尺寸效应、小尺寸效应、表面效应和宏观量子隧道效应，因而产生了其体相材料所不具备的特殊性质。由于纳米氧化锌在天然橡胶复合体系中不仅作为补强剂，还是橡胶硫化促进剂，一般与硬脂酸共用，在混炼和硫化中与硬脂酸反应生成熔融的硬脂酸锌，分散性较好，故纳米氧化锌与天然橡胶的复合采用机械共混法即可。纳米氧化锌由于粒径较小，具有巨大的表面能，导致颗粒很容易团聚在一起。要使纳米氧化锌的种种特殊性能得到充分利用，首先必须解决纳米粒子之间的团聚及在溶剂中分散性能差的问题，同其他纳米粒子一样，表面改性是有效也是必需的处理。常用的表面改性剂有硅烷偶联剂、钛酸酯类偶联剂、硬脂酸、

有机硅、表面活性剂等。

经过表面改性的纳米氧化锌可以显著地提高天然橡胶复合材料的交联密度,从而提高材料的综合力学性能,同时由于纳米氧化锌具有较大比表面积和表面活性,可以实现减量配用,而没有其他特殊的作用,可在天然橡胶加工制品广泛应用的情况下,以减少用量和提高性能,主要应用于如天然橡胶手套、避孕套、胶管等。

⑥ 碳纳米管 碳纳米管又称巴基管,属富勒碳系,是由单层或多层石墨片卷曲而成的无缝纳米级管,两端由富勒烯半球封帽而成。由于碳纳米管具有非常大的长度—直径比率,是复合材料中理想的增强型纤维,从理论上讲完全可以制造出更高强度、更高密度、具有导电性的复合材料。纳米碳管的尺度小、结构规整、比表面积大、机械强度高,热导率是目前导热性能最好的金刚石的两倍,电流传输能力是金属铜线的 1000 倍,同时还有独特的金属或半导体导电性,在场发射、分子电子器件、复合材料补强、催化剂载体等领域有着广泛的应用前景。将碳纳米管作为增强纤维用于天然橡胶的复合改性,可以提高天然橡胶的强度、密度并使纳米复合材料具有导电性。将碳纳米管加入到橡胶中,不仅可以提高橡胶的热降解温度,而且可以降低其热降解速度。选用 300% 定伸应力为 1.8 MPa、拉伸强度为 7.1 MPa、扯断伸长率为 690% 的纯天然橡胶为基体,当添加 25 份的球磨处理碳纳米管后,天然橡胶的 300% 定伸应力和拉伸强度分别提高至 12.3 MPa、25.5 MPa,扯断伸长率下降为 490%。

碳纳米管可以与橡胶直接通过开炼机或密炼机进行机械混炼,然后于一定的温度与压力下进行硫化,从而得到碳纳米管/橡胶复合材料。还可以将经超声波分散处理的碳纳米管—有机溶剂悬浮液加入到橡胶溶液中,再烘干、硫化制得复合材料。喷雾干燥法也是制备碳纳米管/橡胶复合材料的有效方法,如将碳纳米管—去离子水悬浮液加入到橡胶乳液中,制成碳纳米管/橡胶悬浮液,然后采用喷雾干燥器喷射出 CNTs/橡胶粉末,最后硫化制得复合材料。

⑦纳米晶纤维素 纳米晶纤维素具有生物可降解性、生物相容性、可再生性、低密度、可观的强度、抗磨损性、非依赖食物、低能耗、相对高的活性表面和相对于合成填料低的成本等特点,因此被广泛应用于各个领域。由微细纤维形成的初级微晶纤维间的相互聚集而形成更大尺寸的纳米微晶纤维结构,通常这种更大的纳米结晶体在轴向方向上具有超高的刚度、强度和厚度的结构特征,又称之为纤维素纳米晶、纳米晶、纳米纤维晶、纤维素微晶或者纤维素晶须。

纳米晶纤维素作为一种新型的纳米填料,其源于自然生物质,除了具有天然高分子材料的优点,其本身还具有非常优异的性能。若将纳米晶纤维素与炭黑进行复配,即部分替代炭黑来作为橡胶补强剂,则不仅可以减少炭黑的使用量,缓解橡胶工业对石油的依赖,还可改善炭黑补强橡胶的难降解性;而且由于纳米晶纤维素本身的优异特性,其与炭黑共同补强橡胶在保持炭黑单独补强橡胶的强度同时还可以改善其他性能。研究表明,纳米晶纤维素的加入改善了炭黑在天然橡胶中的分散和天然橡胶/炭黑/纳米晶纤维素复合材料的加工性能,缩短了天然橡胶/炭黑/纳米晶纤维素复合材料的正硫化时间,减少了生热,降低了滚动阻力,并提高了天然橡胶基复合材料的生物降解性能。

⑧纳米 $Al_2O_3$ 填充纳米 $Al_2O_3$ 的硫化天然橡胶具有优良的耐磨性和耐疲劳性能,纳米 $Al_2O_3$/炭黑并用增强天然橡胶,可以获得综合性能(如拉伸强度、撕裂强度、耐磨性和耐疲劳性等)优良的天然橡胶硫化胶。

⑨ 纳米二氧化钛 将 $TiO_2$ 添加到天然橡胶中,可制备出高抗菌性能的纳米复合材料。用粒径为 20~40 nm 的纳米 $TiO_2$ 填充天然橡胶制备橡胶复合材料,纳米 $TiO_2$ 在天然橡胶中分散颗粒大小与其原生颗粒大小相近,分散良好,在橡胶复合材料中起到良好的抗菌作用,纳米 $TiO_2$ 用量的增加导致杀菌性能明显提高,热氧老化不影响橡胶复合材料中纳米 $TiO_2$ 发挥其抗菌特性。

（2）非纳米粒子改性天然胶乳

非纳米粒子（包括黏土、白炭黑、石墨粉、淀粉和高岭土）对天然胶乳的改性效果不及纳米粒子。其中黏土胶早已工业化，具有优于半补强炭黑胶的综合性能，但耐老化性较差。天然橡胶/石墨粉复合物对微波的屏蔽效果可达 42 dB，石墨粉在天然橡胶中的分散越均匀，复合物的微波屏蔽效果越好。采用凝聚共沉法制备高岭土/天然橡胶复合材料，甜菜碱改性高岭土对硫化胶具有明显的补强作用，改性高岭土粒子与橡胶基体结合紧密，界面比较模糊，片状和粒径较小的高岭土填充的天然橡胶硫化胶有较高的力学性能。

## 8.3.2　化学改性

天然橡胶平均每四个主链碳原子便有一个双键，通过控制反应条件可以选择天然橡胶既可以发生自由基型反应或者发生离子型反应，可以选择反应活性中心，顺式-1,4-聚异戊二烯单元的双键和烯丙基这两个部位是天然橡胶的反应活性中心，从而根据结构设计引入各种官能团。

天然橡胶化学改性方法有环氧化改性、卤化改性、卤烷化改性、环化改性、氢化改性、氢卤化改性、接枝改性、液体天然橡胶和难结晶天然橡胶。

### 8.3.2.1　环氧化改性

为了拓展天然橡胶用途，提高天然橡胶的极性，改善其耐油性、透气性、抗湿滑性和阻尼性等性能，在天然橡胶的聚异戊二烯分子的双键处接上环氧基团，制备环氧化天然橡胶（ENR）。由于引入了环氧基团，使其分子由非极性改性为极性，分子间的相互作用力加强。

环氧化天然橡胶是一种很早就被大家所熟悉的改性天然橡胶。它不仅仅被用于制造胶管和轮胎等产品，还可以利用其高反应性的环氧基来制备各种功能性材料和中间体，因此受到人们的关注。可以用过乙酸、过甲酸、$m$-氯化过安息香酸等有机过氧酸有效地对天然橡胶进行环氧化改性。此时，有机过氧酸的氧原子亲电子性攻击天然橡胶的双键，经环状过渡状态而引入环氧基团。另外，由于有机过氧酸在水中比较稳定，所以，也就能够在胶乳状态下进行环氧化，通过调节其用量便很容易控制环氧基的含有率。最近有报道称，有机过氧酸还可以用作再生锂电池用的高分子电解质。

与天然橡胶相比，环氧化天然橡胶具有完全不同的黏弹性和热力学性能，如具有优良的气密性、黏合性、耐湿滑性和良好的耐油性。以玻璃化转变温度 $T_g$ 为例，环氧化程度每增加 1 个百分点，$T_g$ 升高 0.92 ℃。由于环氧化天然橡胶的 $T_g$ 向高温移动，使环氧化天然橡胶用作高速行驶的轿车轮胎的胎面胶与路面将有更好的路面抓着力。由于环氧化天然橡胶分子链上环氧基团、碳氧双键和碳碳双键都是化学活性相当大的基团，使得环氧化天然橡胶存在性能不稳定及耐老化性能差等缺点。针对这些问题，继续在结构上作进一步改性，即环氧化天然橡胶改性，以提高其使用性能。例如，环氧化天然橡胶上的环氧基可与某些胺类化合物作用，通过这种反应可将芳胺类防老剂接枝到环氧化天然橡胶分子链上，从而根本上改善环氧化天然橡胶的老化性能。当接枝率较高时还可以作为一种高分子防老剂使用。这类反应可以在环氧化天然橡胶溶液或胶乳中进行。环氧化天然橡胶可以与硅氧烷作用，硅氧烷首先使环氧化天然橡胶的环氧基团开环，然后进行交联。这样可使环氧化天然橡胶得到较好的补强，其补强效果比炭黑要好。向环氧化天然橡胶胶乳中通入氯气在室温下反应可以得到氯化环氧化天然橡胶，通入溴溶液可得到溴化环氧化天然橡胶，卤化后的环氧化天然橡胶产物与金属、玻璃的黏合性能好。

环氧基团遇水会分解，转变成四氧呋喃环和羟基，在酸性或碱性条件下可促进环氧基的开环反应，可以通过改变羟基的含量来控制反应产物的透气性。采用有机过氧酸制备的环氧化天然橡胶，环氧基团的水解过程中，环氧基的氧原子经过质子化形成中间体，中间体受到邻位上环氧基中的氧原子亲核攻击，形成四氢呋喃环。

环状碳酸酯化天然橡胶是以二氧化碳为原料制备的绿色聚合物，有望作为既具有天然橡胶的柔软性，又具有碳酸酯基的高极性这样一种功能性有机材料加以应用。环状碳酸酯化天然橡胶是先将天然橡胶环氧化，然后再与超临界二氧化碳反应制得的。在该反应中采用 LiBr 作为催化剂，其中 Li$^+$ 作为路易氏酸与环氧基的氧原子发生配位反应，使环氧基活化后，Br$^-$ 向环氧基的碳原子进行 SN2 型亲核攻击，形成中间体 A。中间体 A 与二氧化碳反应形成中间体 B，伴随着脱溴由闭环反应形成了环状碳酸酯。若考虑到 Br$^-$ 对环氧基的亲核攻击处于决定反应速度的阶段，那么 LiBr 和环氧基的相互作用就很重要。但是，未经处理的天然橡胶中所含的蛋白质会吸附水，由于 LiBr 和水会相互作用，这就阻碍了 LiBr 与环氧化天然橡胶的相互作用。因此，若采用天然橡胶作为原料来制备环状碳酸酯化天然橡胶，则必须先除去天然橡胶中的蛋白质。

环氧化天然橡胶可以与其他高聚物共混，由于环氧基的活性，可与共混物中的其他基团发生某种程度的化学反应，从而引入新的性质。如使用环氧化丁二烯和苯乙烯的三嵌段共聚物作为环氧化天然橡胶/丁苯橡胶（SBR）共混物的增容剂可改善环氧化天然橡胶共混材料的拉伸强度、加工性能、硫化时间、定伸应力、撕裂强度、耐油性、焦烧时间等性能。环氧化天然橡胶和聚乳酸混合，聚乳酸向环氧基进行 SN2 型亲核攻击，在 3 号位的碳原子上形成新的 C—O 键，两相区界面紧密结合，可以作为耐冲击性优异的中性碳复合材料而得以应用。

#### 8.3.2.2 卤化改性

卤素在天然橡胶主链的 C=C 键上发生加成反应的天然橡胶称为卤化天然橡胶，氯化天然橡胶（CNR）是其中较常见的品种，氯化天然橡胶又称氯化橡胶，是以天然橡胶或合成橡胶为原料经氯化反应改性而成。氯化天然橡胶是第一个工业化的天然橡胶衍生物。氯化橡胶由于具有优良的成膜性、黏附性、耐磨性、抗腐性及突出的快干性和防水性，是一种重要的涂料原料。氯化橡胶可广泛用于生产船舶漆、集装箱漆、道路标志漆、汽车底盘漆、建筑及化工设备的重要防腐防火涂料等，而且由于漆膜具有耐水性好、耐腐蚀性强、耐候性佳等特点，它还广泛应用在重大工程涂装中。

氯化天然橡胶传统上采用溶液法工艺进行生产，在天然橡胶的四氯化碳溶液（2%~5%）中，分批或连续通入氯气，将天然橡胶经氯化反应制得氯化天然橡胶，氯质量分数 60% 以上，产品是白色粉末状产品。

氯化天然橡胶胶乳法生产工艺相对溶剂法成本较低、污染较小。胶乳法是将天然橡胶、软水、相应的乳化剂、分散剂加入反应器中，在一定的温度和压力下，通过紫外光或游离基引发，通入氯气进行氯化反应，然后脱水，经干燥即得氯化橡胶产品。

除此之外，还可采用固相法和乳液法生产氯化天然橡胶。固相法是把天然橡胶与硫酸钠磨碎混合为均匀粉末，在耐压反应器中，10~25 ℃ 温度下用液氯氯化，85 h 后将氯化反应物用水洗除盐、干燥后可得到含氯量 60%~62% 的氯化橡胶，固相法由于无法解决散热问题，造成产品的热稳定性差、色泽深，故规模仅限于 500 L/釜 以下，工业意义不大。乳液法是把天然橡胶与氯气加压分散在次氯酸钠溶液中，配成 7% 的乳液，通氯气 4 h 后冷却，加入氢氧化钠溶液得到悬浮液，再通氯气 2~3 h 后，洗涤、过滤、干燥，可得含氯量 60%~65% 的氯化橡胶。此法反应工艺流程长，且在非均相体系反应，存在内外氯化不均的问题，产品质量不稳定，工业上已很少采用。

#### 8.3.2.3 环化改性

环化天然橡胶也是从化学结构上对天然橡胶进行改性。环化反应是碳正离子引发的反应，它可以将一线性和有规立构聚合物转化为梯形聚合物。质子酸、路易斯酸、热、电磁和微粒子辐射都可以引发不饱和聚合物的环化反应。在不饱和聚合物中，天然橡胶是最敏感和最易发生环化聚合反应的，天然胶乳或生胶用芳香烃溶剂溶解后，加入硫酸或磺酸等环化剂加热反应，则橡胶的顺式-1,4-结构部分被环化，并有一小部分转化为反式结构，环化反应的结果是使天然橡胶生成具有双环或三环结构的环化橡胶，不饱和度降低到原来的50%左右。环化反应导致天然橡胶相对分子质量大大降低，密度和折射率增高，环化结构的存在使天然橡胶分子链的刚性增强，软化点在95~120 ℃之间。环化天然橡胶可作为鞋底、坚硬的模制品、机械的衬里、耐酸碱涂料、金属、木材、聚乙烯、聚丙烯及混凝土的黏合剂等来使用。可以用密炼机或开炼机来环化天然橡胶，如采用此法，将芳香族磺酸加入天然橡胶，在 125~150 ℃下 2~5 h 就能得到黑色树脂状环化天然橡胶产物。也可以用溶液法来环化天然橡胶，先用酚类溶剂使橡胶溶胀，再用磷酸使橡胶环化，完成环化反应通常需 24 h 以上，或者天然橡胶在氯锡酸作用下，在芳香烃溶剂中回流几小时，也能使天然橡胶环化。

乳液法也可以制备环化天然橡胶，如在离心浓缩胶乳中，在稳定剂(如对苯磺酸与环氧乙烷的缩合物)作用下边搅拌边加入 98%的硫酸，100 ℃反应 2.5 h，胶乳充分环化，制得环化天然橡胶。

### 8.3.2.4　氢化改性

天然橡胶具有良好的综合性能，但其分子链上含有不饱和双键，使得耐热性和耐老化性较差，这将在一定程度上限制其应用范围。通过加氢工艺使天然橡胶分子链上的双键饱和，可在保持原有性能的基础上改善耐热性及耐老化性，使其综合性能进一步提高。饱和天然橡胶的制备有高压氢化和常压氢化两种途径。高压氢化工艺需要高压设备、氢气、贵金属催化剂和大量溶剂，在一定条件下可使天然橡胶达到 100%的氢化程度，得到结构上类似于二元乙丙交替共聚物的氢化天然橡胶。天然橡胶氢化后，橡胶的耐氧、臭氧老化性能以及耐酸碱腐蚀性都会提高。天然橡胶氢化后，其溶解和加工性均能发生根大的变化。氢化天然橡胶很难溶解在苯中，即便是将苯加热至沸腾；而天然橡胶在苯中室温下很快就溶解。天然橡胶氢化后，自黏性降低，塑炼困难，不易抱辊，且氢化程度越高，这种趋势越明显。天然橡胶如果 100%氢化则没有不饱和双键，相应的不能用硫黄硫化，但可以用过氧化物硫化，也可保留 3%~8%的不饱和度制得高结晶可制得硫黄硫化的三元乙丙橡胶。

氢气氢化天然橡胶双键需要在特高压反应釜内，以甲苯或氯苯为溶剂，需要 Os 系、Pd 系等催化剂催化才能完成氢化。二酰亚胺法则是利用肼的氧化或者 p-甲苯磺酰肼的热分解产生二酰亚胺，然后进行氢的顺式加成，完成氢化反应。天然胶乳氢化还可以使用氯化钯或者肼的方法，但是这种方法使用了价格昂贵的、不易除去的或有毒的试剂，且氢化效率较低。

### 8.3.2.5　氢卤化改性

根据马尔科夫尼科夫规则，可以将卤化氢加成到天然橡胶分子链上。该反应属同型聚合物反应，所以只引起轻微的环化。HCl-NR 可用通用化学式($C_5H_9Cl$)$_x$表示，是一种高度结晶性物质，熔点为 115 ℃，可用作涂料和包装的透明胶膜以及橡胶与金属之间的黏合剂。在发达国家，HCl-NR 已被其他成本较低的无氯产品所取代，现已不再生产。天然橡胶的氢氯化反应是在 10 ℃加压的条件下，在卤化物溶液中进行。也可以直接将卤化氢加入到对酸稳定的天然橡胶胶乳中进行氢氯化反应，然后用氯化钠或酒精使其凝固。氢氯化天然橡胶氯含量不能过高，当氯含量达到 33.3%时，氢氯化天然橡胶将变脆失去弹性不能应用，氯含量应控制在 29%~30.5%可以保持材料的工业应用性能。

### 8.3.2.6　天然橡胶的化学解聚

液体天然橡胶由天然橡胶解聚得到，又称为解聚天然橡胶，是一种相对分子质量 10~20 kDa

或更低的低相对分子质量聚合物，其呈一种稠厚的有流动性的褐色蜂蜜状液体，常温下黏度从几十泊至上千泊，经硫化即成为弹性橡胶。液体天然橡胶因为价格低廉、高清洁化、制造工艺简单(可浇注成型，现场硫化)、节能等优点，已广泛用于电工元件埋封材料、密封剂、胶黏剂、防护涂层、汽车轮胎等用途。

通常，天然橡胶的解聚都是由自由基引发的，但断裂点依反应条件的不同而各异。例如，在作为光催化剂的二氧化钛参与下，对脱蛋白质天然橡胶(DPNR)胶乳进行紫外线辐照，在1和4位置之间的C—C键发生均裂，产生了烯丙基自由基。这些自由基并不固定在某一位置上，而是被更稳定的自由基(OH)所捕捉而形成末端含有羟基的3种结构。

### 8.3.2.7 化学改性法制备难结晶天然橡胶

天然橡胶的结晶性而产生橡胶结晶具有自补强作用，可以增加韧性和抗破裂能力，同时由于结晶会使橡胶变硬，弹性下降。通过在天然胶乳中加入硫代苯甲酸，与橡胶反应制备难结晶天然橡胶，橡胶在反应中产生异构化部分生成反式-1,4-结构，只要生成反式-1,4-结构达到6%，结晶速率就可以减慢500倍以上，这种难结晶橡胶可以用于制造低温条件下使用的橡胶制品。

### 8.3.2.8 接枝改性

接枝共聚是近代高聚物改性的基本方法之一。由于接枝共聚物是由两种不同的聚合物分子链分别组成共聚物主链和侧链，因而通常具有两种均聚物所具备的综合性能。在合适的条件下，烯类单体可与天然橡胶反应，得到侧链连接有烯类聚合链的天然橡胶接枝共聚物，这类接枝共聚物一般具有烯类单体聚合物的某些性能，如天然橡胶与甲基丙烯酸甲酯的接枝共聚物，用于通用橡胶制品时，其补强性大大提高。用作胶黏剂时，其黏合性能明显优于单纯的天然橡胶。而天然橡胶与丙烯腈的接枝共聚物，其耐油性和耐溶剂性明显提高。通过接枝共聚反应可对天然橡胶进行广泛的化学修饰，得到具有指定性能的接枝共聚物，从而提高天然橡胶制品的综合性能，拓宽其应用领域。科学家们以化学方法使可聚合的单体，如丙烯酸酯、苯乙烯、丙烯腈等作为支链附着于橡胶烃主链上，并通过差热分析和选择性溶解度测定证实了接枝物的存在。此发现很快引起了普遍关注，其他橡胶研究单位改进了这种改性方法，开始了系统的接枝共聚研究。迄今为止，已成功地合成了天然橡胶与甲基丙烯酸甲酯(NR-g-MMA)、天然橡胶与苯乙烯(NR-g-ST)、天然橡胶与丙烯腈(NR-g-AN)、天然橡胶与醋酸乙烯酯(NR-g-VAC)、天然橡胶与丙烯酸(NR-g-AA)、天然橡胶与丙烯酸甲酯(NR-g-MA)、天然橡胶与丙烯酰胺(NR-g-AAM)等各种接枝共聚物，多组分共聚物也时有报道。这些接枝共聚物，将烯类单体聚合物的某些性能赋予天然橡胶接枝共聚物。如天然橡胶与甲基丙烯酸甲酯接枝共聚物作为通用橡胶制品使用时其补强性大大提高，可作为硬橡胶材料用于汽车制品，作为胶黏剂使用时其黏合性能明显优于纯天然橡胶；天然橡胶可接上各种乙烯类单体(如苯乙烯等)，使接枝共聚物有耐磨、耐屈挠、耐老化和高拉伸强度等性能；天然橡胶与丙烯腈接枝，可以提高橡胶的耐油性和耐溶剂性；天然橡胶与顺丁烯二酸酐接枝，可以提高橡胶的耐曲挠性。

(1)天然橡胶接枝改性方法

天然橡胶接枝改性的聚合方法主要有溶液法、乳液法、悬浮法、熔融法和辐射法。

①溶液法 溶液法就是天然橡胶和单体在溶液中发生接枝反应。采用溶液法制备天然橡胶接枝改性产物的反应控制性好、产品性能好。首先是将天然橡胶在苯、甲苯、甲乙酮等有机溶剂中溶解或溶胀，在合适的温度下经引发剂引发天然橡胶和单体接枝聚合，即可得到天然橡胶接枝改性产品。如采用溶液聚合法在天然橡胶分子链上接枝极性的甲基丙烯酸甲酯(MMA)，非极性的天然橡胶分子链上接枝上了极性的聚甲基丙烯酸甲酯支链，导致接枝后的橡胶其结构和性能较接枝前均有明显的变化。此方法中溶解天然橡胶需要使用大量有机溶剂，造成产品成本

较高，不易后处理，且污染环境。

②乳液法　在天然胶乳中进行接枝反应被称为乳液法，这种方法较溶液法成本较低、易操作、不污染环境，但是反应不均匀。如以天然胶乳为原料，用氧化还原引发体系(过硫酸钾/硫代硫酸钠)，使含有吸水性功能基团的单体(如丙烯酰胺)与天然胶乳接枝共聚，可以制备腻子型吸水膨胀天然橡胶。用乳液聚合法对天然胶乳接枝季铵盐单体，使其具有抗菌效果。通过接枝季铵盐单体使胶乳材料对大肠杆菌具有了明显的抗菌效果。

③悬浮法　悬浮法将天然橡胶分散在水相介质中，由引发剂引发产生自由基而发生接枝反应。该法有利于传质、传热，产物为珠状小颗粒，便于成型加工。采用悬浮聚合法合成了天然橡胶接枝甲基丙烯酸甲脂和苯乙烯的共聚物。以过氧化二苯甲酰(BPO)与 N, N-二甲基苯胺(DMA)聚合，聚合速率较快。在分散体系中，以聚乙烯醇(PVA)与甲基纤维素(MC)配合使用效果最好。在水性悬浮体系中，以过硫酸钾为引发剂，采用丙烯酸羟乙酯(HEA)对硫化橡胶胶粉进行表面接枝改性，使胶粉表面部分羟基化，对胶粉的表面物理化学性质产生重大影响，经过表面羟基化改性的硫化胶粉，可作为与聚氨酯、环氧树脂、聚酯树脂等极性材料相容的新型柔性填充剂。

④熔融法　熔融法是指将单体与天然橡胶在开炼机、密炼机或流变仪中混炼，由引发剂裂解产生自由基或在剪切应力作用下直接产生自由基，引发天然橡胶与单体接枝共聚。如利用 Haake 流变仪的高温高剪切作用，在 170 ℃下，将环氧天然橡胶 ENR 对白炭黑固态原位接枝，可以得到一种高分散疏水型白炭黑。

⑤辐射法　辐射法接枝改性天然橡胶主要有引发 γ 辐射、紫外线和电子束引发改性等。γ 射线具有很高的辐射能量，橡胶表面被 γ 射线照射分子链发生断裂，产生自由基，引发单体[如丙烯酰胺(AAM)、甲基丙烯酸-羟基乙酯(HEMA)和 N-乙烯基吡咯烷酮(NVP)等]聚合反应，在表面生成新的物质。如在 $^{60}$Coγ 辐射源下，用甲基丙烯酸全氟烷基代乙酯(Zonyl TM)改性天然橡胶胶乳，发现当 Zonyl TM 质量分数为 0.94% 时，天然橡胶表面已产生疏水效果。

紫外线辐射相对于其他高能辐射来说具有对材料的穿透力小、改性不破坏材料本体性能的特点。利用光接枝的方法可以在硅橡胶、氟橡胶的表面接入生物活性基团、极性基团等特征能团，改善性能，拓宽了两种橡胶材料制品的适用范围。紫外线辐射由于所需设备成本低，连续化操作方便，在工业上具有广阔的发展空间。

电子束引发接枝可以生成完全由温度响应的离子源和自由基，是一种极具工业化价值的天然橡胶材料表面改性的新方法。

先对 NR 膜进行等离子预处理，然后用 UV 法分别接枝丙烯酰氨和丙烯酸以提高 NR 表面性能，如亲水性和疏水性，接枝 HFA 后的 NR 对水接触角为 109°。

(2)接枝机理

在天然橡胶的分子链中，每个异戊二烯链节都含有一个双键，双键碳原子可以进行加成反应，天然橡胶分子链中 1,4-聚合链节中双键旁边有三个 α 位置可以脱氢产生自由基(图8-4)，从而接上单体，因此在天然橡胶主链的任何碳原子上都可以接上单体。自由基反应能力电子效应及空间位阻的影响，三个位置上 C—H 的反应活性顺序为 a>b>c，异戊二烯单元中的侧甲基是供电子基团，可以使双键的电子云密度增加，所以此位置上的 α-H 易于发生取代反应。a、b 两位是仲氢，c 位是伯氢，一般脱仲氢比脱伯氢容易，所以 a、b 位比 c 位反应活性大。a 位脱氢后形成的大分子自由基，因与侧甲基的超共轭作用，a 位更加稳定。a 位活性大于 b 位，不同位置上 C—H 的解离能是不相同的，a 位 C—H 键解离能为 320.5 kJ/mol，b 位 C—H 键解离能为 331.4 kJ/mol，c 位 C—H 键解离能为 349.4 kJ/mol。

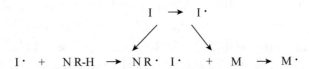

**图 8-4　天然橡胶分子链中 1,4 聚合链节**

在天然橡胶接枝烯类单体反应中存在链引发、链增长、链转移、链终止等基元反应（表 8-3）。

①链引发　引发剂分解生成引发剂自由基，引发剂自由基再遇到单体和天然橡胶生成初级自由基：

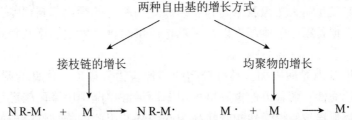

反应中自由基引发剂可以直接攻击大分子链引发接枝共聚，还可以先引发单体生成初级长链自由基，再在大分子上发生链转移，前者共轭稳定性较高。

②链增长　均聚长链自由基可以与天然橡胶大分子自由基或者另一初级长链自由基发生双基终止，生成接枝共聚物或者生成均聚物，也可以向天然橡胶大分子发生链转移，继续发生链增长。

两种自由基的增长方式

接枝链的增长　　　　　　　均聚物的增长

$$NR\text{-}M\cdot \; + \; M \longrightarrow NR\text{-}M\cdot \qquad\qquad M\cdot \; + \; M \longrightarrow M\cdot$$

③链转移　天然橡胶大分子自由基的链转移反应对产物接枝链的长短有重要影响，反应体系中发现大分子自由基不仅对单体和橡胶分子链发生链转移，还对引发剂、均聚物、均聚物初级长链自由基发生链转移。例如，在苯乙烯接枝天然胶乳反应、聚异戊二烯与苯乙烯的接枝天然橡胶反应中均有此现象。

**表 8-3　天然橡胶大分子自由基的链转移与链终止反应**

| | | |
|---|---|---|
| 链转移 | 对单体的链转移 | $NR\text{-}M\cdot +M \longrightarrow M\cdot +NR\text{-}M$ |
| | | $M\cdot +M \longrightarrow M+M\cdot$ |
| | 对天然橡胶大分子链的链转移 | $NR\text{-}M\cdot +NR\text{-}H \longrightarrow NR\cdot +NR\text{-}M$ |
| | | $M\cdot +NR\text{-}H \longrightarrow NR\cdot +M$ |
| | 对引发剂的链转移 | $NR\text{-}M\cdot +I \longrightarrow I\cdot +NR\text{-}M$ |
| | 对均聚物基的链转移 | $NR\text{-}M\cdot +M \longrightarrow M\cdot +NR\text{-}M$ |
| | 对均聚物初级长链自由基 | $NR\text{-}M+M\cdot \longrightarrow M\cdot -M\cdot +NR\text{-}M$ |
| 链终止 | 双基结合链终止 | $NR\cdot +M\cdot \longrightarrow NR\text{-}M$ |
| | | $NR\text{-}M\cdot +M\cdot \longrightarrow NR\text{-}M$ |
| | | $NR\text{-}M\cdot +NR\text{-}M\cdot \longrightarrow NR\text{-}M$ |
| | | $M\cdot +M\cdot \longrightarrow M$ |

④链终止　初级自由基引发的均聚长链自由基，即可能与天然橡胶大分子自由基发生双基终止，也可能向天然橡胶大分子链转移而发生再引发，还可能与另一均聚物的初级长链自由基发生终止，后两者能使反应产生均聚物。

（3）天然橡胶的接枝单体

不同水溶性的单体，在乳液中的相分布不同，与疏水性的橡胶烃的混溶性也不同。疏水性的单体（如 MMA、St、SMA 等）经过一定时间的预溶胀处理后，能够分布在橡胶粒子的表面或内部，使聚合反应在溶胀了的胶乳粒子中进行。亲水性单体，如甲基丙烯酸二甲氨基乙酯（DMAE-MA），易在水相中成核，形成单体均聚物，为提高接枝共聚物的接枝效率，可选择氧化-还原引发体系（如 CHP/TEPA）使引发自由基在胶粒/水界面上产生，并引发单体在胶粒表面发生链增长。要得到空间均相的接枝共聚物（spatially homo-geneous copolymers），必须注意两个准则：一是防止二次成核或二级粒子的形成。二级粒子主要是通过均相成核形成，即水相中的自由基发生链增长，由线团状转变为球形。防止二次成核可以通过如下方法：①选择高疏水性单体，如丙烯酸月桂酯（LA）、甲基丙烯酸月桂酯（LMA）、新癸酸乙烯酯（VnD）等；②选择不产生水相自由基的引发体系，如 CHP/TEPA 氧化还原引发体系。二是种子聚合物与单体之间必须形成足够多的接枝聚合物作为增容剂。这要求选择具有合适反应活性的单体，如丙烯酸类单体（MMA、BA、LA 等），既能与聚异戊二烯发生反应，又能与大分子链自由基发生链增长。

此外，第二单体（如 VnD）的加入能够提高天然橡胶的接枝共聚物的接枝率，减少均聚物的产生。这是因为第二单体能够起到链转移剂的作用，其自由基具有很高的反应活性，而第二单体本身反应活性则很低，不能与其他自由基发生反应；当进行天然橡胶与其他单体的接枝共聚时，第二单体自由基发生向天然橡胶的转移，形成更为稳定的烯丙基自由基，导致天然橡胶链自由基的数量增加，但是第二单体却难以与天然橡胶链自由基发生链增长反应，其均聚反应也难以进行。

天然橡胶接枝甲基丙烯酸甲酯，具有较高的定伸应力和硬度，优良的耐磨性、耐老化性、黏合性及较好的可填充性。随着天然橡胶接枝甲基丙烯酸甲酯中甲基丙烯酸甲酯含量增大，这些性能逐步提高。辐射接枝所得天然橡胶接枝甲基丙烯酸甲酯的物理性能较好。化学引发可能发生天然橡胶分子链降解，所得的接枝橡胶物理性能较差。天然橡胶接枝甲基丙烯酸甲酯的成膜性和加工性能较差，高速长时间混炼可以改善加工性能，但由于混炼过程中分子链断裂，会降低机械性能。

（4）天然橡胶接枝常用引发体系

化学引发是通过化学反应产生自由基。常见的有通过氧化还原反应产生自由基的氧化还原引发体系，如过氧化氢/硫代硫酸钠、溴酸钾/硫脲、高锰酸钾/抗坏血酸等；在热或光的作用下裂解直接产生自由基的过氧化物引发体系，如叔丁基过氧化氢、异丙苯过氧化氢、过氧化二叔丁基、过氧化苯甲酰、偶氮二异丁腈等；通过不同价态离子之间电子的跃迁产生自由基的离子引发体系，如二甲基苯胺/二价铜、三价锰的乙酰丙酮络合物，过硫酸钾/一价银、五价钒、四价铈等。在一般情况下，引发剂加得多，自由基也生成多，则高聚物分子的聚合度小，接枝反应所加引发剂量的多少，会影响天然橡胶分子链的长短。有时自由基能将天然橡胶分子链打断，降低天然橡胶分子链的聚合度。天然橡胶的接枝反应并非都能形成接枝链，在溶液法天然橡胶接枝马来酸酐的反应中，由于马来酸酐分子结构对称，无诱导或共轭效应，空间位阻较大，不易均聚，其接枝形式是以单分子悬挂到橡胶大分子链上为主的。

在热或光的作用下，当分子中原子获得的振动能量足以克服化学键能时，分子就会发生均裂而产生自由基；氧化还原引发体系则由氧化剂和还原剂之间发生氧化还原反应而产生能引发聚合的自由基，采用氧化还原体系的反应温度比热引发体系低，而反应速率一般比热引发体系高。离子引发体系通过不同价态离子之间电子的跃迁产生自由基，其反应动力学和氧化还原引发体系相似。

对于热引发剂，氧中心自由基（BPO、KPS 等产生的自由基）比碳中心自由基（如 AIBN 等产生的自由基）更有利于天然橡胶的接枝共聚。这是因为氧中心自由基更易在天然橡胶大分子链上夺取氢原子。

AIBN 很难引发天然橡胶接枝共聚。用 BPO 引发 MMA 与天然胶乳的接枝共聚，认为 BPO 是在橡胶粒子内部引发 MMA 的接枝聚合。采用过硫酸盐引发亲水性单体甲基丙烯酰胺（MAA）与天然胶乳的接枝共聚发现，与油溶性单体不同，MAA 的接枝聚合点是在胶粒表面。

在过氧化二苯甲酰（BPO）作引发剂引发天然橡胶接枝甲基丙烯酸甲酯反应中，引发剂初级自由基可以通过氢取代（abstraction）和双键加成（addition）两种方式与橡胶主链发生反应，形成的烯丙基自由基（氢取代产生，有共轭稳定作用，是主要的引发方式）和烷基自由基都可以引发自由基聚合作为接枝点。

## 8.4　天然橡胶应用

天然橡胶具有一系列物理化学特性，尤其是其优良的回弹性、绝缘性、隔水性及可塑性等特性，并且经过适当处理后还具有耐油、耐酸、耐碱、耐热、耐寒、耐压、耐磨等性质，所以具有广泛用途。例如，日常生活中使用的雨鞋、暖水袋、松紧带；医疗卫生行业所用的外科医生手套、输血管、避孕套；交通运输上使用的各种轮胎；工业上使用的传送带、运输带、耐酸和耐碱手套；农业上使用的排灌胶管、氨水袋；气象测量用的探空气球；科学试验用的密封、防震设备；国防上使用的飞机、坦克、大炮、防毒面具；甚至连火箭、人造地球卫星和宇宙飞船等高精尖科学技术产品都离不开天然橡胶。目前，世界上部分或完全用天然橡胶制成的物品已达 7 万种以上。

天然橡胶按应用需要进行化学改性，常见的品种有环氧化天然胶、氯化天然橡胶、液体天然橡胶、天甲橡胶和脱蛋白天然橡胶等改性天然橡胶，这些橡胶均有其各自优异的专用性能，并保持了天然橡胶综合性能优异的特点。

在天然胶乳的乳清中，糖类物质含有白坚木皮醇，白坚木皮醇经适当的旋光异构纯化处理得到白坚木皮醇旋光体，这是一种高价值材料，可作为合成抗癌药物、抗血栓和特殊酶促过程的助剂。乳清中的一系列成分可作为生物合成和化学合成的催化剂、抗生素等。

## 8.5　杜仲胶

天然杜仲胶含于同名杜仲树（*Eucommia ulmoides* Oliv.）中。据史料记载，在地质史第三纪前，杜仲广泛分布于欧美大陆，由于第四纪冰川期的侵袭，在这片地区消失。在我国一些地区保留下来的杜仲是一种地质史变化残留的孑遗植物。自 20 世纪 50 年代以来，众多国内外学者对杜仲植物的天然化学组分开展了大量研究工作。累积研究结果表明，杜仲树叶、树皮、果皮以及杜仲种子、种皮中所含的化学组分基本相同，主要包括天然杜仲橡胶、木脂素、苯丙素、环烯醚萜类等萜类化合物，还包括黄酮类、多糖、酚类、有机酸、氨基酸、矿质元素、维生素、醇类等。杜仲花粉是我国独有的珍贵药用资源，含有大量的杜仲黄酮（槲皮素）（含量 3.5%）、氨基酸（含量 21.88%）等活性营养成分。杜仲果仁和杜仲油的活性成分桃叶珊瑚苷和高活性α-亚麻酸含量在所有植物中最高，分别为 11.3% 和 66.4%。杜仲除了含有大量的药用成分以外，杜仲胶是杜仲中含量相对较高的成分之一，将杜仲皮或叶折断后拉成的银白色胶丝，就是杜仲胶，杜仲各组织中均含有杜仲胶，尤其以成熟果实中含量最高，达到 8%～10%，树皮中为 6%～10%，而根皮、叶中含量则分别为 10%～12% 和 4%～5%。

据《神农本草经》记载，杜仲的利用史可以追溯到公元 2 世纪之前。杜仲树是我国特有的原生树种，在我国具有非常广泛的分布，主要集中于长江中下游地区，包括四川、河南、贵州、陕西、湖北、云南、广西、江西、浙江、湖南等地。此外，杜仲树还在甘肃省的小陇山地区、山西省的东条山地区、河南省的伏牛山地区、鄂西山区等地区分布。杜仲树在我国北方的长白山地区同样栽培成功，且其在 300～1300 m 海拔范围内均有分布，个别地区垂直分布范围更宽，例如，在云南东北部，杜仲树最高分布海拔达到 2500 m。另外，杜仲在 19 世纪末 20 世纪初被引入法国、日本、俄国、美国等国，因此杜仲成为当今世界上种植范围最大，分布最广泛的胶原植物。经过对分布于世界五大洲 24 个国家范围内的 79 处树木园与植物园进行调查，调查结果表明杜仲植物在世界各地均有分布。

杜仲胶分子式为 $(C_5H_8)n$，与天然橡胶是同分异构体，但天然橡胶的主要分子结构为顺式-1,4-聚异戊二烯，而杜仲胶的微观结构为反式-1,4-聚异戊二烯，两种橡胶的分子简式如图 8-5 所示。天然橡胶的顺式-1,4 结构具有双键的反应性及聚异戊二烯分子链段的柔顺性，而杜仲胶除此之外分子链段还具有反式有序性。这些特性的差异使得二者的应用范围截然不同；天然橡胶在近百年以来一直作为弹性体材料在橡胶工业中起到举足轻重的作用，是橡胶工业的中流砥柱；而杜仲胶一直以来都无法引起人们注意，大部分情况下都是作为塑料的替代品或热塑性弹性体被使用，应用范围十分有限。

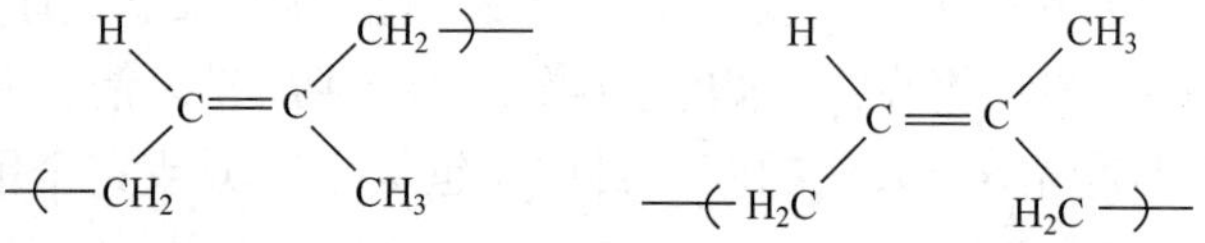

图 8-5 天然橡胶与杜仲胶

20 世纪 50 年代，学者终于找出这两种橡胶性能差异如此之大的原因，即杜仲胶中反式-1,4-聚异戊二烯含量在 98% 以上，纯度较高，分子主链规整度高，反式结构相对顺式结构而言具有更短的等同周期，使得其分子中存在结晶部分，从而在常温下无法表现出弹性体的特性而呈现出硬质塑料状；而天然橡胶的顺式-1,4-聚异戊二烯结构含量在 92% 左右，杂质含量较多，分子链规整度低，故在常温下能够以弹性体状态存在。

杜仲胶主要分为天然杜仲胶和合成杜仲胶两大类。天然杜仲胶，英文名称为 Eucommia ulmodise gum，简称为 EUG。除了这个名称之外，国外也称杜仲胶为古塔波胶(gutta percha)或巴拉塔胶(balata)，主要是产自马来西亚、南美洲和加勒比海地区等。合成杜仲胶，也称合成反式-1,4-聚异戊二烯，名称为 Synthesis Trans-1,4-polyisoprene，简称为 TPI，是指将异戊二烯单体经过聚合而得到的反式结构含量大于 98% 的反式-1,4-聚异戊二烯。在国内外的研究中，通常将天然杜仲胶以及合成杜仲胶都统称为杜仲胶。

杜仲橡胶与天然橡胶相比，其等同周期更小，即沿分子链轴向相同结构单元出现的距离更短，因此杜仲橡胶在常温下处于结晶状态且结晶度远高于天然橡胶。结晶的杜仲橡胶中通常包括 α-晶型和 β-晶型，两种晶型对应的熔融温度分别为 62 ℃和 52 ℃，天然橡胶为顺式聚异戊二烯，分子链柔顺性好，其玻璃化转变温度约为-73 ℃，熔融温度约为 25 ℃，而天然杜仲橡胶由于其分子链具有的高反式有序性导致其分子链柔顺性降低，玻璃化转变温度约为-58 ℃。因此，常温时天然杜仲橡胶处于玻璃化转变温度以上熔融温度以下处于皮革态，呈现为硬质塑料的性质，而天然橡胶处于玻璃化转变温度以上时处于高弹态，呈现为具有良好弹性的弹性体。

杜仲胶正好处在从橡胶到塑料过渡的临界位置，杜仲胶的链结构具双键、链柔性、有序链的易结晶性三大特征，链柔性是保持弹性的基础，双键可以硫化，反式结构的有序性使其容易结晶，控制三者的关系，就能使处于临界位置的杜仲胶获得不同性能的材料。杜仲胶的硫化过程中交联度不同对应材料性能不同，杜仲胶零交联度是线性热塑性结晶高分子（A 阶段），未硫化的杜仲胶是结晶热塑性高分子，杜仲胶是热的不良导体，绝热性好，在 60 ℃左右软化，可手捏成型，不会伤及肌肤，冷却后具有一定的硬度和刚度。杜仲胶低交联度是网状热弹性结晶高分子（B 阶段），低交联度的杜仲胶是硬质热弹性体，是交联网络型结晶材料，受热后具有橡胶弹性，受力可变形，冷却至室温变硬，并冻结住形态，可作为热刺激性记忆功能材料。杜仲胶在临界交联度成为无定型网状橡胶型高分子（C 阶段），交联度增至临界值，杜仲胶变成为柔软的弹性体，由于是有序弹性，动态疲劳性能较好。杜仲胶可以通过控制交联度获得不同性能材料，由于它优良的加工性，易于和塑料、橡胶等共混。杜仲胶的双键，共混时能以硫化、不硫化两种状态出现，从而又可得到性能不同、用途各异的材料（图 8-6）。

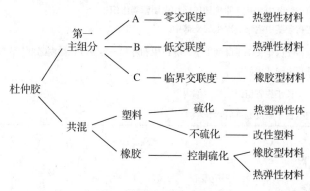

**图 8-6　杜仲材料工程学**

天然杜仲胶的反式结构含量可以达到 100%，而合成杜仲胶的反式含量也可以达到 99%，大量反式结构导致其分子链等同周期远远小于天然三叶橡胶，常温下分子链大量结晶，呈现出塑料态。这也使杜仲胶目前仅少量应用于塑料行业，如海底电缆、高尔夫球、医疗器械及装饰品等领域，应用范围很窄。反观与其结构近乎相同的天然橡胶仅能在我国两广及海南种植，产量已于 2011 年年末达到适宜种植面积极限，产量上升空闲很小，消费量却在逐年增加，我国天然橡胶资源依赖进口程度接近 80%，这种严重的供需失衡使天然橡胶资源成为我国的另一稀缺资源。随着我国经济的不断发展，天然橡胶资源成为经济发展中的一个软肋，长此以往更会成为制约我国发展的瓶颈，寻找一种天然橡胶的替代资源已经迫在眉睫。

## 8.5.1　杜仲胶的性能与提取工艺

### 8.5.1.1　杜仲中成分的分布

杜仲树的树皮、茎皮、叶子及种壳均含银白色丝棉状胶丝——杜仲胶，杜仲树的皮、叶及种荚的含胶量见表 8-4。

**表 8-4　杜仲皮、叶及种荚的含胶量情况**

| 种 类 | 橡胶/% | 树脂/% | 水/% |
|---|---|---|---|
| 杜仲种子 | 10.84 | 8.43 | 9.13 |
| 杜仲皮 | 7.95 | 7.41 | 11.10 |
| 杜仲叶子 | 4.3 | 4.24 | 9.7 |

#### 8.5.1.2 杜仲胶的形态特征

杜仲植株体内的含胶细胞是合成、储藏杜仲胶的细胞，杜仲含胶细胞是一种十分细长、丝状的、端部膨大的、细胞腔内充满橡胶颗粒的分泌单细胞。杜仲含胶细胞存在于根、茎、叶、花、果等各个器官中，含胶细胞在植物体内的分布与维管束系统密切相关，所有器官中的含胶细胞都是沿器官的纵轴排列(表8-5)。含胶细胞的长度和所在器官的长度有一定相关性，通常该类器官的长轴长其橡胶丝也长，反之则短。杜仲含胶细胞是一种分泌细胞，横断面多呈圆形，直径为韧皮薄壁细胞的1/4~1/3，成熟细胞腔内将充满分泌物——橡胶颗粒。含胶细胞内橡胶物质的合成和积累是相对独立的，不会通过胞间连丝在细胞间转移与运输。

表 8-5　杜仲含胶细胞位置

| 杜仲器官 | 位　　置 |
| --- | --- |
| 根 | 含胶细胞生长于根部韧皮部中 |
| 茎 | 含胶细胞在幼茎中生长于原生韧皮部和皮层营养组织中<br>含胶细胞在老茎中生长于次生韧皮部中 |
| 叶 | 含胶细胞在叶内生长于主脉的上下营养组织和叶片的各级叶脉韧皮部中，含胶细胞在叶柄中生长于营养组织及维管组织韧皮部中 |
| 花 | 含胶细胞生长于维管组织的韧皮部内 |
| 果 | 含胶细胞生长于果皮的维管组织中 |

### 8.5.2　杜仲胶的性能

#### 8.5.2.1　杜仲胶的一般性能

从植物组织中提取杜仲胶，经高度纯化、脱色后可得白色固体，杜仲胶分子链易于结晶，基质内有两种晶体结构共存，通常温度下为硬质固体，$\alpha$ 晶型的熔点为 65 ℃，$\beta$ 晶型的熔点为55 ℃。55 ℃下软化，熔点为 65 ℃，即只要温度达到 65 ℃以上，$\alpha$ 晶型融化，材料即可熔融，$\alpha$晶型和 $\beta$ 晶型可互相转化，$\beta$ 晶型只是一种亚稳态，在一定条件下 $\beta$ 晶型可以向 $\alpha$ 晶型转变。其物理参数见表8-6。

表 8-6　杜仲胶的物理常数

| 相对密度 | 软化点/℃ | 体积膨胀系数/<br>(1/℃) | 热导率/<br>(kJ/cm·s·℃) | 熔点/<br>℃ | 硬度<br>(邵氏 A) |
| --- | --- | --- | --- | --- | --- |
| 0.96~0.99 | 55 | 0.0008 | 129.6 | 65 | 98 |

#### 8.5.2.2　杜仲胶的力学性能

由于提取来源不同(如叶、种子等)，相对分子质量也不同，平均相对分子质量<$5\times10^4$ Da，材料的应力—应变曲线呈现脆性断裂而失去塑性形变特征，成为脆性材料。杜仲胶是一种晶区、非晶区共存的部分结晶高分子材料，杜仲胶在拉伸过程中，达到屈服强度极限后，应力迅速降低，然后保持在屈服应力下，曲颈逐步扩展至全区，随后由于受到强力变形而断裂(图8-7中曲线2)。杜仲胶的来源

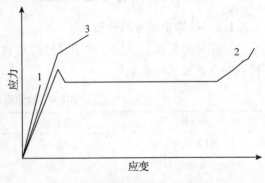

图 8-7　杜仲胶应力—应变曲线

不同(如叶子、果实等)，提取方法差异(如溶剂法、发酵法等)等会影响杜仲胶的相对分子质量，不同相对分子质量杜仲胶其应力—应变行为不同，如黏均相对分子质量小于 50 kDa 的杜仲胶成为脆性材料，应力—应变曲线呈现为脆性断裂而失去塑性变形特征(图 8-7 中曲线 1)，相对分子质量达 2000 kDa 后成为很坚韧的韧性材料，其应力—应变曲线也失去屈服特征，但强度仍很高(图 8-7 中曲线 3)，成为坚韧的韧性材料。

相对分子质量低的脆性材料，加热到熔点以上时是一种高黏性的树脂状熔融物，基本状态属于热熔胶范围，可用作热熔胶。超大相对分子质量的杜仲胶不仅在常温下失去屈服特征，加热后也失去热可塑性，而表现出热弹性，加工性差。

### 8.5.2.3　杜仲胶的电性能

杜仲胶电绝缘性能优良，可用作海底电缆的绝缘材料，其具体电性能见表 8-7。

表 8-7　杜仲胶的电性能

| 介电常数 | 体积电阻/ $(\Omega/cm^3)$ | 表面电阻/ $(\Omega/cm^2)$ | 介电强度/ $(kV/m)$ |
|---|---|---|---|
| 2.6 | $1.5×10^4$ | $1×10^{12}$ | 27.2 |

### 8.5.2.4　杜仲胶的耐溶剂性及化学稳定性

杜仲胶可溶于芳香烃、氯代烃、石油醚、乙酸乙酯中，不溶于酮及醇类极性溶剂，耐氢氟酸、浓盐酸、NaOH 等，但是不耐硝酸及热硫酸。杜仲胶分子链上有双键，易于发生光降解或氧化降解，杜仲胶长期存放要注意避光、隔离空气存放。

### 8.5.2.5　杜仲胶的提取方法

天然橡胶的提取方法比较简单，直接将橡胶树割开就能得到天然橡胶胶乳，而杜仲胶由于含胶细胞分布在种皮、果实、叶子等部位中，且含量极低，杂质较多，黏度较大，使得其提取工作比较复杂。通用的提取思路都是利用溶度参数与杜仲胶相近的有机溶剂将杜仲胶溶解之后再沉胶、提纯得到。目前存在较多的提取方法，但总体而言分为三大部分：首先是细胞壁的破坏，使得杜仲胶能够显露出来；其次是进行杜仲胶粗胶的提取；最后是将粗胶进行分离、提纯。根据不同的工艺，目前存在 5 种提取杜仲胶方法，简介如下。

(1) 机械法

机械法，也称高温蒸煮法，提取杜仲胶的原理是采用高速的搅拌打碎坚实的细胞壁，从而使杜仲胶析出。此工艺流程的优点是：不采用有机溶剂，对环境污染小，且操作简便，提取流程短，成本较低，适合大规模批量化生产；缺点是：提取效率不高，原胶流失严重，杂质含量较多，无法保证杜仲胶质量。

(2) 碱浸法

碱浸法提取杜仲胶的主要原理是利用强碱性的溶液，如 NaOH 溶液，经多次反复浸洗原料，其主要作用是降解叶子、果皮等中包裹杜仲胶丝的角质层，并能疏松细胞壁以及洗掉原料中的部分杂质，从而得到杜仲胶粗胶，这是早年较为常用的提取方法。在碱浸法工艺中，NaOH 溶液的浓度一般在 9% 左右，浸提温度一般在 90 ℃ 左右，此时综合提取效率较高。此工艺流程的优点是：设备简单，不含有挥发性有机溶剂，危险性较小，得到的粗胶比较松散、韧性好；缺点是：提取的粗胶纯度较低，提取效率不高，NaOH 溶液的消耗量大，对环境危害较大。目前该法已经基本废除。

（3）微生物法

微生物法，也称酶解法，是指利用部分微生物分泌出纤维素分解酶、木质素酶来对含胶的细胞壁进行分解、破坏，从而使得杜仲胶丝显露出来，易于进一步提取。目前用于酶解杜仲胶的主要菌种有能够分解纤维素的厌氧梭菌、地衣芽孢杆菌、强壮纤维单孢菌、黑曲霉、米曲霉、酵母菌、担子菌等以及能够分解木质素的短孔栓菌、云芝菌、脉射菌、多孔菌等。采用此工艺流程的优点是：提取效率高，含胶细胞由于没有机械应力破坏使得原胶胶丝没有被破坏，粗胶纯度较高；缺点是：菌群需要一定时间培养，提取周期较长。

（4）溶剂法

溶剂提取法是指采用有机溶剂将杜仲胶从细胞壁的阻碍中抽提出来，其原理是杜仲胶橡胶分子本身是非极性分子，但含有的大量双键使得其具有一定的极性，含胶细胞壁自身也具有一定的极性，基于此种特性可以选择某些极性与溶解性都比较合适的有机溶剂作为提取剂，经过提取之后得到一定浓度的胶液，再进行提纯等操作可以得到较纯净的杜仲胶。溶度参数以及极性与杜仲胶较相似的有机溶剂有石油醚、苯类、氯代烃等，但在醇类、酮类溶剂中溶解度非常低，故通常选用的提取溶剂为石油醚、甲苯、苯、三氯甲烷等，而乙醇、丙酮等通常作为沉胶及提纯的试剂。

采用该种方法提取杜仲胶的优点是：提取产率高，基本能够将细胞壁中所有的原胶都溶解到溶剂中，且得到的杜仲胶纯度较高；缺点是：重复抽提会使用大量有机溶剂污染环境以及在整个过程中该溶剂会溶解部分低极性的杂质，难以去除。

（5）综合法

上述的单一的提取杜仲胶的方法都有各自的优缺点，科研工作者在研究的过程中也在不断思考能否综合各类方法的优点，采用合适的方法来得到提取效率高、纯度高、对环境污染小的工艺流程，即综合提取法。科研工作者进行了冻胶法对杜仲胶提取的研究，首先他们采用物理机械方法暴露出杜仲胶丝，然后用混合溶剂 ML 提取，过滤后冷却到一定温度之后使杜仲胶分离出来，提取率可达到95%以上，胶纯度可达85%~88%；将杜仲籽直接在高温下用 NaOH 处理之后加入纤维酶素破坏含胶细胞壁，接着使用石油醚在常温下提取完杜仲籽油之后升至 60~90 ℃时提取杜仲胶，与直接粉碎杜仲籽之后再用石油醚提取相比，杜仲胶获得率提高58%。

## 8.5.3　杜仲的物理结构

### 8.5.3.1　杜仲胶的结晶特性

由于杜仲胶反式结构易结晶，杜仲胶存在两种晶型：$\alpha$-晶型和 $\beta$-晶型，熔点分别为 62 ℃和 52 ℃，$\alpha$-型晶体的等同周期比 $\beta$-型晶体的长 1 倍，其大分子空间排列结构（图 8-8）。两种晶型可以通过 X 射线衍射曲线区分，也可以通过偏光显微镜区分，$\beta$-晶型显示出黑十字消光球晶结晶形态，$\alpha$-晶型显示出树枝状球晶结晶形态。$\alpha$-晶型属于单斜晶系（monoclinic），$P2_1/C$ 空间群，链直线群为 $P_c$，晶胞参数 $a_0 = 0.789$ nm，$b_0 = 0.629$ nm，$c_0 = 0.877$ nm，$\beta = 102°$；$\beta$-晶型属于正交晶系（orthorhombic），$P2_12_12_1$ 空间群，链的直线群为 $P_1$，晶胞参数 $a_0 = 0.778$ nm，$b_0 = 0.1178$ nm，$c_0 = 0.472$ nm，$\alpha = \beta = \gamma = 90°$。

除了 $\alpha$-晶型和 $\beta$-晶型之外，杜仲胶还有两种具有争议的晶型：$\gamma$-晶型（单斜晶系，晶胞参数 $a_0 = 0.59$ nm，$b_0 = 0.92$ nm，$c_0 = 0.79$ nm，$\beta = 94°$）、$\delta$ 晶型[六方晶系（hexagonal），晶胞参数 $a_0 = 0.695$ nm，$b_0 = 0.695$ nm，$c_0 = 0.661$ nm，$\alpha = \beta = 90°$，$\gamma = 120°$]，杜仲胶在拉伸条件下结晶可以得到 $\gamma$ 晶型，在杜仲胶稀溶液喷射制备单晶的方法中可以得到 $\delta$ 晶型。

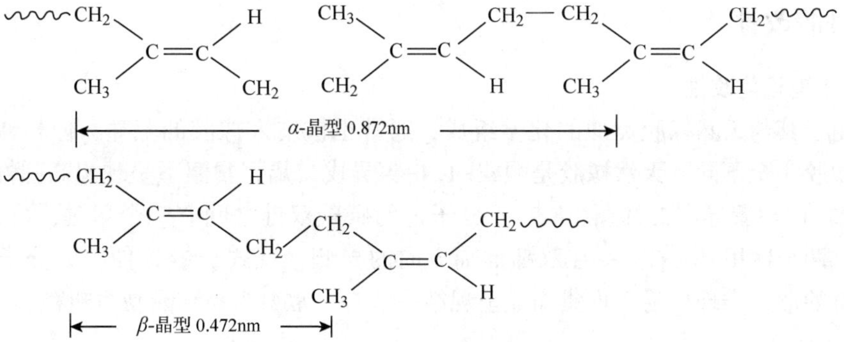

图 8-8　杜仲胶的晶型

### 8.5.3.2　杜仲胶结晶方法

制备杜仲胶结晶常用的方法有熔融结晶、稀溶液结晶、搅拌下的溶液结晶。

杜仲胶的熔融温度、结晶温度、冷却速度都会影响熔融结晶的晶型。杜仲胶加热至 77 ℃ 以上熔融，然后骤冷就得到单一的 $\beta$-晶型，若杜仲胶在 70 ℃ 以下熔融再冷却则可以得到大量 $\alpha$-晶型和少量 $\beta$-晶型，所以熔融温度影响杜仲胶的晶型。当结晶温度较高时有利于 $\alpha$-晶型的形成，当结晶温度较低时有利于 $\beta$-晶型的形成。冷却速度也会影响杜仲胶的晶型，从 70 ℃ 迅速冷却至 0 ℃ 或慢速冷却至 50 ℃ 大多为 $\beta$-晶型，而从 70 ℃ 迅速冷却至结晶温度，结晶温度越高，则 $\alpha$-晶型越多，见表 8-8。利用杜仲胶的稀溶液培养结晶，经过冷处理后可得到 $\alpha$-晶，不经过冷处理的结晶，结晶温度低时呈 $\beta$-晶型，结晶温度高时，呈 $\alpha$-晶型。相对分子质量也对晶型有影响，随相对分子质量的降低，杜仲胶直接结晶成 $\alpha$-型晶体的结晶温度有所升高，如 $M_r =$ $1.1 \times 10^5$ Da 的杜仲胶样品，$T_c = 30$ ℃ 结晶为 $\alpha$-晶型，$M_r = 2.5 \times 10^5$ Da 的杜仲胶样品，$T_c = 20$ ℃ 晶体已全部结晶为 $\alpha$-晶型（表 8-9）。

将杜仲胶在 49 ℃（这个温度接近纤维状物能从溶液结晶的最高温度）搅拌下，从乙酸正丁酯中结晶，得到 $\beta$-晶型。这种晶体是一种纤维状物质，有双折射性，溶化后尺寸收缩 1/4。

表 8-8　冷却速度对杜仲胶晶型的影响

| 从 70 ℃ 开始冷却 | $\alpha/\beta$ 峰面积之比 | 从 70 ℃ 开始冷却 | $\alpha/\beta$ 峰面积之比 |
| --- | --- | --- | --- |
| 迅速降温到 0 ℃ | 0.11 | 迅速降温到 50 ℃ | 1.76 |
| 迅速降温到 30 ℃ | 0.14 | 缓慢降温到 50 ℃ | 0.05 |
| 迅速降温到 40 ℃ | 0.3 | 缓慢降温到 54 ℃ | 0.03 |

表 8-9　杜仲胶结晶温度的影响

| 结晶条件 | $T_c$/℃ | DSC 出峰位置/℃ |
| --- | --- | --- |
| 溶液浓度 5.4×10⁻⁴ g/L | 10 | 60($\alpha$) |
|  | 20 | 62($\alpha$) |
|  | 30 | 66($\alpha$) |
|  | 32 | 68($\alpha$) |
|  | 0 | 66'48(少量 $\beta$) |
| 溶液浓度 0.011 g/L | 10 | 50($\alpha$) |
|  | 25 | 62($\alpha$) |

### 8.5.4 杜仲胶改性

#### 8.5.4.1 杜仲胶硫化改性

杜仲胶由于其与天然橡胶类似的化学组成，通常也被纳入橡胶的范畴，但杜仲胶的化学结构却与天然橡胶完全不同，天然橡胶是顺式-1,4-聚异戊二烯，常温下呈现出高弹性的性质，而杜仲胶是反式-1,4-聚异戊二烯(图8-9)，分子链的碳碳双键之间有三个单键，可以自由旋转，属于柔性链，两个次甲基—$CH_2$—在双键键轴方向的异侧，反式长链杜仲胶大分子是微观有序的，以折叠链的形式出现，易于堆集而成呈现结晶状态，常温为易结晶硬质塑料。

图8-9 杜仲胶结构式

利用杜仲胶的双键，通过化学改性方法使其转变为弹性体，可拓宽杜仲资源的应用范围。采用硫代苯磺酸、$SO_2$等作为异构化试剂可以使杜仲胶异构化，异构化之后的硫化橡胶的强度和伸长率都很低，不具备工业应用的价值。杜仲胶链结构的柔性和有序性是一对矛盾，杜仲胶柔性分子链富有弹性，只是由于分子链有序性导致结晶而无法实现，杜仲胶有双键硫化交联，可以通过交联来抑制结晶作用。采用传统的天然橡胶硫化配方对杜仲胶进行硫化，只得到了类似皮革的硬质材料，这是杜仲胶交联度过低导致的(表8-10中B阶段的DSC曲线)，交联点各向同性分布作用不足以抵有序分子链间各向异性取向聚集作用时，杜仲胶结晶仍然可以结晶，即低交联度不能完全有效地抑制杜仲胶的结晶。如果改变工艺条件，在143℃下用极细的、分散的很好的硫黄对杜仲胶进行硫化，得到的硫化产品20℃下，经过10个月仍能保持无定形态。改变工艺条件把交联度逐步提高，一旦交联度达到一个确定的临界值，结晶将消失，并使杜仲胶获得高弹性(表8-10中C阶段的DSC曲线)。可见杜仲胶是可以通过硫化抑制结晶的，杜仲胶适度硫化可以解决其结构有序性带来的结晶问题，杜仲胶硫化过程中交联度增加就是有序弹性链间各向异性取向聚集作用与交联点间桥键各向同性作用互相竞争。

表8-10 杜仲胶的三阶段特性

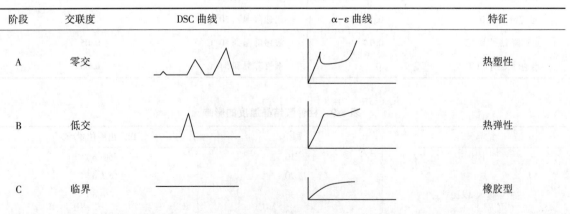

| 阶段 | 交联度 | DSC曲线 | α-ε曲线 | 特征 |
|---|---|---|---|---|
| A | 零交 | | | 热塑性 |
| B | 低交 | | | 热弹性 |
| C | 临界 | | | 橡胶型 |

随着对杜仲胶硫化过程规律性认识的深入，发现了杜仲胶硫化过程临界转变及受交联度控制的三阶段，从而开发出三大类不同用途的材料：热塑性材料、热弹性材料和橡胶弹性材料。这三种性状材料对应于硫化过程三个不同阶段，并通过交联度的不同把三者区别开来。

①A 阶段　零交联度—结晶型线性热塑性硬质材料，作为热塑性材料杜仲胶具有低温可塑加工性，可开发具有医疗、保健、康复等多用途的人体医用功能材料；

②B 阶段　低交联度—部分结晶交联网络型热弹性硬质材料，作为热弹性材料杜仲胶具有形状记忆功能，还具有储能、吸能、换能等特性，可开发许多新功能材料；

③C 阶段　临界交联度—无定型交联网络弹性材料，作为橡胶弹性材料杜仲胶具有寿命长、防湿滑、滚动阻力小等优点，是开发高性能绿色轮胎的极好材料。

杜仲胶的熔点与交联度密切相关，随着交联度的增加，熔点下降，如当交联剂硫的含量为 0.5%、3%、6% 时，杜仲胶的熔点为 55 ℃、45 ℃、40 ℃。

由于杜仲胶的特殊性能和用途，通过硫化改性和深度加工，可以开发出一系列覆盖塑料、橡胶领域的新型特殊功能材料，从而为杜仲胶的大规模开发利用，实现杜仲胶的产业化发展奠定了基础。

### 8.5.4.2　杜仲胶共混改性

杜仲胶是典型柔性链高分子，熔点低，其优良的加工性是目前已知的塑料品种无法比拟的，适用塑料加工中所有加工方法，还具有手工可捏塑性、剪裁性，可以开发各种特殊形状的模型及工艺品。杜仲胶与橡胶相比，虽无弹性，但却具有优良的热塑加工性，与塑料相比，结晶能力低、熔点低，因此，又表现出更为方便的加工操作性能。这就使得杜仲胶在共混加工时，有明显的优势。利用杜仲胶与橡胶、塑料等优异的共混性所制成的高分子合金，具有耐屈挠、耐磨、耐油和耐水等优异性能，用途更为广泛。

杜仲胶作为热塑性材料具有在低温条件下可塑加工的特点和优良的耐寒、耐酸碱、高绝缘、耐水、高阻尼性等特性。杜仲胶的高阻尼性使得它可以作为减震材料与隔音设备材料。杜仲胶/氯丁橡胶复合材料具有良好隔音和吸声性能。杜仲胶与天然橡胶、顺丁橡胶等并用，可大大降低混炼时的能耗，并明显改善橡胶的动态疲劳性能，混炼温度明显降低，通过改变配方比例，可以得到性能变化范围较宽的材料，并且杜仲胶可以部分替代天然橡胶。杜仲胶和天然橡胶共混，杜仲胶的量大于 50% 时，共混物是热塑弹性体，在杜仲胶用量小于 50% 时，共混物性能接近天然橡胶，属高弹性体。由于杜仲胶的引入，改善了焦烧特性，还大大降低了混炼温度、混炼胶的生热性、动态力学性能谱的损耗峰。顺丁橡胶耐磨性好，但生胶强度极低，不能单独使用，杜仲胶的加入明显地提高了生胶强度，加工性得到改善（表 8-11），硫化胶的性能很好，具有优异的动态拉伸疲劳性能（表 8-12），用此体系作轮胎胎面胶，可以制成外胎，并装车应用。

**表 8-11　杜仲胶/顺丁橡胶不同并用比生胶强度**

| 特性 | 杜仲胶/顺丁橡胶 | | | | |
| --- | --- | --- | --- | --- | --- |
| | 0/100 | 20/80 | 40/60 | 60/40 | 80/20 |
| 生胶抗拉强度/（kg/cm²） | — | 12 | 49 | 120 | 220 |
| 伸长率/% | — | ~100 | ~100 | — | ~400 |

**表 8-12　杜仲胶/顺丁橡胶与天然橡胶/顺丁橡胶性能对比**

| 种类 | 抗拉强度/（kg/cm²） | 动态拉伸疲劳/min | 伸长率/% | 磨耗/（mg/min） |
| --- | --- | --- | --- | --- |
| 天然橡胶/顺丁橡胶 | 190 | ~20 | >600 | 38 |
| 杜仲胶/顺丁橡胶 | ~190 | >120 | >500 | <10 |

杜仲胶与塑料共混，不仅明显降低体系的加工温度，还可以改善塑料的冲击性能。有研究人员将杜仲胶与聚丙烯进行共混改性，当按一定的比例进行共混时，混炼后的物料达到结晶熔融的温度具有可塑性。杜仲胶引入到塑料当中，可以使塑料行业增添色彩，杜仲本身的耐低温和高硬度特性，杜仲胶热塑加工性能良好，结晶度和熔点比塑料低很好地改善了塑料在低温下的应用，这使得杜仲胶在加工时更易于操作。杜仲胶与聚乙烯有很好的共混相容性，加工成薄膜，不仅可与金属很好地黏合，又具有很好的透雷达波性能，可制备孔隙雷达波导天线密封用透雷达波密封薄膜等。

天然橡胶
制造视频

沥青作为不可再生的天然资源，近些年一直在寻找它的替代品，杜仲胶的出现引起很大的关注。有学者提出将杜仲胶与沥青共混，一部分代替沥青的资源，另一部分将杜仲胶的优越性能引入到沥青当中，作为公路的路面材料，可以使沥青的高低温性能得到改善，这样可以大大节约天然资源，同时还对公路路面材料起到创新的效果。杜仲胶可以作为一种独特的低温成型、高冲击性能的新型材料，杜仲胶通过和不同的材料以不同方式共混，可以得到性能更为优异而富于变化的新型材料。

### 8.5.5 杜仲胶其应用

近年来研究发现，杜仲胶有良好物理性能，所以，杜仲胶可以用于特种轮胎的开发，由于其具有结晶性、疲劳性能好和生热小的特性，如果用来开发航空轮胎，可以解决航空工业中一系列重大问题。杜仲胶作为热塑性材料，不仅有良好的耐盐雾、耐酸碱性，同时还具有高阻尼性，利用其高阻尼性可制成隔音效果良好的建筑材料和减震材料。

杜仲胶是柔性高分子链，且分子链排列规整，易于结晶，与橡胶共混硫化后，在适当交联度下，容易产生微晶，因此，如果用作轮胎，控制混炼胶中的杜仲胶含量和交联度，将会得到抗撕裂、耐穿刺、低生热等性能优异的轮胎。

杜仲胶是纯天然橡胶产物，没有溶剂等小分子化合物存在，对人体是绿色环保，因此，如果将杜仲胶应用在医疗领域，将会是更重要的发现。杜仲胶不像其他塑料那样具有很高的熔点，它在低温下就具有很好的可塑性，因此，可以用来制作骨科的固定夹板。

由于杜仲胶的结构特点，其耐腐蚀、耐菌、抗水解性能好，如果用于海底或者地下水、油、气管道中的密封件，将会起到重要作用。杜仲胶可以做成记忆性胶管，60 ℃下加热可以使管口扩张，温度将至室温时，关口缩紧，连接处紧密而牢固，尤其适用于异型管道的连接，将杜仲胶用于此类设备中，不但可以使接头处易于操作，还可以提高密封性和耐腐蚀性，具有广阔的应用前景。

杜仲胶具备优秀的高阻尼性，经由过程使用其高阻尼性可以制备优秀的隔音设备与减震质料。隔音方面可用房屋装修等材料，可以很好地隔离外部杂音，同时也可用作运输工具的减震材料，起到保护的作用。

杜仲胶是一种天然高分子，如果使其显示出弹性，可将其添加到粉条、口香糖等食物中，作为天然物质对人体无害并且可以增加食品的口感。可以开发生物基天然食品。

### 课后习题

1. 天然橡胶的主要成分有哪些？
2. 天然橡胶有哪些特性？

3. 天然橡胶贮存中黏度为什么会增加?

4. 天然橡胶的机械强度高主要原因是什么?

5. 天然橡胶能发生的化学反应有哪些?

6. 天然橡胶的性能与主要用途是什么?

## 参考文献

邱权芳, 2010. "胶乳共混法"天然橡胶/二氧化硅纳米复合材料微观结构与性能控制[D]. 海口: 海南大学.

黄飞, 2016. 从废棉材料制备纳米微晶纤维素及其补强天然橡胶的研究[D]. 广州: 华南理工大学.

牟悦兴, 2018. 杜仲/天然并用胶共混性能研究[D]. 沈阳: 沈阳化工大学.

赵鑫, 2017. 杜仲胶弹性体的制备及性能研究[D]. 北京: 北京化工大学.

方庆红, 康海澜, 杨凤, 2016. 杜仲胶的应用基础研究进展[C]//第十二届中国橡胶基础研讨会、中国江苏扬州: 中国化工学会橡胶专业委员会.

戚敏, 2018. 杜仲胶复合材料电磁屏蔽性能的研究[D]. 沈阳: 沈阳化工大学.

李永鑫, 2015. 杜仲胶加氢改性研究[D]. 北京: 北京化工大学.

陆志科, 谢碧霞, 杜红岩, 2004. 杜仲胶提取方法的研究[J]. 福建林学院学报, 24(4): 353-356.

朱峰, 2006. 杜仲胶替代部分天然橡胶制备高耐磨型轮胎胶料的研究[D]. 西安: 西北工业大学.

彭金年, 2007. 杜仲叶中杜仲胶含量与相对分子质量分布研究[D]. 沈阳: 沈阳药科大学.

赵艳芳, 2006. 减震天然橡胶/环氧化天然橡胶共混物的研究[D]. 儋州: 华南热带农业大学.

魏丽娜, 2016. 磷脂对天然橡胶硫化特性影响的研究[D]. 太原: 中北大学.

粟本龙, 2016. 硫化过程中填充橡胶黏弹特性研究[D]. 哈尔滨: 哈尔滨工业大学.

丁爱武, 黄茂芳, 丁丽, 等, 2010. 纳米 $TiO_2$/天然橡胶复合材料的抗菌性研究[J]. 热带作物学报, 31(2): 309-313.

章毅鹏, 朱长风, 桂红星, 等, 2008. 纳米晶纤维素补强天然橡胶的研究[J]. 热带农业科学(3): 16-18.

刘琥, 2012. 炭黑补强天然橡胶胶乳制备纳米复合材料[D]. 上海: 华东理工大学.

隋刚, 梁吉, 朱跃峰, 等, 2005. 碳纳米管/天然橡胶复合材料的结构与性能[J]. 合成橡胶工业(1): 40-43.

陈晰, 桂红星, 陈涛, 等, 2013. 碳酸钙晶须补强天然橡胶的性能研究[J]. 橡胶工业, 60(1): 25-28.

王彦, 2016. 天然杜仲橡胶的提取改性应用及其形状记忆材料的制备[D]. 青岛: 青岛科技大学.

李明华, 刘力, 兰婷, 等, 2018. 天然高分子材料杜仲胶的特性及研究进展[J]. 应用化工, 47(5): 1026-1029.

赵国营, 2016. 天然橡胶材料基础拉伸实验研究[D]. 青岛: 青岛科技大学.

谢磊, 李青山, 2008. 天然橡胶的改性[J]. 世界橡胶工业(10): 1-4.

胡庆华, 毛金彪, 李青山, 等, 2002. 天然橡胶的改性与功能化研究[J]. 化工时刊(7): 13-16.

于占昌, 2011. 天然橡胶的化学改性[J]. 世界橡胶工业, 38(8): 1-6.

张宁, 2009. 天然橡胶的纳米增强及球状无机纳米粒子增强天然橡胶中的逾渗行为[D]. 青岛: 青岛科技大学.

王象民, 2006. 天然橡胶的普通硫化与有效硫化[J]. 橡胶参考资料(3): 14-19.

张伟, 2012. 天然橡胶低蛋白化及性能研究[D]. 天津: 天津大学.

何兰珍, 刘毅, 陈冰, 2002. 天然橡胶改性的研究[J]. 湛江师范学院学报, 23(6): 46-49.

彭政, 钟杰平, 廖双泉, 2014. 天然橡胶改性研究进展[J]. 高分子通报(5): 41-48.

赵艳芳, 廖建和, 廖双泉, 2006. 天然橡胶共混改性的研究概况[J]. 特种橡胶制品(1): 55-62.

李俊, 刘成果, 陈庆民, 2008. 天然橡胶接枝改性研究进展[J]. 高分子材料科学与工程(3): 24-27.

肖琰, 2006. 天然橡胶硫化胶的热氧老化研究[D]. 西安: 西北工业大学.

高天明, 2007. 天然橡胶纳米复合材料研究进展[C]//中国热带作物学会 2007 年学术年会、西双版纳: 中国热带作物学会.

李峣，2009. 橡胶/黏土纳米复合材料微观结构在硫化过程中的演变及制备方法探索[D]. 北京：北京化工大学.

贾德民，古菊，周扬波，等，2004. 新型改性纳米碳酸钙对天然橡胶的补强作用[J]. 华南理工大学学报(自然科学版)(3)：94-96.

付海，2009. 氧化铈在天然橡胶中的应用研究[D]. 包头：内蒙古科技大学.

# 第9章 生 漆

## 9.1 概述

生漆(oriental lacquer)，又称"土漆""国漆"，或"大漆"，是通过人工割口，从漆树韧皮部漆汁道流出来的一种乳白色的胶状液体，接触空气后表面迅速变为褐色，数小时后硬化而生成漆皮。生漆作为天然涂料，也是世界上唯一的来自绿色植物的涂料，能在常温下通过漆酶的催化作用固化成漆膜。生漆作为涂料具有高硬度、高光泽、防腐蚀、耐酸碱、耐高温、防潮绝缘和耐土抗等性能，现在世界上还没有一种合成涂料能在坚硬度及耐久性等性能方面超过生漆，因而生漆又被誉之为"涂料之王"，在现代工业、国防、科技、农业、民用等领域发挥着重要作用。中国生漆相比于东南亚及日本生漆具有量多质好等优点，也是我国传统的出口物质之一。

生漆可以入药，中医记载干漆有破淤血、消积、杀虫的功效；另外，干漆作为一味重要中药经泡制后可用来治疗外伤止血等；名医李时珍在《本草纲目》中记载："干漆入药，主治绝伤令卜中，续筋骨，填髓胞，安五脏，五侵六急，风寒撮脾…，有驱虫止咳等功效"；唐《甄药性本草》即有干漆可"杀三虫，治女人经脉不通"的记载，宋《大明诸家本草》也论及干漆可治"传痨、除风"。干漆性温，味辛，有少毒，入肝、脾、胃三经，功能破瘀血，消积痞，燥湿，杀虫，为通经药物。韩国民俗有在鸡汤里加入少量生漆来治疗腹痛等疾病的习惯。古代医药典籍记载漆树的花、果实、叶、根、木心及生漆、干漆均可入药。现代研究表明生漆的提取成分包括漆酚、漆多糖等，都具有很好的生物活性，尤其是漆酚在对肿瘤的抑制方面极具潜能；近年来，研究人员发现生漆漆酚能抑制细胞的生长和促进肿瘤细胞的凋亡，并且通过细胞毒性实验评估了生漆漆酚对来自9种器官的29种肿瘤细胞的抑制作用，发现漆酚对大部分肿瘤细胞有显著的抑制效果，且抑制效率和漆酚侧链饱和程度相关。漆花含有丰富的蜜液，是重要的蜜源植物。漆树的漆树汁提取物含有丰富的黄酮类化合物，具有抗肿瘤、抗炎、抑菌等药理作用，漆树籽加工的漆油和漆蜡具有延缓衰老、降血糖、增强记忆力等独特的食用保健功效。我国生漆资源丰富，占世界总产量的85%，中国共有漆树资源5亿多株，发现漆树品种200多个。此外，还发现一些中国特产的珍稀树种，如陕西秦岭分布的自然变异的三倍体漆树"大红袍"，生长快、产漆量高；浙江分布的"金漆"树所产的生漆自然氧化干燥后显天然金黄色，且对人体无过敏反应。中华生漆，数千年长用不衰，主要在于它的机械性能、抗腐蚀性、耐热性及超耐久性，如长沙马王堆西汉墓出土文物，漆器至今还色泽艳丽。

200年前，生漆研究者已对其展开研究并成功分离、检测和鉴别了生漆的主要成分，研究者发现生漆的主要成分包括漆酚、漆酶、糖蛋白、水分，除此之外还有少量的其他有机物成分和金属成分。漆酚，是一种邻苯二酚结构的衍生物，其侧链为直链的烃类，生漆漆酚由饱和漆酚、单烯漆酚、双烯漆酚和三烯漆酚等异构体组成。漆膜的基本骨架由漆酚构成，生漆固化成膜的基本反应是漆酚，直接影响漆膜的光泽、附着力、韧性等性能。漆酚可溶于有机溶剂、植物油而不溶于水，生漆中漆酚比例越大，或脂肪取代基双键比例高，生漆的性能越好。漆多糖

（lacquer polysaccharide）是优良的天然催化剂和稳定剂，可使生漆中所有的组分成为稳定而均匀的乳液。干燥速度和漆膜性能会受生漆多糖影响。除此之外，生漆多糖还具有促进白细胞生长的特点，可以用于免疫等方面。漆酶（laccase）是一种含多种类型铜离子的多酚氧化酶，能促进多轻基酚的氧化，不溶于有机溶剂及水，而溶于漆酚中，是漆酚常温固化成膜的必须天然催化剂。漆酶一般含有 4 个铜离子，位于漆酶的活性部位，在氧化反应中通过传递电子，将氧还原成水，因此，漆酶参与反应所生成的产物是清洁无害、对环境友好的。漆树漆酶的应用研究主要集中在生漆干燥成膜、毛发染色、固定化漆酶电极、催化有机物合成以及催化酚类和芳胺有毒物质的氧化聚合去除等。树胶质可溶于水，是很好的悬浮剂及稳定剂，能使生漆中各主要成分均匀分布成乳胶体而不易变质，在成膜过程中不起主要作用。水分是乳胶体的主要组成部分，对于生漆的自然干燥过程，水分扮演着重要的角色，水分含量直接影响生漆性能。体系中的水含量过多，就会导致漆酚的含量相对变少，会导致漆膜在附着力、外在光泽等方面性能变差，且易腐败，不能长时间存放。为此，生漆的最佳含水量应控制在 4%～6% 的范围，含量过高或者过低均不能得到理想的漆膜。上述 4 种组分有机配合，使生漆能形成具有特殊性能的漆膜。

中国生漆

## 9.2　生漆的化学组成

生漆由漆酚（50%～80%）、水（20%～25%）、糖蛋白（2%～5%）、树胶质（多糖）（5%～7%）和漆酶（1%～2%）等物质组成，见表 9-1。此外，生漆中还含有油分、甘露糖醇、葡萄糖、微量的有机酸、烷烃、二黄烷酮以及钙、锰、镁、铝、钾、钠、硅等元素。生漆成膜以及生物活性与其组成密不可分。漆酚是生漆的主要成膜物，以邻苯二酚衍生物为主，具有化学活性，可与多种物质反应，便于漆酚的化学改性。漆酶是一种糖蛋白，也是生漆固化成膜的生物催化剂，树胶质在生漆成膜过程中与漆酚产生相互作用，直接影响生漆的干燥性能；漆多糖蛋白有助于生漆乳液的稳定，而其主要成分——漆酚则是这一切特性的主体发生者。水分在漆酶催化、漆酚离子化中有重要作用。

漆酚由饱和漆酚、单烯漆酚、双烯漆酚和三烯漆酚等异构体组成，在长时间的调查研究中，人们逐步对漆酚的精细结构进行深入的表征，不同品种及产地生漆漆酚的组成及结构不尽相同；在中国毛坝生漆漆酚中，三种不同饱和度漆酚含量分别为三不饱和漆酚（64.5%）、二不饱和漆酚（10.9%）、单不饱和漆酚（15%）及饱和漆酚（4.5%），侧链为 17 碳漆酚含量为（3.3%），分别为单不饱和和三不饱和漆酚。生漆中的各种成分及含量受漆树品种、生长环境和割漆时间等的影响而不同，见表 9-1。在生漆的乳化作用中糖蛋白发挥重要作用，有利于生漆液的稳定，也有利于漆酶的催化。

表 9-1　不同产地生漆的化学组成

| 组　分 | 中国漆树 | 越南漆树 | 相对分子质量/Da | 极性基团 |
| --- | --- | --- | --- | --- |
| 漆酚含量/% | 50～80 | 52 | 320 | 极性基团 |
| 水分含量/% | 20～25 | 30 | 18 | 蛋白质+45%的糖分 |
| 树胶质（多糖）含量/% | 5～7 | 17 | 67 000～23 000 | —OH |
| 糖蛋白含量/% | 2～5 | 2 | 20 000 | —COO—，—OH，—O—，金属离子 |
| 漆酶含量/% | 1～2 | <1 | 120 000 | 蛋白质+10%的糖分 |

天然生漆在漆酶的作用下，不断地与空气接触，吸氧，可在常温下干燥成坚硬的漆膜。这是一个氧化聚合过程，并且要在相对苛刻的条件下进行(温度为 20~300 ℃，相对湿度为 80%~90%)。生漆的成分比较复杂，生漆的成膜过程也相当复杂，伴随着化学、物理、生物变化。生漆的主要成分漆酚也是主要成膜物质，成膜的机理可以分为以下四个过程：①漆酚醌的形成。②漆酚二聚体或多聚体的形成。③漆酚二聚体或多聚体进一步交联缠结生成网状和长链漆酚高分子化合物。④最终变成体型高聚物。在前三个阶段的基础之上，第四个阶段是侧链的不饱和双键继续参加反应最终生成三维空间体型结构的聚合物。

生漆中的漆酚、漆酶、多糖、糖蛋白以及水分、金属离子等物质组成一种油包水型反应性生物基微乳系统，是生漆成膜的物质基础，其生漆乳液结构模型示意如图 9-1 所示。漆酚既是油相介质，也是反应物；水分子、多糖、漆酶等聚集其内形成"微水池"；非水溶性的糖蛋白由于超分子相互作用而紧密结合在一起，自组装成高度有序的结构，对漆酚分子有亲和作用的亲脂性氨基酸残基及其少量的亲水基团伸向外侧，会尽量增加和漆酚分子的接触，形成溶剂化的球形亲脂外壳；而亲水性的多糖链和氨基酸残基则因其排斥效应，会相互接触，排列在壳内，构成极性内核，以减少其在漆酚环境中的暴露。这种特性不但促成了生物基反相超分子微乳体系的形成，还界定了球形囊状糖蛋白单分子亲脂壳层的外周，形成了一个可阻挡水溶性分子扩散的屏障，使其内部的化学组成与外界不同。金属离子和多糖的未还原羧基末端相结合组成微水相缓冲体系，漆酶则被限制在"微水池"内，在空间上与漆酚介质隔离，使其与漆酚分子呈区域性分布，有效地减少了漆酚介质对漆酶的抑制作用，很好地维持了漆酶的天然环境，保护了漆酶的生物催化活性。

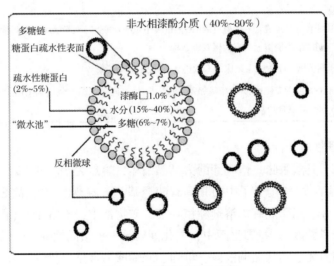

**图 9-1 生漆乳液体系模型**

生漆微乳液以动态存在，生物基超分子的相互作用，如疏水效应、氢键、π-π 堆积作用等，决定了生漆微乳液的特性，使其趋向能量最低的自组装结构。反相微团的外周和自组装几何特性依赖于两亲性糖蛋白的形状、亲水基与疏水基间的平衡。糖蛋白可以在单分子两相壳层间自由运动、相互滑动、快速重排、迅速改变形状、重新聚集或分散，而不破坏稳定其结构的疏水相互作用，使其具有一定的热力学稳定性。漆酚分子因具有亲水的酚羟基和疏水的长侧链，也具有双亲性质，根据超分子相互作用的"最紧密堆积原理"和"相似相亲原理"，漆酚分子会通过疏水相互作用以及氢键作用而使其亲水基团相互靠近，而憎水的长侧链部分则远离极性部位，并通过芳香环之间的 π-π 堆积相互作用、重力沉降作用聚集形成层状乳液结构。

### 9.2.1 漆酚

漆酚在生漆中是非常重要的组分，在生漆总量中占 50%~80%，结构中含有末端不饱和结构，侧链是具有 15~17 个碳原子的长侧链并且饱和度不同，是一类多酚类化合物的混合物，具体有邻苯二酚、间苯二酚或单元酚等多酚，漆酚是组成这些混合物的总称。具体有锡蔡酚、虫漆酚等 15-碳邻苯二酚结构，银杏酚、腰果酚等单元酚结构，银杏二酚、腰果二酚等强心酚结构等类型，此类化合物同时具有芳烃化合物与脂肪族化合物的特性。漆酚存在于油相，在生漆乳液中，油相漆酚主要作为漆酚单体的储存区，在水相附近的漆酚则定向排列，含烃基的邻苯二酚核朝向水相，侧链朝向油相内核。漆酚是主要的成膜物质。漆酚的组成和结构，随漆树品种和产地等的差异而有所不同，具体见表 9-2。漆酚包括氢化漆酚、单烯漆酚、双烯漆酚和三烯漆酚四个组成部分，其中三烯漆酚是其主要组成部分，三烯漆酚的侧链上，具有共轭双键结构。漆酚不溶于水，能溶于苯、酮、醇和醚类等有机溶剂和矿物油及植物油中。它除了有芳香族化合物的特征外，还兼有脂肪族化合物的特性。一般地讲，生漆中漆酚含量愈高，漆酚结构中，侧链或双键数目越多，其化学性能就越活泼，生漆性能也越佳。其中具有共轭双键结构的三烯漆酚在漆酚总含量中所占比例最高，约 60% 以上，双烯漆酚、单烯漆酚在漆酚总含量中占 15%~25%，饱和漆酚在漆酚总含量中占 5% 左右。

表 9-2 不同产地漆树漆酚的差异

| 漆树产地 | 漆 酚 |
|---|---|
| 中国、朝鲜、日本 | 1. 3-正烃基邻苯二酚结构的侧链烃基碳原子以 C15 为主，其次为 C17，至少含有 18 种邻苯二酚结构衍生物<br>2. 漆酚含量及组成：三烯侧链漆酚(含量大于 60%~70%)>双烯漆酚和单烯漆酚>饱和漆酚<br>3. 三烯漆酚的侧链上具有共轭双键结构 |
| 中国台湾和越南 | 属于侧链以 C17 为主，其次为 C15 的 3-正烃基邻苯二酚 |
| 柬埔寨、缅甸、老挝和泰国 | 包含 3-烃基邻苯二酚，4-烃基邻苯二酚，5-烃基间苯二酚。侧链为 C15、C17、链末端含有苯基的 C16 和 C18 混合烃基 |

#### 9.2.1.1 漆酚的物理性质

漆酚味涩、辛辣，具酸香味。饱和漆酚为结晶固体，熔点为 58~59 ℃，密度 0.9687 g/cm³，沸点 210~220 ℃，显酸性(漆酚分子中因其具有酚羟基，可游离出 $H^+$，故显酸性)，能溶于苯、酮、醇、醚类等芳香烃、脂肪烃有机溶剂和植物油、矿物油中，不溶于水(但因其有一对亲水羟基，因而可与水混合成乳液)。我国生漆中，氢化漆酚是一种结晶性固体，熔点为 58~59 ℃，其余三种不饱和漆酚均为无色油状黏稠液体。单烯、双烯漆酚含量都较少，总计为 15%~25%，而三烯漆酚含量最多，约占漆酚总量的 60% 以上。

不同产地的生漆的黏滞系数有很大差别，这与不同生漆中各种漆酚的含量不同有关，也与割漆条件不同导致的生漆中水分及油质的含量不同有关，后两者对生漆黏滞系数有较大影响，见表 9-3，重庆城口的大木漆黏滞系数较低为 113 P[泊(poise)符号为 P]，陕西岚皋大木漆的黏滞系数较高为 680 P。其中水分、树胶质对生漆黏滞系数有较大影响，不同生漆的黏滞系数都随温度的增加迅速降低。

生漆具有较大的电阻率，其电阻率主要由漆酚决定，漆酚中含量较多的对电阻率可以产生较大影响的是水分。因为在漆液中水分是以"油包水"的状态存在，并且生漆的水含量为 20%~25%，这使得生漆(电阻率为 $4.9 \times 10^7 \sim 1.8 \times 10^8 \ \Psi \cdot cm$)比纯漆酚(电阻率为 $1.0 \times 10^9 \ \Psi \cdot cm$)

表 9-3　几种液体的黏滞系数（20 ℃）

| 液体种类 | 水 | 乙醇 | 蓖麻油 | 甘油 | 岚皋大木漆 | 城口大木漆 |
|---|---|---|---|---|---|---|
| $\eta/10-5P$ | 1006 | 1192 | $986\times10^3$ | $83\times10^4$ | $680\times10^5$ | $113\times10^5$ |

的电阻率降低一个数量级，而凝聚态漆酚具有高达 $1.0\times10^{10}\ \Psi\cdot cm$ 的电阻率。

原始生漆在低温无氧情况下进行分离，分离产品中含有 7%～9% 的漆酚二聚体和多聚体，将漆酚二聚体分离可得到 20 多个化合物，主要的结构有四种类型，如联苯型、苯并呋喃型、苯环与侧链交联型和侧链氧化聚合型。

#### 9.2.1.2　漆酚的提取纯化

漆酚为带双烃基的儿茶酚结构，烃链为饱和或 1～3 个不饱和双键，这一结构决定了漆酚易氧化且易发生交联及加聚反应的特性。因此，要分离提取漆酚单体极为困难。漆酚类化合物可溶于多种有机溶剂，但不溶于水，提取漆酚一般采用萃取，萃取得到的漆酚产品含有杂质，需进一步分离萃取纯化漆酚，分离萃取后漆酚具有较高的纯度，为 95%～98%。

混合漆酚的提纯中可以利用漆酚铅离子易于形成沉淀的特性，可以达到较好的提纯效果。另外，亚甲基醚漆酚侧链由不同饱和度的长链烃类物质构成，其中的双键结构中含有富余的电子，与银离子发生配位作用，此种作用不仅与双键的个数相关，也和双键所处的空间位置相关；将银离子负载与固定相正相硅胶，可以通过银离子对不同饱和度及空间结构的侧链配位作用而产生不同的作用力，达到对不同结构漆酚分离的效果。色谱柱也可以用于漆酚分离，如以三氧化二铝和石油醚分别作为填充剂和洗脱液，利用柱层析就可以分离漆酚二甲醚。由于树脂的结构单元与漆酚相同，对漆酚具有选择性吸附，还可以利用此法分离纯化后，可以将漆酚含量从原生漆中的 78.8% 提高到 98.6%。

#### 9.2.1.3　漆酚的测定

漆酚分析测定方法较多，常用的有采用柱层析分离定性鉴定。采用气相色谱法测定我国生漆中的四种漆酚组分的含量，发现其中三烯漆酚具有最高的含量。也可以用气—质联用来鉴定漆酚含量，如毒常春藤漆酚，漆酚经硅烷化处理，测得该植物的漆酚含量幼藤比老藤要高，并且二烯漆酚比三烯漆酚的含量要高。薄层色谱法也可以用于对漆酚进行分离，例如，以乙醚—石油醚（1∶1）为展开剂，薄层扫描仪对漆酚（如漆酚中的主要同系物三烯漆酚）进行定量测定。

用反相液相色谱法可以对生漆中未衍生化的漆酚进行分离，此方法可以对用丙酮粗提取的漆酚进行纯化，以制备出漆酚单体，在没有衍化处理的情况下，分离得到 10 多个漆酚组分。气液色谱也可以在较短时间分离漆酚同系物。

液相色谱法可以在不进行化学修饰的条件下分离漆酚，液相色谱与质谱联用技术也可应用与漆酚分离测定，如气—质、液—质等技术可以快速准确分离分析漆酚类化合物，如采用强极性毛细管柱从中国生漆中分离出硅醚化漆酚 21 个，经气相色谱—质谱鉴定出饱和漆酚 1 个，侧链 C15、C17 的单烯漆酚 3 个，二烯漆酚 4 个，三烯漆酚 5 个，用 IR 进一步证明单烯以顺式结构为主，三烯漆酚中有共轭双键和末端双键。

### 9.2.2　漆酶

漆树漆酶（苯二酚：$O_2$ 氧化还原酶，Laccase，EC1. 10. 3. 2）是目前受到广泛关注的少数酶种之一，是一种典型的含糖蛋白质，其相对分子质量为 120～140 kDa，含糖量为 45%，占生漆总量小于 1%，是一种含多种类型铜离子的多酚氧化酶，广泛存在于真菌、细菌和植物中，能有效降解环境中稳定存在的木质素，催化酚类物质、芳香族化合物等复杂有机物氧化，但来源不同的漆酶具有不同的作用特性。漆酶一般含有 4 个铜离子，位于漆酶的活性部位，在氧化反应中通过传递电子，将氧还原成水，因此，漆酶参与反应所生成的产物是清洁无害、对环境友好的。漆酶在生漆干燥和成膜过程中对漆酚的氧化聚合具有重要的催化作用，促使生漆固化成膜，是生漆常温干燥不可缺少的高分子催化剂。催化机理是在从底物吸收电子的同时将作为第二底物的氧分子还原成水。

漆酶存在于水相，是一种水溶性球状含铜蛋白质，由 19 种氨基酸组成：Asp、Glu、Thr、Ser、Pro、Gly、Ala、Val、Cys、Met、Ile、Leu、Tyr、Gln、Phe、Lys、His、Arg、Trp，其结构表面大约含有 45% 碳水化合物。漆酶中铜离子的存在对于漆酶催化循环过程中的电子传递起重要作用。处于漆酶的活性部位的 4 个铜离子，根据光谱和磁性特征可将其分为三类：一个Ⅰ型铜离子 $Cu^{2+}(T_1Cu)$、一个Ⅱ型铜离子 $Cu^{2+}(T_2Cu)$、两个Ⅲ型铜离子 $Cu_2^{4+}(T_3Cu)$。其中前两种是单电子受体，呈顺磁性，可用电子顺磁共振光谱（ESR）测定；Ⅲ型铜离子是双电子受体，呈反磁性，采用 ESR 检测不出来。Ⅰ型铜离子呈蓝色，在 614 nm 处有特征吸收峰。Ⅱ型铜离子不呈现蓝色，没有特征吸收峰。Ⅲ型铜离子中心包含两个耦合的铜离子（$Cu^{2+}$–$Cu^{2+}$），在 330 nm 附近有吸收带。但是，并不是所有的漆酶都含有 4 个铜离子。例如，来源于糙皮侧耳（*Pleurotus ostreatus*）的漆酶呈白色的主要原因是这种漆酶缺少 T1Cu，而含有一个铁原子和两个锌原子。

组成漆酶的各种同工酶皆为糖蛋白（含有 10%～80% 不等糖残基）。糖分包括果糖（5.4%，物质的量分数，下同）、葡萄糖（3.5 mol%）、甘露糖（42.6 mol%）、半乳糖（27.5 mol%）、岩藻糖和阿拉伯糖（11.6 mol%），含有氨基葡萄糖的甘露糖以及葡萄糖胺（9.5 mol%）等。由于分子中糖基的差异、不同来源、不同种植物或真菌、同一植物不同部位的漆酶相对分子质量不同，漆树漆酶的相对分子质量为 $12×10^4～14×10^4$ Da。

漆酶中多糖链的存在，对于漆酶通过细胞膜分泌到树脂道有重要作用，同时也可以提高细胞外漆酶的稳定性。在漆酶的高分子蛋白结构中，其漆酶内部主要为非极性氨基酸，形成一个内核，而其分子表面则为极性、非极性氨基酸和多糖链呈定向排列，非极性基团朝向油相，极性基团则朝向水相，从而构成同一分子内的疏水区和亲水区。

漆酶最早被发现于日本紫胶漆树的汁液中，据报道，漆酶可作用于 250 余种底物。因此，漆酶具有广泛的应用性，目前，在食品工业、造纸工业、环境保护、生物检测等多方面具有广阔的发展前景。

### 9.2.3　漆树多糖

漆多糖（树胶质）是指生漆中的树胶质部分，在生漆中含量为 5%～7%。漆树品种与产地不同，漆多糖的含量及组分的变化也不同，一般来说，大木漆树胶质含量相对较多，而小木漆中含量则较少。从生漆中分离出来的树胶质，呈黄色透明状，且具有树胶清香味。漆多糖精品为白色粉末，不溶于乙醇、乙醚、丙酮等有机溶剂中，易溶于水成黏稠状。漆多糖主要由单糖（主要为半乳糖）、酸性和中性低聚糖（相对分子质量 <1000 Da）及酸性多糖构成，酸性多糖是一种结构复杂，具有高支化度的水溶性酸性杂多糖。多糖是优良的天然催化剂和稳定剂，能使生漆中漆酚、漆酶、水分等各种成分均匀分布于生漆中，保持形成稳定均匀的乳液，在生漆快速干燥与成膜过程中具有重要作用。

漆多糖结构是由简单有序的重复单体组成，其中简单的单糖有己糖、阿拉伯糖、鼠李糖、葡萄糖、半乳糖和己糖醛酸等，而戊糖比较稀有。己糖醛酸是最常见的带电荷的糖，作为多糖拥有一个基本的负电荷似乎是相当常见的特征，不仅具有糖醛酸的性能而且有非糖取代基的性能。取代基当中缩酮取代基对碱性是稳定的，而对稀酸则不稳定。多糖鉴于取代基、糖苷键的连接方式、单体糖的构象以及从一糖到四糖侧链有单一和双枝链等，使得多糖之间有着普遍的结构变化。

端基苷键构型主要为 $\beta$ 型，还有很少量的糖苷键端基碳为 $\alpha$ 型，这可能与漆多糖中含有少量鼠李糖和阿拉伯糖残基有关。酸性漆多糖主要由相对分子质量分别为 67 kDa 和 23 kDa 两种组分组成。两种漆多糖都是以 $\beta$-1,3-D-Gal（D-半乳聚糖）为主链，侧链的连接方式还有 $\beta$-1,6-D-Gal，同时还存在 $\beta$-1,4-D-Gal 连接。在漆多糖中，还存在非还原性末端葡萄糖醛酸（24.1mol%）与 $Ca^{2+}$、$Mg^{2+}$ 和 $Na^+$（3:2:1）等离子结合生成的盐类化合物。

由于漆多糖具有大量的羟基，能有效地同周围水分子相互作用形成氢键，使其具有溶剂化效应和增溶作用，类似表面活性剂，有良好的分散作用、悬浮作用，使生漆中各主要成分均匀分布，并使其稳定而不易破坏变质。漆多糖还参与生漆成膜过程，漆多糖结合水（润湿性）及控制水分活度的能力（持水性），特别是避免水分损失的能力，是漆多糖在生漆固化过程中最基本和最有用的性质之一。它能提高漆液氧的溶解力和扩散力，供给涂膜充足的氧气，促进漆酚酶促氧化聚合反应。漆多糖也能与漆酚羟基结合形成坚实保护层而阻止氧化降解，使漆膜具有超耐久性，近来还发现它具有抗凝血和升高白细胞的生物活性。

漆多糖的提取方法很多，但基本思路都相同。一般都是先用有机溶剂除去生漆中的漆酚和某些有机物质，得到粗多糖溶液；然后再用透析和柱层析等方法纯化，最终获得多糖精品。例如，利用丙酮与生漆混合搅拌，浸泡并且离心后将一些有机物质和漆酚分离出去，然后将得到的沉淀用丙酮继续洗涤至灰色或者清洗的溶液无色，然后将沉淀在沸水浴中继续加热，将不溶于水的物质分离出去，制得多糖粗产品的溶液（呈蓝色），将 $Ca^{2+}$、$Mg^{2+}$、$Na^+$ 等金属阳离子以羧酸盐的形式进行脱盐处理，漆多糖转化成酸性多糖，从而将糖蛋白有效分离。这种方法纯化精制后无核酸及蛋白质存在，纯化效果好。此法分离得到的漆多糖呈白色粉状，易溶于水，其水溶液呈黏稠状略带淡黄色，稍溶于低浓度的乙醇，不溶于有机溶剂（高浓度乙醇、丙酮、乙醚、正丁醇等），在浓硫酸存在下与 $\alpha$-萘酚作用界面呈紫色。

## 9.2.4　糖蛋白

生漆中的树胶质能溶于水而糖蛋白不能。糖蛋白含量占生漆总量的 2%~5%，相对分子质量约为 20 kDa，通常大木漆中含量较多。生漆中还含有过氧化物酶，相对分子质量为 50 kDa。在生漆糖蛋白分子构成中，碳水化合物约占 10%，主要由半乳糖含量构成。此外，还有果糖（5.4 mol%）、阿拉伯糖（11.6 mol%）、葡萄糖（3.5 mol%）、甘露糖（42.6 mol%）、半乳糖（27.5 mol%）含有氨基葡萄糖的甘露糖以及葡萄糖胺（9.5 mol%）等。含量占 90% 的蛋白质，主要由亲油性氨基酸构成，结果使糖蛋白不溶于水，如果将它用 SDS-二巯基乙醇处理后，90% 以上可变为水溶性。糖蛋白的疏水链段对漆酚具亲和效应，而亲水性氨基酸残基及多糖链则能与水分子形成氢键结合。糖蛋白-水-漆酚之间的超分子相互作用，使其自组装成两性单分子层界面，并影响着漆液的物理性能和流变性，使生漆具有均一的宏观结构和微球状的微观结构，这一点通过显微镜观察已得到证实。糖蛋白高度的乳化作用和分散性，有利于漆酶的催化反应和漆液的稳定。

## 9.2.5　水分及其他物质

水分在生漆中不仅是漆酶催化反应的介质，也是控制反应、构象及一般的物理和生物化学的活性成分。总水分含量并不重要，而有效水或水分活性却明显影响漆酶和其他组分的物理化学性能和流变性，与生漆的成膜过程密切相关。由于水分的存在，生漆中各组分形成特定的三维功能状态，提供了漆酶发挥催化作用所必需的催化循环。如果没有适量的水分存在，漆酶就失去功能状态，生漆因漆酶失活而难以干燥成膜。生漆中水分含量不仅与树种、生长环境和割漆时间有关，而且与割漆技术也密切相关。我国生漆中天然含水量一般达 20%~25%。

漆液是典型的 W/O(油包水)型的反相微乳液结构，水分微球在漆酚中分布均匀。水分参与了生漆的成膜过程，生漆中的"微水池"是生漆漆酶催化氧化作用的场所，它维持着漆酶催化活性微环境的稳定性。对漆酶催化活性起决定作用的是有效水或水分活度，生漆如果脱水，没有适量水分的存在，漆酶就会失去催化活性，生漆也难以自然干燥。生漆中的水分作为漆酶的催化反应介质，是控制漆酶蛋白质分子质构及酶促反应中的重要活性成分。水分也能影响漆液的物理化学性能和流变性，影响氧气的传递和吸收，多量水的存在有利于酶促形成的漆酚醌的氧化聚合，促使生漆干燥成膜。生漆中的其他有机物质的含量很少，其中油分约占 1%。此外，还含有微量的 Ca、Mg、Na、Al、Mg、Si 等元素及极少量的乙酸、甘露醇。$Na^+$、$Mg^{2+}$、$K^+$ 与糖分未还原末端的羧基结合，形成缓冲体系，从而保持了漆液 pH 值的稳定。

### 9.2.6 漆蜡与漆油

漆树的果实又称漆籽，呈扁斜球状，每年秋季 9~10 月成熟。果皮分 3 层，外果皮膜质；中果皮为蜡质层，可提取漆蜡，为浅黄色或灰绿色；内核为种子，可榨取漆油。漆蜡和漆油为漆籽的油脂部分，统称漆脂。我国漆树资源丰富，品类繁多，据调查我国约有 5 亿株漆树。研究表明，漆籽外果皮和中果皮含蜡 40%~45%。内核为种子，一般由 2%~4%水分、18%~20%粗蛋白质、15%~18%粗脂肪(漆油)、30%~35%糖类、25%~30%纤维和 1%~3%灰分组成。漆蜡化学组成由 90%~95%三甘油脂、3%~15%游离脂肪酸、1%~2%游离脂肪醇组成，其中结合脂肪酸由 70%~75%棕榈酸、3%~5%硬脂酸、15%~35%油酸、2%~5%二元脂肪酸组成。

经过研究发现漆脂还具有多方面的功能，具有广阔的开发前景。首先，具有食药保健功能，漆籽油在我国部分地方一直有食用和药用的习惯，可以防止胃病和止血，是产妇和手术者的绝好营养品。漆籽油中含有 60%以上亚油酸，具有调整血脂和抗动脉硬化作用，减少冠心病的发病率和死亡率。其次，漆蜡还是重要的化工原料，可以直接分离精制棕榈酸、硬脂酸、油酸和亚油酸及其盐。从漆蜡中还可以精制三十烷醇等高级脂肪醇，是制皂、洗涤、润滑、增塑、化妆品等行业的重要表面活性剂，不仅可以代替进口棕榈酸，为国家节约大量外汇，而且可以拓展漆脂的国内外市场。尤其是由漆脂加工的脂肪酸蔗糖醋，脂肪酸异丙醋(棕榈酸异丙醋为主)在国际上应用十分广泛，特别用于高级化妆品、乳化剂等方面。最后，漆脂可以代替动植物蜡，随着对漆蜡的深入研究和利用，漆蜡已可替代棕榈蜡。

## 9.3 生漆的成膜与老化

### 9.3.1 生漆成膜物质基础

生漆中各个主要组成部分是生漆成膜的物质基础。生漆的成膜过程是在温和的条件下进行的极为复杂的氧化聚合过程。漆液从整个乳液聚合体系来看，共有三个相，即水相、油相、胶束相，这三个相组成的动态平衡，在聚合过程中，其成分也在不断地变动，它与合成涂料最重要的一个不同点，就是通过漆酶的催化而聚合成膜。漆酶的存在是生漆聚合成膜的必要条件，否则生漆很难在自然条件下干燥。而漆酚侧链基因的碳碳双键的空气氧化则是生漆成膜过程的补充要素。生漆中的其他成分如糖蛋白、多糖等的存在使得生漆形成一种独特的"油包水"型天然乳液。糖蛋白、多糖中存在的极性基因及非极性基因通过氢键、疏水键、色散力等分子间力的作用，保持了漆酚、水、漆酶间的物质平稳，树胶质吸附漆酶与水一起形成活性"微球"分散在漆酚中，并使漆酶在空间保持一定的构象，在特定的微环境中催化漆酚的氧化。水的存在，在漆酶的催化反应系统中，对电子、质子的移动，漆酶的空间取向以及构象变化起着十分重要的作用。水的极性和形成氢键能力使它成为一种具有高度作用力的分子。如果没有水的存在，"活性微球"就不能形成，漆酶就因此失去了催化活性，其结果导致生漆难以聚合成膜。氧气具有漆酶恢复催化活性的活化作用，是漆酶的底物之一。溶解氧的存在是漆酶恢复氧化活性必不可少的条件，缺氧的生漆常因漆酶活性被抑制而不能干燥成膜。漆酶分子的催化氧化过程大体上包括酶分子对底物的作用、电子在酶分子中的传递、氧分子对酶分子的还原和产物的反作用。漆酶利用氧作为电子受体，通过单电子提取方式从漆酚和其他多酚类化合物的 o-位和 p-位的 OH 和芳胺中去除一个 H 原子，形成自由基，这些自由基再重排、二聚、烷基–芳基断裂、苄醇氧化、侧链和芳环的断裂或生成醌等一系列的非酶促反应。在生漆成膜聚合过程中，生成的漆酚醌自由基再发生自动氧化，形成以自由基为基础的链反应过程，从而使生漆固化成膜。生漆成膜氧化聚合反应过程由漆酚中的功能基团如酚羟基、苯环、侧链双键结构等主要功能团参加，这些基团的反应性决定固态漆膜的结构，漆酶分子中存在的组氨酸的咪唑基是漆酶活性中心的重要组成部分，它是漆酶催化反应最有效最活泼的功能基，是唯一能充当 $H^+$ 受体的催化功能基团。与组氨酸络合的铜离子作为辅酶参与氧化还原过程，主要起携带电子和转移电子的作用，参与漆酶的催化循环。

多糖中的羟基和羧基功能团，这类功能团具有水化性质，可强烈地与水相互作用形成氢键，对生漆的持水性起了很大的作用。多糖及蛋白质中存在的可解离羧基，这些基团除了参与氢键的形成外，还能与多种金属离子结合，从而形成多糖–蛋白质–金属离子缓冲体系。

## 9.3.2 生漆成膜分子机理

生漆的成膜过程是通过漆酚在漆酶和氧的作用下，由小分子聚合成低聚物，最后交织成高聚物，形成链状→网状→体型结构的过程，这个过程主要包括两个反应系统即酶促氧化反应体系的生物化学反应过程和自氧化反应体系的非酶促自由基聚合过程。生漆的成膜过程首先是一个生物化学反应过程，其次才是非酶促自由基聚合过程。漆酶是生物催化剂；漆酚既是漆酶的反应底物，又是成膜聚合反应介质。在目前已知的所有树脂中，唯有生漆是在生物酶的作用下完成其成膜过程的。在有氧条件下，生漆中的漆酚在漆酶的作用下，形成漆酚自由基，随后发生非酶促的自由基氧化聚合反应，从漆酚单体形成漆酚二聚体、三聚体、高聚体，最后再通过超分子相互作用自组装并聚集形成连续的漆膜。整个生漆成膜反应系统概括起来可分为 5 个反应过程：

(1)生物化学反应过程

它在有氧条件下由漆酶驱动，漆酚在漆酶的催化作用下，失去一个电子和一个质子生成漆酚半醌自由基中间体，酶促生成的漆酚半醌自由基是带孤电子的活泼基团，离域分散于漆酚芳环上，而被共振作用所稳定。

(2)漆酚醌的形成

酶促反应产生的漆酚半醌自由基中间体，在常温下具有活泼性质，很容易被转化成具有活泼性质的邻醌，或通过歧化作用形成漆酚和漆酚醌，也可以结合成二聚体。当生漆乳液暴露在空气中，表面部分易转变成红棕色，在这一过程中，漆酶催化漆酚形成了漆酚醌，可见光区 445 nm 和红外光谱 1657 $cm^{-1}$ 处存在吸收峰。

(3)漆酚二聚体或多聚体的形成

漆酚自由基中间体从"微水池"进入漆酚介质被漆酚单体捕抓，进行非酶促配对反应生成漆酚二聚体。漆酚自由基非常活泼，具有很高的氧化活性，在常温下容易与单体漆酚、漆酚侧链双键、另一漆酚自由基进行配对反应，生成以—C—C—或—C—O—连接的漆酚二聚体或二聚体自由基。漆酚自由基的二聚反应是生漆精制和成膜过程中最重要的基元反应。

漆酚二聚反应产生的漆酚二聚体进一步与介质相漆酚分子进行加聚、链增长、烷基化等反应，生成漆酚多聚体，形成漆酚聚合物成核粒子。由于漆酚含有多个官能团，这些反应既可以在分子间，也可以在分子内进行。通过基元反应产生的漆酚二聚体，很容易继续与另一个漆酚单体进行结合反应生成相应的低聚物自由基，随后再进行非酶促随机氧化和交联，引发漆酚自由基链的增长反应。这个过程不断重复，也可能涉及二聚体的进一步酶促氧化反应，通过漆酚低聚物自由基的转移、加聚、链增长反应，导致漆酚低聚物自由基与漆酚单体、漆酚低聚物与漆酚单体自由基或与低聚物自由基之间不断持续反应，彼此间以—C—C—或—C—O—通过分子内或分子间连接，形成了一个完整的循环而重复的自由基链式反应过程，成长为漆酚核。这个过程只要有自由基存在，反应就不会终止，漆酚核不断成长，直至漆酚单体消失。

（4）漆酚二聚体或多聚体进一步交联缠结生成网状和长链漆酚高分子化合物

在漆酚多聚体形成以后，漆酶进一步作用，邻醌类化合物相互氧化聚合成长链或网状结构。随着反应的进行，生漆的黏度增高，这时聚合物由于高度交联而形成不规则的三维体型网状结构膜。中间过渡态二聚体及醌型化合物通过进一步反应，发生氧化聚合，生成网状或长链聚合物。漆膜聚合后颜色通常发生变化，由深褐色变成黑色。

（5）最终变成体型高聚物

在前阶段的基础上，侧链的不饱和键会进一步聚合成为三度空间体型结构的聚合物，即固化成膜。实际上是一个相当复杂的过程，而漆酶中的铜则是起着载体的作用。

总之，生漆的成膜过程是一个复杂的生物催化氧化反应聚合过程，是一个动态聚合系统，它与化学合成涂料成膜过程有本质的差异。它由漆酶驱动，始于涂层表面，渐向内层深入。漆酚在漆酶的催化作用下生成漆酚醌自由基，随后发生随机的非酶促自由基氧化反应，聚合成无轨漆酚聚合体。漆酚侧链双键的自动氧化反应能与其相偶联，并在漆酚-多糖-糖蛋白的超分子化学作用下，最终形成超分子固化漆膜。

### 9.3.3　生漆的老化机理

生漆的老化是内外因素综合作用的结果，其中内因包括涂料本身的化学组成、相对分子质量分布和组织结构等；而外因指的是涂料所处的外界环境，包括：物理因素，如机械应力、热、水和光照等；化学因素，如腐蚀性气体或液体等；生物因素，如微生物、细菌、霉菌和昆虫等。其中，光老化是生漆在应用过程中遇到的首要问题，太阳光经过大气层的过滤，最终到达地面的紫外光不到5%，然而，这少量的紫外光成为了涂料老化的主要原因。一方面紫外光可以直接破坏有机物中的C—C键和线性饱和键，使其发生光解作用；另一方面在潮湿的环境中，紫外光分解了空气中的氧，游离态的氧不仅可以氧化有机质材料，而且可与水分子结合形成过氧化氢，氧化无机颜料，使颜料褪色、变色。

如果将生漆漆膜置于日光下，漆膜容易变色，甚至开裂、粉化，即在户外使用时生漆膜的耐天候性较差。研究发现，随着紫外光照射时间的延长，漆酚侧链发生逐步氧化，酮和其他氧化产物增加。通过研究高聚物的降解机理可以推测出，在紫外光照射下，漆酚的芳环和侧链容易吸收辐照的能量而被破坏，从而造成了生漆的老化。

## 9.4　生漆的化学性质

生漆是目前世界上唯一来自绿色植物，在生物酶催化常温下能自干的"水性"天然高分子涂料。漆酚的分子结构具有多个反应活性基团和部位，使其可发生多种化学反应。漆酚芳香环上的两个互成邻位的酚羟基是最具特征的活性基团，可使其发生酚类反应。漆酚苯环结构上的邻位和对位氢原子受酚羟基和侧链的影响，也变得非常活泼，成为官能基。漆酚芳香环侧链上的不饱和双键和共轭双键，又可使其发生烯烃类反应。常用的反应有氧化反应、酚醛缩合反应、曼尼希反应、络合反应、醚化、酯化、酰化、偶联化等。利用这些反应可以进一步改善和扩展漆酚的性质，从而满足更广泛领域实际应用的需要。

## 9.4.1 聚合反应

（1）酶催化氧化聚合反应

生漆是一个生物基反应系统，漆酚在漆酶的催化作用下，其酚羟基很容易被氧化，脱去氢生成漆酚醌自由基，这一反应并不会在某一步停止，而是继续进行下去，生成漆酚醌。漆酚醌很容易被还原，具有很强的氧化能力，它能夺取氧化基质上的氢原子，还原成漆酚。水是漆酚酶促聚合反应的基本成分，当漆酶催化反应在有机溶剂中进行时，形成的邻苯醌比较稳定，而在水中生成邻醌不稳定，很容易导致快速聚合反应（图9-2）。随着漆酚多聚体的形成，会导致漆酶失活。漆酚的酶促氧化聚合反应是生漆成膜反应的基础，也是乳白色漆液暴露在空气中，其表面很快变成红棕色的原因之一。在生漆的成膜过程中，漆酚的氧化聚合反应，只有在初级氧化过程需要漆酶的催化，漆酚形成漆酚醌或联苯漆酚醌后，由于漆酚醌类化合物的氧化能力很强，就可以在一定的外界条件下，通过醌类化合物的氧化还原作用，促进漆酚的一系列聚合反应。漆酚醌发生偶合反应形成二聚体；二聚体仍存在亲电和亲核中心，具有更多的活泼氢，可继续氧化聚合反应生成漆酚多聚体，最后形成体型网状结构的漆酚聚合物。

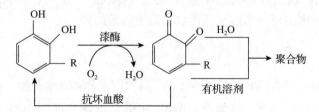

图 9-2 酶催化氧化聚合反应示意

（2）酚醛缩合反应

在漆酚芳环上具有较多的供电子基团——酚羟基、烃基等。漆酚芳环上酚羟基的邻位和对位上的氢原子较活泼，容易与醛发生亲电取代反应。等物质的量的漆酚与甲醛在催化剂催化下先发生羟甲基反应，该羟基再和另一个漆酚苯核上的氢缩合脱水，如此反复多次，通过亚甲基（—CH₂—）桥键使漆酚与甲醛分子缩合交联，形成线形大分子（图9-3）。

漆酚与其他活性基团连在一起，赋予生成物以独特的性质，因而常用于制备生漆基材料的

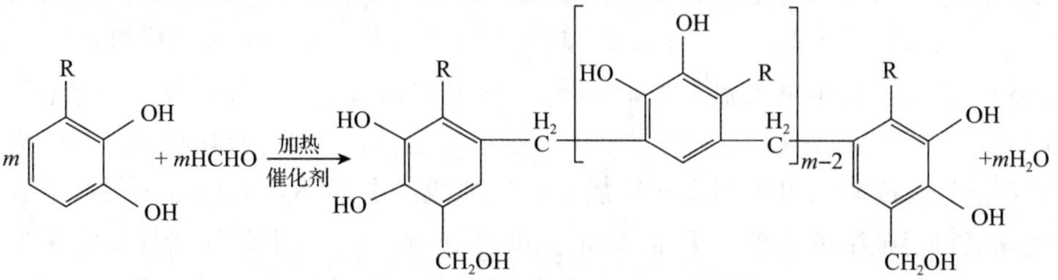

图 9-3 酚醛缩合反应示意

中间体。漆酚和糠醛也能进行类似的缩聚反应而得糠醛树脂。

（3）曼尼希反应

曼尼希反应是指胺类化合物、醛和含有活泼氢原子的化合物进行缩合时，活泼氢原子被氨甲基取代的反应。曼尼希反应，先由胺和醛反应生成中间体 N-羟甲基胺，然后再与含有活泼氢原子的化合物缩合（图9-4）。利用漆酚结构单元中的芳环上酚羟基的邻位和对位上的活泼氢原子可以与醛和胺发生曼尼希反应，在漆酚芳香环上引入胺基，生成漆酚改性产品漆酚胺。

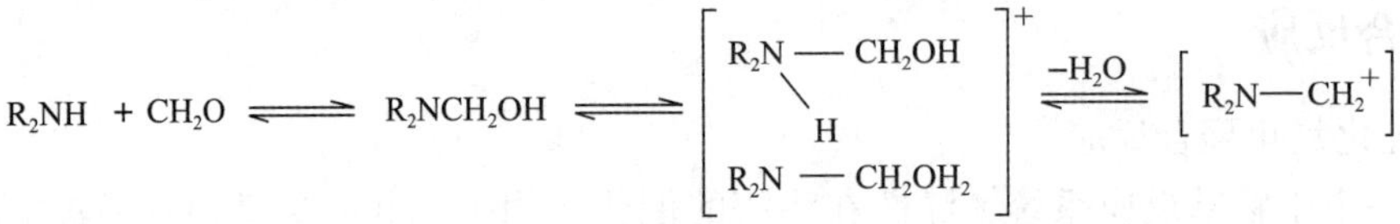

$$R_2NH + CH_2O \rightleftharpoons R_2NCH_2OH \rightleftharpoons \left[ \begin{matrix} R_2N — CH_2OH \\ | \\ H \\ R_2N — CH_2OH_2 \end{matrix} \right]^+ \overset{-H_2O}{\rightleftharpoons} \left[ R_2N — CH_2^+ \right]$$

图9-4 曼尼希反应示意

## 9.4.2 氧化还原反应

漆酚是生漆的主要成分，由于其结构特性以及漆液中存在辅助氧化的生物催化剂——漆酶，生漆中的漆酚很容易就变成氧化或聚合态。研究表明，应用凝胶色谱对新鲜生漆进行分析发现已有7%的漆酚被氧化。

漆酚的氧化聚合分为三个步骤进行：第一步，是苯环上的羟基受到漆酶或漆液中的金属离子催化的作用，失去氢形成氧负活性离子；第二步，氧负离子通过共轭作用形成苯环碳负离子，上述两种负离子均具有较好的化学反应活性；第三步，共轭所形成的活性位点进攻其他漆酚分子的苯环(核核)及侧链(核侧)的共轭结构，形成二聚物或进一步聚合形成多聚物，漆膜的形成则是多分子的漆酚核及核侧聚合形成空间网状物而导致的结果。

## 9.4.3 酰化反应

漆酚结构中的酚羟基可被酰化，与酸酐、酰氯作用生成单酯或双酯。漆酚含量的乙酰化法测定就是以乙酸酐为乙酰化试剂，漆酚与乙酸酐-吡啶在丙酮介质中作用，生成酯，并析出酸，反应完成后，加入水使过量酸酐水解，析出的酸以酚酞为指示剂，用标准KOH溶液滴定以计算漆酚含量。其中吡啶是催化剂，可以中和反应中生成的乙酸形成乙酸吡啶，使反应完全，防止乙酸挥发损失，也可以防止生成的酯的水解，并加快反应速率。

## 9.4.4 醚化

醚化反应可以使漆酚的酚羟基转化为醚，使漆酚的极性减弱，并且降低了漆酚的反应活性，增加了其稳定性，因此常用醚化反应来保护酚羟基，改变漆酚的极性和色谱行为，以利于漆酚的分离和结构测定。最常用的是硫酸二甲酯-丙酮-碳酸钾法制取甲基醚。无水的漆酚丙酮溶液，在碳酸钾存在下与硫酸二甲酯反应于60 ℃反应5 h完成醚化，生成漆酚二甲醚。

除此之外，还可以利用醚化制备漆酚苄醚（—OCH_2C_6H_5）、三甲基硅醚[·OSi(CH_3)_3]、乙基醚（·OC_2H_5）、甲基醚（·OCH_3）等，其中苄醚化的优点在于制得醚化物后，易于以氢化方法脱去苄基得到还原态漆酚，也可用金属钠加乙醇还原成漆酚而不影响侧链上的非共轭双键；醚化漆酚加碘化氢可得到游离漆酚；无水 AlCl_3、BCl_3 或 NaNH_2 在甲苯等惰性溶剂中也能使醚化漆酚还原成漆酚。氯乙酸、氯乙烯等脂肪族卤化物在碱性介质中与漆酚也易生成相应的醚。在乙醇钠存在下，环氧氯丙烷和漆酚生成漆酚二环氧基醚，这是制备浅色生漆的基础反应之一。

二甲基乙氧基氯硅烷与漆酚反应可以水解成硅醇，在 170 ℃加热固化，可以作为一种性能优良的耐高温绝缘漆来使用。

### 9.4.5　金属配位反应

配合物的形成需要两个必要的条件：配位体有孤电子对、中心离子有空的价电子轨道。漆酚是带有长侧碳链的邻苯二酚，不仅其侧碳链是苯环活化的供电基，而且它的两个—OH 的氧原子上具有未共用的电子对，它们的 p-电子与苯环上的 π-电子可形成共轭体系。又由于氧原子具有较大的电负性，导致羟基中氢原子易于解离成质子。这决定了漆酚可以作为配合物的配位体。当它遇到具有价键空轨道的金属之后，其氧原子上的孤电子对可提供给金属离子的价键空轨道，从而进行配位组成稳定的五元环螯合物。这种螯合物兼备了漆酚具有聚合成高分子的能力和螯合物具有化学稳定和热稳定的性质。这就是漆酚金属配合物的基本性质。由于不同的金属离子具有不同的电子结构和性质，因而赋予了不同的漆酚金属配合物具有各自的特性。

在漆酚与金属的络合反应中，漆酚与铁离子的络合无论对漆酚的检测，还是在高分子材料方面的应用，都格外受到关注。在乙醇溶液中，漆酚与 $FeCl_3$ 可发生特征性颜色反应，$Fe^{3+}$ 氧化漆酚成漆酚醌，$Fe^{3+}$ 则被还原成 $Fe^{2+}$，$Fe^{2+}$ 再和漆酚醌生成黑蓝色的漆酚醌铁螯合物，这个反应常被用作漆酚的定量分析。在黑推光漆中，添加黑料 $Fe(OH)_3$ 时，也是由于漆酚羟基易取代 $Fe(OH)_3$ 中的—OH 而形成漆酚 $Fe^{3+}$ 螯合物，再经氧化还原而生成空间结构更加稳定的黑色漆酚 $Fe^{2+}$ 螯合物，这也是黑推光漆永不褪色的原因。

### 9.4.6　加氢反应

漆酚侧链上不饱和双键催化加氢可制备饱和漆酚，也能测定加氢量的多少确定其不饱和度。生漆中的三烯、双烯、单烯漆酚等不饱和漆酚经过雷尼镍(Raney Ni) 催化，进行催化加氢反应，可以制备饱和结构的漆酚。

### 9.4.7　氧化反应

在高湿或常温条件下(相对湿度 80%)漆酚侧链含有不饱和双键(单烯、双烯、三烯漆酚)均可发生氧化反应。漆酚双键能在有氧或氧供体存在的适当条件下可以与氧反应形成过氧化物。这种氧化作用可以受自身催化，故也称"自氧化反应"。在氧化过程中，过氧化物最初生成，自由基连锁反应随后与酶促氧化反应偶合发生，漆酚中三烯的含量影响氧化速率。在有大量氧气存在时，侧链间也可生成—C—O—C—结构化合物。

### 9.4.8　加成反应

除少量末端双键外，漆酚侧链双键属于 1,2-二元取代基型 CHR=CHR′，这类双键位阻大，100 ℃以下很难均聚合，但靠近末端的双键位阻较小，可以和活泼单体苯乙烯共聚合，如三烯苯酚的第三个双键将优先与苯乙烯共聚合，得到交替共聚物。

单体的双键间极性相反有利于共聚合。漆酚侧链双键因连供电子基呈负极性。反之，顺丁烯二酸酐的 C=C 双键因连吸电子基而带正极性，所以有引发剂时，位阻较小的漆酚侧链双键能和顺丁烯二酸酐发生交替共聚合。顺丁烯二酸酐与共轭双键反应温度较低，在 70 ℃下即使无引发剂，每摩尔漆酚也可消耗 0.6 mol 顺丁烯二酸酐，升温到 140 ℃时每摩尔漆酚可消耗 0.82 mol 顺丁烯二酸酐。

高于 140 ℃漆酚侧链双键的均聚合也开始进行，200 ℃时硫加成与漆酚侧链双键形成硫桥，结果使漆酚硫化成块状固体；漆酚的不饱和侧链双键也能与热固性酚醛树脂在高温下发生加成反应。

酸类可催化漆酚均聚合。浓硫酸可使漆酚聚合成一种皮膜物质，不溶于苯及乙醇混合溶剂，曾用作漆酚定量分析。漆酚和盐酸煮沸得柔软的固体，若漆酚和过量浓盐酸加热 3 d，开始时呈海绵状，接着变成橡胶状，最后成块，无黏性。

漆酚属于多酚类化合物，与其他多酚类化合物一样，也能与蛋白质发生结合反应，一般情况下，结合是可逆的。与蛋白质的结合反应是植物多酚类最重要的化学性质，是其最具特征性的反应之一，广泛存在于自然界中。这个反应更重要的意义在于它是人类广泛利用多酚的基础，漆酚对酶、细菌、病毒的抑制性等生物活性也与漆酚-蛋白质的结合有关。早在 1803 年，就有人提出了多酚与蛋白质的可逆结合现象，直到 20 世纪 80 年代才开始从分子结构水平上研究多酚-蛋白质反应，对反应机理和模式的认识才逐渐深入。直到 1988 年，多酚-蛋白质反应的疏水键-氢键多点键合理论的提出得到了人们的共同认可，其反应的动态模型，即"手—手套"（hand-in-glove）模型。漆酚与蛋白质的反应机理如图 9-5 所示。漆酚与蛋白质的结合反应主要发生在蛋白质表面，漆酚与蛋白质分子间形成疏水键-氢键多点交联。漆酚的酚羟基和芳环以及侧链基团使其同时具有亲水性和疏水性；蛋白质中的芳环或脂肪族侧链氨基酸残基（如缬氨酸、亮氨酸、苯丙氨酸），特别是对蛋白质构型有影响的脯氨酸残基比较集中的疏水区域，通过疏水作用形成"疏水袋"；漆酚分子深入"疏水袋"中并通过氢键加强结合。

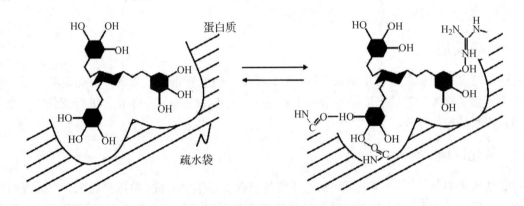

图 9-5 漆酚-蛋白质反应机理

与漆酚-蛋白质结合类似，漆酚也可与多糖类天然化合物发生复合，这种复合反应也是生漆成膜反应的途径之一，虽然机理不完全清楚，但疏水键和氢键无疑在结合方式中起到重要作用。多糖，特别是带有疏水腔二级结构的多糖，可以有效地调节蛋白质对漆酚的结合反应。多糖能增加生漆黏度也许是一种原因，但是更直接的原因在于多糖与漆酚通过氢键-疏水键形成复合物，使漆酚-蛋白质三维网状结构松弛甚至散开，或者形成多糖-漆酚-蛋白质三元复合物，漆酚作为桥键连接多糖与蛋白，这种结构使得生漆中的漆酶、糖蛋白分散而不易沉淀。漆酚与多糖的结合反应由多糖的类型决定，且与 pH 值无关。开链环状多糖与漆酚结合很弱。立体结构中含有裂缝、微孔或小孔的多糖或溶解状态下结构松散并形成微孔、小孔的多糖与酚的结合力强；随漆酚分子的增大，与多糖的络合能力也明显增加。

## 9.5 生漆的改性方法

天然生漆的改性主要是为了改善生漆的一些固有缺陷，得到不同功能特性的产品，使其更好地适用于不同的应用场合，并降低天然生漆的生产成本。天然生漆的改性方式包括加入生物质植物油共混改性，对生漆的主要成分漆酚进行化学改性，利用相反转技术进行亲水改性，与元素化合物反应改性等。科研人员直接在天然生漆中添加聚合桐油，并引入高速搅拌分散和研磨两种方法使两者偶联，使漆酶和多糖的粒度减小，改善了漆酶氧化聚合微环境，减少表实干时间，并显著降低了生产成本。也可以研究漆酚甲醛缩聚物与 $FeCl_3$ 形成黑推光漆的机理，以制得成膜性好、遮盖力强、坚韧耐磨及具有优异的化学稳定性和物理稳定性的漆膜。以漆酚、环氧氯丙烷、丙烯酸为主要原料，通过两步反应可合成漆酚基环氧丙烯酸酯，可以加强对金属的附着力和减少干燥时间。用漆酚缩甲醛缩聚物与醇酸树脂组成互穿网络混合物，产物能够抗紫外线和增加柔韧性。近年来，随着人们对生漆的研究逐渐深入，改性方法多元化，制备出许多性能优良的高分子材料。

### 9.5.1　漆酚改性树脂

漆酚属于邻苯二酚的衍生物与苯酚结构类似，因此可以通过羟醛缩合反应来制备相应的漆酚醛类树脂。为了解决漆酚单体的致敏性，国内的研究者通过有机溶剂将漆酚从生漆中萃取出来，然后将漆酚与甲醛和糠醛反应成功制备了漆酚甲醛清漆和漆酚糠醛清漆。由于漆酚氧化聚合时会生成邻苯醌发色基团，导致大多数漆酚及漆酚改性产品色泽较深。而漆酚醛树脂涂料性能与天然生漆近似，但颜色却淡很多，所以可以作为浅色涂料来使用。为了进一步降低漆酚醛树脂上的漆酚双羟基被氧化成为显色醌基的可能性，可通过环氧氯丙烷多功能醚化助剂甲醚化酚羟基，既能达到钝化酚羟基的目的，亦可生成活泼的环氧基，有助于提高漆膜的附着力和柔韧性。通过此种方法制备的浅色生漆，其环氧值为 0.181 mol/100g。经过仪器分析可知，浅色清漆产品主要由六个漆酚分子与甲醛缩聚而成，其中 1/3 的漆酚被多功能醚化助剂醚化。浅色清漆经成膜固化后的漆膜呈菜花黄色，透明光亮，可做罩光漆，并且性能与生漆膜近似。此外，浅色清漆可加入各种有色颜填料调合制备彩色漆，用于家具、漆器及漆画领域。漆酚缩醛类清漆的成功制备具有里程碑式的意义，为漆酚改性树脂的发展奠定了道路。

用漆酚对环氧树脂进行改性来制备聚漆酚环氧树脂，环氧基团引入到漆酚中，可以提高漆酚的耐碱性和对基材的附着力。要达到环氧改性漆酚的目的，首先需要利用缩聚反应机理合成一种漆酚醛树脂中间体。漆酚芳环上的酚羟基具备供电性，使得漆酚芳环上的酚羟基邻位和对位氢原子较为活泼，易与醛发生亲电取代反应。漆酚与甲醛通过催化剂催化发生羟甲基反应脱水生成二聚物，该二聚物继续与漆酚苯核上的氢缩合脱水并反复多次，最后通过亚甲基桥键使得漆酚与甲醛缩合交联形成线形大分子。漆酚与甲醛生成的漆酚缩甲醛可以当做漆酚改性树脂的一种中间体，利用漆酚缩甲醛中的亚甲基为桥，可将漆酚与环氧树脂结合在一起，赋予改性树脂所需的性能。经过环氧改性的漆酚醛树脂，其耐碱性、柔韧性、附着力都有很大的提升，且致敏性基本消除。

利用苯环上的羟基、树脂中的活泼氢与异氰酸酯反应可以制备聚氨酯改性漆酚树脂，通过侧链双键交联，可以生成网状体型结构改性漆酚聚合物。如用 2,4-甲苯二异氰酸酯(TDI)来改性生漆，可以得到较高成膜速率和物理机械性能优良的聚合物。还可以将生漆与聚氨酯按不同配比混合，得到耐紫外线、耐水性能优越的漆膜。采用异佛尔酮二异氰酸酯、聚乙二醇、二羟基丙酸、乙二胺改性漆酚，该漆酚/聚氨酯-脲(PUU)分散体系制备的漆膜在硬度、热降解性等方面提高，并且可以抑制细菌生长及耐腐蚀性等。

以菇烯基环氧树脂和漆酚基缩水甘油醚的为原料，在固化剂的作用下可以制备漆酚改性菇烯基水性聚氨酯，改性后的漆膜具有良好的疏水和热稳定性。以含羟基的氟树脂为原料，经过漆酚的改性后可以得到漆酚型聚氨酯复合膜，所得的漆膜具有良好的物理机械性能、耐热性能和抗老化性能。

### 9.5.2 生漆水基化

漆酚以往的改性产物，都是有机溶剂型涂料，无溶剂涂料和水性涂料是涂料发展的趋势，研究生漆水基化问题使生漆由原来的油包水型（W/O）变成水包油型（O/W）涂料，即使生漆变成水性涂料，既符合环保要求，适应涂料的发展趋势，又可以充分利用生漆的原有各种组分，提高生漆的利用率，还可以降低生漆黏度，利于涂装施工。以此为基础，将为今后生漆的进一步改性，提高综合性能和附加新的功能的研究，能在水介质中进行开辟一条途径，具有重要的意义。

近代乳状液理论认为，乳状液稳定的关键是油/水界面存在着排列紧密、刚性的界面膜。当乳状液的油相成分与乳化剂的结构相似时，有利于形成致密、刚性的界面膜，往往能够获得较好的乳化效果。根据乳化作用的结构相似性原理，选用了亲油基与生漆的主要成分漆酚相同的漆酚基乳化剂乳化天然生漆。漆酚基乳化剂不仅与生漆的相容好，有利于形成致密、刚性的界面膜，而且保留了漆酚的不饱和长直侧链，根据生漆固化成膜机理，漆酚基乳化剂可参与生漆的成膜反应，避免传统乳化剂对涂膜性能的不良影响。

天然生漆的相反转乳化技术，可以将油包水型（W/O）天然生漆转化为水包油型（O/W）的乳液。天然生漆是漆树经人工砍割从韧皮中分泌出来的油包水型（W/O）天然乳胶漆，其中漆酚（生漆的主要成膜物）为连续相，水为分散相，树胶质（即多糖）和有机氮化物（含有催化生漆固化成膜的漆酶）构成两相的界面。借助乳化剂，可将 W/O 型的天然生漆转化为 O/W 型的乳液。采用 HLB 值法，计算出乳化生漆的主要成分漆酚的所需的 HLB 值约为 16。根据 HLB 值分别选用常用的乳化剂如司班、吐温、脂肪醇聚氧乙烯醚（Brij35），op-10 等乳化生漆（选用单一的乳化剂，或是复配乳化剂），均难以达到乳化效果。因此，采用专门为生漆的乳化而设计合成的漆酚基乳化剂，将 W/O 型的天然生漆转化为 O/W 型的乳液。

反应型乳化剂除了含有乳化基团外还有可以发生聚合反应的基团，克服了传统乳化剂对漆膜的负面作用。如采用环氧氯丙烷、聚乙二醇、漆酚为原料制备的反应型漆酚基乳化剂（UE）与 PVA 复配后，用于生漆的乳化，得到水性的水包油型乳液，可以直接采用水进行稀释，乳化效果优于传统的乳化剂。但是加入乳化剂会降低漆膜性能，加入乳化剂的生漆与天然生漆在漆膜性能上的差异还有待改进。水基化的生漆可以降低生漆黏度，利于施工，生漆水基化后还可与其他涂料复合使用，得到高性能的漆膜，相应地拓宽使用范围。

### 9.5.3 漆酚金属螯合高聚物

漆酚金属螯合高聚物，即利用漆酚含有两个羟基的特点，将其与金属化合物反应，生成漆酚金属化合物（或螯合物），再利用漆酚长侧链含有 0~3 个不饱和键以及芳环上含有三个活性点的特点，使其交联成为聚合物，成膜、固化成为高聚物。漆酚金属高聚物的合成方法主要有以下三种：

①漆酚与金属化合物直接反应法　该法主要是用漆酚羟基与金属离子的配位反应，生成漆酚金属配位物后，再发生漆酚的侧键交联反应，生成漆酚金属高聚物。采用该方法可合成漆酚铜、铝、铁、硅、锡等不同价态金属的漆酚高聚物。

②漆酚钠与金属化合物反应法　该法主要是用漆酚与氢氧化钠反应，生成漆酚钠后；然后与金属化合物反应，生成漆酚金属配位物，进一步交联固化为漆酚金属高聚物。采用这种方法

可以在水溶液中合成钴、镍、锰、铬、钼等漆酚高聚物。

③漆酚与酯类进行酯交换法　如采用漆酚与硼酸丁酯进行酯交换法可以合成硼酸漆酚酯。

漆酚钛螯合高聚物，是一种优异的防腐蚀涂料，其漆膜的物理机械性能优良，并具有耐强酸、强碱、有机溶剂、各种盐类、高温、摩擦等优异性能，可应用于化工设备、海洋设施等的防腐蚀。漆酚锑螯合物，是一种不溶不熔的黑褐色固体。除具有较生漆高的耐热、耐强酸强碱的性能外，该螯合物的特点是具有阻燃性能，很有希望成为一种新型的阻燃高分子材料。漆酚铜螯合物，是一种不溶不熔的棕黑色固体，具有优良的化学稳定性和比生漆更高的耐热性，能抗强酸强碱、有机溶剂和盐类。漆酚铝螯合物，是一种暗褐色稠状物，合成的漆酚铝螯合聚合物溶于有机溶剂，可作为涂料使用。它具有常规的物理机械性能和优异的耐热性，在相同失重率时的温度比黑推光漆高出 80 ℃以上。漆酚铁配合物，传统黑推光漆的制备可算是最早的用金属盐改性生漆，至少在 1000 多年以前，我国民间漆艺工人就已在生漆加工过程中，加入无机铁化合物，加工出漆膜乌黑光亮、坚韧耐磨的黑推光漆。

### 9.5.4 纳米粒子改性

在漆酚基涂料中加入一些添加剂可有效地增强和改善涂料的某种特性和功能，加入纳米粒子可对传统复合涂料进行改性。近年来，复合型纳米粉体涂料的研究引起了人们的广泛关注。利用纳米材料的表面效应、小尺寸效应、量子尺寸效应和宏观量子隧道效应这些特性，将其用于涂料中，还可以制备出各种新型涂料并具有广泛的应用前景。金红石型纳米二氧化钛颗粒具有折射率高、紫外吸收能力强、无毒、分散性好、比表面积大、表面结合能高等特点而被广泛应用，并且金红石型纳米二氧化钛制得的复合涂料具有机械强度高、附着力强、防腐蚀、耐老化、抗菌等特点。金红石型纳米 $TiO_2$ 不仅对人体无毒、无刺激、热稳定性好，并且金红石型 $TiO_2$ 具有较高的紫外屏蔽性和耐候性，被紫外线照射后不分解、不变色、不挥发，所以是一种理想的紫外线屏蔽剂。利用金红石型纳米 $TiO_2$ 的屏蔽紫外线特性，可改善涂层的抗老化性能。

当纳米粒子与漆酚聚合物共混时，不仅赋予漆酚高聚物好的机械和光学性能，且纳米粒子也具有高的动力学稳定性。有研究表明，将 MS(M=Pb、Zn、Fe、Ni)纳米粒子原位混入聚合漆酚可赋予其良好的性能。利用在紫外光辐照下生成的聚合漆酚的微观结构——金属离子聚集在漆酚羟基周围，从而使 MS 的生长受到限制，原位生长在聚合漆酚中。与传统化学方法相比，该法漆酚金属的生成中没有采用离子交换法作为合成途径，而是采用漆酚半醌自由基与金属离子配位法，且配位反应能在 2 min 之内完成。由于金属离子与氧的配位作用限制了 MS 的生长，从而使纳米粒子具有良好的分散性。

此外，还有许多纳米粒子改性方法，如将纳米微粒分散到漆酚改性树脂中，得到的有机/无机纳米杂化材料具有良好的机械、光、电、磁和催化等功能特性。以漆酚、六次甲基四胺和有机蒙脱土为原料，经插层缩聚后所得产物，再经丁醇醚化，获得漆酚甲醛缩聚物蒙脱土纳米复合涂料，具有原漆酚缩甲醛清漆的常规物理机械性能，同时，抗紫外能力有了很大提高。

## 9.6 生漆的应用

天然涂料生漆除了用于各种涂料外也可以用于制备漆酚有机硅、漆酚钛环氧树脂、漆酚冠醚、漆酚缩甲醛、漆酚聚氨酯树脂、漆酚环氧树脂、漆酚有机金属螯合物等漆酚基高分子材料。随着生漆成膜机理及改性方法研究的不断深入，改性生漆作为涂料已被广泛应用于传感器、催化剂、工业防腐、吸附材料、古建筑物修复、工艺品等方面。

### 9.6.1 涂料

生漆使用历史悠久，耐腐蚀性能突出，几千年前制作的涂漆木器出土后仍然光亮如初。生漆漆膜特别是漆酚与钛、铁、锰、锡、铜、钼、镍等金属离子反应制备的系列漆酚金属高聚物可用作优良的防腐涂料，在化工、船舶、石油行业等领域中发挥着重要作用。例如，利用漆酚的羟基结构与金属钛发生螯合反应，可以制备漆酚钛螯合高聚物防腐蚀涂料，这是一种耐腐蚀的涂料，具有良好的耐强酸、强碱、海洋化学介质腐蚀及物理机械性能，可应用于工业重防腐领域。

以生漆乳化制备的水性涂料由于绿色环保、节能低耗是未来涂料行业的发展方向，可作为水性涂料直接成膜保持生漆的原有性能，也可以乳化后与其他涂料复配使用，改进性能，如以漆酚缩醛类聚合物水基分散体系作为环氧树脂/漆酚缩醛胺水性复合涂料的固化剂可以制备复合涂料。漆酚、环氧氯丙烷、聚乙二醇为原料，合成了漆酚基乳化剂，可制成水性良好的涂料。

漆酚及改性树脂(如漆酚缩甲醛树脂、漆酚环氧树脂等)膜性能突出，可以作为基体材料制备导电涂料，导电涂料具有一定的消静电荷、导电的能力，涂覆在不导电的材料上，应用于工业生产、海洋防污、日常生活等领域。漆酚、石墨分别作为基材和导电填料经紫外光固化制备的石墨/漆酚复合导电涂料，涂料膜电阻率为442 Ω·cm。

### 9.6.2 催化剂

化学反应的催化剂中常常使用强酸，但是在工业应用中存在污染环境、腐蚀设备的问题，高分子金属催化剂能多次重复使用，具有良好的催化活性，且不会腐蚀设备，反应温和，副反应少，产物纯度高。漆酚金属高聚物中心原子为金属，而多数金属具有一定的催化活性，因此漆酚金属高聚物在酯、醚、缩醛和缩酮等合成反应中可用作催化剂，且具有良好的催化活性。如利用漆酚铁锡聚合物为催化剂，可以用于催化醋酸正丁酯、丙烯酸正丁酯、乙醇单乙醚醋酸酯等酯类合成，以及用于催化环己酮缩乙二醇等缩酮的合成反应，与传统催化剂相比，具有副反应少，催化剂易分离、对环境污染小等优点。

漆酚金属盐制备的催化剂对多种反应有催化作用，如漆酚锆聚合物对乙酸丁酯、乙酸苄酯合成反应有催化作用，钛、钕、锡等漆酚金属聚合物对乙酸-丁醇酯化反应有明显的催化作用，漆酚缩甲醛镧络合物对甲基丙烯酸甲酯的聚合反应有催化作用，漆酚的铝盐、铁锡盐及铁盐等漆酚金属聚合物对缩酮合成反应有催化作用，含有 C15 的漆酚冠醚能在多种介质中与阳离子发生选择性络合，可作为相转移催化剂而广泛应用于有机反应中。

### 9.6.3 吸附材料

电影胶印、制镜、电镀、采矿等行业的废水中都含有较高浓度的银离子，重金属离子进入人体或动物体内会逐渐富集，对内脏器官造成严重损害。漆酚-水杨酸树脂对 $Ag^+$ 吸附速率较快，吸附容量较高，饱和吸附量达 637 mg/g，且被吸附 $Ag^+$ 容易解吸，可应用于含银废水中 $Ag^+$ 的富集分离。漆酚可以用于金属离子的吸附，如用漆酚与 8-羟基喹啉(AR)聚合反应产物可以吸附 $Fe^{3+}$、$Pb^{2+}$、$Cd^{2+}$、$Hg^{2+}$ 和 $Cu^{2+}$ 等金属离子。漆酚-水杨酸接枝树脂能与 $Hg^{2+}$、$Ag^+$ 等离子形成金属离子络合物而吸附金属离子，被吸附的重金属离子易解吸可再生利用。

漆酚金属高聚物还可以作为吸附剂，吸附多种有害气体。当漆酚金属高聚物的中心金属原子配位数未达到饱和时，可继续接受电子，而 $SO_2$、$HCHO$、$H_2S$、$NH_3$ 等气体分子带有孤对电子，可以作为配体。因此，漆酚金属高聚物可以吸附有害气体，尤其是当漆酚金属高聚物被做成多孔材料时，吸附效果更好；若漆酚金属高聚物中还保留有可以发生化学反应的活性位点，包括酚羟基、侧链双键、苯环活性位点，可吸附更多种类的气体。

漆酚乙醇溶液和甲醛制成粒径为 0.5~1.0 mm 的漆酚缩甲醛聚合物多孔微球对乙二胺和二乙烯三胺吸附能力强，对氯仿、四氯化碳等有机物气体吸附性能也较佳。

### 9.6.4 传感器

化学传感器(chemical sensor)是对各种化学物质敏感并将其浓度转换为电信号进行检测的仪器，具有设备简单、操作方便、分析速度快、测量范围广等优点，化学传感器在生产流程分析、环境污染监测、矿产资源的探测、气象观测和遥测、工业自动化、医学上远距离诊断和实时监测、农业上生鲜保存，以及鱼群探测、防盗、安全报警和节能等各方面都有重要的应用。

漆酚树脂具有三维网状结构，能固化微量水、氯化钾、石墨粉等，可以解决常用固态传感器接触测量溶液时存在因外层的聚乙烯醇(PVA) 内参膜发生溶胀致使传感器失效，缩短使用时间的问题。例如，将含有活性物的聚氯乙烯膜涂在漆酚树脂表面制备成稳定性、选择性、重现性良好的全固态传感器，已用于烟碱类药物成分及柠檬黄等的测定。

漆酚中的酚羟基能和金属离子发生配位反应从而在表面吸附金属离子，改性漆酚树脂中保留部分有活性的酚羟基，利用漆酚树脂的这种特性，在一定环境中，使金属离子强烈吸附于树脂表面，可以制备出掺杂有漆酚金属盐树脂的固体传感器。该传感器能选择性地对某些金属离子产生良好的电化学响应，对金属离子测定的增敏作用明显，并能检测出溶液中痕量的 $Cu^{2+}$。

### 9.6.5 医药应用

中国生漆多糖具有抗肿瘤、抗 HIV、促进凝血等生物学活性，还具有良好的促进白细胞生长等免疫方面的作用。浓度为 0.016 mg/mL 的漆多糖可以把牛血浆细胞的凝结时间由 5min 25s 缩短到 1 min。50%被磺化的漆多糖在浓度为 0.5μg/mL 时具有很强的抗-HIV 活性。

漆酚具有很好的抗肿瘤活性，对多种肿瘤如卵巢癌、肝癌、乳腺癌、前列腺癌、食道癌、骨髓癌、结肠癌、肺癌及白血病等均具有良好的疗效。研究表明，漆酚可通过诱导肿瘤细胞凋亡、抑制肿瘤细胞增殖、抑制肿瘤血管生成、抑制核转录因子活性、毒杀肿瘤细胞等途径来有效发挥抗肿瘤作用。研究人员发现漆酚可抑制淋巴癌细胞 DNA 合成，并能通过细胞毒性效应促进肿瘤细胞凋亡，对淋巴癌具有很好的治疗效果。研究发现，漆酚对肝癌细胞也具有显著的毒杀作用，其作用机制是促进细胞内活性氧生成从而破坏肿瘤细胞的 DNA。

漆树籽加工的漆油和漆蜡具有延缓衰老、增强记忆力、降血糖等独特的食用保健功效，特别是漆树的漆树汁提取物含有丰富的黄酮类化合物，具有明确的抗肿瘤、抗炎、抑菌等药理作用。漆油中含有 60%以上亚油酸，具有调整血脂和抗动脉硬化作用，减少冠心病的发病率和死亡率。漆树乙醇提取物具抗氧化、抗细胞凋亡、抑制人肿瘤细胞增殖等作用。经生漆炮制所得干漆，主要成分为漆酚，在临床上对治疗冠心病有一定疗效，干漆提取液能明显延长凝血时间，具有抗凝血酶作用，干漆对治疗慢性盆腔炎和子宫内膜异位的有效率达 94%左右。黄酮类漆树提取物具有抗氧化、抗癌、抑菌、抗炎、治疗糖尿病、保护神经细胞等作用。以干漆组方的平消片在临床主要用于治疗肿瘤，可以缩小瘤体、提高人体免疫力、抑制肿瘤、延长生命。大黄蟅虫丸也是以干漆组方，主要用于脂肪肝、肝硬化等肝病及静脉曲张等。

漆籽油具有抗动脉粥样硬化、降血脂等功能，可以用于食用与保健领域，亚油酸具有降低胆固醇、改善脂肪代谢、抗氧化、调节免疫、抗癌等功能。

### 9.6.6　其他

漆酚硅锡树脂的热稳定性比生漆更好，并且还具有良好的耐化学介质、腐蚀性能，可以用漆酚与四氯化硅、四氯化锡反应合成，该树脂是性能优良的高分子材料，可以通过热压的方式来进行加工及成型。天然生漆是油包水型乳液，使用时需加入大量有机溶剂，为了减少污染并减少施工难度，发展水包油型或无溶剂涂料是大势所趋。利用漆酚含有两个羟基的结构特点可以直接合成漆酚基乳化剂，以此来乳化天然生漆，制备出了水包油型生漆乳液，该乳液具有较高的稳定性和流变性，并且有较好的成膜性能。

### 9.6.7　漆酶的应用

漆酶的一个主要的生物化学特性就是催化漆酚形成高分子聚合膜。漆酶的作用底物广泛、催化性能特殊，有可降解、反应条件温和及特异性等特点，它在生物检测、生物制浆、生物漂白，及降解有毒化合物、氧化难降解的环境污染物等方面具有潜在的应用价值，是一种环境保护用酶，在工业和生物技术领域具有广阔的应用前景。

漆酶稳定性好、容易提取、作用条件温和、安全可靠，不会产生对人体有害的物质，不仅可用于果汁与酒类(啤酒、葡萄酒等)生产，提高饮料的稳定性，减少对营养物质的破坏，还可用于烘焙食品的制作，提高产品的产量和质量，降低投资成本。漆酶因其反应产物单一、无污染、反应条件温和等优点，比其他有毒性且不易降解的化学物质更适合用于食品工业。

漆酶可降解酚类物质、三苯甲烷类染料等有害物质，能够对染料进行脱色，同时不会对环境造成二次污染，可有效地解决环境污染问题。据报道，细菌漆酶比真菌漆酶更加有效，研究表明，重组漆酶对染料脱色具有较大潜力。

造纸工业中关键性的一步是去除木材中的木质素，利用氯气和氧气为基础的化学氧化剂进行处理存在成本高、回收率低、毒性大等问题。漆酶具有自身的一些优点，如稳定性好，固定化后可重复使用，不需要有过氧化氢的参与，可以组合型生产，表达量高。利用漆酶处理可减少残余木素的摩尔质量，减少制浆的能源消耗，提高纤维间的黏合性，提高纸浆的强度和光泽度。因此，利用漆酶代替传统试剂降解木质素可达到很好的漂白效果，提高纸浆的性能，减少废液的排放量。

漆酶在反应过程中消耗氧分子，可以通过检测消耗的氧气量来检测环境中或食品中酚类物质的含量。上述过程容易转化为电信号而用于传感器的设计，基于漆酶源的传感器具有灵敏度高、反应时间短、稳定性好、制造工艺简单等优点，因此可广泛应用于医学、国防、食品等领域，目前已有漆酶应用于传感器的研究。

## 课后习题

1. 生漆的主要组成有哪些？
2. 生漆有哪些主要特性？
3. 简述生漆的主要用途。
4. 生漆改性方法有哪些？
5. 试描述漆酚制备水性环氧树脂涂料的步骤。
6. 漆酚-水杨酸树脂有哪些用途？
7. 漆酶在食品工业中有哪些应用？

8. 漆酶在制浆造纸工业中有哪些应用？

## 参考文献

李松标，魏铭，丁方煜，等，2016. 催干剂二茂铁对生漆成膜过程及漆膜性能的影响[J]. 材料保护，49(4)：44-46.

周鹏，彭志远，2018. 含酚羟基吸附树脂的研究进展[J]. 化工新型材料，46(7)：44-47.

李慧敏，吴智慧，闫小星，等，2016. 环氧树脂改性 UV 生漆油墨的漆膜性能[J]. 林业工程学报，1(5)：146-151.

李大伟，2016. 基于复合碳纳米纤维的多酚漆酶生物传感器研究[D]. 无锡：江南大学.

潘海云，吴智慧，吴燕，2016. 纳米 $SiO_2$ 改性生漆的漆膜性能研究[J]. 家具，37(1)：44-48.

周昊，齐志文，马余璐，等，2019. 漆酚/两亲共聚物 mPEG-PBAE 胶束的 pH 响应性及其体外性能[J]. 林产化学与工业，39(2)：25-32.

张萌，2016. 漆酚基快干耐老化涂膜的制备及性能研究[D]. 福州：福建师范大学.

董月林，2017. 漆酚及其改性涂料的应用进展[J]. 现代涂料与涂装，20(7)：27-30.

王沈记，2018. 漆酚金属聚合物海洋防污涂料的研究[D]. 福州：福建师范大学.

林金火，1992. 漆酚金属配合物的研究概况[J]. 中国生漆(3)：23-25.

张飞龙，李钢，魏朔南，1998. 漆酚木器涂料的研制[J]. 中国生漆，17(00)：14-19.

王洪云，2013. 漆蜡(油)的成分及其综合利用价值[J]. 中国民族民间医药，22(8)：3-5.

董艳鹤，2011. 漆蜡的物化特征及精制加工工艺研究[D]. 北京：中国林业科学研究院.

李阳，蒋国翔，牛军峰，等，2009. 漆酶催化氧化水中有机污染物[J]. 化学进展，21(10)：2028-2036.

胡周月，钱磊，张志军，等，2019. 漆酶在食品工业及其他领域上的应用进展[J]. 天津农学院学报，26(3)：83-86.

雷福厚，蓝虹云，2003. 漆树漆酶和真菌漆酶的异同研究[J]. 中国生漆，22(1)：4-8.

张飞龙，2012. 生漆成膜的分子机理[J]. 中国生漆，31(1)：13-20.

张飞龙，2010. 生漆成膜的分子基础——Ⅰ生漆成膜的物质基础[J]. 中国生漆，29(1)：26-45.

张飞龙，1992. 生漆成膜反应过程的研究[J]. 中国生漆，11(2)：18-33.

张飞龙，1993. 生漆成膜聚合过程[J]. 涂料工业(4)：40-46.

廉鹏，2004. 生漆的化学组成及成膜机理[J]. 陕西师范大学学报(自然科学版)(S1)：99-101.

张飞龙，李钢，2000. 生漆的组成结构与其性能的关系研究[J]. 中国生漆(3)：31-37.

陈育涛，黄婕，2012. 生漆多糖生物学功能研究进展[J]. 中国生漆，31(1)：23-24.

傅志东，1988. 生漆和漆酚物理性质的研究[J]. 物理(4)：218-221.

邓雅君，2018. 生漆基防腐涂料的制备及性能研究[D]. 福州：福建师范大学.

何源峰，2013. 生漆漆酚的结构修饰及生物活性的研究[D]. 北京：中国林业科学研究院.

贺潜，2016. 生漆致痒机理初探[D]. 吉首：吉首大学.

周昊，王成章，邓涛，等，2017. 生漆中漆酚单体分离、化学结构修饰及生物活性研究进展[J]. 生物质化学工程，51(1)：44-50.

黄坤，2017. 天然生漆的改性及其耐候性研究[D]. 福州：福建师范大学.

郑燕玉，2008. 天然生漆的水基化及其复合体系的研究[D]. 福州：福建师范大学.

万长鑫，2016. 天然生漆改性及其导静电性能的研究[D]. 长沙：中南林业科技大学.

夏建荣，2011. 紫外光固化天然生漆及其复合体系的研究[D]. 福州：福建师范大学.

夏建荣，2008. 紫外光引发漆酚聚合反应及其复合材料的研究[D]. 福州：福建师范大学.

# 第 10 章　植物多酚

## 10.1　概述

植物多酚，又称植物单宁，是分子中具有多个羟基的酚类总称，在维管植物中的含量仅次于纤维素、半纤维素和木质素，广泛存在于植物的皮、根、叶、果中。植物单宁是植物的次生代谢产物，属于天然有机化合物。单宁在常温下呈浅黄色或者棕色粉末状，味道苦涩；在空气中易吸水、易被氧化，随着氧化程度的加深，单宁的颜色可能会逐渐变成棕色；单宁也易溶于水、乙醇、乙酸乙酯等，不能溶于氯仿和乙醚。

一般而言，人们通常把天然的植物多酚分成两大类：一类是水解类单宁；另外一类是缩合类单宁（图 10-3）。水解单宁，分子中具有酯键，能够水解的，是葡萄糖的没食子酸酯或者是奎宁酸的没食子酸酯，如五倍子单宁（图 10-1）、塔拉单宁（图 10-2）；缩合单宁是黄烷醇衍生物（图 10-3），如黑荆树单宁、落叶松单宁。水解单宁和缩合单宁的区别主要是结构存在显著的不同，因此表现出不同的物理性能和化学性能，导致其应用在不同的领域里。例如，水解单宁在某些物质（如酸、碱以及酶等）的存在下会表现的特别活泼，因而非常容易水解或者与其他物质发生反应；而缩合单宁则会对酸、碱以及酶的作用表现得更为惰性，只有在酸性非常强的时候，才能够反应。

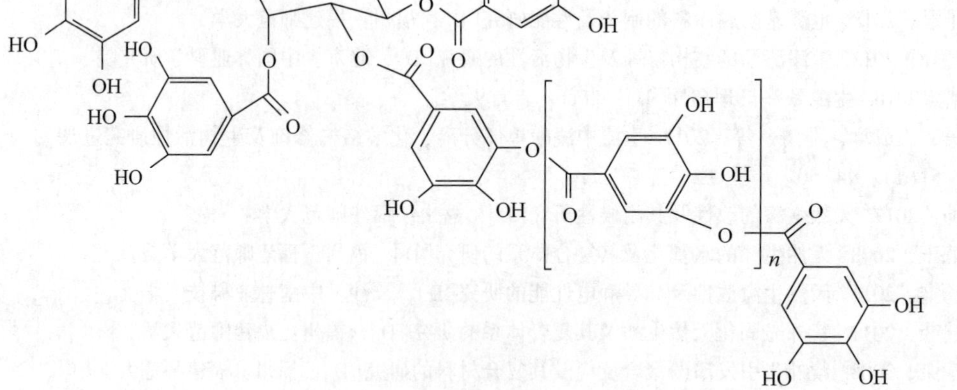

**图 10-1　五倍子单宁的分子结构式**

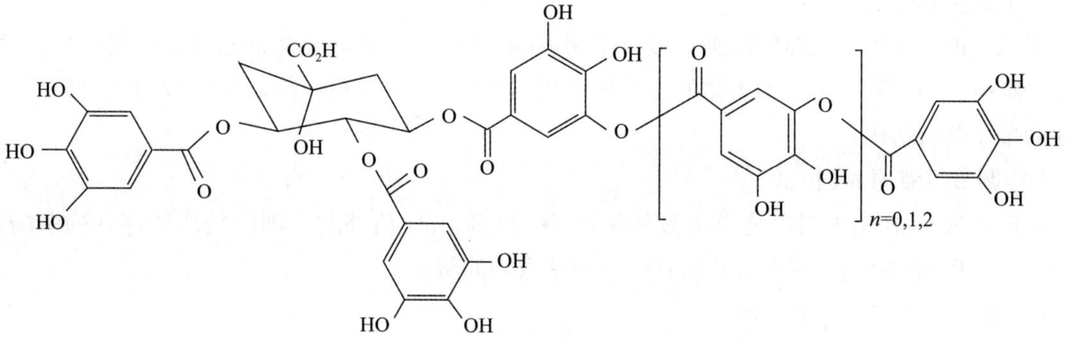

图 10-2　塔拉单宁的分子结构式

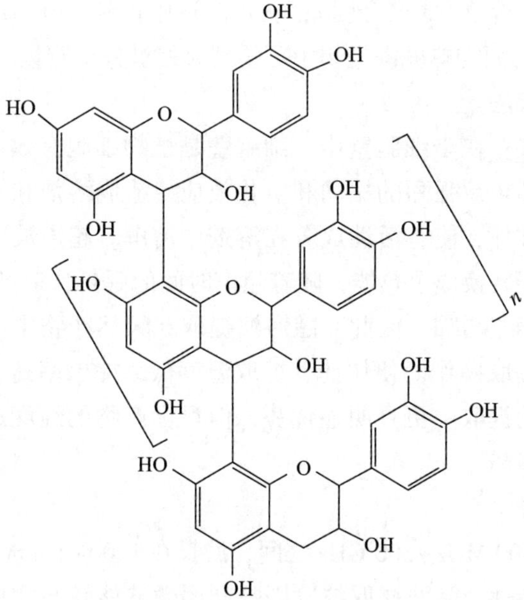

图 10-3　缩合单宁的分子结构式

## 10.2　植物多酚的提取、纯化和分析

常见的提取植物单宁的方法有溶剂提取法、微波辅助提取法、超声波辅助提取法、超临界 $CO_2$ 萃取法及半仿生提取法等。其中，微波辅助、超声波辅助、超临界 $CO_2$ 萃取等技术大大提高了单宁的提取效率和纯度。

### 10.2.1　植物多酚的提取

#### 10.2.1.1　溶剂提取法

由于多酚物质在结构中都含有羟基，具有一定极性，所以水、低碳醇、乙酸乙酯、丙酮都可作为溶剂提取植物多酚。有机溶剂和水的复合体系（有机溶剂占 50%~70%）最适合多酚的提取，有机溶剂的提取能力顺序：丙醇<乙醇<甲醇<丙酮<四氢呋喃。其中，最常用的是丙酮-水体系，通常可按以下原则分类：

（1）按主体酚类的含量

对以棓酸酯多酚为主体的酚类一般可采用丙酮-水体系，因醇类溶剂易造成醇解反应，使多酚分子降解；而以缩合单宁为主体的样品可采用弱酸性醇-水体系，使以共价键与植物组织分子相联的单宁降解溶出。

（2）调节溶液的 pH 值

一般而言，pH 值低时以分子状态存在的多酚较多；pH 值高时，则以负离子存在的多酚多。因此，可采用调节水提物 pH 值控制有机溶剂萃取物的组分。

（3）根据酚类相对分子质量

根据多酚不同的相对分子质量可采用不同的溶剂分级方法进行提取。一般来说，从乙醚萃取物中可得到低相对分子质量酚类物质（黄酮、简单酚）；用乙酸乙酯或丙酮-水溶液萃取，可得到中等相对分子质量单宁化合物（低聚合度）；从水溶液中得到 1500 Da 左右相对分子质量物质（也含糖类、色素等杂质）；而在热碱浸提物中可得到大相对分子质量多酚。

### 10.2.1.2　超声波辅助提取法

天然植物有效成分大多存在于细胞壁中，细胞壁是植物细胞有效成分提取的主要障碍。超声波提取法的原理是基于超声波强烈的振动和空化效应，造成溶剂和被提取的物料之间的强烈摩擦，从而使细胞壁遭到破坏，使有活性成分在溶剂中溶解。超声波在其传递的过程当中也同时伴随着能量的转换，声能转换成了热能，随着超声时间的延长，溶剂和原料的温度逐渐增加，从而使得多酚的溶解度也随之增加，因此，超声波提取在天然产物中活性成分的提取中得到了广泛的应用。超声波辅助提取操作简便快捷、提取温度低、提出率高、提取物的结构完整不易破坏，尤其在热敏性成分的提取中更具明显优势，但目标产物的纯度通常不是很高。目前很多研究均采用该法提取植物多酚。

### 10.2.1.3　微波辅助提取法

微波是指频率范围在 300 MHz～300 GHz 之间，波长在 1000～1 mm 之间的一种电磁波，具有穿透、反射、吸收等基本特性。微波提取技术则是利用微波能够与物质相互作用的能量来提高提取效率的技术。微波浸提法的原理是在微波场当中，使多酚分子产生高频运动，增加了分子间碰撞几率，从而导致细胞温度上升，液体气化后使得细胞内压力上升，当细胞壁和细胞膜承受不住逐渐上升的压力时，细胞壁和细胞膜产生裂洞，能够使得细胞外的溶剂更快地进入细胞内，能够溶解并释放出细胞内的物质，因此可以有效地提高产率、降低反应时间、减少溶剂的使用量。优点是：投资少、设备简单、适用范围广、重现性好、选择性好、操作时间短、溶剂用量少、效率高，从物料内部开始加热且物料受热均匀。由于目前微波的设备比较普遍，因此，微波提取植物多酚的方法为更多的人所接受和使用。

### 10.2.1.4　超临界 $CO_2$ 萃取法

物质根据温度和压力的不同，呈现出液体、气体、固体等状态变化，如果在特定的温度、压力下，会出现液体与气体界面消失的现象，我们通常把该条件下的温度、压力称为临界点。超临界流体就是指温度及压力处于临界点以上的流体，这种流体兼有液体和气体优点，黏度小，扩散系数大，密度大，具有良好溶解特性。超临界流体技术是以超临界流体（常用 $CO_2$）作为萃取剂，利用它同时具有液体和气体双重性质的特性，控制温度和压力从而能够进行选择性萃取分离的一种技术。

超临界萃取法的整个过程包括萃取和分离。萃取过程时，以超临界流体为溶剂，进行萃取，不同压力范围得到不同的产物，因而调节萃取条件可以获取目标产物。在高于临界压力、温度的条件下，从原料中萃取活性成分，而当萃取结束，常压变为常温，则超临界流体又成为气态，迅速分离成气体和溶质两部分。

超临界流体萃取能力取决于流体密度，可通过调节温度和压力加以控制，较快达到萃取平衡。此法能够避免使用有毒溶剂，不会有有机溶剂残留问题，溶剂回收简单方便，节省能源，可在较低温度下操作，防止多酚高温氧化，使产品质量得以保证。但工艺中必须确保整个系统处于超临界状态下才能有萃取分离效果，所以对设备要求高，一次性投资大。

#### 10.2.1.5　半仿生提取法

半仿生提取法(semi-bionic extraction method，SBE 法)是从生物药剂学的角度，模仿口服药物在胃肠道的转运过程，采用活性指导下的导向分离方法，保证被提取物的生物活性，用特定pH 值的酸性水和碱性水，依次连续提取得到含提取物成分高的提取新技术。半仿生提取法具有有效成分损失少、生产周期短、生产成本低等特点。半仿生提取法得到的总单宁得率最高为43.2%，采用超声波辅助-半仿生法提取石榴皮中单宁，能够提高单宁对 DPPH 自由基、ABTS等自由基的清除能力。

### 10.2.2　植物单宁的纯化

多酚粗提物中含有大量的糖、蛋白质和脂类等杂质，需要进一步分离纯化。纯化即将粗单宁中的杂质去除而获得单一的单宁组分。多酚的分离纯化比较困难，一方面由于多酚具有较大的相对分子质量和较强的极性，其本身是许多化学结构和理化性质十分接近的复杂化合物，难于分开；另一方面，多酚的化学性质比较活泼，在分离时可能发生氧化、离解、聚合等反应而改变了原有的结构。

单宁的分离纯化过程一般包括预处理、分离、纯化和纯度鉴定几个阶段。其中，纯化是关键步骤，单宁的纯度关系着应用的效果。常用纯化单宁包括活性炭吸附法、大孔树脂吸附法、柱层析分离法、膜分离法、离子交换法、分子蒸馏法等方法。

(1)活性炭吸附法

活性炭是用木材、煤、果壳等含碳物质在高温缺氧条件下活化制成，具有多孔性及巨大的比表面积，是对产品进行精制处理的常用助剂，利用其在液相中的吸附功能，可以除去色素、树胶等杂质。活性炭吸附法作为一种应用十分广泛的方法用于植物单宁的纯化具有较好的效果，操作方便，成本较低，可进行活化改性，可循环使用；但纯化程度有限，活性炭在长期使用后会产生磨损，也会由于微孔堵塞丧失活性，需要再生处理。

(2)大孔树脂吸附法

经过聚合反应，聚合单体与交联剂、致孔剂、分散剂等形成聚合物，再去除其中的致孔剂，聚合物中便留下了大小不一、形状不同并且相互连通的孔洞，此为大孔树脂。干燥情况下，大孔树脂内部的孔隙率较高，孔径在 100~1000 nm 之间，相对较大。大孔树脂不易被酸碱有机溶剂溶解，常用作天然产物的分离纯化。分离纯化采用大孔吸附树脂的优点是吸附能力强、解析速度快、可循环利用、成本低、易操作，适用于工业化规模生产。根据不同的纯化样品，要选择适当的大孔树脂。选择的原理是：极性介质内，非极性吸附剂吸附非极性物质；非极性介质中，极性吸附剂吸附极性物质。植物多酚由于含有酚羟基，具有一定极性，但极性不强，因此采用弱极性或极性树脂进行吸附。

（3）柱层析分离法

凝胶柱层析又可以被称为凝胶过滤，是根据各种成分的相对分子质量大小不一、形状各异将其分离的。纯化时，首先预处理凝胶，将经过预处理的凝胶填充到层析柱中，然后将粗提物进行上样，加入层析柱，最后采用适当的洗脱剂洗脱，留取所需组分。相对分子质量小的物质可以自由出入凝胶颗粒，而相对分子质量大的则不能够进入，留在各颗粒之间，当加入洗脱剂后，留在颗粒间相对分子质量大的成分很快被洗出来，相对分子质量小的就会在柱子上停留一段时间，进而可以分离开来。

根据不同成分在硅胶柱上吸附力的差异，可以采用硅胶柱层析将目标产物纯化出来。硅胶通常容易吸附极性偏大的物质。不同的成分，洗脱溶剂的选择也是存在差异的。极性小的物质常用乙酸乙酯石油酸洗脱；极性较大的常用甲醇氯仿洗脱；极性大的常用甲醇水正丁醇醋酸洗脱。在洗脱溶剂氯仿与甲醇比例 9∶1，上样量与硅胶吸附剂之比 1∶50 时，白藜芦醇粗品经此过程纯化后，纯度可以从 39% 提高到 99%。

（4）其他纯化方法

纸色谱法在多酚的研究中用于检测或鉴别已知化合物，监测化学反应和柱色谱的进行，化合物在纸上定量、纸上化学反应等，也用于制备性分离。纸色谱对于黄烷醇、二聚原花色素及儿茶酚等许多水解单宁的分离效果较好，但是不能将多聚原花色素分开。

薄层色谱需样品少、展开快，分离能力强，适于代替纸色谱用于柱色谱或化学反应的监督，供层析鉴别已知化合物，也用于制备性分离。常用的薄层色谱板有纤维素板、硅胶板。

膜分离应用于单宁纯化，可以得到高纯度的单宁，纯化效率较高，且具有过程基本无相变、工艺简便、分离精度高、选择性高等优点，可根据待纯化物质的特性选择合适的膜分离装置，实际应用时需要注意防止产生膜污染、膜孔的堵塞与阻塞等问题的出现。

## 10.2.3　植物单宁的分析

单宁的测定方法有经典的传统测定方法，也有现代发展起来的新型测定方法。传统方法包括容量法、重量法、分光光度法等；最近发展起来的现代方法有高效液相色谱法、薄层扫描法的利用、原子吸收分光光度法、热透镜光谱法、高灵敏示波电位动力学分析法等。

单宁的传统方法现在依然是常用到的单宁测定方法，特点是操作简单易行，不需要大型的贵重仪器。传统的测量方法有很多，最常用的有皮粉法、络合滴定法、干酪素法以及紫外—可见分光光度法等。

（1）皮粉法

皮粉法，有时也称为重量法，是国际上应用非常广泛的单宁含量的测定方法。皮粉法的测定原理是利用单宁分子中的酚羟基与皮粉中含有的蛋白质中的酰胺基形成氢键，然后就会形成不溶于水的沉淀，这样就可以利用单宁中的酚羟基与皮粉蛋白中的酰胺键形成的氢键作用生成沉淀，测定沉淀的重量，进而可以测定其中含有的单宁含量。皮粉法也是我国国家标准规定的单宁测定方法。该方法的优点是：适用测定的单宁范围多样；缺点是：测定需要的单宁样品多，同时测定时间很长，而且选择性不好，其测定的结果一般来说是偏高的，因此皮粉法通常是用来测定所含单宁量较高的样品。

（2）干酪素法

干酪素法也是常用的方法之一，其特点是能选择性地结合有生理活性的单宁，因此能够测定的是有生理活性的单宁，而没有生理活性的单宁则不能被检测和测定的，选择性较好；缺点是：测定的范围有限，一般来说只能用于测定含量较低且具有生理活性的单宁成分。

（3）络合滴定法

络合滴定法也是经常用到的单宁测定方法之一。我们知道单宁分子中含有较多的邻位羟基，这些羟基具有很强的结合阳离子的能力，很容易与一个中心的阳离子，如铜、锡、锌、铁等阳离子发生络合反应，能够在不同的 pH 值下发生沉淀反应，络合滴定法就是利用单宁这种能够与金属阳离子结合的性质，利用滴定法测定目标样品中含有的单宁。此方法简单，且避免了沉淀转移及洗涤等繁琐的程序，还可省略空白对照实验。

（4）紫外—可见分光光度法

紫外—可见分光光度法是目前应用最广泛的方法。它是利用单宁能够与某些试剂反应生成有色化合物，通过测定其中含有单宁的吸光度进而确定样品中的单宁含量。常用的显色剂有 $FeCl_3$ 溶液、Folin-Ciocalteu 试剂、Folin-DAB8 试剂、Folin-Denis 试剂、甲胺基粉-重铬酸钾溶液、5%盐酸-丁醇溶液、香草醛-盐酸、偏钒酸铵和普鲁士蓝等，在紫外区 273 nm 波长处有较强的特征吸收，因而可以用紫外-可见分光光度法对单宁进行定量分析。该方法操作简单、方便快捷。

随着科学技术水平的发展以及检测水平的提高，也出现了一些方法对单宁含量进行测定，如原子吸收分光光度法、气相色谱法、薄层扫描法、热透镜光谱法、高灵敏示波电位动力学分析法和电化学传感器法等。

①原子吸收法（AAS） 原子吸收法是一种间接测定方法，此种方法的工作原理是：由于 $Cu(Ac)_2$ 可以与植物多酚类化合物发生反应，生成了难溶的 Cu-多酚类物质，在除去沉淀后，测定剩余溶液中的 Cu，采用了原子吸收光谱法，从而可以间接计算出来多酚的含量；但原子吸收法测定植物多酚类物质为间接测定，误差比较大，操作也较为复杂。

②气相色谱法（GC） 气相色谱法是英国生物化学家 Martin 等发明的一种分离混合物的方法，可以用来进行多组分混合物的分离和分析。由于其具有高效能色谱柱，并且配合高灵敏度的检测器，运用适当的计算机处理技术，从而在农副业、生物技术以及食品工业等工作领域被广泛的采用。

## 10.3 植物单宁的化学结构

根据单宁化学结构特征，人们通常将单宁分为水解单宁和缩和单宁两大类。水解单宁通常以一个多元醇为核心，通过酯键与多个酚羧酸相连接而成。缩合单宁一般是黄烷醇多酚的聚合物。水解单宁由于是酯键相连，容易水解，缩合单宁是 C—C 键相连，不易水解。由于其化学组成和键合方式的不同，造成两类多酚在结构特征，化学反应和研究方法上都有很大区别。

### 10.3.1 水解单宁

根据水解后产生多元酚羧酸的不同，水解单宁可分为：①棓单宁，水解后产生棓酸（没食子酸）；②鞣花单宁，水解后产生鞣花酸或其他与六羟基联苯二酸有生源关系的物质。而所有水解单宁都是植物体内棓酸的代谢产物，均属于棓酸或与棓酸有生源关系的酚羧酸与多元醇形成的酯。

（1）棓单宁

棓单宁在植物界的分布极为广泛，主要是由 $\beta$-D-葡萄糖与棓酰基或缩酚酰基连结成的酯。主要结构如图 10-4 所示：

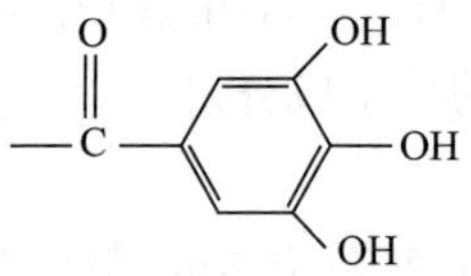

栖酰基G 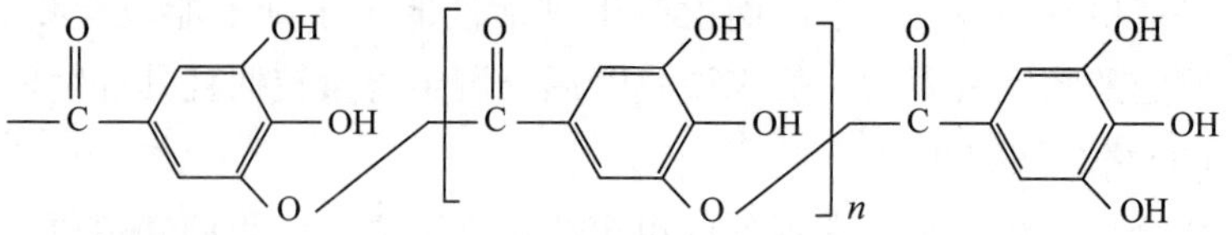　　　　　　　　　　　　　　　缩酚酰基

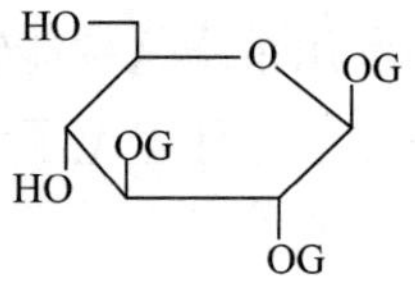

简单栖单宁（Ⅰ） 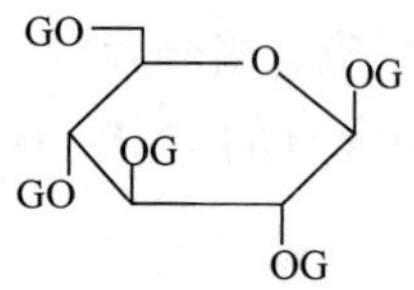　　简单栖单宁（Ⅱ） 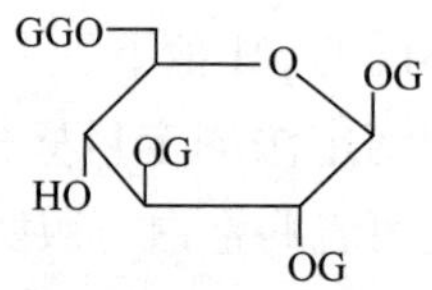　　缩酚酸型栖单宁（Ⅲ） 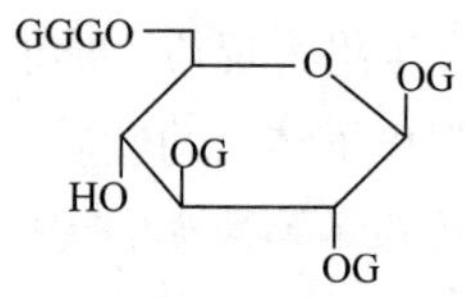　　缩酚酸型栖单宁（Ⅳ）

**图 10-4　栖单宁的分子结构式**

Ⅰ. 1,2,3-三-O-栖酰基-$\beta$-D-葡萄糖(TriGG)

Ⅱ. 1,2,3,4,6-五-O-栖酰基-$\beta$-D-葡萄糖(PGG)

Ⅲ. 6-O-双栖酰基-1,2,3-三-O-栖酰基-$\beta$-D-葡萄糖

Ⅳ. 6-O-三栖酰基-1,2,3-三-O-栖酰基-$\beta$-D-葡萄糖

（2）鞣花单宁

鞣花单宁水解后产生鞣花酸或与其有生源关系的多元酚羧酸，常见的如云实素、黄栖酚、脱氢二鞣花酸、橡椀酸等，结构如图 10-5 所示：

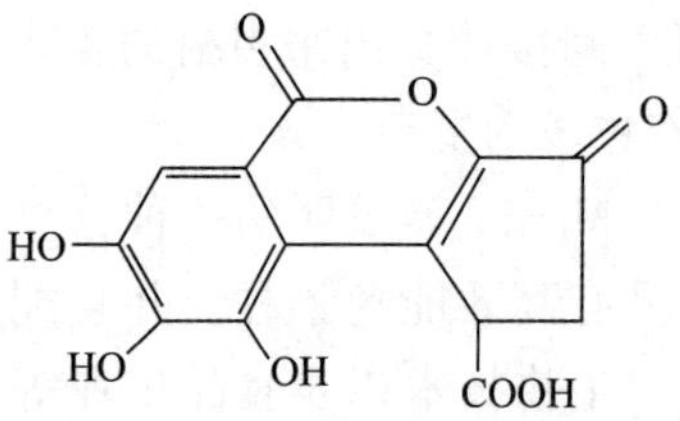

云实素 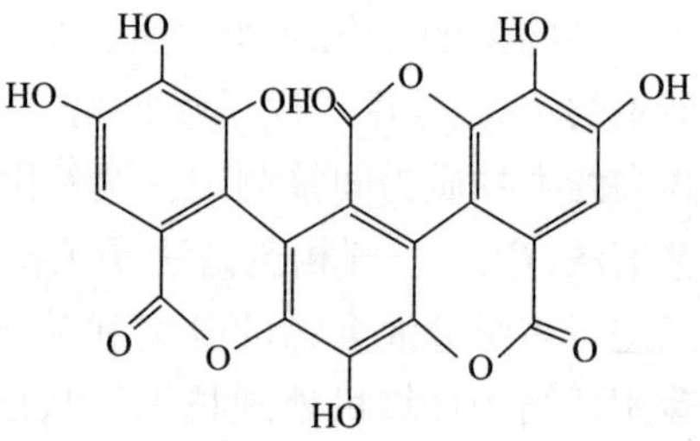　　　　　　　　　　　　　黄栖酚

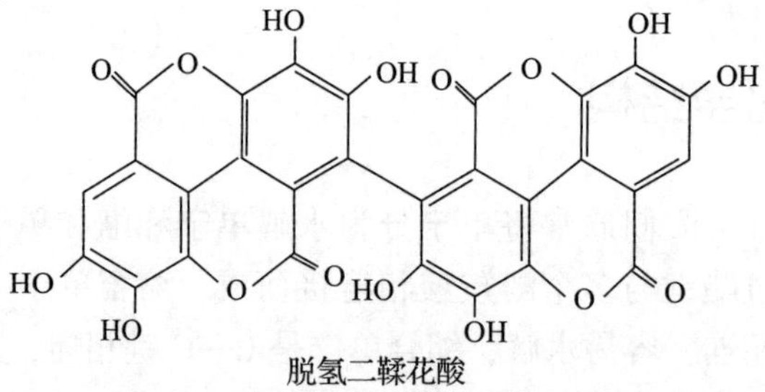

脱氢二鞣花酸

橡椀酸

**图 10-5　鞣花单宁水解后产生的分子结构式**

## 10.3.2　缩合单宁

缩合单宁(聚黄烷醇多酚)一般衍生于黄烷类化合物,分子骨架为 C6-C3-C6。某些芪类(C6-C2-C6)物习惯上也归于这类多酚。按照相对分子质量大小,此类多酚又可以分为黄烷醇单体及聚合体。习惯上将相对分子质量为 500~3000 Da 的聚合体称为缩合单宁,而将相对分子质量更大的聚合体称为红粉和酚酸。黄烷醇单体是缩合单宁的前身化合物,而缩合单宁经进一步缩合生成红粉和酚酸。植物化学家又将这类化合物称为原花色素,即指从植物中分离得到的一切无色的,在热酸处理下能产生花色素的物质,它包括单体原花色素和聚合体原花色素(聚原花色素)。前者对应于黄烷-4-醇和黄烷-3,4-二醇,后者对应于缩合单宁,红粉和酚酸。一部分缩合单宁(如茶黄素等),在酸中处理下不产生花色素,因而并不属于原花色素类多酚。可以认为大部分缩合单宁等同于原花色素。其相互关系及单元结构如下:

```
                    黄烷醇类多酚
                         │
              ┌──────────┴────────┐
              │               原花色素
              │        ┌──────────┴────────┐
          黄烷-3-醇   黄烷-4-醇      聚原花色素
                        │       ┌────────┴──────┐
                 黄烷-3,4-二醇  缩合单宁      红粉、酚酸
```

在原花色素中,具有间苯二酚型 A 环的原花色素(如原菲瑟定、原刺槐定)与具有间苯三酚型 A 环的原花色素(如原花青定、原翠雀定)的化学结构与性质有明显的差异。相应的聚原花色素也可按此分类,前者构成角键型聚合物,单元间连接键相当稳定而难以断裂,A 环的化学活泼性相对较低;后者构成直键型聚合物,单元间连接键较不稳定而易于断裂,A 环的化学活泼性很高(图 10-6)。这些差异造成了它们在性质、应用途径和研究方法上的不同。

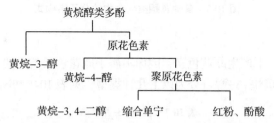

图 10-6　黄烷醇类多酚的分子结构式

### 10.3.2.1　单体黄烷(monoflavan)

黄酮化合物是广泛存在于自然界的具有 C6-C3-C6 结构的多元酚化合物,在两个芳香环(A 环,B 环)之间以一个三碳链(C2,C3,C-)相连。其中一个碳原子与 A 环 8a 位置上的氧原子连接成吡喃环(C 环)。其中,黄烷-3-醇、黄烷-3,4-二醇的氧化程度最低,是缩合单宁的前体,经缩合成为缩合单宁;其他黄酮类化合物,如黄酮、黄酮醇、黄烷酮、二氢黄酮醇等,在 C4 位上有一个羰基,羰基不仅强烈地减少了 A 环的亲核性质,而且自身也占据了一个缩合位置,因此,它们之间不自相缩聚,但在植物体内它们常与缩合单宁共存,并有密切的生源关系。主要包括以下几种(图 10-7):

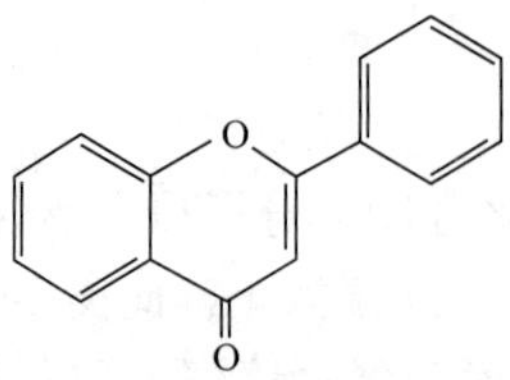

黄酮（flavone） 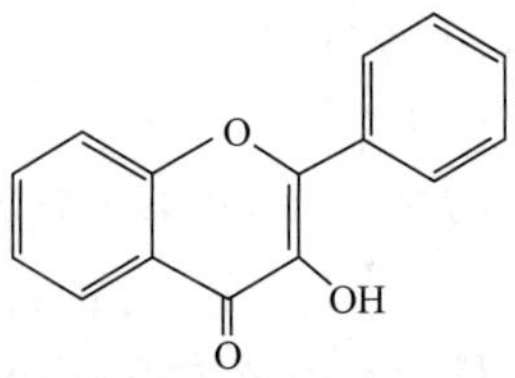 黄酮醇（flavonol）

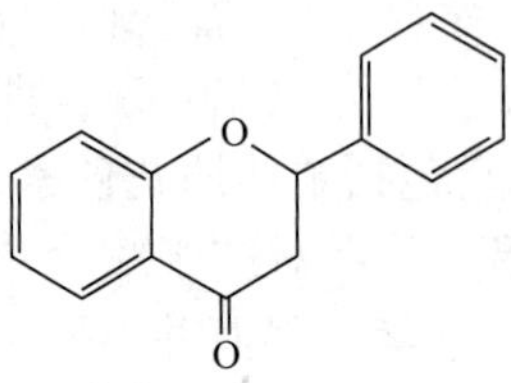

黄烷酮（flavanone） 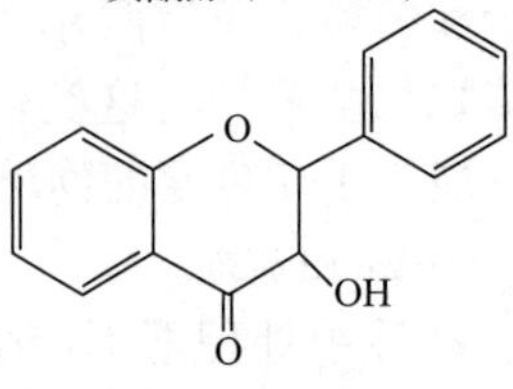 二氢黄酮醇（dihydroflavonol）

**图 10-7 其他黄酮类化合物的分子结构式**

（1）黄烷-3-醇

黄烷-3-醇在酸处理下不产生原花色素，因而不属于原花色素类多酚。根据黄烷醇 A 环和 B 环的羟基取代形式的差异，黄烷-3-醇可分为以下几种类型，见表 10-1 和图 10-8 所示。

**表 10-1 黄烷-3-醇类型**

| A 环结构 | 连苯三酚 B 环 (3′,4′,5′—OH) | 邻苯二酚 B 环 (4′,5′—OH) | 苯酚 B 环 (5′—OH) |
|---|---|---|---|
| 苯三酚 A 环(5,7—OH) | 棓儿茶素 | 儿茶素 | 阿福豆素 |
| 间苯二酚 A 环(7—OH) | 刺槐亭醇 | 非瑟酮醇 | |
| 邻苯三酚 A 环(7,8—OH) | 牧豆素 | | |

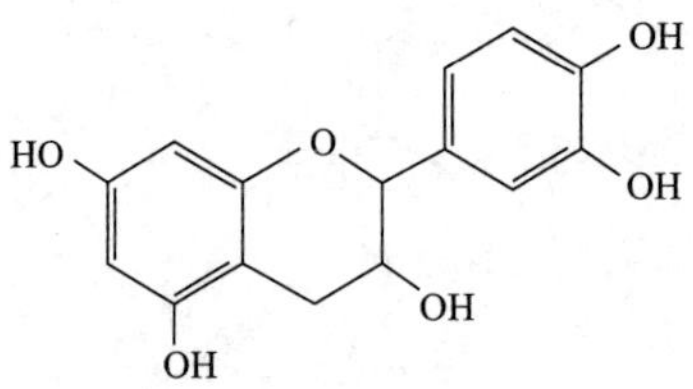

儿茶素（catechin） 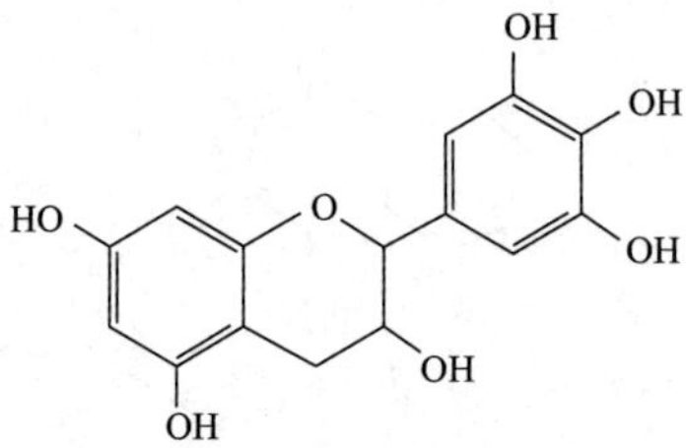 棓儿茶素（gallocatechin）

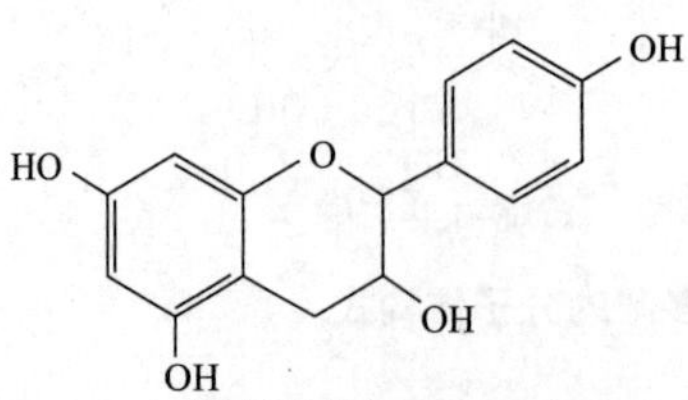

阿福豆素（afzelechin） 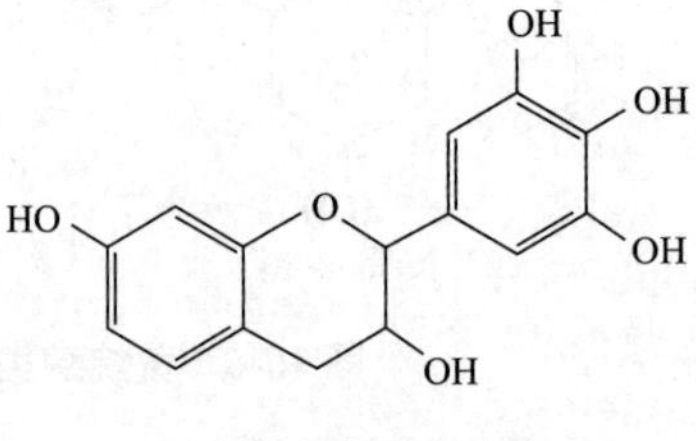 刺槐亭醇（robinetinidol）

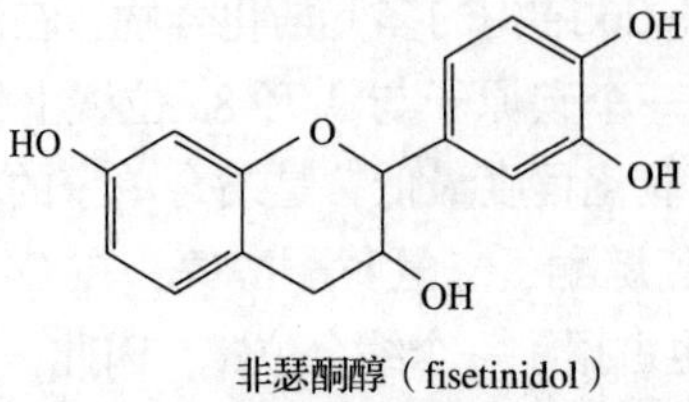

非瑟酮醇（fisetinidol） 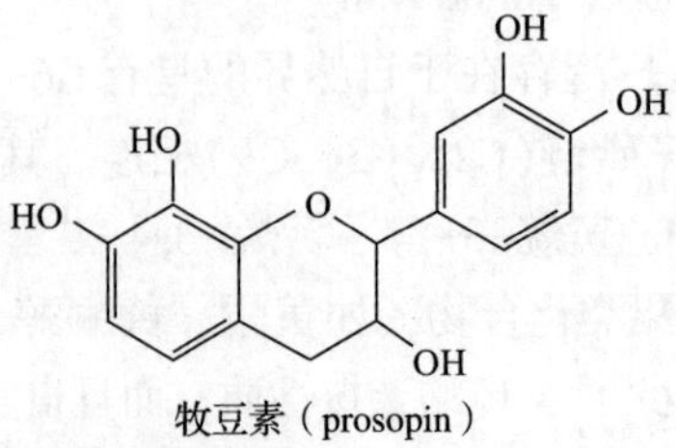 牧豆素（prosopin）

**图 10-8 黄烷-3-醇的分子结构式**

黄烷-3-醇的结构中，杂环 C2，C3 原子是手性碳原子，形成 4 个立体异构体。因此，上述各类黄烷-3-醇还可以据此细分。例如，儿茶素和棓儿茶素均具有四个立体异构体。它们是最重要的黄烷-3-醇，分布最广，最早被分离出来。儿茶素和棓儿茶素化学构成缩合单宁的基础。(+)-儿茶素和(+)-棓儿茶素为强亲核化合物，A 环的 C6，C8 为亲核反应中心。间苯二酚 A 环型黄烷-3-醇化合物的反应性能较间苯三酚 A 环的低，(-)-菲瑟亭醇和(-)-刺槐亭醇的亲核性次于儿茶素。主要结构如图 10-9 所示：

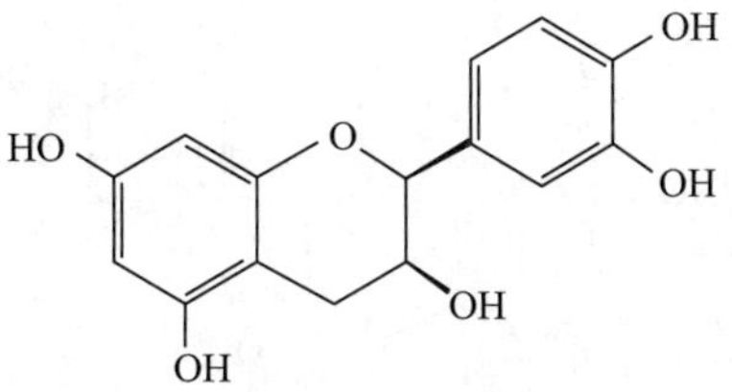

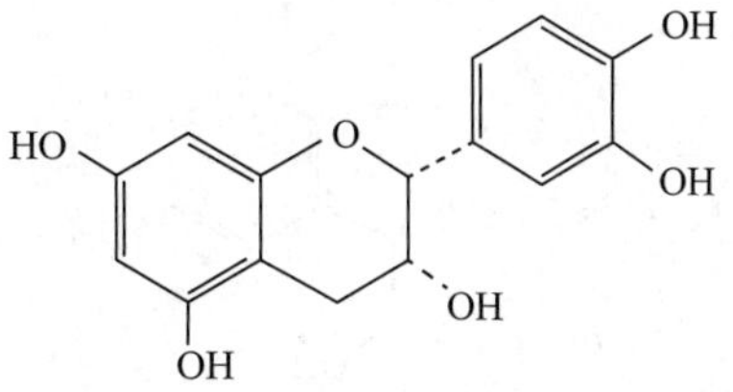

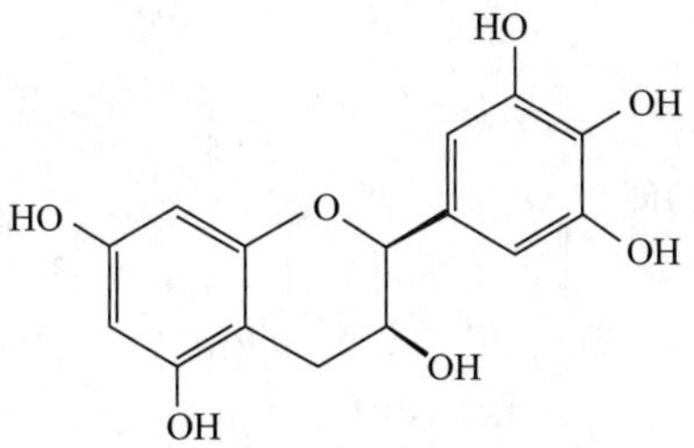

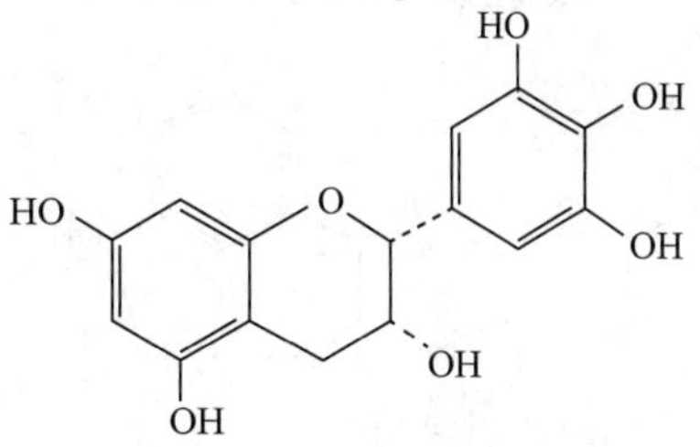

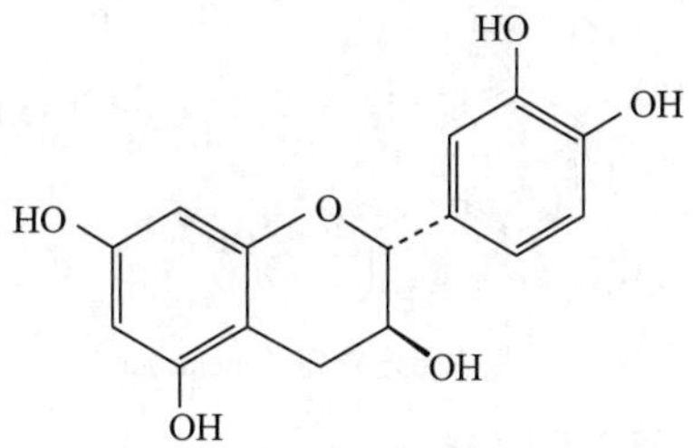

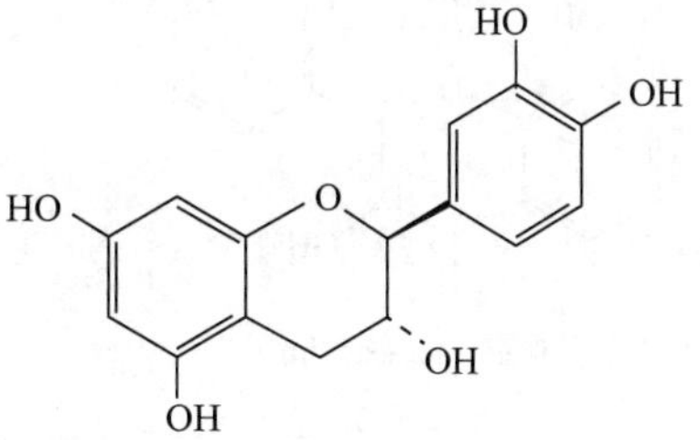

图 10-9　儿茶素和棓儿茶素的分子结构式

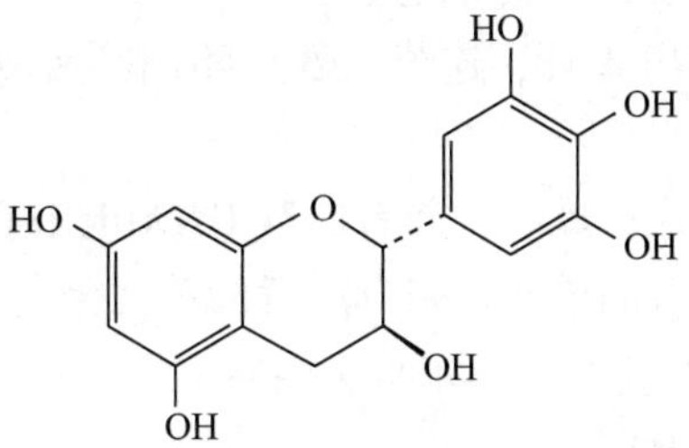

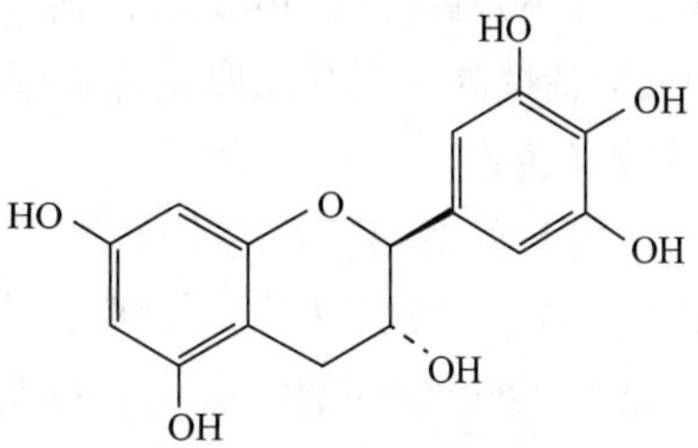

（2）黄烷-3,4-二醇

黄烷-3,4-二醇常被列为原花色素的一部分，在热酸下产生花色素。与黄烷-3-醇类似，可根据 A 环，B 环羟基的取代类型和杂环上的 C2，C3，C4 的手性分为以下几类(图 10-10)：

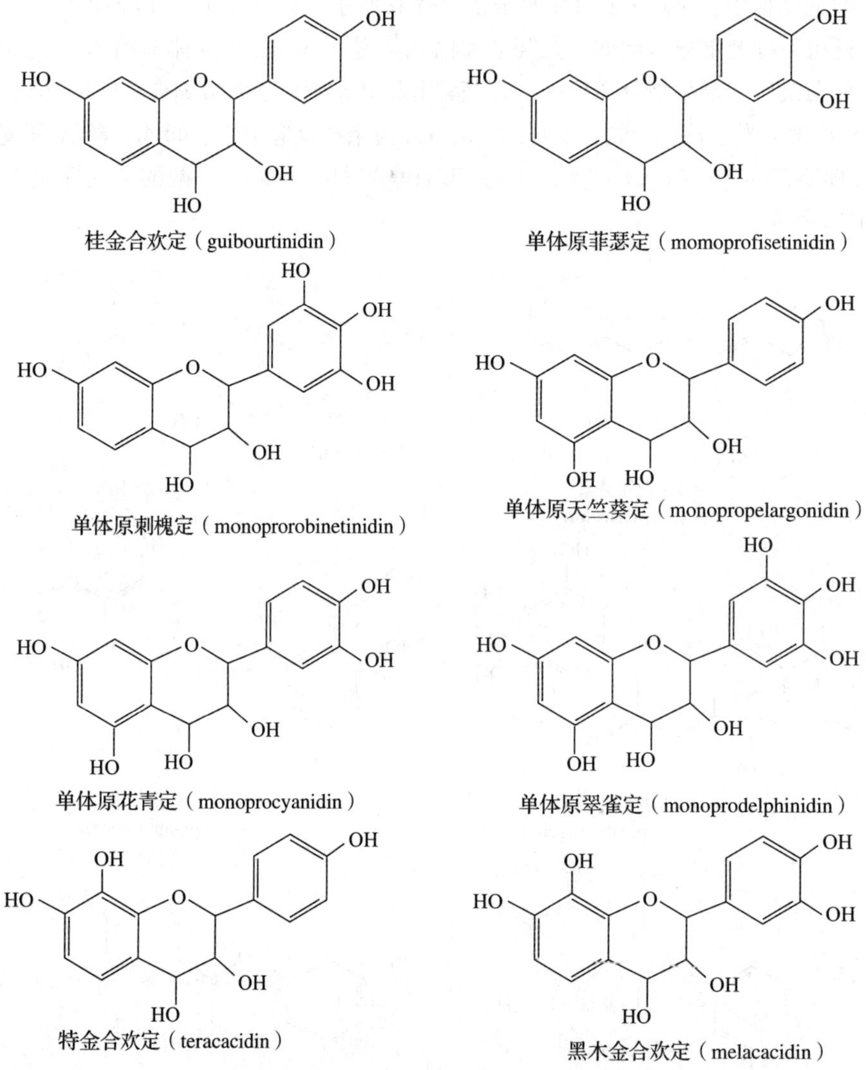

桂金合欢定（guibourtinidin）　　　　单体原菲瑟定（momoprofisetinidin）

单体原刺槐定（monoprorobinetinidin）　　　单体原天竺葵定（monopropelargonidin）

单体原花青定（monoprocyanidin）　　　单体原翠雀定（monoprodelphinidin）

特金合欢定（teracacidin）　　　黑木金合欢定（melacacidin）

图 10-10　黄烷-3,4-二醇分子结构式

黄烷-3,4-二醇不如黄烷-3-醇稳定，其杂环上的 C4 位为亲电中心。间苯三酚 A 环类型比间苯二酚 A 环类型反应活性高，尤其以原花青定(间苯三酚 A 环，连苯三酚 B 环)最为活泼。

### 10.3.2.2　二聚原花色素

黄烷-3,4-二醇与黄烷-3-醇之间能发生缩合反应。此时，前者以其 C4 亲电中心与后者的 C8 位或 C6 位亲核中心结合生成二聚原花色素，来自前者的单元及来自后者的单元分别组成了二聚体的"上部"及"下部"。聚合物的结构取决于构成单元的类型，单元间连接的位置(4~8 位或 4~6 位)及其构型，还取决于连接键的类型(单连键还是双连键)。

聚原花青定是分布最广、数量最多的原花色素，含于许多植物体内。对 B 型系列原花青定二聚体的研究给缩合单宁化学带来突破性进展。原花青定的组成单元是(+)-儿茶素及(-)-表儿茶素。其中 B-1，B-2，B-3，B-4 为 4~8 位 C—C 连接，B-5，B-6，B-7，B-8 为 4~6 位 C—C 连接的。原花色素组成单元间除上述的 C—C 单键连接外，还常在 C-2 与 C-7 或 C-2 与 C-5 间再形成醚键 C—O—C，成为双连键型原花青定，又称原花青定 A。分别列举如下（图 10-13）：

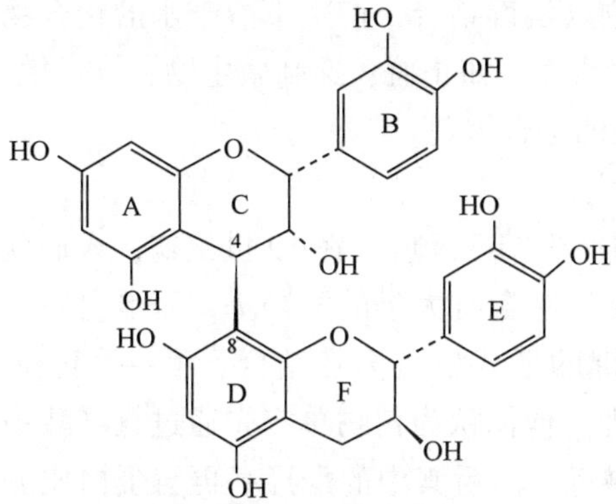

图 10-11　元花青定 B1

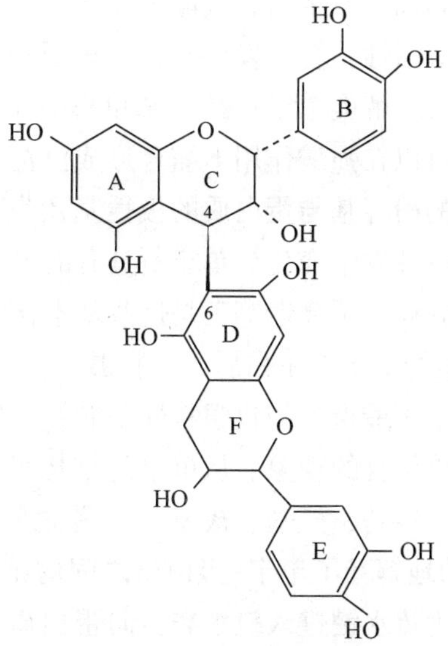

图 10-12　元花青定 B5

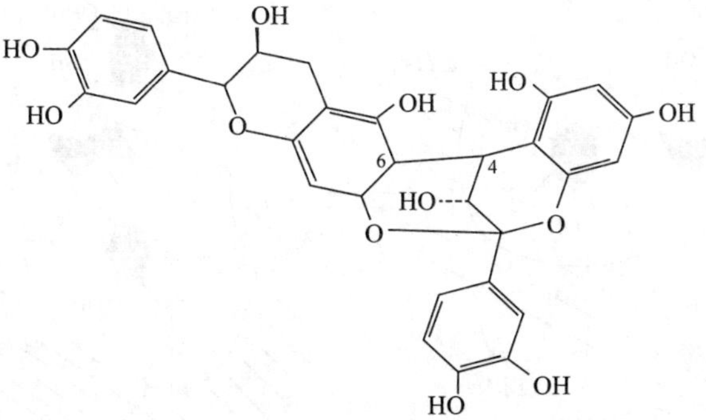

图 10-13　元花青定 A7

### 10.3.2.3　多聚缩合单宁

二聚原花色素仍然具有亲电中心，可继续与黄烷 3,4-醇发生缩合，生成聚合原花色素。依照组成单元排列形式的不同，可将其分为直链型和支链型两种。聚合度大于 5 的直链型结构，由 A 环-C 环连接组成核心部分，B 环则沿核心的侧面排列，重复的单元缩合形成规则的螺旋构象。可见，缩合单宁有着极其复杂的结构，除个别五、六聚体外，目前还不能将高聚合度的单宁分离成纯化合物并直接阐明结构。

### 10.3.2.4　红粉和酚酸

红粉泛指缩合单宁水溶液在酸或氧的作用下生成的不溶于水的红褐色沉淀，也指植物体内与缩合单宁伴存的不溶于水但溶于有机溶剂(如甲醇)的红色酚类物质(相对分子质量大于 3000 Da)。一部分红粉可用亚硫酸盐溶解。聚合度更大的聚合原花色素不溶于中性水溶液，但溶于碱性水溶液，习惯上又称为"酚酸"。

## 10.4　植物单宁的化学特性

植物多酚含有多种活性基团，植物单宁的多元酚结构赋予其一系列独特的化学性质。如能与多种金属离子发生络合或静电作用，具有还原性和捕捉自由基的活性，具有两亲结构和诸多衍生化反应活性；容易发生氧化分解反应、水解反应、酚醛缩合和曼尼希反应、磺化反应和缩合反应等。水解类单宁在酸、碱和酶的作用下不稳定；缩合类单宁在酸、碱和酶的作用下不易水解，但可以在强酸作用下缩合形成沉淀。含疏水键的多酚分子能够以疏水反应形式进入蛋白质，多酚的酚羟基与蛋白质的极性基团发生多位点氢键结合，产生不溶于水的化合物，使其物理、化学特性发生变化。单宁所具有的多种生理活性，如止血、抑制微生物、抗过敏、抗突变、抗癌、抗肿瘤、抗衰老等正是这些基本化学性质的综合体现。

（1）植物单宁与蛋白质、生物碱、多糖的反应

植物单宁最重要的化学特性是能够与蛋白质产生结合反应。在19世纪初，人们就发现了单宁与蛋白质结合的现象。从单宁的结构可以看出，它含有大量的酚羟基，而蛋白质中含有很多的酰胺键、羟基、氨基、羧基，两者之间以氢键的形式发生多点结合。手—手套模型（图10-14），成功地解释了单宁-蛋白质之间的结合机理。他们认为植物单宁先通过氨基酸中的疏水基或者是称为疏水键进入疏水袋，向蛋白质分子靠近，然后其中的酚羟基再与蛋白质分子中的酰胺键、羟基、氨基、羧基等发生多点氢键结合。植物多酚与生物碱、多糖甚至与核酸、细胞膜等生物大分子的分子复合反应也与此相似。

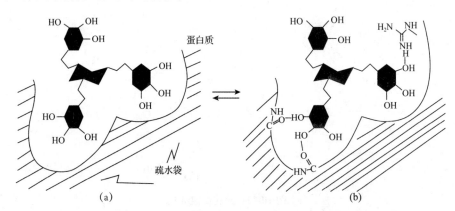

**图10-14 植物单宁与蛋白质的结合反应机理**

（2）植物单宁与金属离子的络合反应

从植物单宁的结构可以知道，其分子内含有较多的邻位酚羟基，能够作为多基配体与一个中心离子发生络合反应，形成螯合物，在一定的pH值条件下发生沉淀。在单宁与三价铁离子的络合反应的过程中，单宁一般是以一个离子态的氧负离子和一个酚羟基与铁发生络合，或者是两个离子态的氧负离子与铁络合，形成二价或者一价的络离子。

单宁与重金属离子发生络合反应的同时，常伴有氧化还原反应的发生，这二价样可以使高价的金属离子比如六价铬、二价铜、三价铁还原为三价铬、一价铜、二价铁，其自身则被氧化成醌。

（3）溴化反应

单宁溶液中加入溴水，缩合类产生黄色或红色沉淀，而水解类则保持澄清。缩合单宁A环6位及8位为亲核性位置，容易与缺电子试剂发生取代反应，在亲电试剂过量的情况下，还可在B环上发生取代，生成6,8,2′-三取代产物。因而溴化反应可作为单宁的一种定性方法。

（4）水解反应

水解反应包括酸水解、碱水解、加热水解、酶水解和醇解。多酚在不同的pH值条件下会发

生水解或缩合；水解、化学降解或磺化处理后的多酚物质相对分子质量减小，与金属配位时的空间位阻减小，可以提高单宁与金属离子配位能力。

（5）酚醛缩合和曼尼希反应

单宁、甲醛和盐酸共沸，发生多酚苯环上的亲电取代反应，以 A 环上 6、8 位亲核活性中心，通过亚甲基(—CH₂—)桥键使多酚分子交联，形成大分子。B 环在较高 pH 值下形成负离子或在二价金属催化下被活化。单宁曼尼希反应是单宁作为酚组分与甲醛、胺类反应，在单宁芳香环上引入胺基，生成两性单宁，在酸条件下以盐的形式存在，具有良好的溶解性。将缩合单宁、胺以及甲醛，在烷基化合物试剂作用下，在 pH5～14 的范围内，通过单宁曼尼希缩聚物反应，可以制备烷化单宁，烷化单宁聚合物会进一步地与甲醛反应而黏性增加。

（6）亚硫酸化及磺甲基化反应

黄烷醇分子在亲核试剂的进攻下，杂环的醚键容易被打开。用亲核试剂亚硫酸氢钠处理磺酸-3-醇，杂环打开，磺酸基结合到 C2 位。橡椀单宁主要进行磺甲基化，破坏橡椀单宁中的酯键，改善单宁溶解性能。亚硫酸化改性比碱处理改性的落叶松栲胶有更低的黏性和更小的相对分子质量。在 105 ℃条件下，将木质素磺酸与单宁进行反应，使用甲醛引发交联反应制得钻探泥浆稀释剂，改性后的稀释剂能进一步地与金属锡发生螯合反应，比普通稀释剂表现出在更高温度下降低钻探泥浆黏度的特性，相比于木质素磺酸盐该稀释剂显示了更强的盐浓度忍受力。

（7）接枝共聚和氧化耦合

酚羟基脱去氢生成苯氧自由基，可以与丙烯酸类单体发生接枝共聚。接枝共聚改性采用过氧化氢或过氧二酸盐作引发剂，醋酸作酸化剂，可以将多酚水溶液与丙烯酸类单体或其他单体进行共聚，共聚改性的栲胶液中的沉淀减少，单宁含量提高。黄烷类含醇羟基的吡喃环也包含活泼氢，能与过氧化合物反应，在相应碳位置上形成接枝中心。因为缩合单宁具有更多的活泼氢，所以大多数接枝共聚反应被用来改性缩合单宁。对橡椀栲胶酸化降解、丙烯类单体接枝共聚并微波辐照改性后，可以加快反应体系内的分子运动，提高接枝反应的概率和接枝率。通过络合、氧化、缩合、交联四步改性后得到的改性植物酚类磺酸盐，能够强化聚合物钻井液的抑制性。

（8）羟基上的反应

①显色反应　植物多酚遇三价铁盐呈蓝或绿色；遇亚硝酸钠、碘酸钾等呈红色或褐色。这种显色反应通常被用来鉴别酚或烯醇式结构的存在。

②氧化反应　多酚容易被氧化生成醌类物质，单宁水溶液能吸收空气中的氧，氧化后的多酚物质颜色变深。

③醚化反应　多酚酚羟基能够转化为醚，醚化后的多酚极性减小，水溶性降低，而酯溶性提高。增加了其稳定性，例如，黄烷-3,4-二醇经醚化反应后，自缩合反应减弱。

④酰化反应　多酚的酚羟基和醇羟基都能被酰化，但由于反应吸热，酚羟基较醇羟基更难反应。通过衍生化方法酰化，能够得到多酚的酯，被用于植物多酚的分离及结构鉴定。乙酸酐-吡啶法可将全部的醇羟基和酚羟基转化为乙酸酯。甲基醚通过酰化能产生乙酸酯，从甲氧基、乙酰基的个数可以判断酚羟基和醇羟基的个数。天然多酚的酰化形式最常见的是其棓酸酯。棓酰化反应增加了多酚的反应基团，使其水溶性增加，抗氧化性提高。

⑤苷化反应　羟基上的活泼氢可以与糖端基的羟基缩合形成糖苷，多酚分子中糖的接入，可以使其水溶性增加，稳定性增强。适宜于酚类的苷化方法主要是乙酰化糖法和乙酰卤糖法，植物体内的多酚苷化则是在糖基转化酶的催化下完成的。通过羟基发生酯化和醚化反应，可以制备改性单宁，用于系统水处理。

## 10.5 植物单宁的应用

### 10.5.1 单宁制备功能材料

最早利用单宁的是利用植物单宁能与蛋白质纤维发生结合和交联的性质，将其作为制革生产的鞣剂用于制革工业，单宁是制革工业的重要原料。

植物鞣法的主要化学机理是植物单宁能在皮胶原纤维上产生多点氢键结合，在胶原纤维间产生交联，而使胶原的热稳定性增强。植物单宁含丰富的酚羟基，水解单宁还含有羧基，这些活性基团既可作为氢键的质子给予体，也可作为质子接受体，胶原中能发生氢键结合的基团也很丰富，包括：胶原主链上重复出现的肽基—NH—CO—，它是参与氢键结合的主体，为植物单宁的鞣制作用提供了基本保障；胶原主链上的羟基—OH，如羟基脯氨酸、苏氨酸、酪氨酸残基上的羟基；胶原主链上的氨基—$NH_2$，如精氨酸、组氨酸残基上的氨基；胶原主链上的羧基—COOH，如天冬氨酸、谷氨酸残基上的氨基。植物单宁以胶团或胶粒形式沉积在皮胶原纤维之间是其产生鞣制作用的另一种方式，与化学结合机理相比，这方面的研究工作较少，但基于栲胶溶液胶体化学特征这类作用机理是人们所公认的。

单宁分子结构中含有大量的羟基，可以替代部分石油基多元醇与异氰酸酯合成聚氨酯材料。聚氨酯是由多元醇与异氰酸酯反应，经扩链交联而成一种有机高分子材料，在塑料、橡胶、胶黏剂等方面有广泛的应用。利用黑荆树皮单宁与二苯甲烷二异氰酸酯等原料反应制备聚氨酯泡沫材料，将具有抗菌性能的单宁引入聚氨酯材料中，赋予聚氨酯泡沫材料抗菌的性能。同时，单宁的引入有效地改善了聚氨酯材料的生物降解性能；用黑荆树皮单宁为原料新型降解型抗菌聚氨酯材料，该材料对10种致病菌和1种霉菌具有明显抗菌作用，且抑菌作用具有长效稳定，可在玩具、家具、汽车和医疗卫生等行业得到应用；用白坚木单宁与具有8~20个碳原子的乙氧基脂肪胺、阻燃剂2-氯丙基磷酸三酯及聚二苯甲烷异氰酸酯等原料反应可以制备具有阻燃性能的高弹性聚氨酯泡沫材料；以茶叶中浸提的茶单宁为原料，可以合成对 $NH_4Cl$ 具有可控制缓释性能的聚氨酯泡沫材料，该聚合物有较强的拉伸强度及良好的生物可降解性能，可用作农用包膜材料、食品包装材料及药物缓释载体材料。

### 10.5.2 在水处理领域的应用

水处理主要包括两方面：工业用水处理和生活废水处理。无论是工业用水还是生活废水中都含有大量的杂质，严重影响人们的正常生活和生产。为了达到用水的质量标准，可通过水处理有效地去除这些杂质，其原理就是在水中加入新的成分来改变水的物理性质和化学性质等。因此，水处理与金属的防腐清洗、水和溶质的分离纯化、微生物的培养和控制、胶体的分散凝聚等过程均有关。水处理剂包括吸附剂、絮凝剂、除氧剂、阻垢剂、缓蚀剂等。

植物单宁具有特殊的化学结构，这种特殊的结构决定了其化学性质的特殊性，在日常生活中使其充分利用于水处理中。其作用有以下几点：由于单宁独特的物理化学性质，自身或其化学改性产品可用来配制锅炉、冷却系统水稳定剂。具有抑菌、防垢、除垢、除氧、分散、缓蚀等多重功效；可作为絮凝剂，如单宁阳离子絮凝剂、阴离子絮凝剂和两性絮凝剂等，任何水质处理均可以使用；也用来制备功能型高分子树脂，如单宁-苯酚甲醛离子交换树脂、单宁-甲醛阳离子交换树脂和单宁吸附树脂等，以充分利用其离子交换和吸附特性。还可以络合废水中的有毒金属离子，起到净化水的作用。在水处理方面，化学改性后的单宁作用极为独特，可作为天然高分子水处理剂。近几年，改性后的单宁受到了国内外学者的高度关注，并对其不断地探索研究，充分利用其价值造福人类。

### 10.5.2.1　单宁絮凝剂

高分子絮凝剂是使分散于液相中的杂质微粒凝集、沉降的高分子化合物，广泛用于水处理（净化、减少污染等）及其他介质中的沉降、过滤、澄清等过程。由于单宁多酚羟基的化学结构的特点，本身可以用作水处理的絮凝剂。但对于水中大部分呈阴电荷的胶体而言，一般使用阳离子型高分子絮凝剂是最有效。单宁经化学反应在单宁分子中引入含氮基团，可以改性成为两性或阳离子絮凝剂，大大提高单宁絮凝剂的性能和使用价值。用植物单宁和二甲胺、甲醛进行胺甲基化，再用环氧氯丙烷进行季铵化反应制备季铵盐改性单宁基阳离子絮凝剂，该絮凝剂处理 COD 为 1085 mg/L 左右的活性污泥水，COD 值降到 224 mg/L，上层清液透光率达到 95%。以改性后的落叶松栲胶和聚合氯化铝为原料合成了复合絮凝剂，用于室温下处理酸性高有机物含量废水，实验表明该絮凝剂对有机废水具有良好的去除性能。当絮凝剂投加量为 100 mg/L 时，可过滤态 $CODCr$ 去除率达 60% 以上，色度去除率 70% 以上，浊度去除率 80% 以上。以落叶松单宁为原料，将丙烯酰胺和二甲基二烯丙基氯化铵通过接枝共聚引入到单宁侧链制备阳离子落叶松单宁絮凝剂。该絮凝剂对 0.1 g/L 酸性黑 ATT 染料的脱色率为 42.85%，当与聚合氯化铝以质量比 1∶1 复配使用处理酸性黑 ATT 染料时，其脱色率可高达 89.58%。

### 10.5.2.2　单宁作为其他水处理剂

（1）离子交换树脂

单宁含有各种活性官能团（酚羟基、羧基、酚羟基等）可以作为多基配位体与离子络合形成环状的螯合物。利用植物单宁的特性，可制备功能型高分子树脂，植物单宁的特殊化学结构决定了其具有可对 Pb、Fe、Cu、Cr 等金属离子进行交换、络合等反应的化学性质（如单宁中大量儿茶素亚基形成单宁-金属络合物，单宁树脂对铜类元素及稀有元素表现出很好的吸附性能），可在不同的 pH 值下产生沉淀，因此单宁-甲醛阳离子交换树脂、单宁-苯酚-甲醛离子交换树脂和单宁吸附树脂等单宁树脂可用来处理含重金属离子废水。还可将单宁接枝在某些高分子底物上得到固化单宁，用（柿子、杨梅、落叶松）固化单宁处理含重金属的工业废水回收金、铀、钍等，固化柿子单宁具有良好的吸附金、铀、钍的能力，可以应用于批次或柱式反应器中吸附金属例子。

（2）缓蚀剂

植物单宁作为天然有机高分子缓蚀剂具有来源方便、价格低廉、绿色环保的特点。单宁酸可水解成为 3,4,5-三羟基苯甲酸，具有大羟基，经配位键络合在金属表面而形成保护膜，故可用于锌、铜、铁及其合金的钝化处理上，提高金属的钝化质量。用阿拉伯胶、放射松提取单宁处理钢才的表面，可以形成均匀蓝色的耐腐蚀性膜，减少钢材氧化，改善钢材附着涂料的能力，延长钢材使用期限。将单宁进行改性或将它与其他聚合物复配使用，如对单宁进行胺甲基化、季铵盐化和磺化改性，改性后的单宁在很大程度上提高了其缓蚀、阻垢和杀菌等性能。单宁进行吡啶季铵化改性，将其与乌洛托品和丙炔醇复配，对多种金属都有较好的缓蚀作用，并且在汽车水箱清洗中得到了成功应用。

（3）阻垢剂

单宁是一种优良的绿色阻垢剂，具有低毒、易生物降解、原料来源广、易制取、处理温和、使用便捷、价格低的特性，可以在冷却水系统、蒸汽锅炉、汽车水箱、内燃机水箱等体系中发挥预清洗、抗冻、防垢、除垢的作用。

### 10.5.3　单宁在医药中的应用

（1）抑菌消炎、抗病毒

植物多酚对多种细菌、真菌、酵母菌都有明显的抑制作用，对霍乱菌、金黄色葡萄球菌、大肠杆菌等常见致病菌，某些单宁都有很强的抑制作用，而且在相应的抑制浓度下不影响动植物体细胞的正常生长。例如，在睡莲根中的水解单宁具有杀菌能力，可治喉炎白带、眼部感染；茶多酚可作为胃炎和溃疡药物成分，抑制幽门螺旋菌的生长；钝化的柿子单宁可以抑制破伤风杆菌、白喉菌、葡萄球菌等病菌的生长；单宁通过抑制链球菌的生长及其在牙齿表面的吸附来减少龋齿的形成。植物多酚抗病毒的性质与抑菌性有一定相似之处。可用于抗艾滋病的研究，低相对分子质量的水解单宁，尤其二聚鞣花单宁可作口服剂来抑制艾滋病，延长潜伏期。

（2）抗动脉硬化、防治冠心病与中风等心血管疾病

心脑血管疾病是严重危害人类身体健康，甚至危害人体生命的最严重疾病之一，在世界上死亡率比较高的疾病中也高居前列。其中，血液流变性降低、血小板功能异常、血脂浓度增高是诱发此类疾病的重要原因。多酚类物质可以通过调整血液中血脂、低密度脂蛋白等多种指标的水平，来抑制血小板聚集黏连，诱发血管的舒张，并抑制酶在脂类物质新陈代谢中的作用，有助于防止冠心病、动脉粥样硬化和中风等常见的心脑血管疾病的发生。葡萄籽提取物中的多酚物质对食用高脂膳食的小鼠具有降低血脂的功能，并且在体外具有比较强的抗脂质过氧化的作用。

（3）抗肿瘤作用

大量的流行病学研究及动物试验都证明多酚类物质可以阻止和抑制癌症发病。植物单宁能够作为抗诱变剂，抑制癌变的不同阶段，进而减少癌细胞的生成，同时还可以提高染色体的修复能力，抑制癌细胞的生长速度，进而具有提高细胞免疫能力的作用。在 20 世纪 80 年代初期，人们就发现茶叶的提取物及其植物多酚类物质能够降低亚硝基化合物对人体造成的致突变性。而且国内外学者进行的一系列研究都证明了，无论是在组织细胞培养、微生物系统，还是动物实验中，都能够证明茶多酚具有抗突变防止癌症产生的作用。在最近几年的研究中，关于植物多酚类的多项研究均发现，其对许多肿瘤的治疗作用均比较明显，其中包括白血病、食道癌、肝癌、乳腺癌、结肠癌、前列腺癌和膀胱癌等，被认为是最有发展前景的天然化学抗癌药物之一。

（4）抗氧化作用

现代医学研究证明，很多疾病和组织器官老化等都与自由基有关。自由基能够对人体产生损害，实际上其自身发生了氧化，所以，想要降低自由基对人体的损害，就要从抗氧化着手做起。而植物多酚具有较强的抗氧化能力，能有效清除体内过剩的自由基，抑制脂质过氧化，对自由基诱发的生物大分子损伤起到保护作用。植物多酚是一大类含有大量的酚羟基的物质，从而表现出比较强的抗氧化活性。首先，酚羟基能够提供氢离子，是一种氢供体，所以对多种活性氧自由基具有比较好的清除作用，能够阻断自由基的氧化链式反应；其次，多酚类物质的邻位二酚羟基还可以与金属离子螯合，从而能够减少金属离子对氧化反应的催化作用；第三，在有氧化酶存在的体系中，植物多酚对氧化酶有显著的抑制作用；第四，多酚类物质还能与维生素 C 和维生素 E 抗氧化剂相互配合产生协同效应，从而达到增效的作用。

（5）其他

日本医药界深入研究了植物多酚对毒素的抑制作用，发现柿子单宁对台湾眼镜蛇、菲律宾眼镜蛇、印度眼镜蛇等的毒素都有很强的解毒作用。它的作用主要是抑制蛇毒蛋白的活性。石榴皮和槟榔具有驱虫的药效，成分中的多酚具有协同驱虫作用。

## 10.5.4　单宁在食品中的应用

单宁广泛存在于食品和饮料中，例如，许多水果中含有单宁，高粱、大麦、豌豆、大豆、芋类、薯类等都含有少量单宁，茶、啤酒、葡萄酒内也含有单宁，单宁可从色、味方面影响食品的风味。人们在饮食的时候必然也会摄取一定量的单宁，而摄取一定量的单宁对于人体来说是有帮助的。在食品工业中，植物单宁常常被加工制作成为食品添加剂，用来改善食品的质量。同时，植物单宁也较多地应用到抗氧化剂、防腐剂、澄清剂等。

(1)改善食物口味

含有单宁是有些食品呈现涩味的根源。这是因为食物中的单宁会与人体口腔中的黏膜或者唾液蛋白结合，引起人体感到的褶皱的干燥感觉，即有了涩味。因此植物单宁的存在对于食物中涩味的形成具有不可替代的作用。

(2)抗氧化性

由前面介绍的植物单宁的化学特性可以知道，其具有很强的抗氧化性，这一特性可以应用到食品类的抗氧化中去。有些研究者利用植物单宁对油脂或是油脂食品的抗氧化作用，制作成各种食品抗氧化剂。例如，苹果单宁对植物油和动物油均具有较明显的抗氧化效果，同时苹果单宁还可以延长菜籽油的保质期。

(3)防腐剂的应用

在中性或者是偏酸性的环境下，植物单宁对多数的微生物具有一定的抑制能力，这对食物的防腐是很有利的。例如，苹果单宁对金黄色葡萄球菌和大肠杆菌的抑制作用，研究的结果显示出苹果单宁浓度与细菌生长速率常数之间存在线性关系，可以有效地抑制葡萄球菌和大肠杆菌的生长。

(4)酒类以及饮料类的澄清剂

由植物单宁能够与蛋白质结合而发生沉淀的性质，可以应用于酒类以及饮料类的澄清剂，清除酒类以及饮料中含有的杂物。

## 10.5.5　单宁在日用化学品中的应用

人们利用植物单宁所具有的生理活性和化学活性，不但广泛应用于食品、医药行业，而且在日用化学品行业也得到广泛应用。植物单宁具有许多的优点，即：高效、无毒、天然、保健、作用温和等。因此，在日常生活中，植物单宁日化品日益增多，很受人们的青睐，例如，人们常用的牙膏、染发剂等产品中都具有较好的应用价值和开发前景。

(1)植物单宁在化妆品中的应用

近年来，学者们进行一系列探索研究，发现植物单宁在天然化妆品成分中可起到抗衰老、抗氧化抗紫外线、保湿、增白等多重作用。在此，人们主要利用的是小分子或者低分子的单宁组分及其衍生物，如槐花中的卢丁、银杏叶中的黄酮、熊果叶中的熊果苷等。因此，以植物单宁为天然成分的化妆品不断涌现，能够真正有效地缓解各种原因引起的皮肤老化，防止衰老。

(2)植物单宁的收敛和防晒作用

植物单宁与蛋白质能发生缩合反应，使人们产生收敛的感觉。根据这一性质，把它加入到化妆品中可以对肌肤起到收敛的作用。加入单宁的化妆品对肌肤有很好的附着力，并能收敛毛孔，令肌肤紧实，有弹性，消除皱纹，使皮肤更加细腻。由于植物单宁对紫外线有较强的吸收作用，因而能有效防御日晒皮炎和色斑的发生。

（3）植物单宁的美白、抗皱作用

黑色素含量的多少，决定了皮肤的颜色。单宁的美白作用与以下几点有关：抗氧化清除自由基、吸收紫外光、酶抑制能力。单宁不仅能吸收紫外线，而且能使酪氨酸酶和过氧化氢酶的活性受到抑制，也能有效地消除黑色素，还能有效清除活性氧，抑制弹性蛋白的含量下降或变性，能保持皮肤有弹性、抗皱、防止衰老的作用，含有植物单宁的化妆品美白防皱效果显著。

（4）植物单宁在其他日化领域中的应用

植物单宁与金属离子能生成深色的络合物以及多酚对头发角朊蛋白的附着性质，可制备染发剂。植物单宁可以去除肉类、粮油等食品中的一些异味，如茶多酚可去除豆制品的腥味。植物单宁对胶原酶的活性有抑制的作用，因此能有效地防治牙周炎。水解单宁可有效抑制牙龈透明质酸酶，还可抑制牙龈病，如茶多酚可抑制形成龋齿的细菌，还可以消炎、除口臭，牙膏中加入茶多酚可以有效地预防龋齿，起到清洁牙齿的功效。

## 10.5.6 单宁基胶黏剂

酚醛树脂是由苯酚或其同系物（如甲酚、二甲酚）与甲醛缩合得到的树脂，在涂料、隔热材料、木材胶黏剂等方面具有广泛的应用。缩合单宁的 A 环多为间苯酚结构，可以代替苯酚等酚类物质与醛类发生酚醛缩合反应制备酚醛树脂。用马占相思栲胶、苯酚、甲醛为原料，通过共缩聚反应制备单宁酚醛树脂胶黏剂，该胶黏剂性能稳定，贮存期达 80 d 以上；胶合强度较高，压制的三层胶合板强度达 1.37 MPa，达到国家标准（GB/T 14732—2006）Ⅰ类胶合板的要求。用落叶松树皮栲胶替代酚醛树脂胶黏剂中 60% 的苯酚而制备落叶松单宁酚醛树脂胶黏剂，该胶黏剂为低毒环保型胶黏剂（游离苯酚≤0.3%，游离甲醛≤0.2%），远低于普通酚醛树脂胶黏剂中的游离苯酚（一般在 1.0%~2.5%），并且胶合板中甲醛的释放量符合国家 E1 级标准（E1≤1.5 mg/L 干燥器法），毒性远低于酚醛树脂，有利于生产工人的身心健康和环境保护。用橡树单宁替代部分苯酚与甲醛缩合制备单宁酚醛树脂胶黏剂，由于单宁的引入，单宁基黏合剂的黏度增加，凝胶时间缩短，甲醛释放量低于传统的酚醛树脂胶黏剂，可用作生产刨花板的绿色黏合剂。通过对落叶松单宁大分子进行解聚预处理和对糠醛进行开环预处理，提高反应活性，可以制备单宁-甲醛-糠醛共缩聚树脂胶黏剂，糠醛替代部分甲醛不仅可降低使胶黏剂中的游离甲醛，而且使得单宁基胶黏剂固化断面变得紧密和光滑，从而提高单宁基胶黏剂的热稳定性。

## 课后习题

1. 单宁含量测定方法有哪些？
2. 单宁的主要来源有哪些？
3. 单宁有哪些分类？主要特点都是什么？
4. 简述单宁的主要功能和用途。
5. 单宁在水处理中有哪些用途？
6. 简单描述单宁的抗氧化机理。
7. 单宁添加在化妆品中有哪些功能？
8. 试介绍落叶松单宁酚醛树脂的制备路线，有哪些用途？
9. 单宁物质含量测定的方法有哪些？

## 参考文献

肖正华，2007. 大叶白蜡树种子中植物多酚及色素的研究[D]. 乌鲁木齐：新疆大学.

辛玉军，2011. 植物单宁改性酚醛树脂的制备及其应用[D]. 广州：华南理工大学.

侯静，2015. 松仁红衣多酚的提取纯化及抗氧化活性的研究[D]. 哈尔滨：哈尔滨商业大学.

王磊，陈一宁，但年华，等，2015. 植物单宁的提取纯化方法及其发展[J]. 西部皮革(12)：12-19.

林樱姬，2010. 花生红衣中多酚类物质的提取、纯化与抗氧化、抑菌研究[D]. 兰州：兰州理工大学.

邹婷，2017. 含植物单宁吸附树脂的制备及吸附性能研究[D]. 吉首：吉首大学.

于喆，金哲雄，2015. 植物单宁的应用及研究进展[J]. 黑龙江医药(1)：20-23.

傅长明，黄科林，王则奋，等，2010. 植物单宁的性质及应用[J]. 企业科技与发展(22)：57-60.

匙丹丹，2011. 板栗种皮多酚的提取、纯化及其相关性质的研究[D]. 天津：天津商业大学.

杨芬玲，2010. 单宁共混高分子抗菌材料[D]. 上海：复旦大学.

李怡，2009. 改性植物多酚(单宁)吸附沉淀应用基础研究[D]. 绵阳：西南科技大学.

刘松，2007. 极端干旱环境下植物体内多酚类物质含量及其对逆境的响应研究[D]. 北京：北京林业大学.

唐丽丽，2010. 石榴皮多酚类物质的提取、纯化及抗氧化性研究[D]. 杨凌：西北农林科技大学.

田旭坤，2019. 植物多酚的提取工艺研究[D]. 哈尔滨：哈尔滨理工大学.

聂艳莉，2018. 植物多酚物质的电化学行为及测试方法研究[D]. 晋中：山西农业大学.

# 第 11 章　淀　粉

## 11.1　概述

　　淀粉是植物经光合作用形成的天然可再生、可生物降解的碳水化合物。它主要存在于植物的种子、根和茎中，藻类、微生物和原生动物中也有其存在。各种植物中的淀粉含量因土壤、气候、植物种类及生长条件的不同而不一样。如大米中的淀粉含量为 62%～86%，玉米中的淀粉含量为 65%～72%，马铃薯中的淀粉含量超过了 90%。淀粉按植物来源可以分为谷物淀粉、薯类淀粉和豆类淀粉。其中，谷物淀粉主要有玉米、高粱、大米、小麦、黑麦；薯类淀粉主要包括马铃薯、木薯、甘薯、紫薯、山药、芋头；豆类淀粉主要包括绿豆、豌豆、鹰嘴豆、蚕豆等。其中谷物淀粉中的玉米淀粉是最常见且产量最大的工业用淀粉。淀粉作为一种来源广泛、价格低廉、环境友好的纯天然、可再生的丰富生物资源，一直以来广泛被应用于食品、造纸、纺织、胶黏剂、超吸水材料、水处理絮凝剂、新材料、载药等领域。随着人口的剧增和石油资源的紧缺，人类同时面临资源和环境的双重压力，因此对以淀粉为代表的天然高分子进行开发和利用将日趋紧迫。

## 11.2　淀粉的化学结构

　　1814 年，学者发现淀粉遇碘产生蓝色，后被用作检验淀粉的方法，当淀粉被加热到 70 ℃时，蓝色消失，经冷却后，蓝色重新出现，这是因为直链淀粉"吸附"碘形成了络合结构，碘分子被直链淀粉的螺旋结构吸附，每个螺旋在中央吸附一个碘分子，直链淀粉的分子大小影响淀粉分子吸附碘的颜色反应。直链淀粉与碘形成的络合物吸收峰不同，链淀粉分子与碘的络合物，其吸收峰在 520～590 nm 之间，直链淀粉与碘的络合物在 600～680 nm 之间的吸收峰较强，从而使其在和碘结合时呈现出不同的显色结果，支链淀粉呈红色或紫色的络合物，直链淀粉的络合物为蓝色。19 世纪，研究发现淀粉是由葡萄糖组成的多糖，19 世纪末期确定了 D-葡萄糖的构型，$\alpha$-D-六环葡萄糖是组成淀粉的葡萄糖单位在 1935 年后确定，葡萄糖主要由 $\alpha$-1,4-糖苷键连接而成。淀粉结构的重大发展在 1941 年，成功地将淀粉分为两个部分，即直链淀粉和支链淀粉，确定了淀粉由两种高分子组成。之后学者主要研究不同淀粉中支链淀粉和直链淀粉含量的不同，分别研究其化学结构，各种新的分离方法及分离技术的应用大大促进了淀粉结构化学科研工作的发展。

　　淀粉的基本单位是葡萄糖，它的分子式是 $(C_6H_{10}O_5)_n$，$n$ 代表不同种淀粉的聚合度（degree of polymerization，DP）。按来源的不同其密度介于 1.503～1.575 g/cm³ 之间，粒径为 2～100 μm。淀粉并非是一种单纯的分子，它是一种混合物，主要由两种不同分子结构的主要成分组成：直链淀粉（amylose）和支链淀粉（amylopectin），这两种成分占淀粉的 89%～99%。其余的称为次要成分，包括微量的蛋白质、脂类、水分、矿物质和盐。不同植物，直链淀粉和支链淀粉的比例和组成是不同的。直链淀粉和支链淀粉在结构、性质以及化学反应活性方面都存在着一定的差异。

## 11.2.1 直链淀粉

直链淀粉是由脱氧葡萄糖组成的线性分子，它是通过 $\alpha$-1,4-糖苷键连接而成的，但较少分子中也存在少量的支链(小于 1%)，它是通过 $\alpha$-1,6-糖苷键相连组成的，它的聚合度为 700~5000(图 11-1)。直链淀粉分子一般由大约 200 个葡萄糖单位组成，相对分子质量较小，为 $10^4$ ~ $10^6$ Da。直链淀粉呈左手螺旋状构象，其主要作用力是分子内氢键。在晶体状态下，直链淀粉可取双螺旋结构，每 3 个糖残基为一圈，也可取单螺旋结构，每 6 个糖残基为一圈。位于每个螺旋周期内部的是氢原子，位于其外部的是羟基，且每个周期均含有 6 个葡萄糖单元。脂质等极性分子与淀粉分子之间存在疏水性，靠分子间的疏水力形成单螺旋结构。直链淀粉的颗粒相对较小，分子链间的缔合程度相对较大，形成的微晶结构紧密，结晶区域大。直链淀粉分子排列较为规整，分子与分子相互靠拢容易发生重排，所以在冷水中，直链淀粉容易发生凝聚沉淀行为。直链淀粉通常可以溶于热水，在 50~60 ℃的水中，直链淀粉便会溶解，形成具有一定黏度的淀粉溶液，并且在水中的溶解度随温度升高无明显变化。直链淀粉含量可以显著影响淀粉的糊化温度、糊化焓、膨胀力以及溶解度。

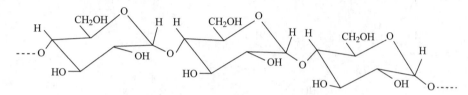

**图 11-1 直链淀粉的分子结构式**

## 11.2.2 支链淀粉

在天然淀粉中支链淀粉占 74%~80%。支链淀粉主链通过 $\alpha$-1,4-糖苷键连接而成，C6 上的分支糖链通过 $\alpha$-1,6-糖苷键与主链相连，大约每 20 个葡萄糖单位就会出现一个分支，分支与分支之间距离 11~12 个葡萄糖单位。分子一般由 300~400 个葡萄糖单位组成，相对分子质量较大，为 $10^3$ ~ $10^4$ kDa，其各个分支的空间构型也都为螺旋结构。基于支链淀粉分子较大，支链与支链间的空间位阻作用使分子间的作用力变小，由于支链的作用，水分子相对较易进入支链淀粉分子的微晶束内，阻碍了分子间的凝聚，使支链淀粉不易发生凝聚沉淀行为。支链淀粉的聚合度通常大于直链淀粉，为 430~35 000 kDa，是一种近似球形的庞大分子。支链淀粉主要有 3 种链：A、B 和 C 链，C 链是主链，每个支链均含有一个 C 链，A 链与 B 链的数目基本相等，它们均通过 $\alpha$-1,6-糖苷键与主链连接。另外，除了主链(C 链)含有一个还原性尾端，其余的均是非还原性的尾端。支链淀粉又称胶淀粉，其结构式如图 11-2 所示。支链淀粉的颗粒相对较大，支链淀粉以分支端的葡萄糖链平行排列，分子链间以氢键缔合成束状，形成微晶束结构，结晶区域小，晶体结构不紧密。支链淀粉通常不会溶于冷水，在 50~60 ℃的水中，分子中各支链间的相互作用力比水分子与分子链间的作用力要大，所以支链淀粉在此温度下是不溶于水的。但支链淀粉分子能在水中发生膨胀而湿润。当温度升至 90 ℃以上时，水在淀粉分子中的渗透作用变快，支链之间的相互作用力减弱，支链与水分子的作用力增强，支链淀粉开始在水中溶解，形成黏度较高的淀粉溶液。当温度升高，支链淀粉在水中的溶解度加大。

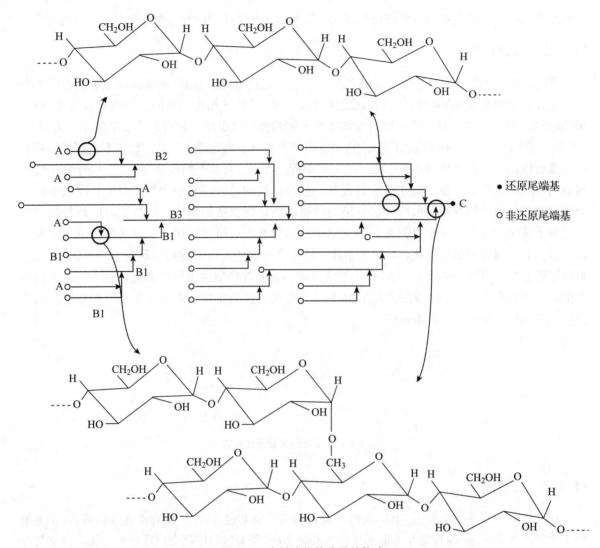

图 11-2 支链淀粉的分子结构式

## 11.2.3 支链、直链淀粉分离

1941 年，Sohoch 首率先提出采用异戊醇-正丁醇结晶法分离支链、直链淀粉，这一方法的根据是正丁醇会与直链淀粉生成配合物，如葛根的直链、支链淀粉可以用这一方法得到有效分离。多种有机分子都可以与直链淀粉生成配合物，如香草酚常作为分离试剂用于分离支链、直链淀粉，某些试剂在较低的浓度就可以与直链淀粉生成配合物。

# 11.3 淀粉的基本性质

## 11.3.1 物理性质

淀粉的粉末呈白色，在显微镜下的状态透明小颗粒。不同来源的淀粉形状不同，以其长轴长度来表示淀粉颗粒的大小，淀粉颗粒尺寸范围从小于 1 μm 到超过 100 μm，其中玉米淀粉的长轴大小为 5~30 μm。而颗粒形状有球形、卵形、椭圆形、角形、多边形或非常不规则形(表 11-1)。

表 11-1　各类常见淀粉及其主要性质

| 性　质 | 玉米淀粉 | 小麦淀粉 | 蜡质玉米淀粉 | 木薯淀粉 | 马铃薯淀粉 |
|---|---|---|---|---|---|
| 淀粉来源 | 种子 | 种子 | 种子 | 根 | 块茎 |
| 颗粒形状 | 圆形、多边形 | 圆形、扁豆状 | 圆形、多边形 | 圆形、截头圆形 | 椭圆形、蛋形 |
| 直径/μm | 2~30 | 0.5~45 | 2~30 | 4~35 | 5~100 |
| 支链淀粉含量/% | 63 | 63 | 100 | 83 | 80 |
| 糊化温度/℃ | 62~72 | 58~64 | 62~72 | 59~69 | 56~66 |

## 11.3.2　淀粉粒的大小和形貌

　　显微镜下的淀粉是透明状的，它以颗粒状的形态存在于自然界中。自然界中存在不同来源和种类的淀粉，其颗粒、形状和大小也会随着这种不同而存在显著性的差异。但淀粉存在共性：①直链淀粉与支链淀粉的排列方式导致淀粉都具有半结晶特性；②所有淀粉都具有像"年轮"一样的环层"洋葱"状结构。淀粉的形状主要包括卵形、圆形和多角形。即使来源相同的颗粒，形状和大小也有差异。在光学显微镜下，淀粉颗粒的形态呈树的年轮状的环层结构，由于植物光合作用存在时效性，所以淀粉分子的生长一般在白天进行，而夜间无光合作用，相反生成的淀粉分子还会被水解成小分子糖，供植物生长之用，从而形成了任何淀粉都存在的环层结构，亦即淀粉的生长环(结晶层与半晶层交替排列)(图 11-3)。生长环以脐点为中心，向外扩散成一层

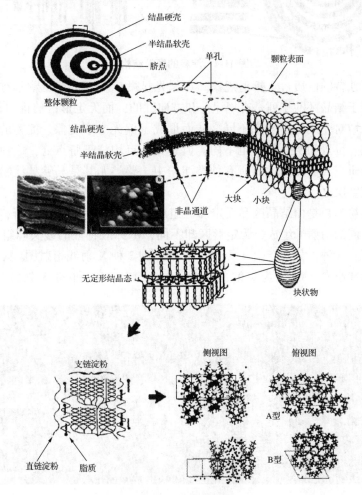

图 11-3　淀粉的颗粒

一层的环状。淀粉的来源不同，其脐点的位置也会有所改变，例如，谷物类淀粉和薯类淀粉的脐点位置就存在差异，前者的脐点大多是位于中心的，而后者的脐点则大多更偏向于一端。

### 11.3.3 淀粉的晶体结构

偏光显微镜下，淀粉颗粒可被观测到"偏光十字"，证明淀粉颗粒是球晶体，具有半结晶性。淀粉颗粒半晶性的形成是由于部分分子的有序排列，淀粉颗粒的结晶区由半晶性形成，淀粉颗粒的非结晶区为无序排列的部分。不同来源的淀粉颗粒，结晶区与非晶区的比例不同。

虽然淀粉品种不同，颗粒形态和粒径大小也各异，但都有结晶特性。作为多晶结构，如图11-4所示，结晶区和无定形区组成了半结晶区，而半结晶区和无定形区组成了环状的淀粉颗粒结构，但半结晶区和无定形区二者之间却没有明确的分界线。目前，研究人员普遍认为：通过氢键作用，直链淀粉和支链淀粉结合成了颗粒的结晶结构。而支链淀粉具有相对分子质量大、分支多的特性，可以使其在结晶区和无定形区两者之间不受阻碍地穿插，从而在整个结构中起到重要的骨架支撑作用。因此，两区域之间并没有明确的分界线。

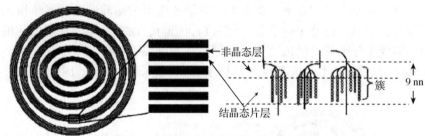

**图 11-4 淀粉的颗粒结构**

淀粉颗粒具有独特的性质：双折射现象。在偏光显微镜下观察淀粉颗粒有偏光十字现象出现，这种现象是由于结晶区的排列是有规律性和方向性的，而无定形区的排列却是杂乱无章的，这就导致这两个区域对光线的折射率不同，从而形成了偏光十字现象。淀粉的种类不同，其颗粒偏光十字的形状、位置和明显程度也不同，但其交叉点均位于脐点处，这种现象有利于脐点的定位。目前，在研究人员探究过的所有种类淀粉中，薯类尤其是马铃薯淀粉，其偏光十字最亮，木薯淀粉的亮度次之。

如上所述，淀粉颗粒是由结晶区和无定形区组成的，经 X 射线衍射分析，其结晶区域由多个强度和大小均不同的衍射峰组成，无定形区却不同，由弥散特性的馒头峰组成(图11-5)。淀粉的结晶结构主要有 3 种，分别产生 A 型、B 型和 C 型 3 种 X 射线衍射图。A 型峰是以谷类淀粉为代表，如玉米和小麦，在 $2\theta$ 为 9.9°、11.2°、15°、17°、18°和 23.5°处出现强衍射峰；块茎

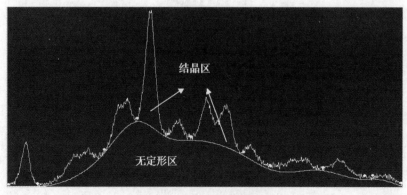

**图 11-5 淀粉 XRD 图谱**

和果实类淀粉的晶型是 B 晶型，如马铃薯和西米淀粉，有强衍射峰的 $2\theta$ 位置为 $5.6°$、$15°$、$17°$、$22°$ 和 $24°$；还有一些豆类和根淀粉，它们呈 C 型衍射图谱，C 型是淀粉颗粒 X 射线衍射图从 A 型到 B 型变化的中间状态，C 型也可以由 A 型或 B 型在某些特殊条件下转化而来，因此也可将其看作 A 和 B 的混合物。除此之外，还存在一些其他类型的晶型，如 V 型结晶结构，天然淀粉中很少发现它的存在，它是通过直链淀粉和乳化剂、丁醇、碘以及脂肪酸等物质混合而得到的，此类淀粉的强衍射峰主要集中在 $2\theta$ 为 $7.4°$、$13.1°$ 和 $20.1°$ 处。

此外，A 型淀粉的晶体是链在单斜晶格中形成的，其双螺旋是左旋且平行绞合的，12 个吡喃葡萄糖基单元平行分布其中，每个晶胞中均含有 4 个水分子(闭合)。而 B 型淀粉则不同，链是在六方晶格中形成晶体的，以平行方式结合成左旋平行线的阵列。B 晶型淀粉的晶胞中 36 个水分子存在，其中有 18 个水分子与双螺旋紧密结合，其余的围绕对称轴形成复杂的网状结构(图 11-6)。

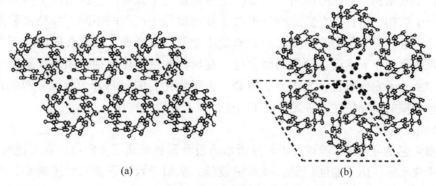

(a)　　　　　　　　(b)

**图 11-6　A 型和 B 型链淀粉双螺旋结晶结构**

(a)A 型　(b)B 型

## 11.3.4　淀粉的理化特性

### 11.3.4.1　淀粉的吸水性

淀粉颗粒内部结晶结构占颗粒体积的 25%～50%，其余为无定形结构，化学试剂在淀粉颗粒的无定形区具有较快的渗透速度，淀粉的化学反应主要发生在无定形区。淀粉中每个葡萄糖单元上均含有 3 个羟基，通过羟基相互作用分子链形成分子内和分子间氢键，使得淀粉具有很强的吸水性，但是由于氢键存在使得分子作用力很强，溶解性差，亲水但是在水中不溶解，淀粉含水量一般都较高，淀粉含水量会影响淀粉的一些物理和化学性质。

淀粉分子中含有的羟基和水分子会相互作用形成氢键，所以淀粉虽然含有较高的水分，但是外观却呈现干燥的粉末状。不同类型的淀粉由于分子中羟基自行结合以及与水分子结合的程度不同使得淀粉的含水量不同。如淀粉分子较小易于自行缔合，使得游离羟基数目相对减少，可以通过氢键与水分子结合使羟基数目减少，从而含水量降低。另外，淀粉的含水率还受空气湿度和温度变化的影响。将淀粉暴露于不同的相对湿度和温度下，会产生吸收、释放水分的现象。淀粉中存在自由水和结合水两种水分，自由水是指被保留在物体团粒间或孔隙内，仍具有普通水的性质，随环境温度、湿度变化而变化，可被微生物利用；结合水不再具有普通水的性质，不能被微生物利用。

### 11.3.4.2　淀粉的溶解与膨胀特性

溶解和膨胀特性是影响淀粉在加工过程中产品品质的重要指标，反映了淀粉分子和水分子相互作用的大小，对淀粉产品的开发利用具有重要意义。淀粉吸水膨胀后，淀粉中的直链淀粉从膨胀的颗粒中逸出分散到水中的过程称为淀粉的溶解，而在这个过程中对于支链淀粉吸水的特性称为淀粉的膨润力。淀粉的溶解度和膨润力的测定，通常是将淀粉乳在不同的温度梯度下糊化离心后，称量上清液沉淀质量带入公式进行计算，不同淀粉因分子大小、直链淀粉、支链淀粉含量不同，溶解度和膨润力也不相同。

### 11.3.4.3 淀粉的糊化

在冷水中，淀粉颗粒不会发生溶解现象，但当水温慢慢升高时，淀粉颗粒先发生可逆吸水膨胀现象，而后颗粒继续吸水膨胀，此时的膨胀是不可逆的，持续的吸水膨胀导致颗粒破裂，形成了黏稠的糊状液体，此时即使停止搅拌，糊状液体也不会很快发生下降，这就是淀粉的糊化，在高温下吸水膨胀，而后破裂形成均一糊状溶液的一种特性。一般常用糊化刚开始的温度和糊化结束时的温度来表示淀粉的糊化温度。黏度特性是淀粉糊化最重要的性质，糊化后的淀粉在实际应用中起增稠、稳定的作用，黏度特性与淀粉的来源有关，这是由于不同来源淀粉的颗粒大小、分子结构、链长、直链淀粉分子与支链淀粉分子比例的不同，如马铃薯淀粉与玉米淀粉，由于马铃薯淀粉分子的聚合度大于玉米淀粉分子的聚合度，因此在同浓度下观察到马铃薯淀粉糊的黏度要大于玉米淀粉分子的聚合度。淀粉糊的特性还包括透明性和凝沉性，淀粉糊中淀粉分子与水分子充分水合，光线通透率高。由于糊化后的淀粉分子凝沉、回生，其产生成膜性，了解淀粉糊的物理特性，对淀粉的实际生产具有积极的作用。

（1）淀粉糊化过程

淀粉的糊化包括可逆吸水阶段、不可逆吸水阶段和颗粒破裂三个阶段。在可逆吸水阶段中，淀粉刚开始吸收水分，由于温度较低，吸水量较低，从而导致体积膨胀程度较小，此时淀粉颗粒的结晶结构没有消失，基本性质也没有发生改变，此时的淀粉重新干燥，能恢复到原来状态；在不可逆吸水阶段中，持续升高的温度加速了水分子的运动，促使其进入到结晶结构中，导致结构变得疏松；在颗粒破裂解体阶段中，淀粉颗粒不断地吸水，使体积膨胀到最大程度时，颗粒出现破裂现象，分子溶出。

（2）影响淀粉糊化因素

影响淀粉糊化的因素有很多，主要有以下几个方面：淀粉的水分含量、淀粉类型、糊化温度等。淀粉的水分含量对糊化淀粉的性质影响很大。一方面，糊化淀粉含水量在 10%~80% 的范围内，淀粉容易老化；另一方面，淀粉含水量越低越难糊化，若要稳定糊化淀粉的性质，则需要严格控制水分含量。糊化淀粉的稳定性受淀粉类型影响较大。直链淀粉含量较高的糊化淀粉性质比较稳定，支链淀

淀粉（淀粉老化）

粉含量高的糊化淀粉性质不稳定。因为支链淀粉为立体结构，淀粉链之间有一定空间，氢键不易形成，所以需要较长时间形成晶体。在不同地区生长的植物所产出的淀粉，因温度差异导致黏弹性不同；相同淀粉使用不同生产方法所制得的糊化淀粉分子结构会发生不同程度的改变，不同的形状、大小和晶体结构也使得糊化淀粉的化学性质不同，应用范围也就不同。糊化淀粉的性质受环境温度变化影响很大，所以对其所处环境应严格控制。研究发现，淀粉老化的最佳温度在 4 ℃ 左右，为避免老化现象的发生，应将环境温度控制在 -18 ℃ 以下，并且在低温下随着时间延长，老化程度可能会加剧，所以应注意贮藏时间，不宜时间过长。

（3）糊化淀粉生产方法

糊化淀粉生产的方法主要有热糊化、喷雾法、压力糊化和化学糊化法。

① 热糊化　是最基本的糊化方法，需添加大量的水对淀粉直接进行加热。该方法能量消耗巨大且加热不均匀，但因其方法简单，易操作，现仍为最主要的糊化方法。

②喷雾法 该法共分两步，首先将淀粉煮沸糊化，然后利用喷雾干燥的原理，用高温气流使淀粉糊雾化和干燥。雾化过程由高压单流体喷嘴和双流体喷嘴完成。雾化媒介为压缩空气和蒸汽，但此过程复杂并且操作难度大。干燥时需除去的水分多，加上排气的温度在 80~100 ℃，因而能耗大热效率低，所以在实际生产中很少用喷雾法生产糊化淀粉。

③压力糊化 可分为超高压糊化法和挤压膨化法。超高压糊化法是指在较高的压力下进行糊化，当压力增加至一定程度时，结晶区域也开始发生水合作用，开始糊化。该方法对食品的风味、质地并未产生太大影响。因为此法需要一定的压力，所以不具备普遍适用性。挤压膨化法是利用挤压螺杆机对含淀粉食品进行糊化。挤压机中存在一个剪切区，物料在此处被剪切使得温度升高。对于淀粉颗粒来说，剪切时淀粉颗粒内部微晶结构开始熔融，从而颗粒软化，形成塑性融熔体。挤出模孔时，压力恢复变小至常压，淀粉迅速膨化而达到糊化目的。该方法受挤压温度和水分含量的影响。在一定范围内随着温度的升高，糊化度变大。随着水分含量的提高，膨化度不断降低。此方法效率高、耗能低、营养损失少、无污染，现已被普遍使用。

④化学糊化法 是利用化学试剂使淀粉颗粒糊化，破坏分子间氢键，完成糊化。研究指出，利用一些盐类中的阳离子，常温下可以与淀粉分子发生羟基反应，释放热量破坏结晶区域完成糊化。该方法因使用化学试剂而可能存在无法彻底清除干净，在成品中仍有微量残存，并且产品的稳定性不好。

#### 11.3.4.4 淀粉的老化

老化是由于糊化后的淀粉置于室温（或者低于室温下）造成的，此时的淀粉糊是不透明的，甚至出现凝固和沉淀。这是因为在淀粉糊化后，分子又自动排列顺序，从而逐渐恢复了分子间的氢键，形成一种致密且高度晶体化的分子微晶束。老化过程是一种不可逆过程，虽然在形式上看像糊化的逆过程，但老化淀粉的晶体化程度较低，不足以和生淀粉相比，所以不可能通过糊化彻底恢复成老化前淀粉的状态。老化淀粉会失去与水的亲和性，这种现象会使食品的质构发生变化，并且淀粉酶也很难水解此类淀粉，不仅使食物的口感变差，还降低了消化和吸收速率。因此，控制老化作用在食品工业中具有极其重要的意义。分子运动的快慢和温度密切相关，当温度降低时，淀粉分子的运动速率明显降低，此时的分子平行排列，形成新的氢键，并重新组合为混合微晶束。而当降温速度过快时，淀粉分子则形成凝胶。对于淀粉老化而言，水分的存在是必要的，水分不仅能够降低玻璃化转变温度，还可以使淀粉分子发生移动，并结合形成结晶。

影响淀粉老化的因素有多种，包括淀粉种类、含水量、温度和酸度。同支链淀粉相比较，直链淀粉更容易老化；含水量太低（<10%）或太高时都不容易使淀粉发生老化，30%~60%的含水量最容易发生老化；太高的温度（>60 ℃）或太低的温度（<−20 ℃）也比较难老化，2~4 ℃时淀粉最容易发生老化；偏酸或偏碱的环境都不易使淀粉发生老化。淀粉发生老化的现象在前期和后期是由不同原因造成的，前期是由于直链淀粉，后期则是由于支链淀粉，其长支链分子之间相互缠绕联结从而造成淀粉的老化。通常，为防止淀粉发生老化，可以将其水分快速的除去，使水分含量保持在10%以内，此步骤可以利用高温（>80 ℃）或低温（0 ℃以下）。

## 11.4 淀粉的化学改性

天然淀粉存在不溶于水、抗剪切性差、耐水性差、熔融流动性差等缺陷，限制了其应用范围。淀粉中的羟基结构为淀粉提供了易进行接枝反应的活性基团，可以通过氧化、酯化、醚化等改性技术改善淀粉的性能。对淀粉进行化学改性的主要目的是提高其功能特性，一般来说需要提升或改善的性质主要包括：淀粉糊在高温、强酸条件下的黏度稳定性；淀粉糊在低温时的透明度；质构特性以及适口性、耐咀嚼性等；淀粉糊的冻融稳定性。这些性质都可以通过对原淀粉的化学改性来实现，因为几乎所有的原淀粉在某种程度上都不能达到上述所需的几个重要的加工特性。大部分的化学改性主要依靠于直链淀粉和支链淀粉分子链上的羟基(—OH)，对直链淀粉来说，每个葡萄糖单元含有 3 个羟基，支链淀粉分子由于 $\alpha$-1,6-糖苷键的存在，平均每个葡萄糖单元所含有的羟基比直链淀粉少。通常来讲，淀粉的化学改性包括有水解、酯化、醚化、氧化、交联、接枝共聚等。

## 11.4.1 淀粉水解

### 11.4.1.1 酸水解

酸水解淀粉是在 25~55 ℃条件下淀粉与硫酸或盐酸相互作用。在氢离子的作用下分别使分子内的 $\alpha$-D-1,4 和 $\alpha$-D-1,6-糖苷键发生断裂，相对分子质量减小，最后以葡萄糖单元的形式存在。图 11-7 为淀粉酸水解的结构模型，非结晶区首先遭到氢离子的进攻，氢离子进入孔道进行水解，然后对结晶部分进行水解，使颗粒表面粗糙，轮纹结构更加明显，随着氢离子的进入，颗粒破碎，形成小碎片。酸解后的淀粉能够对天然淀粉的结构和理化性质进行改善，例如处理后淀粉的溶解性、凝胶强度、成膜能力增强，黏度降低，在食品加工中当作胶凝剂和增强剂以及脂肪替代物等。

淀粉
（淀粉酸水解）

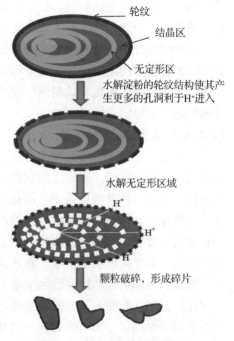

图 11-7　淀粉酸水解结构模型

### 11.4.1.2 酶水解

淀粉酶水解使淀粉在温和的条件下水解生成具有微孔结构的淀粉，具有良好吸附性能，在医药可以作为缓释剂，在化妆品、农药等领域也具有广泛应用。

根据酶对淀粉水解的方式，淀粉水解酶类可分为：$\alpha$-淀粉酶(EC 3.2.1.1)，作用于糖原或淀粉分子内部的 $\alpha$-1,4-糖苷键，生成葡萄糖、糊精及低聚糖；$\beta$-淀粉酶(EC 3.2.1.2)，属于外切型淀粉酶，从淀粉非还原性末端以两个葡萄糖单元为单位顺次切开 $\alpha$-1,4-糖苷键，产物为麦芽糖；葡萄糖淀粉酶(EC 3.2.1.3)，又称为糖化酶，从淀粉非还原性末端依次切开 $\alpha$-1,4-糖苷键和分支点 $\alpha$-1,6-糖苷键生成葡萄糖；脱支酶或异淀粉酶(EC 3.2.1.9)，只作用于糖原或支链淀粉处的分支点 $\alpha$-1,6-糖苷键。图 11-8 为相应淀粉水解酶及其产物示意。

$\alpha$-淀粉酶作为淀粉水解酶中重要的组成之一，其家族成员到目前为止大约含有 30 个不同类别，归属于 GH13、GH70 和 GH77 家族，形成一个 GH-H 族，包括水解酶(EC 3)、转移酶(EC 2)和异构酶(EC 5)。其中，GH13 家族成员最为复杂，包括环糊精淀粉蔗糖酶(EC 2.4.1.4)、$\alpha$-淀粉酶(EC 3.2.1.1)、$\alpha$-葡萄糖苷酶(EC 3.2.1.2)、淀粉普鲁兰酶(EC 3.2.1.41)等 30 多种不同作用特异性的糖苷水解酶类。GH70 家族主要存在于乳酸菌中，为胞外酶，主要以蔗糖为底物合成 $\alpha$-D-葡聚糖聚合物。以 4-$\alpha$-葡聚糖转移酶为代表的 GH77 家族成员之间具有相似的作用机理，水解底物供体中 $\alpha$-1,4-糖苷键并将非还原性末端转移至受体，形成新的 $\alpha$-1,4-糖苷键。此外，糖苷水解酶家族 GH57 也含有一些 $\alpha$-淀粉酶及有关酶类，其反应机理与 GH13 家族相同，

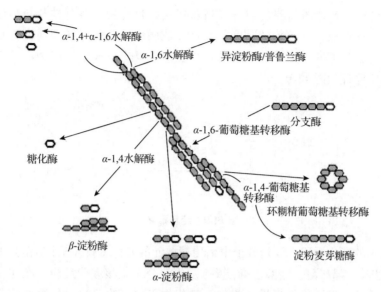

图 11-8　淀粉水解酶及其产物示意

但两者之间的序列没有明显同源性，进化关系还有待研究。表 11-2 为常用的 GH13、GH57、GH70 和 GH77 家族酶类。

表 11-2　常用 GH13、GH70、GH77 和 GH57 家族酶类

| 分　类 | 酶 | EC | GH 家族 |
|---|---|---|---|
| 水解酶类 | α-淀粉酶 | 3.2.1.1 | 13,57 |
|  | α-葡萄苷酶 | 3.2.1.20 | 13 |
|  | 环糊精水解酶 | 3.2.1.41 | 13,57 |
|  | 异淀粉酶 | 3.2.1.68 | 13,57 |
| 转移酶类 | 淀粉蔗糖酶 | 2.4.1.4 | 13 |
|  | 葡萄基转移酶 | 2.4.1.5 | 70 |
|  | 蔗糖磷酸化酶 | 2.4.1.7 | 13 |
|  | 分支酶 | 2.4.1.18 | 13,57 |
|  | 环糊精葡萄基转移酶 | 2.4.1.19 | 13 |
|  | 4-α-葡萄基转移酶 | 2.4.1.25 | 13,57,77 |
|  | 淀粉-α-1,6-葡萄苷酶 | 3.2.1.33 | 13 |
|  | 蔗糖交替酶 | 2.4.1.140 | 70 |
|  | 麦芽糖转移酶 | 2.4.1.- | 13 |
| 异构酶类 | 6-果糖-α-葡萄苷合成酶 | 5.4.99.11 | 13 |
|  | 海藻糖合成酶 | 5.4.99.15 | 13 |
|  | 麦芽海藻糖合成酶 | 5.4.99.16 | 13 |

## 11.4.2　酯化反应

淀粉酯化是将羧酸类物质或无机酸类物质与淀粉羟基基团反应生成酯，通过酯化产生的改性淀粉产品具有黏度稳定性好、成膜性能好等特性，例如，利用烯基琥珀酸酐、尿素和醋酸来改性淀粉。酯化淀粉包括低取代度、中取代度和高取代度酯化淀粉 3 类，所用的试剂包括醋酸、

醋酸酯、醋酸乙烯酯、硬脂酰氯或烯酮等。高取代度酯化淀粉的溶解性和热塑性较高，且其耐水、耐油性较好；而低取代度淀粉的黏度稳定性、成膜性、成膜后物理强度皆较好。淀粉与醋酸乙烯酯是在碱性催化剂的作用下发生酯基转移反应。反应生成中间产物乙烯醇，乙烯醇重新排列成乙醛，反应原理如图 11-9。

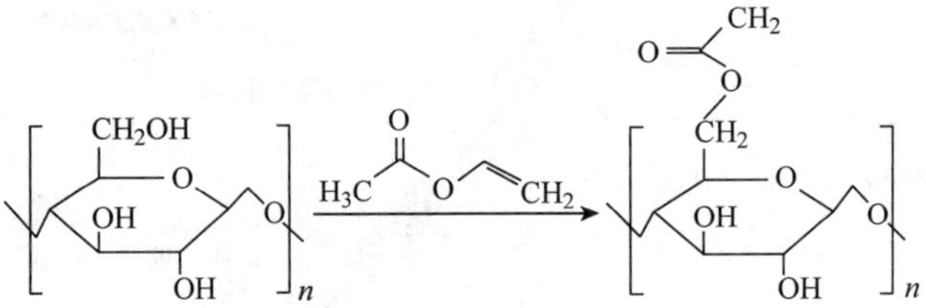

**图 11-9　淀粉酯化**

乙酰化是常用的酯化手段，淀粉分子中葡萄糖单元的 C2，C3，C6 上有醇羟基，这些羟基和乙酰化试剂（冰醋酸、醋酸酐、醋酸乙烯酯等）发生双分子亲核取代反应，在淀粉分子中引入少量的酯基团，生成的一类淀粉衍生物。通过乙酰化作用可以改善淀粉与溶剂的亲和力，可用于烘烤、冷冻、罐头及干燥食品中作为理想的食品增稠剂，由于引入乙酰化基团，阻碍或减少了直链淀粉分子间的氢键缔合，具有一定的热塑性，热加工性能好于天然淀粉，淀粉酯的取代度越高，侧链越长，热塑性和亲水性的改变就越明显，而且酯基可起内增塑作用，高乙酰基的取代度可以降低材料的吸水率，当取代度 > 1.7 时，材料加工性能较好。除此之外，乙酰化淀粉的糊化温度降低，糊化容易，冻融稳定性高、成膜性好、透明度高、持水性好、淀粉糊糊丝长等。在非水介质中合成乙酰化淀粉可得到较高取代度的产品，如玉米淀粉采用吡啶为反应介质，在甲磺酸催化、醋酸酐和冰醋酸酰化条件下，可以得到取代度较高的乙酰化淀粉。

## 11.4.3　醚化反应

醚化淀粉是淀粉中的糖苷键或活性羟基与醚化剂通过氧原子连接起来的淀粉衍生物。按醚化淀粉在水溶液中的电荷特性，可分为非离子淀粉、阳离子淀粉和阴离子淀粉。醚化反应通常在淀粉糊化之前进行，与原淀粉相比，醚化后的淀粉溶解性能和糊液稳定性得到提高，糊化温度降低。

羧甲基淀粉，简称 CMS，是指在一定温度下淀粉在碱性环境中与氯乙酸发生亲核取代反应生成的高分子化合物，生成的取代产物即为羧甲基淀粉。其结构式如图 11-10 所示。淀粉葡萄糖单元中的 C2，C3，C6 上分别有一个羟基，理论上氯乙酸可以与 C2，C3，C6 的羟基在碱性环境中发生醚化反应，其中 C-2、C-6 上的羟基在碱性条件下更容易发生亲核取代反应。醚化反应分为两步，第一步碱化反应和第二步醚化反应。

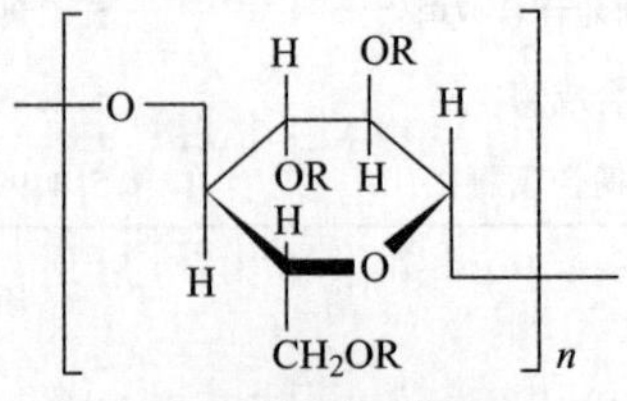

R=H 或 CH$_2$COONa

**图 11-10　羧甲基淀粉结构图**

第一步碱化反应：

$$R \cdot OH + NaOH \longrightarrow R \cdot O\text{-}Na^+ + H_2O \tag{1}$$

第二步醚化反应：

$$R \cdot O\text{-}Na^+ + ClCH_2COOH \longrightarrow R\text{-}O\text{-}CH_2COONa + NaCl \tag{2}$$

羧甲基淀粉的合成过程中，首先淀粉与 NaOH 反应生成淀粉钠，羟基被氧负离子取代提高了亲核性；同时 NaOH 使淀粉颗粒发生膨胀，氯乙酸大量进入淀粉颗粒内部，淀粉钠与氯乙酸产生亲核取代反应，氯乙酸上的碳原子与氯原子间的共价键发生断裂，得到游离的羧甲基；游离的羧甲基与淀粉结合，由此得到羧甲基淀粉。

制备羧甲基淀粉的方法主要有 4 种：干法、半干法、水媒法、有机溶剂法。虽然制备方法不同，但其反应原理是一样的。

①干法　顾名思义，就是在不添加水、溶剂或添加极少量水、溶剂的条件下，将淀粉、氢氧化钠、氯乙酸和催化剂放入反应器中搅拌均匀，让其在一定的反应温度、时间的条件下进行醚化反应，将得到的样品进行烘干、粉碎即可得到羧甲基淀粉。该方法有效地减少了有机溶剂的使用量，是一种相对环保的制备方法。

②半干法　与干法的制备过程基本一样，不同的是溶剂或水的使用量，在半干法的制备过程中溶剂或水的使用量相对较多一点。该方法也使有机溶剂的使用量相对减少，起到了一定的环保作用。

③水媒法　是一种传统的制备羧甲基淀粉的工艺方法，该法以水作为反应介质，将淀粉、一定浓度氢氧化钠和氯乙酸放入反应器中，在一定的反应温度、时间条件下进行醚化反应，然后将得到的样品进行中和、抽滤、洗涤、干燥、粉碎即可得到羧甲基淀粉。用水媒法制备羧甲基淀粉的优点是设备简单易操作、成本低、投资少。但副反应过多，使得到的产品水溶性差、取代度低。

④有机溶剂法　又称溶媒法，是将淀粉颗粒均匀分散在乙醇、甲醇、丙酮等有机溶剂中，让其在溶剂中与游离碱、醚化剂进行充分的反应，反应结束后，将溶液中和至 pH 值为 7，然后将得到的样品进行烘干、粉碎即可得到羧甲基淀粉。

通常情况下，羧甲基淀粉的取代度低于 0.2 属于低取代度，取代度在 0.3~0.6 之间属于中等取代度，取代度 0.6 以上属于高取代度。羧甲基淀粉的各项性能与取代度密切相关，取代度在 0.1 以上即可溶于冷水。随着取代度的增加，溶解度不断提高，羧甲基淀粉的糊液不容易受到碱性条件的影响，但在酸性条件下容易发生沉降析出，失去黏度。淀粉接入羧甲基基团后，糊液的透明度更高，冻融稳定性更好，亲水性增加，提高了增稠能力，具备了羧基的螯合、絮凝离子能力。羧甲基淀粉的性质优良，因此能够应用在很多方面。

（1）具有较高的黏度

羧甲基淀粉具有较高的黏度、优良的透明度和冻融稳定性，可用于食品增稠剂、稳定剂和界面剂的制作。在冰淇淋、奶昔、果汁和蛋糕中有所使用，可以延缓速冻食品领域老化现象，抑制水分的析出，增长保质期，提高面条和肉制食品的口感和风味。

（2）优越的黏连性能

羧甲基淀粉可用于纺织工业上浆的辅助性浆料，利用其优越的黏连性能，具有溶解度高、柔软度高和稳定等优点，能够满足织机高速运转的需求，极大地提高工作效率。羧甲基淀粉还可用于制作印花的增稠剂和糊料，有着在冷水中溶解度大、渗透性好、着色率高等优点。

（3）亲水性强

羧甲基淀粉亲水性强，很容易吸收外界的水分，吸收水分后体积迅速增加，可以用作医药上的固体片崩解剂。在药片进入人体后，发生膨胀后，利用这个作用力帮助分解固体药片或胶囊，使大的颗粒药物转为较小的颗粒或者释放出粉末，有利于人体吸收。此外，在制作外用药品时也可作为黏合剂使用。

(4)增稠和乳化性能

利用羧甲基淀粉的增稠和乳化性能，可制备石油探井的降滤失水剂，使泥浆变得致密，避免未开采的油层被上层泥浆污染。还可用于与高盐浓度的钻井液混合，明显提高了钻井泥浆的流动性能，降低了钻井泥浆的失水值。

(5)糊液的流动性和稳定性

羧甲基淀粉糊液的流动性和稳定性良好，用于纸张的湿部添加剂，提高纸张的耐磨能力和印刷性能。日常保洁纸制品比如卫生巾、湿巾和婴儿纸尿布中，羧甲基淀粉可以用作吸收剂，增强产品的吸水能力，提高产品持水能力，延长使用周期。

### 11.4.4 氧化淀粉

氧化改性是通过将淀粉分子中的 C2、C3 和 C6 位上的羟基氧化成为羰基和羧基，同时破坏淀粉分子中部分糖苷键，使分子发生一定量降解。氧化后淀粉白度提高，透明度增加，胶黏力提高，成膜性较高，糊黏度和糊化温度降低，是理想的食品添加剂，其氧化原理如图 11-11 所示。氧化反应主要发生在淀粉分子的非结晶区，氧化程度主要取决于淀粉的结晶度和聚合度，而淀粉颗粒的大小和形状会影响氧化淀粉的附着力。氧化剂的类型及氧化条件也在一定程度上影响氧化淀粉的使用性能；常用的淀粉氧化剂有过氧化氢、次氯酸钠、臭氧、二氧化氯、高锰酸钾、高碘酸盐、重铬酸盐等，氧化剂的丰富以及氧化改性方法的多元化赋予氧化淀粉性能的多样化，使氧化淀粉的应用具有更广阔的前景。

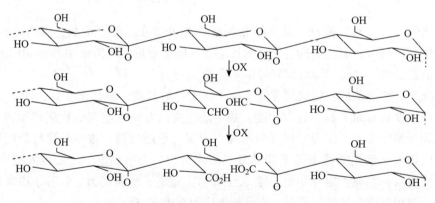

**图 11-11 淀粉氧化原理**

双氧水从结构上来看，比水多了一个活性氧，最终产物是水，是一种环境友好型试剂。相较于次氯酸钠($NaClO$)和二氧化氯($ClO_2$)，$H_2O_2$ 做氧化剂更容易得到高氧化度的淀粉，但一般条件下氧化速率较慢。$H_2O_2$ 氧化的具体反应机理如图 11-12 所示。

二氧化氯、高碘酸盐、高锰酸钾等也是重要的淀粉氧化剂，为了进一步丰富氧化体系，实现淀粉产品的多元化，新的改性工艺也正成为目前研究的重要课题。二氧化氯是一种新型绿色氧化剂，研究发现二氧化氯氧化反应不仅在淀粉颗粒表面进行，而且也发生在颗粒内部；高碘酸是一种选择性极强的氧化剂，可制备双醛淀粉(DAS)，利用盐酸(HCl)和碘酸钠($NaIO_4$)处理玉米淀粉可一步制备双醛淀粉，醛基含量最高可达 92.70%。

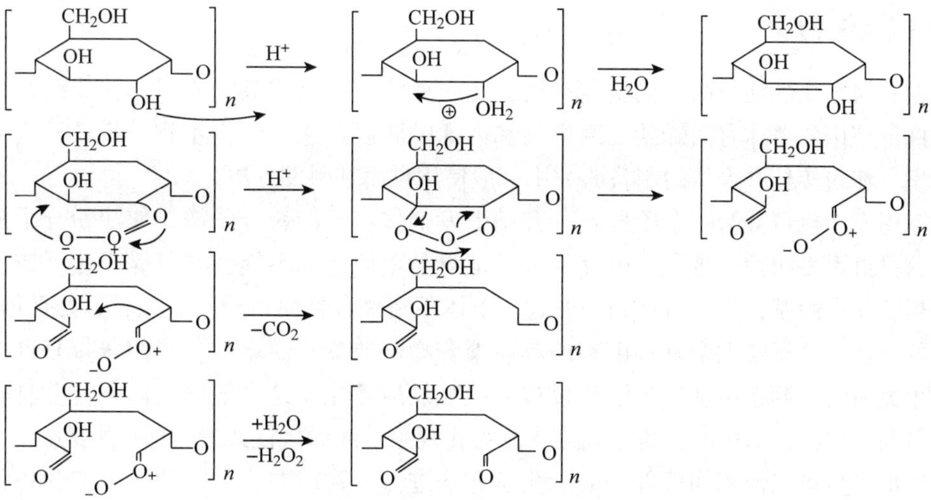

**图 11-12　过氧化氢氧化淀粉的作用机理**

## 11.4.5　交联

交联淀粉是由淀粉分子上的羟基与具有二元或多元官能团的化合物反应形成二醚键或二酯键，再将两个或两个以上的淀粉分子连接起来，形成多维性的空间网络结构。参加此反应的多官能团化合物称为交联剂，主要包含有三偏磷酸钠、三聚磷酸钠、三氯氧磷、环氧氯丙烷等。通常在淀粉的交联反应中交联剂的用量比较低，一般是每 100~3000 个脱水葡萄糖单元含有一个交联键。与原淀粉相比，交联淀粉的平均相对分子质量明显提高，糊化温度升高，具有抗机械剪切、耐高温、耐酸、耐酶，增加淀粉糊液在酸、热以及剪切条件下的稳定性，热稳定性和黏度增大，而膨胀力和溶解度下降，但颗粒形状却与原淀粉的相同，没有发生明显的变化。交联改性对淀粉糊液的黏度的影响是一个复杂的体系，一方面淀粉交联抑制了淀粉团粒可溶物的溶解，增强了淀粉团粒的机械强度，这增强了变性淀粉糊的黏度；另一方面淀粉交联降低了淀粉团粒的溶胀，降低了其在水溶液中的体积分数，这降低了变性淀粉糊的黏度，当交联剂的添加量足够大，淀粉将不再显示黏度。交联淀粉的应用也比较广泛，从热稳定性工业产品、食品、医药到可降解生物塑料。交联淀粉的具体的性质特征和交联剂的添加量密切相关，低交联对淀粉糊化温度的影响非常小，但是对成糊特性的影响非常显著。高交联会提高淀粉的糊化温度，且极度交联的淀粉在水煮或在高压灭菌锅中蒸煮时也不会形成凝胶，可以用作隔离剂。

交联剂的种类很多，常用于制备交联淀粉的交联剂有三氯氧磷、三偏磷酸钠（通常和三聚磷酸钠配合使用）、环氧氯丙烷、磷酸二氢钠、甲醛、六偏磷酸钠以及混合酸酐等。其中，三氯氧磷是反应效率最高的一种交联剂；而三偏磷酸钠是一种食品级安全的交联剂，以其为原料制备的交联淀粉可以应用在食品工业（图 11-13）。

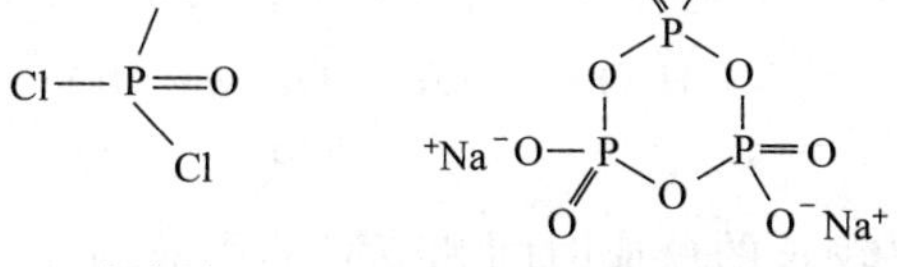

三氯氧磷　　　　　　三偏磷酸钠

**图 11-13　三氯氧磷和三偏磷酸钠的化学结构**

### 11.4.6　接枝淀粉

接枝淀粉属于变性淀粉的二代研究产物,是一种将单体以侧链的方式与淀粉链结合而成的聚合物,广泛使用的单体有丙烯腈、丙烯酸和丙烯酰胺以及它们的衍生物。接枝反应可通过多种方式引发,淀粉接枝共聚物的制备研究中一般使用自由基引发方法。

自由基引发大概可分为三个阶段:一开始引发剂作用于淀粉分子链,使淀粉分子链上产生自由基,这是链引发阶段;带有自由基的分子链再与单体上的不饱和共价键发生反应,生成淀粉与单体聚合体自由基,再通过相同的方式使单体不断聚合到淀粉分子链上,这是链增长阶段;随着反应的进行,分子链上带有自由基的单体聚合物链数量不断增加,当两条带有自由基的聚合物链发生碰撞时,两自由基发生强烈反应使接枝反应停止,这是链终止阶段。有时单体聚合物链自由基与金属器壁碰撞时,也会发生单基终止现象,淀粉接枝共聚物即可生成。

自由基的产生可以使用物理方法或者化学方法进行。物理方法可以使用微波和各种高能射线进行照射,淀粉受到外界的能量,自身活化产生自由基。化学方法则是利用强氧化剂与淀粉反应,使淀粉单元共价键断裂,转化成自由基。两者具有以下特点:物理方法不使用化学试剂,产物无未反应的其他杂质,后续工艺比较方便,工作效率高,但设备成本高,流程复杂,仍待进一步改良。而化学方法的产物中一般会存在少量的引发剂,在产物纯化流程中需要去除,但其生产操作容易简便,有利于工厂的大规模生产,适用于广泛的行业当中。

#### 11.4.6.1　化学引发

引发剂的效果有所差别,根据单体的种类对引发剂进行选择,如 $Ce^{4+}$ 比较适用于与苯乙烯进行的反应。如果单体是丙烯腈,则 $Mn^{3+}$ 引发效果要好一点。使用率较高的引发剂有以下几种:

(1)铈盐引发

铈盐离子先跟淀粉的 C2 和 C3 上的羟基发生络合作用,两个碳原子之间的共价键断裂,分别在两个碳原子上生成醛基和自由基。同时铈离子发生还原反应,自由基与单体结合生成次级复合自由基,单体再与次级的自由基反应,通过这种方式不断接到淀粉上。铈盐引发具有条件温和、流程快速和高效等优点。

(2)高锰酸钾引发

高锰酸钾先与反应体系中的酸发生反应生成自由基。这些自由基与单体和淀粉结合,在淀粉上生成自由基,使用不同种类的酸改变反应效率能够达到改变接枝率的目的。对于整体反应而言,酸相当于一个催化剂的作用,其用量需要一定的精确度,用量太少催化作用弱,反应效率低,接枝率不高,用量过多会引发副反应降低效率且容易使高锰酸钾自身降解,见式(3)和式(4)。

$$2KMnO_4 + H_2O \longrightarrow 2MnO_2 + 2KOH + 3O \cdot \qquad (3)$$

$$2KMnO_4 + 3H_2SO_4 \longrightarrow 2MnSO_4 + K_2SO_4 + 3H_2O + 5O \cdot \qquad (4)$$

(3)$H_2O_2$-$Fe^{2+}$氧化还原引发体系

提高反应体系的温度,$H_2O_2$ 即可产生自由基。一般情况下与 $Fe^{2+}$ 组成氧化还原体系,活化能很低,有利于反应温度的控制,不必使用高温,危险系数低且成本低,见式(5)。

$$Fe^{2+} + H_2O_2 \longrightarrow Fe^{3+} + OH^- + \cdot OH \qquad (5)$$

(4)过硫酸盐引发

由于其氧化性较弱,需要较长的反应时间和较高的反应温度,反应过程中会生成硫酸根,需要后处理除去,否则得到的产物杂质较多,但过硫酸盐容易获取,价格便宜,在反应过程中无温度的剧烈变化,工业生产上易于控制,使用方便,使用的范围较广。过硫酸盐热分解产生,见式(6)和式(7)。

$$S_2O_8^{2-} \longrightarrow 2SO_4^{-} \cdot \tag{6}$$

$$SO_4^{-} \cdot + H_2O \longrightarrow HSO_4^{-} + \cdot OH \tag{7}$$

### 11.4.6.2　物理引发

物理方法主要是使用微波、γ射线、紫外光辐射和机械等手段对淀粉进行处理使其产生自由基。

(1)γ射线辐射

γ射线属于电磁波,有着很强透过物质的能力,只需要对物质照射一次之后能量就传递给物质中的电子,对物质的形态要求低,整体效应高。淀粉受到γ射线的照射后,在 C5 位碳原子可以产生两种自由基,此时将单体与淀粉混合,两者即可发生接枝共聚反应。氧气可以自由基反应对单体的接枝产生阻碍反应,可以充入氮气以形成惰性体系使接枝反应能够顺利发生。

制备方法上有一步法和两步法:一步法是将单体与淀粉混合后进行辐射,单体和淀粉同时受到辐射,流程简单,操作方便,反应效率很高,反应物的利用率也很高,但得到的接枝共聚物中单体自身发生聚合较多,接枝到淀粉上的单体偏低。二步法是先对淀粉进行辐射,再加入单体,然后充入保护性气体后进行反应,此时只有淀粉形成了自由基,单体自身没有形成自由基,所以整个反应生成均聚物量较少。但淀粉自由基会很快衰变,辐射接枝不及时会导致反应效率很低。

(2)微波辐射

微波辐射的实质是淀粉内的极性分子吸收能量,发生振动而产生热能,是一种物质内部结构加热的方式。这种方法好处是能减少能源的使用、温度均匀性好、效果好、基本没有污染物排出。

(3)紫外线辐射

使用γ射线等照射反应物质,射线中的能量传递到反应物质中的分子,分子活化,连接分子之间的化学键断裂而生成自由基,同时整体的结构也受到一定程度的影响,物质本身的性能会有一定的改变,为了改善这种情况,可以用紫外线替代。

(4)机械引发

对淀粉施加高强的机械处理,淀粉链受到应力后发生断裂,断裂后的连接处则形成自由基。常见的机械应力有挤压、研磨和破碎等。

接枝共聚淀粉的制备方法有 4 种:溶液聚合、反向悬浮聚合、反向乳液聚合和反相微乳液聚合。

①溶液聚合法　溶液聚合法是将淀粉与接枝单体在适当的溶剂中混合均匀,通过物理手段或者引发剂的作用下产生自由基进行接枝反应的合成方法。溶液聚合是常见而且重要的聚合方法,其研究时间较长,发展时间较长,目前较为成熟。此方法的特点有:体系黏度低,传热容易可以使整体温度均匀,避免产生局部温度过高的现象,体系温度容易控制;溶剂分散性好,反应物和引发剂能均匀分布,淀粉不会被聚合物链紧密缠绕有一定的空间体积,反应效率高;产物后处理方便,能够制成不同状态的产品;为了减少对环境的污染,可使用水替代有机溶剂。该方法的缺点是生产能力不高,需要较长的聚合时间;单体过于分散及可能发生的链转移反应,聚合产物的相对分子质量不高;聚合物会受到残留溶剂的影响。

②反相悬浮聚合法　反相悬浮聚合法是将接枝单体、引发剂和交联剂溶解在水相中成为水相液滴,以油相为分散介质的制备方法,使用该法时接枝单体和引发剂均为水溶性。该法的特点是反应体系稳定程度高,使用油相整体黏度不高;反应过程热量容易导出,温度容易控制;

能够合成较高相对分子质量的聚合产物，后续处理需要对体系进行蒸馏回收溶剂。该法的缺点是工艺流程较复杂，产物后处理过程一方面要除去残存的分散剂外，还需除去夹杂在产物中的副产物，因此投资成本大；而且使用大量有机溶剂，容易对环境造成污染。

③反相乳液聚合法　反相乳液聚合法是反向悬浮聚合法基础上，在油性介质中加入乳化剂，将水性溶剂与油性介质进行搅拌乳化后进行反应的方法。该法的特点：制备呈颗粒状的产物，可以控制颗粒的外形和粒径；产物的相对分子质量大，反应条件较温和；聚合速率快。该法的缺点是产物粒径较小，一般不大于 100 μm，产物的后处理中排放大量粉尘到空气当中；溶剂的回收不当容易进入土壤或者地下水中，破坏生态；大量使用有机溶剂，成本高昂。

④反相微乳液聚合法　反相微乳液聚合法一种新型水溶性单体聚合技术，经过近十年来的发展，逐渐趋于成熟。微乳液是由醇类表面活性剂、碳氢化合物和水极性溶剂等成分组成，其拥有透明度高、热力学性质良好等优点。反相微乳液聚合法改善了反相乳液聚合稳定性差的缺陷，有以下特点：合成的产物固含量高、粒径小而且均匀，为 8~80 nm；反应体系黏度低，传热效率高；反应速率快，转化率高；稳定性高。

⑤微波聚合法　微波聚合是指对骨架反应物使用射线照射，使单体内部温度上升，增强与引发剂作用产生自由基，继而进行接枝共聚反应的过程，是目前较为新颖的聚合方法。微波加热聚合过程中只需要短时间加热，具有快速平均和不容易局部温度过高等优点，但设备成本高昂，辐射长时间使用对人体造成损伤，不利于大规模生产和制造。使用微波聚合合成接枝改性淀粉，有以下几个作用：激发淀粉自由基的产生，与化学引发剂起协同作用效果很显著；加热效果比常规加热方式有很大提升，反应周期短，简化了工艺流程。

## 11.5　淀粉的物理改性

物理改性是指采用热、力、光、电等手段来改变淀粉颗粒原有的形态、结构、性质。改性过程中淀粉分子之间的氢键被破坏，淀粉的结晶区受损、直链淀粉与支链淀粉的比值改变、分子链发生断裂或聚集，分子重新排列。淀粉改性后流变学性能及消化率变化最大。

(1)热液处理

热液处理是指在一定量的水分存在(含水量大于或等于40%)，一定的温度范围(高于玻璃化转变温度但低于糊化温度)处理淀粉的一种方法。淀粉经过热液处理后发生膨胀，分子内部的结晶区和非定型区分子重排使其物理化学性能改变而颗粒结构不被破坏。热能的作用破坏了淀粉分子内直链淀粉与支链淀粉交叉部位的 $\alpha$-1,6-糖苷键，分子发生链内交互作用。根据处理时淀粉乳的水分含量及温度不同，常见的热液处理方法分为常压糊化处理、韧化、湿热处理和压热处理。热液处理全程不使用有机溶剂，凭借绿色环保的特点在淀粉改性领域中应用较广，且在绿色食品的生产中具有较大的发展空间。

(2)微波处理

微波是指频率在 300~3000 kHz 范围内的电磁波。微波处理淀粉的过程中，淀粉中带电粒子向电场方向运动，产生热能。微波凭借其极强的穿透力，通过介质传递直接作用于淀粉内部的水分子，高频振动产热使淀粉分子发生糊化。原淀粉中结合水的含量大概为 30% 左右，不同淀粉分子内的含水量不同决定了介电常数的不同，介质的介电常数及介质损耗直接决定反应过程中吸收多少微波能。微波热能的产生是通过偶极旋转和离子电导两种机制形成，这就决定了微波处理的时间短、效率高。微波处理过程中，淀粉分子的含水量不同导致淀粉颗粒表面出现不同程度的裂缝、形变。

（3）挤压法

挤压法是指将机械产生的压力及剪切力作用到淀粉分子上，挤压过程中淀粉分子从有序到无序、气核形成、膜口膨胀、气泡成长和气泡塌陷。挤压使淀粉晶体结构消失，淀粉颗粒结构被破坏，糖苷键断裂以及分子间相互作用力重新形成。通过改变挤出机的料筒温度、螺杆速度等一些因素可以使挤出过程中淀粉的结构变化得到很好的控制。挤压作用通过使淀粉分子链发生降解，减少直链淀粉之间与支链淀粉之间的相互作用来减少分子链之间的纠缠作用，从而改变淀粉分子的结构，使得淀粉获得某些性质，如获得稳定性良好的淀粉糊，可有效控制酱料的凝固以及面包的老化等；而抗性淀粉与慢消化淀粉的含量则与餐后血糖上升速率有关，为保健食品的深度开发提供了新途径。

（4）球磨法

球磨作用是指使用摩擦、碰撞、冲击、剪切和其他机械作用来改变淀粉颗粒的结构和性质，以达到改性的目的，这个过程将淀粉中的大颗粒粉碎形成更小的颗粒，而小颗粒聚集并形成大颗粒。球磨处理通过研磨体的冲击作用以及研磨体与球磨内壁的研磨作用对淀粉进行机械粉碎，研究表明，球磨处理会导致淀粉颗粒的表面变得粗糙、淀粉分子内部化学键断裂、相对分子质量降低、晶格受损、表面能降低，导致一系列的化学反应发生。

球磨对淀粉特性的影响程度大小取决于淀粉种类、球磨处理时间、球磨转速、球磨功率大小等因素。研究表明，球磨对高直链淀粉的结构和性能影响不大，但对蜡质淀粉的结构和性能影响较大，如高直链淀粉具有较厚的半晶片、较大的直链淀粉结晶区域和较强的结构刚性直链淀粉非晶区域，在球磨处理的过程中表现出较强的抗机械能力，而蜡质玉米淀粉经过球磨处理以后糊化温度和糊化黏度降低，糊化稳定性提高，回生趋势减小。因此，球磨法可以用来制备具有较低黏度和较高糊化稳定性的淀粉产品。球磨作为一种环保、经济的物理处理方法，能有效改变淀粉（尤其是蜡状淀粉）的多尺度结构和淀粉糊状性质，处理后的淀粉具有较低的糊化温度和糊化黏度，在不同温度下的糊化稳定性增强，回形率较小，适用于生产糖果、甜点、罐装和瓶装等产品，为工业生产上具有特定糊行为的淀粉提供了一定的参考意见。

（5）超高压技术

超高压技术是指将物料真空密封后置于高压设备中，并以水作为传递高压的介质，使用一定压力（100~1000 MPa）在一定温度下处理一段时间，从而达到改性的目的。这种非热处理方式可以使导致食物变质的微生物失活，但不会对其热不稳定营养素造成破坏，同时保持食物原有的感官特性。超高压处理一般通过破坏食品大分子中的非共价键来改变其内部结构，而对其共价键没有太大影响。近年来国内外的研究表明，超高压处理对淀粉结晶结构的影响程度与处理压力、淀粉晶型、淀粉悬浮液的浓度等因素有关。低压会造成淀粉分子发生重排，使其短程有序性增加；高压则会破坏淀粉的结晶结构。

热、机械力与高压作用均会导致淀粉发生糊化。超高压作用导致淀粉的糊化不同于传统的热糊化，没有或仅有很少的直链淀粉分子浸出并且颗粒不发生明显膨胀。超高压处理对淀粉的糊化作用取决于淀粉的种类、超高压处理参数和淀粉悬浮液的浓度等因素。

（6）辐照技术

辐照技术是利用射线与物质之间的相互作用产生活化的原子和分子，由此引发降解、聚合等物理化学反应，从而达到改性的目的。常见的辐射技术有 γ 射线辐射、电子束辐射和 X 射线辐射。辐照处理过程中没有温度的显著升高，不依赖于任何类型的催化剂，且处理方法简单快速，因而被广泛接受。

近年来，国内外的学者对辐照淀粉的结构及物理化学性质进行了研究，结果表明辐照处理不会破坏淀粉颗粒的表面结构，但可能在其表面造成一些凸起；辐照会使淀粉分子中的暴露的羧基数量增多，淀粉的溶解度、透光率、吸水吸油能力因此增加，而直链淀粉的表观含量、pH值、膨胀指数减小；淀粉的糊化温度、糊化焓、峰值黏度、谷值黏度、终值黏度以及回生值均下降，而其冻融稳定性及脱水收缩作用均得到明显改善，在改善冷冻食品的质量方面具有广阔的应用前景。

# 11.6　淀粉材料的研究进展及其应用

## 11.6.1　生物降解农用薄膜

### 11.6.1.1　淀粉添加型

淀粉添加型生物降解农膜是指将经亲水性憎水化表面处理的玉米、大米、马铃薯、谷物等的淀粉和聚烯烃进行接枝共聚反应或共混制成的农用薄膜。这种膜经一个农业生产周期后会在土壤中的微生物侵蚀下发生生物降解，农膜被分解成小碎片，最后变为土壤中的一部分。淀粉分子链上含有大量的亲水性的羟基，而生产农膜所用的聚烯烃如 PE 等极性很小，是一种疏水性物质，两者的结构和极性相差悬殊，因而从分子的化学结构看，淀粉与聚烯烃的相容性差，得不到分子共容的均相体系。从热力学上看，根据热力学的基本原理，当两种聚合物共混时，它们的溶解度参数 $|\delta_1-\delta_2|$ 越小越有利于相容。当 $|\delta_1-\delta_2|>0.5$ 时，聚合物间就不能以任意比例混容。而淀粉的溶解度参数 $\delta_{\text{starch}}=22.3(\text{J}\cdot\text{cm/cm}^3)^{1/2}$；聚乙烯的溶解度参数 $\delta_{\text{PE}}=16.1\sim16.5(\text{J}\cdot\text{cm/cm}^3)^{1/2}$，因此，$\delta_{\text{starch}}-\delta_{\text{PE}}=5.8\sim6.2(\text{J}\cdot\text{cm/cm}^3)^{1/2}$，远大于聚合物组分间发生相分离的相容性，就必须对淀粉进行表面处理，处理的方法有物理改性法和化学改性法。物理改性淀粉是对淀粉表面进行处理，如采用硅氧烷与淀粉和水的悬浮溶液混合，溶液在 80 ℃下喷雾干燥，得到的粉末与自氧化剂油酸乙酯、油酸混合，再与聚乙烯共混，制成母粒，并与聚乙烯共混挤出，吹塑得到的薄膜是具有生物降解性的。化学改性淀粉塑料是把淀粉与聚烯烃（如 PE）的单体进行接枝共聚后形成改性淀粉相溶剂，然后加入到淀粉与聚烯烃的共混体系中，就可以制得均匀的分散体系，提高了淀粉与聚烯烃的相容性。目前生产的 PE 生物降解膜采用的改性淀粉是淀粉-乙烯/丙烯酸共聚物、乙烯/丙烯酸共聚物（EAA）和胶凝淀粉。

### 11.6.1.2　全淀粉型

全淀粉生物降解塑料是理想的薄膜材料研究方向，如德国法兰克福的 Battelle 研究所制备的可降解塑料淀粉含量大于 90%，适宜作为地膜。意大利 Ferruzzi 公司制备的"热塑性淀粉"淀粉含量为 70%，性能优异，易于加工成型，完全降解较短，只需 3 周。海藻酸钠、淀粉、保水剂、增塑剂等合成的田间直接成型地膜，可以完全降解，30 d 后开始降解。

## 11.6.2　包装材料

原淀粉、变性淀粉等制备的可降解包装材料在一次性餐具、食品包装等领域应用较多。如武汉远东绿世界制备的淀粉基生物降解塑料稳定性、保温性都达到包装材料要求，且降解速率较快。美国伊利诺伊州大学制备的玉米淀粉塑料可以作为食品包装容器使用。天津大学开发的变性淀粉改性聚乙烯，力学性能和生物降解性良好，价格低，目前已建有大型生产基地。日本和我国台湾制备的玉米淀粉树脂包装材料，后期可以经过昆虫吃食、生物分解、燃烧等方式处理。

蛋白/原淀粉膜包装材料作为内包装袋使用，蛋白膜和其他的纸类、淀粉类制成复合材料，在食品包装方面应用，这种薄膜的防油、防水、耐高温性能很好，可以被用于一次性餐具。用原淀粉和纸类制成的餐具因为其防水性能较差，需要在其表面涂一层防水膜，通常用玉米蛋白做成防水膜。玉米蛋白中含 40%的醇溶蛋白，该蛋白的氨基酸末端带有疏水能力好的非极性憎水基团(亮氨酸、丙氨酸等)，再以甘油、丙二醇作为增塑剂就可以制得可食性包装膜。

淀粉薄膜透明性能水平较高，二氧化碳半透性、透氧率十分理想，可以用于生鲜食品包装，能够达到保证生鲜食品呼吸畅通性、延长食品货架期等效果。天然淀粉脆性强、机械强度差，但与高分子聚合物混合可增强其塑性。通过添加塑化剂和高分子聚合物，可使热塑性淀粉的疏水性和机械强度得到明显的改善，同时热塑性淀粉也表现出较好的经济和生态效益，具有较好的降解性。用来制备热塑性淀粉的高分子聚合物主要有聚乙烯、聚丙烯、聚苯丙烯、聚乙烯醇和聚乳酸。如采用辛烯基琥珀酸酐对豌豆淀粉进行疏水改性，将改性淀粉作为中间层制备了淀粉/改性淀粉/聚乳酸复合膜，然后使用淀粉/改性淀粉/聚乳酸复合膜作为保鲜膜包装圣女果。通过检测发现淀粉/改性淀粉/聚乳酸复合膜可以显著降低圣女果的失重率、腐烂率、可溶性固形物含量、硬度下降速率、总酸转化速率以及维生素 C 氧化速率。其中，淀粉层作为内层来吸收包装内的水分，聚乳酸层阻止外界水分进入以保持低水分的环境，对水果具有较好的保鲜效果。

## 11.6.3　胶黏剂

淀粉是一种廉价、可再生资源，以淀粉为主要原料制备胶黏剂，具有环保、降低生产成本等优点。人类从古至今围绕淀粉类胶黏剂开发的努力一直没有停止过，我国秦朝就以糯米浆与石灰制成的浆黏结长城的基石。天然淀粉胶黏剂以其原料来源广、价格低廉、生产工艺简单、使用方便、环保无毒而广泛应用于许多行业，尤其在纺织业、造纸业、包装纸箱、瓦楞纸板生产上大量使用。传统淀粉基胶黏剂因为耐水性能差、初黏力小、干燥速度慢等缺陷，限制了它的大量使用。

淀粉或其衍生物与合成高分子胶黏剂混合，在合成高分子胶黏剂如脲醛树脂、白乳胶中加入用量不大(占胶黏剂干基质量不超过 15%)的淀粉，可以有效提高胶黏剂的性能，例如，10%聚乙烯醇溶液、聚醋酸乙烯酯乳液与淀粉、氧化淀粉共混，可以提高胶黏剂的干燥速度、黏结强度。

玉米淀粉经过接枝、氧化、酸解等变性处理，然后与交联剂、改性剂发生反应，再经热、消泡剂、增塑剂、稀释剂等处理后，制备得到低成本、环保、干湿强度优良的淀粉基木材胶黏剂，与传统胶黏剂(如聚醋酸乙烯酯乳液)相比还存在较大差距，淀粉胶黏剂耐水性较差主要受淀粉高分子的结构影响，直链淀粉和支链淀粉分子链以结晶区和不定形区的形式交织组成淀粉颗粒，羟基产生的氢键结合力是淀粉胶黏剂产生黏结力的来源，羟基又极易与水结合，淀粉胶黏剂对被胶接材料的吸附易被水所解吸。要对其进行改性，进一步提高耐水性，必须针对羟基进行化学改性，通过氧化、酯化、接枝、交联等手段来封闭羟基和引入其他活性基团(醛基、羧基、酰胺基等)，控制整个胶黏剂体系中的羟基数目到恰当的程度，这些基团能在固化过程中交联缩合反应生成牢固的亚甲基键、氨酯键和脲键等耐水化学键，形成紧密的网状骨架，防止水分子切入对氢键造成破坏，既保证胶合强度，又提高了耐水性。

## 11.6.4　用于降解塑料

淀粉塑料指的是在其结构中含有淀粉及其衍生物的塑料。在 20 世纪的七八十年代就有学者尝试了淀粉填充聚乙烯塑料的方法来帮助塑料进行降解。这种淀粉塑料被认为是第一代，主要是由颗粒淀粉直接与聚乙烯进行混合，这种混合比较粗糙，其淀粉含量较低。目前我们所说的可降解塑料主要是指利用第二代的全生物降解塑料技术，采用可完全降解的生物质原料如淀粉、纤维素等在添加少量有机药品后可以加工成与普通塑料特性相似的生物降解塑料原料、生物降解塑料添加剂系列及塑料制品。该类产品解决了第一代淀粉基降解塑料所不能解决的问题：一是可以使塑料制品完全生物降解转变成二氧化碳和水，没有残留物；二是所制成的塑料制品如购物袋、一次性餐具等的物理特性不会受到影响，能保持很好的拉力、弹力、韧性和透明度。它们最大的特点就是在一定的条件下，能够被可以分泌酵素的微生物降解成二氧化碳和水，或者在正常情况下土埋，经过一段时间自行分解成二氧化碳和水，实现真正意义上的绿色环保。

淀粉基降解塑料是指利用改性后的淀粉，与其他不同的化合物或者单体混合，在设定好的温度和压力下，在挤出机中反应挤出，使得淀粉的化学结晶结构破坏达到无定型状态，发泡形成热塑性塑料。当前热塑性淀粉的研究主要围绕以下几种，首先是化学反应制备的热塑性淀粉，通过将淀粉进行氧化、氨基化以及酯醚化等变形处理，使其得到疏水性集团，从而降低淀粉的吸水速度，同时这种改性后的淀粉颗粒内部的氢键作用减弱，其与聚乙烯等高聚物的相容性增强，方便制出淀粉塑料。其次是淀粉与其他的天然大分子物质进行混合，这些大分子主要有果胶、半乳糖等，通过挤出和注射成型技术将淀粉与天然纤维素进行混合和改性，可以制作出复合材料。还有一种办法是将淀粉与可降解的聚合物进行混合，这样就可以得到填充型的淀粉塑料材料，实现塑料制品的部分降解。

改善淀粉塑料的塑化性能主要通过物理增塑、化学增塑和热塑性增塑3种方式。淀粉的物理增塑一般是使用增塑偶联剂，对淀粉进行表面处理以解决淀粉与聚合物的相容性，达到淀粉与聚合物的理想界面结合。偶联剂能与淀粉分子中羟基发生络合反应，破坏淀粉结晶区，使其刚性结构消失，塑性增强，提高混炼过程中淀粉与通用塑料材料的相容性，从而实现淀粉塑化改性。常用偶联剂有硅烷偶联剂、钛酸酯偶联剂和铝酸酯偶联剂等。淀粉的化学增塑是指淀粉结构单元上的羟基通过官能团反应进行改性，如交联、酯化、接枝共聚等，提高淀粉的疏水特性或使淀粉具有聚合物化学加工特性，而易于与聚合物共混，其中最典型的是淀粉乙酰化作用。在高取代度淀粉醋酸酯中，羟基被长链取代，淀粉分子间氢键大大减弱。大分子可在较低温度下运动，从而达到降低熔融温度的目的，同时由于羟基被取代，其亲水性也会显著减弱。淀粉的热塑性增塑是通过加入增塑剂降低淀粉分子间作用力而使淀粉具有热塑性。它的本质是使淀粉分子结构无序化，形成具有热塑性能的淀粉树脂。天然淀粉为多羟基化合物，淀粉团粒内含有的平衡水分在加工过程中由于温度升高会失去导致分解，无法进行正常的塑料成型加工，因而必须使其分子结构无序化，具有无定型态，实现淀粉被增塑，易于成型加工。有研究以玉米淀粉为原料，在一定条件下对淀粉进行超声细化处理，获得疏水性能良好的改性淀粉；然后将改性淀粉和PVC原料共混制备降解塑料。经生物降解测试发现，样品经过4个月的土埋实验，生物降解率可以达到61.8%，通过培菌液法测试生物降解率，40 d后，样品的生物降解率达到54%，可以看出样品生物降解性能良好。

## 11.6.5 在医药方面的应用

淀粉无毒、亲水，具有黏附性、生物相容性和生物降解性被广泛用在生物医用领域，改性淀粉在医药方面可作为片剂和赋形剂、外科手套的润滑剂、缓释制剂、组织工程支架、代血浆和冷冻保存血液的血细胞保护剂、开发药物新剂型方面等。其中，淀粉与脂肪族聚酯(如PCL、PLA等)的共混材料，可以采用多种加工方式获得具有3D结构的多孔的组织工程支架，用于骨、软骨的修复与再生。

淀粉/PCL 纤维通过湿法纺丝制备网状支架(图 11-14)，并以等离子处理纤维的表面(成骨细胞能够识别等离子处理后的纤维表面形态及化学组成变化，具有更高的细胞活力及增殖率，可以提高成骨细胞的黏附力及增殖率)，纤维直径在 100 μm，平均孔洞尺寸为 250 μm，该孔洞尺寸适合骨组织再生。

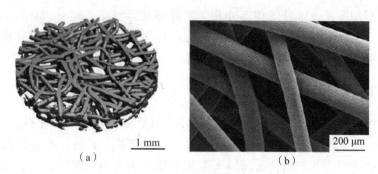

1 mm
(a)

200 μm
(b)

**图 11-14　湿纺 SPCL 纤维网状支架形貌**

采用挤出方式将醋酸纤维素/淀粉共混物及改性剂制成支架，6 周后在大鼠体内可见骨组织在其表面及内部生长。骨活性陶瓷与淀粉/聚乳酸共混物复合成的组织工程支架，经过 14 d 磷灰石就可以在其表面形成。淀粉基材料还可以作为药物载体使用，淀粉载体材料具有降解速率可控、价格低廉、不影响药物活性的优点，常以凝胶、微球的形式用于给药。油/水乳化挥发法可以用于淀粉阴离子微球的制备，得到有良好分散性、尺寸分布适宜的微球。载药浓度、载药时间影响该微球的载药量。该微球中药物释放有初始突释及后续溶胀控制释放阶段。

将羧甲基淀粉、甲基丙烯酸、聚乙二醇单甲醚与 N, N′-亚甲基双丙烯酰胺反应制备 pH 值敏感型水凝胶(丙烯酸的引入可以赋予淀粉材料一定的 pH 值响应性)，以胰岛素为模型药物，溶胀度控制药物释放量，交联程度可调整凝胶的溶胀度，在中性环境的药物释放程度高于酸性环境，因而适宜于肠道给药系统。

## 11.6.6　吸附材料

随着经济的发展，重金属污染已成为环境问题。调查数据显示，我国江河湖库底质的污染率高达 80.1%，工厂所排放的废水是重金属离子 Cu、Cr、Pb、Hg 等最主要的一个来源。重金属离子通常具有急性或慢性毒性，废水中含有的重金属是稀有金属或贵重金属，若不能将其回收利用会造成资源浪费和经济损失。最大限度地减少重金属污染及其对重金属离子回收利用迫在眉睫。

张毅等首先将玉米淀粉作为原料，通过改性处理得到接枝丙烯酸甲酯的改性淀粉，然后以改性淀粉为原料在酶的作用下制备了改性淀粉微球，研究了改性淀粉微球对废水中重金属的吸附性能。结果表明：改性淀粉微球在酶溶液体积为 0.06 mL 时吸附作用最为明显，对重金属离子有良好的吸附作用，对 $Cu^{2+}$ 和 $Ni^{2+}$ 的最高去除率达到 74.53% 和 67.57%。经酯化改性的淀粉表面和内部聚集了大量的活性基团，以及多孔的特殊结构使其在废水处理、吸附污染物等方面具有较大的应用潜力。

张常虎等利用淀粉微球作为吸附污水中 $Pb^{2+}$ 的新型吸附材料，首先将红薯淀粉改性为羧甲基淀粉，增大其水溶性。然后以改性红薯淀粉为原料获到近圆球状、比表面积较大的淀粉微球。将淀粉微球应用于模拟重金属 $Pb^{2+}$ 溶液和西安汉城湖实际水样中进行吸附测试。研究发现，当淀粉微球投入浓度为 4.0 g/L、吸附时间为 50 min 时，pH 值为 8 时吸附效果最佳，$Pb^{2+}$ 去除率达到35.4%。当淀粉微球质量加入增多时，对吸附作用加强，在淀粉微球投入量为 4.0 g/L 时吸附率最强，但当继续增加淀粉微球质量时，吸附率反而下降。这是因为随着淀粉微球质量增加后，体系中活性离子增多，对 $Pb^{2+}$ 离子的吸附以及螯合作用加强，使得吸附率增加，但当加入的淀粉微球质量过高时，体系的活性位阻增加，使得吸附作用不变，而螯合配位作用降低，使得吸附率降低。利用淀粉微球好的相容性和生物降解性等性能。同时，材料呈微球状、粒径可控、扩散阻力小。另外，通过表面改性、孔结构调整和表面官能团可以优化吸附性能，可适用于制备不同应用领域和不同范围的污染物的吸附。

### 11.6.7 淀粉生产小分子有机化学品

利用淀粉酸解和酶解，然后通过生物化学途径能生产出众多的化工原料、食品添加剂和医药产品。淀粉发酵生产乙醇、乙烯和丁二烯，由淀粉发酵法生产乙醇，在美国已占总乙醇产量的一半以上。第二次世界大战期间，美国以工业化规模的装置由乙醇转化为乙烯，继而又能把乙醇转化为丁二烯，战后由于石油价格低廉，乙醇转化工作暂时停顿。到了 90 年代，由于石油、天然气价格上涨，能源和环境危机的压力增加，燃料酒精需求大增，发酵法生产乙醇前景广阔。我国是一个农业大国，淀粉资源丰富，有利于发展发酵法生产酒精产业。利用植物原料生产乙醇、乙烯和丁二烯的费用已与以石油为原料生产的这些产品的费用大致相当。此外，淀粉发酵法还可用来生产柠檬酸、衣康酸、富马酸、苹果酸等有机酸以及甲醇、丙酮、丁醇、异戊醇、甘油、乙二醇等许多化工产品。

淀粉生产甜味剂、有机酸等小分子，淀粉经深度水解并采用异构化技术生产出高果精葡萄糖、山梨糖醇、麦芽糖醇，高果精葡萄糖甜度已经达到蔗糖的水平，但其发热量却低，因此，在发达国家这种甜味剂颇受欢迎，山梨糖醇甜度虽只有蔗糖的 70%，但在血液中不转为葡萄糖，颇受糖尿病、肝脏病患者欢迎，麦芽糖醇甜度比蔗糖稍低，但发热量只有蔗糖的 1/8。

用微生物发酵方法生产的氨基酸和核苷酸有 28 种之多。大多数氨基酸可用发酵法生产，几乎所有的人体必需的 8 种氨基酸都能由发酵法生产。谷氨酸（味精）在食品工业上作调味剂，天门冬氨酸作甜味剂，8 种人体必需氨基酸作营养强化剂的，蛋氨酸和赖氨酸作饲料强化剂。氨基酸还可作为医药品使用，如精氨酸为治肝药，谷氨酰胺为肠胃溃疡药，亮氨酸和苯丙氨酸为镇痛剂，天门冬氨酸为代谢活性剂，色氨酸作为治疗忧郁症的药物。酰化氨基酸在工业用途方面可用作表面活性剂，有强大的杀菌和使病毒失活的能力。

### 11.6.8 其他应用

在造纸行业，基于淀粉由 α-葡萄糖单元组成，含有大量的羟基，导致了淀粉对棉这种亲水性的纤维能够有比较好的黏附能力。用淀粉作浆料时，它能够在纤维表面形成浆膜，而且它不像 PVA 那样，淀粉浆膜更容易被分解，这为退浆和废液处理都带来了便利和环保。

在工业循环冷却水系统中，氧化淀粉有很好的缓蚀阻垢效果，且无毒害、性能稳定、不易腐烂、又易生物降解，是新一代绿色环保水处理剂。

在泡沫塑料行业中的应用，在碱性介质中合成改性淀粉，该产品可提高泡沫塑料的柔韧性、强度和相容性。

**课后习题**

1. 直链淀粉分子与支链淀粉分子有什么不同点？

2. 淀粉遇碘产生蓝色反应，这种反应是什么反应？

3. 吸附碘的颜色反应与直链淀粉分子大小如何？

4. 什么叫淀粉颗粒的单粒、复粒和半复粒，并画出简图？

5. 什么叫淀粉颗粒的偏光十字？什么叫淀粉颗粒的结晶化度？

6. 淀粉组分分离的原则是什么？

7. 什么是淀粉的糊化？什么是淀粉的糊化温度？

8. 影响淀粉糊化的因素有哪些？为什么？

9. 什么是淀粉的回生？

10. 淀粉回生的本质是什么？

11. 影响淀粉回生的因素有哪些？为什么？

12. 淀粉颗粒不溶于冷水的原因是什么？

13. 玉米、小麦淀粉中高含量脂类化合物的存在会造成哪些影响？

14. 淀粉中蛋白质含量高会给淀粉改性带来哪些不利的影响？

15. 什么是淀粉的轮文结构？

16. 简述高蛋白质含量对马铃薯淀粉性质产生的影响。

17. 试述淀粉的糊化过程。

# 参考文献

曹志强，曹咏梅，曹志刚，等，2016. 预糊化淀粉的研究进展[J]. 大众科技，18(1)：31-34.

罗新，2019. 血清淀粉样蛋白 A 和尿清蛋白/肌酐比值联合应用在早期糖尿病肾病诊断中的意义[J]. 国际检验医学杂志，40(23)：2893-2896.

侯晓阳，2018. 新型食品包装材料的发展概况及趋势[J]. 食品安全质量检测学报，9(24)：6400-6405.

曹英，夏文，王飞，等，2019. 物理改性对淀粉特性影响的研究进展[J]. 食品工业科技，40(21)：315-319，325.

崔添玉，辛嘉英，王广交，等，2020. 物理法改性淀粉的研究进展[J]. 粮食与油脂，33(2)：17-19.

杨阳，王海鹏，2019. 生物降解食品包装材料的研究[J]. 现代食品(24)：35-36.

朱祯，刘震宇，夏炎，2019. 生物降解淀粉塑料的特点及应用[J]. 云南化工，46(9)：144-145.

赵鑫，2019. 热塑性淀粉在可降解食品包装上的应用[J]. 食品工业，40(7)：234-237.

胡新宇，李新华，2000. 可食性淀粉膜制备材料与工艺的研究[J]. 沈阳农业大学学报(3)：267-271.

孙建平，陈兴华，胡友慧，2000. 可降解性农用薄膜的研究进展[J]. 化工新型材料，28(7)：3-7.

刘叶，张毅，高园园，等，2019. 改性淀粉微球对废水中 $Cu^{2+}$、$Ni^{2+}$ 吸附性能的研究[J]. 化工新型材料，47(8)：190-192.

张常虎，韩敏，马启明，2019. 淀粉微球的制备及其对污水中 $Pb^{2+}$ 的去除研究[J]. 化学与黏合，41(5)：355-359.

姚大年，刘广田，1997. 淀粉理化特性、遗传规律及小麦淀粉与品质的关系[J]. 粮食与饲料工业(2)：38-40.

张杰，2019. 黑米淀粉的理化性质及湿热处理研究[D]. 南宁：广西大学.

徐晓峰，2019. 磺基-2-羟丙基淀粉浆料的制备及其浆膜性能研究[D]. 芜湖：安徽工程大学.

范玉艳，2019. 挤压联合酶法制备慢消化淀粉及理化性质研究[D]. 青岛：山东理工大学.

成培芳，2019. 聚己内酯基可降解薄膜的制备及其对果蔬保鲜机理的研究[D]. 呼和浩特：内蒙古农业大学.

张晓晓，2019. 木薯渣纳米纤维素-木薯淀粉复合薄膜的制备与性能研究[D]. 南宁：广西大学.

郝亚成，2018. 蜡质马铃薯淀粉纳米晶的制备及改性研究[D]. 广州：华南理工大学.

赵精杰，2018. 高静压协同酸水解对淀粉结构及理化性质的影响[D]. 鄂尔多斯：内蒙古工业大学.

于浩强，2013. 淀粉的复合法疏水改性及其在生物降解塑料中的应用研究[D]. 济南：济南大学.

邹海仲，2018. 甲壳素凝胶–氧化淀粉双功能天然乳胶填料的研究[D]. 南宁：广西大学.

陈琛，2019. 分支酶修饰蜡质大米淀粉结构与性质研究[D]. 无锡：江南大学.

周蕊，2019. 微/纳淀粉材料的制备、表征及其与两种食品成分的相互作用性能研究[D]. 武汉：武汉轻工大学.

寇婷婷，2019. 直链淀粉对交联反应的影响及其在检测中的应用[D]. 广州：华南理工大学.

魏本喜，2015. 淀粉纳米晶的制备、分散、改性及乳化性研究[D]. 无锡：江南大学.

周晓明，2018. 可生物降解淀粉/聚乳酸多层复合膜的制备及其应用研究[D]. 广州：华南理工大学.

高炜丽，2007. 淀粉基可生物降解塑料的研究[D]. 南昌：南昌大学.

刘珂，2019. 热处理、交联反应对马铃薯淀粉性质的对比研究[D]. 广州：华南理工大学.

夏媛媛，2019. 酸法纤维素纳米晶体对玉米淀粉的催化改性及其应用[D]. 济南：齐鲁工业大学.

杨苗，2019. 淀粉的阻燃改性及性能研究[D]. 青岛：青岛大学.

梁逸超，2019. 高取代度高黏度羧甲基及接枝复合改性淀粉的研究[D]. 广州：华南理工大学.